实用精细化学品丛书

国家教学团队建设成果　　总主编　强亮生

# 陶瓷添加剂
## ——配方·性能·应用

### 第二版

李文旭　吴金珠　宋　英　编著

化学工业出版社

·北京·

本书在概述陶瓷添加剂的基本原理和研究现状基础上系统介绍了分散剂、助滤剂、助磨剂、塑化剂、助烧剂、着色剂、消泡剂等传统陶瓷添加剂，以及稀土改性添加剂、纳米添加剂、增韧剂、造孔剂和偶联剂等新型陶瓷添加剂的分类、性能、配方、使用注意事项以及在各种陶瓷中的应用。

　　第二版在保留第一版基本体系和主要特点的基础上，完善了陶瓷添加剂的品种，增补了近年的新原料、新配方、新应用，同时总结了陶瓷添加剂领域最新的研究成果。修订后，本书进一步增强了新颖性和实用性，可作为精细化工、陶瓷材料等专业的学生教学用书，也可作为相关科研和生产人员的参考用书。

**图书在版编目（CIP）数据**

　　陶瓷添加剂：配方·性能·应用/李文旭，吴金珠，宋英编著．—2版．—北京：化学工业出版社，2017.5（2024.3重印）

　　（实用精细化学品丛书）

　　ISBN 978-7-122-29239-1

　　Ⅰ.①陶…　Ⅱ.①李…②吴…③宋…　Ⅲ.①陶瓷-助剂　Ⅳ.①TQ174.4

　　中国版本图书馆 CIP 数据核字（2017）第 045030 号

| | |
|---|---|
| 责任编辑：傅聪智 | 装帧设计：关　飞 |
| 责任校对：边　涛 | |

出版发行：化学工业出版社（北京市东城区青年湖南街 13 号　邮政编码 100011）
印　　装：北京天宇星印刷厂
710mm×1000mm　1/16　印张 16½　字数 361 千字　2024 年 3 月北京第 2 版第 10 次印刷

购书咨询：010-64518888　　　售后服务：010-64518899
网　　址：http://www.cip.com.cn
凡购买本书，如有缺损质量问题，本社销售中心负责调换。

定　　价：**69.00 元**

# 前　言

　　《陶瓷添加剂——配方·性能·应用》第一版自 2011 年出版以来，以其科学性和实用性受到读者的欢迎。近年来，书中所述陶瓷添加剂的生产技术、原料类型、配方组成等均有不同程度的发展，为使本书进一步增强新颖性和准确性，使读者对陶瓷添加剂的基本性质和应用有进一步的了解，本书作者根据技术和产业发展的最新研究成果，在保留第一版的基本体系和主要特点的基础上，对本书进行了修订和完善，主要体现在完善部分陶瓷添加剂的品种，删除实用性欠佳、老旧的内容，增补近些年的新原料、新配方、新应用，以及改进第一版出版时因编写时间仓促而遗留的不足、缺憾和疏漏。

　　修订内容主要包括：

　　(1) 第 2 章　助滤剂，更新了部分新型助滤剂的合成及性质研究的内容。

　　(2) 第 5 章　助烧剂，新增了 5.4 助烧剂在传统陶瓷中的应用；5.5.3 助烧剂在热电陶瓷中的应用；5.5.4.5 $ZrO_2$ 陶瓷。

　　(3) 第 6 章　着色剂，补充了新型陶瓷着色剂配方，重写了着色剂在新型陶瓷中的应用。

　　(4) 第 8 章　其他坯釉料添加剂，对脱模剂和防腐杀菌剂的内容进行了扩充，增补了 8.6 耐污釉料添加剂。

　　(5) 第 9 章　稀土改性添加剂，删除了 9.2 氧化钇稀土添加剂，并对原有各节内容进行了补充和完善。

　　(6) 第 10 章　纳米添加剂，删除了 10.2 纳米添加剂的特殊物理效应、10.4.3 纳米添加剂对陶瓷晶粒尺寸的影响、10.4.6 纳米添加剂对陶瓷物相组成和晶胞参数的影响，增加了 10.3 常见纳米添加剂、10.4 纳米添加剂在氧化锆陶瓷中的应用。

　　(7) 第一版第 12 章增韧剂在本版列为了第 11 章，删除了原书中氧化锆增韧剂的制备、氧化锆增韧磷酸钙复合生物材料的研究的部分内容，增加了纤维增韧、颗粒弥散增韧、自增韧和纳米复合增韧的内容。

　　(8) 第一版第 13 章造孔剂在本版列为了第 12 章，补充了各种新型造孔剂的配方和应用，并增加了关于气凝胶多孔材料的内容。

　　(9) 第一版第 11 章偶联剂在本版列为了第 13 章，对部分内容及小节设置作了调整。

　　(10) 对各章节的结构进行了调整，全书文字进行了推敲、精炼，使内容更具系统性、科学性和实用性。

　　参加第二版修订工作的有哈尔滨工业大学的李文旭、吴金珠、宋英。吴金珠编写了第 9 (部分内容)、10、11 章，宋英编写了第 4、5、9 (部分内容) 章，其余各章由李文旭和吴金珠编写，全书由李文旭统稿。

在本书的修订过程中，本书责任编辑以及哈尔滨工业大学强亮生教授给予了热情的支持和帮助，在此表示衷心的感谢。

尽管作者在修订过程中力求完美，但限于编者水平，难免存在疏漏和不当之处，恳请广大读者提出宝贵意见。

编者

**2016 年 10 月于哈尔滨工业大学**

# 第一版前言

陶瓷的研究和生产是一个古老又年轻的领域，在现代科学技术和国民经济中具有特别重要的地位。陶瓷分为传统陶瓷和先进陶瓷，先进陶瓷按其性能和应用领域又分为结构陶瓷和功能陶瓷。传统陶瓷的研究和生产在我国起步较早，已有几千年的历史，而先进陶瓷在我国是近30年才迅速发展起来的一类陶瓷。随着陶瓷工业的迅速发展，陶瓷的品种和产量日益增加。为了提高和改善陶瓷的性能，在陶瓷的生产工序中都需要加入一定量的添加剂，添加剂的加入可以赋予陶瓷制品加工所需的各种工艺性能，如分散性、可塑性、悬浮性等，而且对于改善工艺条件及产品结构与性能也有着十分明显的作用。近年来随着先进陶瓷不断发展，对添加剂的要求更高，陶瓷添加剂的研究越来越受到广大科学工作者、研发单位和使用部门的关注。

目前市场上关于陶瓷添加剂的图书相对较少，且主要从精细化学品的角度介绍陶瓷添加剂的原理和应用，内容基本以应用于传统陶瓷的添加剂为主。而本书内容除传统的陶瓷添加剂外，还重点介绍了包括稀土添加剂、纳米添加剂、氧化锆陶瓷增韧剂等添加剂以及这些添加剂对新型功能陶瓷性能的影响，并结合作者多年从事功能陶瓷的教学和研究的实践，把部分研究成果引入本书，适当介绍了陶瓷添加剂在新型陶瓷领域的作用以及发展新动态。

全书共分为绪论、传统陶瓷添加剂、新型陶瓷添加剂三部分。第一部分主要介绍陶瓷添加剂的基本原理、研究现状等。第二部分主要介绍已经广泛应用在陶瓷领域中的各种传统陶瓷添加剂。第三部分主要介绍新型陶瓷添加剂的特点、作用和应用。本书由李文旭、宋英编写，其中宋英编写了塑化剂和助烧剂两章及稀土添加剂中的部分内容，其他内容由李文旭编写，全书由李文旭统稿。书中各种添加剂基本知识和基本理论的介绍均佐以实例和具体配方，力求结合实际，希望能够对从事陶瓷研究的科研人员和相关领域的生产人员有所帮助，有助于读者的学习和科研思路的建立。

在本书的编写过程中，化学工业出版社领导和本书责任编辑提出了许多宝贵的编写意见，哈尔滨工业大学强亮生教授给予了热情的支持和帮助，在此表示感谢。

陶瓷添加剂种类繁多，虽然作者在编写过程中力求完美，但由于水平所限，难免存在疏漏和其他不妥之处，恳请广大读者提出宝贵意见。

编者
2010 年 6 月于哈尔滨工业大学

# 目　录

# 第二篇 新型陶瓷添加剂

# 第9章 稀土改性添加剂 ……………………………………………… 162

# 绪　论

　　陶瓷是人类最早利用自然界所提供的原料加工制成的材料，具有许多其他材料不具备的优良性能。陶瓷工业分为传统陶瓷和新型陶瓷（也称精细陶瓷或特种陶瓷），传统陶瓷的主要原料是硅酸盐矿物，如黏土、长石、石英等，它们可归属于硅酸盐类材料，主要包括日用陶瓷、建筑陶瓷、耐火材料、普通工业陶瓷等。新型陶瓷是在传统陶瓷的基础上发展起来的，它是指采用高度精选的原料，具有能精确控制的化学组成，按照便于进行的结构设计及便于控制的制备方法进行制造加工的，具有优异特性的陶瓷材料。其在生产过程中已经不再使用黏土或很少使用黏土等传统陶瓷原料，而更多地使用化工原料和合成矿物，甚至氧化物、氮化物等非硅酸盐原料，主要包括电子陶瓷、生物陶瓷、结构陶瓷、特种耐火陶瓷等。

　　随着陶瓷工业的迅速发展，陶瓷产品的种类和产量还会日益增加，应用领域也将不断扩大，遍及工业和生活的各个方面。特别是先进陶瓷将不断发展，在国民经济中占有重要的地位。无论是传统陶瓷还是先进陶瓷，在它们的生产工序中都需要加入一定量的陶瓷添加剂。就传统陶瓷而言，由于它们的基本原料主要以黏土为主，所以加入的多是一些无机化合物，有时还需要添加一些有机化合物和高分子化合物，这些物质可以赋予陶瓷制品加工所需的各种工艺性能，如分散性、可塑性、悬浮性等。先进陶瓷在生产过程中也需要添加一定的添加剂，而且对添加剂的要求更高，尤其是添加一定量的有机化合物和高分子化合物，它们对改善工艺条件及产品结构与性能有着十分明显的作用。

## 0.1　陶瓷添加剂的定义和分类

### 0.1.1　陶瓷添加剂的定义

　　所谓添加剂泛指为提高产品质量和效果而加入配料中的少量或微量试剂。添加剂是精细化工中的一个重要门类，其种类繁多，用途非常广泛。添加剂的应用直接关系到产品质量的提高、性能的改进、品种的增加和工艺条件的改善。世界各国对添加剂工业都给予了高度的重视，在陶瓷行业中采用陶瓷添加剂，特别是新型陶瓷添加剂，对于提高产品质量、增加产量和降低能耗将起着不容忽视的巨大作用。

在陶瓷原料制备过程中，各种添加剂可以作为分散剂、解胶剂、增塑剂、表面改性剂等应用在各个工艺过程中，从粉体的制备，料浆、可塑坯料的制备，到成型、干燥、烧结等各种工序中都不可或缺。虽然它们的加入量很少，但对改善陶瓷性能的作用却十分巨大，素有陶瓷工业中的"味精"之称。对于日用陶瓷，添加剂能起到缩短工艺流程、提高产品质量等优良作用；而对于特种陶瓷原料，大多属于瘠性粉料，增塑剂、表面改性剂等陶瓷添加剂的应用就显得更加必要。正因为成功地应用了各种新型的陶瓷添加剂，才为新型无机陶瓷材料的发展开辟了广阔的前景。

## 0.1.2  陶瓷添加剂的分类

在现代陶瓷工业生产中，正确选择和使用陶瓷添加剂是提高陶瓷产品质量的关键之一。陶瓷添加剂种类繁多，在生产中具有分散、黏合、悬浮、消泡、脱模等不同的作用。陶瓷添加剂属于精细化学品的范畴，其分类没有确定的规定，可以按照不同的方法对其进行归类。目前，通常的分类方法主要有以下几种。

**(1) 按添加剂状态**  可分为固体粉状和液体两大类。一些固体陶瓷添加剂和液体陶瓷添加剂的化学成分和作用如表 0-1。

表 0-1  常见固体添加剂和液体添加剂

| 产品名称 | 化学成分 | 状态 | 作用 |
|---|---|---|---|
| DOLASAN22 | 聚胺丙烯酸酯 | 黄棕色液体 | 助滤剂 |
| NOVAL K 55 | 酰胺酸化合物 | 无色液体 | 防腐剂 |
| GLYDOL N 109 NEU | 聚乙烯醚 | 无色液体 | 润湿剂 |
| STELLMITTEL 279 | 聚胺衍生物 | 浅红褐色液体 | 悬浮剂 |
| PEPTAPON 5 | 膨胀化合物 | 乳色粉末 | 悬浮剂 |
| GLYDOL N 1003 | 应力激活化合物 | 乳色粉末 | 润湿剂 |
| OPTAPIX PA 42 | 聚乙烯醇制剂 | 乳色颗粒 | 黏结剂 |
| SILIPLASTHS | 改性乙醇 | 象牙色固体 | 黏结剂 |

**(2) 按使用功能**  可分为分散剂、增塑剂、助磨剂、消泡剂、助烧剂等。如聚乙烯醇缩丁醛（PVB）常用作黏结剂，聚乙二醇（PEG）和邻苯二甲酸二丁酯（DBP）用作塑化剂。此外还有釉用悬浮稳定剂，是防止釉浆沉淀的陶瓷添加剂，如表 0-2 所示。

表 0-2  釉用悬浮稳定剂

| 传统悬浮稳定剂 | 新型悬浮稳定剂 |
|---|---|
| 高岭土、膨润土 | 羧甲基纤维素钠 |
| 硅酸钠 | 水溶性生物多糖 |
| 硼酸盐 | 聚酰胺 |

**(3) 按使用领域**  分为普通陶瓷用添加剂和新型陶瓷用添加剂。普通陶瓷用添加剂主要指日用陶瓷、耐火材料、建筑卫生陶瓷等用添加剂，如表 0-3，其使用目的主要是为了优化生产工艺；特种陶瓷用添加剂主要包括电子陶瓷、生物陶瓷、陶瓷基片、特种耐火材料等用添加剂，如表 0-4，其主要目的为提高陶瓷某种特殊性能。

表 0-3　普通陶瓷添加剂

| 产品名称 | 化学成分 | 作用 |
|---|---|---|
| STELLMITTEL 279 | 聚胺衍生物水溶液 | 日用陶瓷釉料悬浮剂 |
| GLESSFIX162 | 硅酸盐 | 分散剂 |
| DOLAPIX G6 | 六偏磷酸钠 | 解凝剂 |

表 0-4　特种陶瓷添加剂

| 产品名称 | 化学成分 | 作用 |
|---|---|---|
| Duramax D3005 | 高分子电解质铵盐 | 分散氧化铝粉末 |
| Duramax D3019 | 聚合电解质铵盐 | 分散钛酸钡和金属硅 |
| ZUSOPLAST 9002 | 硬脂酸聚乙二醇酯 | 氧化物陶瓷润滑剂 |

此外，还可以按化学组成分为无机添加剂、有机添加剂和高分子添加剂 3 大类；按应用工艺条件分为坯料用添加剂、成型添加剂、烧结添加剂和釉料添加剂等。成型添加剂按成型工艺又可分为浇注成型添加剂、挤压成型添加剂等。在实际应用中我们可以根据不同的需要采取相应的分类方法。

## 0.2　陶瓷添加剂的功能与作用机理

不同陶瓷添加剂具有不同的作用，包括解凝（或称稀释、减水）、缓凝、促凝、增塑、塑化、黏结、悬浮、除泡、平整、防腐、润湿、粉体表面改性、助磨及促进干燥、烧结等多种作用，在陶瓷生产的各个工序中起着提高产品质量和性能，降低能耗等重要作用，因而受到陶瓷行业的广泛重视。陶瓷添加剂的作用主要体现在两个方面：一是作为过程性添加剂，主要作用是改善加工条件，加快设备运行速率，简化制备工艺等，如分散剂、助烧剂等。对传统陶瓷而言，主要以黏土为原料，所加入的添加剂大多数是为了赋予生产所需的各种工艺性能，如分散性、悬浮性等；二是作为功能性添加剂，主要是加入后使产品具有某些特殊的功能。新发展起来的特种陶瓷不含黏土或只含少量黏土，主要是一些氧化物和非氧化物或者它们的复合物，在生产中它们对添加剂提出了更高的要求。该类陶瓷添加剂对改善工艺条件和产品结构与性能有着重要的作用，如各种着色剂、稀土改性添加剂、纳米添加剂等。陶瓷添加剂的专属性不十分明显，而多功能性则较其他精细化学品更为突出。陶瓷添加剂具有的主要功能及作用机理主要有以下几方面。

### 0.2.1　分散作用

固体颗粒在液体介质中分散后形成的体系应属于胶体范畴，该体系在热力学上不稳定，颗粒有团聚的趋势。此时添加陶瓷添加剂通过与陶瓷颗粒表面发生作用而阻止其相互团聚，可以起到防止粒子团聚的作用，使原料各组分均匀分散于液体介质中。陶瓷添加剂的分散机理大致分为三种：静电斥力稳定作用、空间位阻稳定作用和静电位阻稳定作用。

（1）静电斥力稳定作用　该机制的理论基础是双电层排斥理论。离子型分散剂在水分散介质中电解为带电离子或亲水和亲油性基团，吸附于固体粒子表面，形成一个带电荷的保护屏障层，即扩散双电层，两层交界处滑动面的电位称为 Zeta($\xi$) 电位。当 Zeta 电位的绝对值较大时，颗粒间的静电斥力占优势，不易团聚，分散体系稳定；相反，当 Zeta 电位的绝对值较小或为零时，颗粒间的范德华引力占优势，容易团聚，分散体系不稳定。根据胶体与表面化学理论（DLVO 理论），带电荷的微粒相互靠近时，双电层产生重叠，Zeta 电位增加，静电斥力增加，颗粒难以发生碰撞团聚，从而起到静电稳定分散作用，如图 0-1 所示。通过调节分散体系的 pH 值、分散剂的种类和用量可以增加 Zeta 电位，增大静电斥力。如在浆料中加入离子型分散剂乙醇胺，通过调节 pH 值，即可使颗粒间具有较高的静电效应。

无机电解质型分散剂的作用机理主要是静电斥力稳定作用，通过离子交换（主要是阳离子交换），由一价阳离子（$Na^+$、$NH_4^+$）置换二价阳离子（$Ca^{2+}$、$Mg^{2+}$），其结果是改变了胶粒原来的电荷和胶团的电荷平衡，增大了双电层厚度，提高了 Zeta 电位，使胶粒间的引力减小，斥力增大，系统的稳定性得到提高，泥浆黏度下降，流动性得以提高。

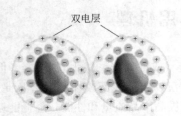

双电层

图 0-1　静电斥力稳定作用

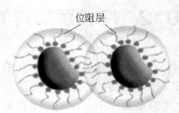

位阻层

图 0-2　空间位阻稳定作用

（2）空间位阻稳定作用　在应用 DLVO 理论解释一些高聚物或非离子表面活性剂的胶体物系的稳定性时往往遇到麻烦，其重要原因是忽略了吸附聚合物层的作用。胶体吸附聚合物之后会产生一种新的排斥位能——空间斥力位能，因此存在聚合物吸附层时，颗粒之间的总位能：

$$E = E_A + E_R + E_S \tag{0-1}$$

式中　$E_A$——微粒之间的吸引能；

$E_R$——微粒之间的排斥能；

$E_S$——微粒之间的空间斥力位能。

由上式可知，$E_S$ 对胶体的稳定性起到重要作用，故称其稳定理论为空间位阻稳定理论。有机分散剂的作用机理主要是空间位阻效应，在有机高分子复合添加剂中的聚醚功能团中同时含有正电荷和负电荷的功能团，这些功能团与胶粒间的相互作用，通过空间位阻就可以控制分散体系中胶粒的 $\xi$ 电位和双电层的厚度，从而控制体系的稳定性。

一些非离子型高分子聚合物如超分散剂等，分子结构中包括锚固基团，吸附于固体颗粒表面，其溶剂化链在介质中充分扩展，形成位阻层，在空间上阻隔胶粒相互碰撞，防止固体粒子的絮凝团聚，起到空间位阻的作用，如图 0-2 所示。研究表明，10nm 的范围就能满足厚度的要求，所以作为分散剂使用的聚合物分子量（即相对分子质量，下同）一般应在 $10^3 \sim 10^4$ 范围内，分子链太短难以克服范德华力，太长则容易搭桥联结起到稠化作用。

PEG 和 Tween 80 均为非离子型分散剂，分散过程中主要是利用其空间位阻排斥力来达到分散效果的。它们均含有亲水性的聚氧乙烯基，可以大大降低溶剂表面的表面张力、改变体系表面状态、润湿固相表面而起到分散作用。此类分散剂溶于水后，其未溶状态时的锯齿形长链分子就变为曲折型，处于外侧的亲水性氧原子和被分散组分表面上吸附的羟基在氢键或范德华力的作用下产生较强的亲和力，被吸附在颗粒表面，形成一定厚度的吸附层，从而有效地阻止了颗粒之间的聚合，表现出较好的分散效果。

**(3) 静电位阻稳定作用** 这是最近发展起来的一种稳定机制，是前两种稳定机制的结合。颗粒表面吸附了一层可电离的聚合物，即聚电解质。聚电解质在水分散介质中电解并吸附在颗粒表面，带电的聚合物分子层既可以通过自身所带电荷的静电斥力作用排斥周围离子，又可以利用溶剂化链的空间位阻使颗粒相互弹开，从而发挥静电位阻复合稳定作用。颗粒在距离较远时，双电层产生斥力，静电稳定机制占主导地位；颗粒距离较近时，空间位阻阻止颗粒靠近，空间位阻稳定机制占主导地位。

陶瓷泥料在水溶液中大多都带负电荷，故可以选择阴离子分散剂来增加颗粒表面的负电荷量，使 $\zeta$ 电位增加，静电斥力增大，也采用非离子分散剂来增加位阻效应，由于聚电解质可以同时起到静电位阻复合效应，因此可以获得最佳的分散效果。分别以三乙醇胺、磷酸三丁酯、松油醇为分散剂对 $ZrO_2$ 料浆进行分散，通过测试加入分散剂和粉末前后溶液的 pH 值（结果如表 0-5），探讨各种分散剂的分散机理。由表 0-5 可知，三乙醇胺作分散剂加入到溶液中，由于电离出 $OH^-$，溶液呈碱性，加入粉料后，pH 值降低，证明 $OH^-$ 浓度降低，中性陶瓷粒子已带负电，因而吸引带正电的分散剂大分子。而磷酸三丁酯和松油醇加入后，由于电离出 $H^+$，溶液呈酸性，粉料加入后，pH 值增加，证明 $H^+$ 浓度降低，陶瓷粒子带正电，因而吸引带负电的分散剂大分子。这种带电的微粒表面吸附了带相反电荷的分散剂大分子后，带电的分散剂分子层既通过本身所带电荷排斥周围粒子，又用位阻效应防止布朗运动的粒子靠近，产生复合稳定作用，从而可以保证颗粒处于悬浮状态而不发生团聚。以上结果定性说明，这三种分散剂的分散机制均为静电位阻稳定作用。

**表 0-5　分散剂对料浆制备各阶段溶液 pH 值的影响**

| 分散剂 | pH 值 | | |
| --- | --- | --- | --- |
| | 溶剂 | 溶剂＋发散剂 | 溶剂＋粉末＋分散剂球磨后 |
| 三乙醇胺 | 6.8 | 10.4 | 9.7 |
| 松油醇 | 6.8 | 6.5 | 6.8 |
| 磷酸三丁酯 | 6.8 | 5.8 | 6.3 |

**(4) 竭尽稳定作用** 这种分散机制是 1980 年首先由澳大利亚的 Napper 提出的，它有别于空间位阻稳定机制和静电位阻稳定机制，尽管它也是建立在有机高分子聚合电解质基础之上的。该理论认为：非离子型聚合物没有吸附在固体颗粒表面，它只是以一定

的浓度游离分散在颗粒周围的悬浮液中，颗粒相互靠近，聚合物分子从两颗粒表面区域，即竭尽区域有规律地在介质中重新分布。如果溶剂为聚合物的亲和溶剂，那么聚合物的这种重新分布，在能量上便是不稳定的，这就是竭尽稳定机制的核心。当颗粒距离很近时，竭尽区聚合物浓度趋于零，颗粒间的区域几乎全部被溶剂所占据，继续靠近将使溶剂离开竭尽区，只要竭尽区不受到破坏，系统就能够保持稳定，保持分散状态；但当纯溶剂与聚合物再次溶解，在能量可自发进行交换时，将会导致竭尽稳定的反转，产生竭尽絮凝。这种机制特别适合解释那些虽没有锚固基团，或只和固体颗粒发生弱作用的聚合物分子，却能产生稳定分散现象的原因。竭尽稳定机制同空间位阻稳定机制的主要区别在于：第一，聚合物并未吸附在固体颗粒表面，只是游离在悬浮液中；第二，竭尽稳定为热力学亚稳态，而空间位阻稳定为热力学稳定态。

根据不同的分散理论，针对不同陶瓷颗粒的不同表面特性选择、设计、合成新型分散剂是陶瓷分散剂的一个重要发展方向。随着陶瓷粉体合成进一步细化甚至纳米级，陶瓷粉体已经进入胶粒尺寸范围（1～1000nm），因此，对分散剂分散机理的理解和新型分散剂的设计和研发将有利于调制出稳定分散的陶瓷料浆。

## 0.2.2 悬浮稳定作用

一些不溶于水或微溶于水的固体颗粒可以借助某些陶瓷添加剂，比较均匀地分散于液态介质中，形成一种颗粒细小的高悬浮、能流动的稳定液固态体系，起到改善料浆的悬浮稳定性的作用。例如，表面活性剂 Triton X-100 可以显著提高微米级 $Al_2O_3$ 和纳米级 SiC 悬浮液的稳定性；聚甲基丙烯酸铵（PMAA-NH$_4$）也可以使 $BaTiO_3$ 悬浮液的黏度降低，稳定性提高。J. Cesarano 等对 $\alpha$-$Al_2O_3$ 注浆料悬浮液稳定性的研究结果表明：对于粒径为 $0.2\sim1.0\mu m$ 的 $Al_2O_3$ 颗粒，当 pH＝8.8 时，聚甲基丙烯酸钠（PMAA-Na）用量为 0.24％时，料浆的稳定性显著提高。

悬浮稳定作用机理同分散作用类似，实际上，各种悬浮稳定剂也可以用作陶瓷浆料的分散剂，只不过分散剂主要用在浆料中，而悬浮稳定剂主要用在釉浆中，对釉浆具有稠化效应，是防止釉浆沉淀的添加剂。釉料主要由瘠性原料组成，且各种原料性能的差别较大，故釉浆的悬浮稳定性较差，通常需要引入悬浮稳定剂，以防止釉浆产生沉淀分层。另外，悬浮稳定对助剂的要求更高，如要有良好的平滑性、流动性、流平性、触变性等。

陶瓷釉浆的体系中颗粒/液珠间主要存在三种相互作用力：

① 范德华（van der Waals）引力；

② 颗粒表面的双电层相互作用产生的斥力；

③ 由颗粒表面吸附了高分子化合物或表面活性剂而形成的所谓空间相互作用产生的斥力。

此外，还有另一种相互作用是所谓溶剂化力（solvation force），这种力是分子聚集体中称之为弱相互作用的一种，该力因颗粒的表面和溶剂的排列不同，可以是吸引力也可以是斥力。

陶瓷釉浆中的颗粒（尤其是纳米粒子）因特殊的表面结构，相互间极易吸附而团聚。胶体与表面化学理论认为，溶胶在一定条件下是稳定存在还是聚沉，取决于粒子间的相互吸引力和静电排斥力，若排斥力大于吸引力则溶胶稳定，反之则不稳定。悬浮稳定剂引入料浆中，能产生稠化效应，从而可以有效阻止釉浆沉淀。此外，作为釉料添加剂，利用其厚化效应，还可以抑制由沉淀引起的釉浆分层，增加釉浆密度，提高施釉效率和减少施釉后釉层的干燥收缩。

悬浮稳定剂的种类很多，传统的悬浮稳定剂有 NaCl、二价和三价金属无机盐、有机酸（如乙酸）、硼酸盐等。新型的悬浮稳定剂有电解溶液、水溶性聚合衍生物、膨胀化合物、水溶多糖物。目前多种国内外作为商品供应的即用型釉用悬浮稳定剂已应用于生产，如聚酰胺类制品和一些具有触变特性的多聚物如 PEPTAPON。这些悬浮剂具有很好的缓冲作用，更主要的是对釉料性能无副作用。它们可溶于水，易于配料，可针对不同的施釉工艺，用其满意地调节出合适的釉浆性能。可以用于陶瓷釉浆稳定分散的陶瓷添加剂还有：二甲基乙烯丙基氯化铵、甲基纤维素共聚物（NCMC）、聚乙烯醇、石油磺酸钠、木质素磺酸盐、烷基硫酸钠及聚乙烯胺等。它们通常用于施釉工艺中，以调节釉浆工艺性能，防止沉淀。由于是液剂，所以更容易添加。但需要注意的是，在选择悬浮剂时，必须考虑它们与釉料可能发生的反应。例如，当在含有 $Ca^{2+}$ 或 $Al^{3+}$、$Fe^{3+}$ 的釉浆中使用羧甲基纤维素（CMC）作为悬浮稳定剂时，会形成不溶性的 CMC 钙盐或 CMC 铝盐。此时釉浆会聚凝从而导致形成条纹硬块，阻塞筛网。

## 0.2.3 助磨作用

陶瓷添加剂的助磨作用主要是从原料磨细的微观机制方面来提高陶瓷粉体研磨效率，加快固体颗粒的破碎速度，并由于添加剂的分散作用，改变料浆的流变学特征，有的还可以对钢球和衬板起缓蚀作用，达到降低能耗、钢耗和进行选择性磨碎的目的。具有助磨作用的陶瓷添加剂叫做助磨剂。尽管国内外的学者对助磨剂能够强化粉磨的原理进行了大量的研究工作，然而，目前尚不够深入，观点也不尽相同。列宾捷尔（Rehbinder）、维斯特沃德（West-wood）、克兰帕尔（Klimpel）、伊尔-谢尔和萨姆逊克策恩等许多研究者从不同的角度出发，对助磨剂的助磨机理先后进行了研究。概括这些研究成果，目前关于助磨作用原理主要有两种代表性的学说。

**（1）吸附降低硬度学说** 这种观点首先由列宾捷尔（Rehbinder）和维斯特沃德（West-wood）提出，称之为"Rehbinder"或"West-wood"效应。该学说认为助磨剂在颗粒上的吸附降低了颗粒的表面自由能或者引起近表面层晶格的位错迁移，产生点缺陷或线缺陷，从而降低颗粒的强度和硬度，同时阻止新生裂纹的闭合，促进裂纹的产生和扩展，因而可以降低粉磨能耗，改善粉磨效果。

粉磨时，磨机中被粉磨的物料颗粒，通常受到不同类型应力的作用，导致形成裂纹并扩展，然后被粉碎。因此，物料的力学性能，诸如拉应力、压应力和剪切应力作用下的强度性质将决定对物料施加的力的效果。显然，物料的强度越低、硬度越小，即易磨性越好，粉磨所需的能量也就越少。根据格里菲斯定律，脆性断裂所需的最小应力为

$$\delta = \sqrt{4E\gamma/L} \tag{0-2}$$

式中 $\delta$——拉应力；

$E$——杨氏弹性模量；

$\gamma$——新生表面的表面能；

$L$——裂纹的强度。

上式说明，脆性断裂所需的最小应力与物料的比表面能成正比。显然，降低颗粒的表面能，可以减少使其断裂所需的应力。从颗粒断裂的过程来看，根据裂纹扩展的条件，助磨剂分子在新生表面的吸附可以减少裂纹扩展所需的外应力，防止新生裂纹的重新闭合，促进裂纹的扩展。助磨剂分子在裂纹表面的吸附可以用图0-3来说明。

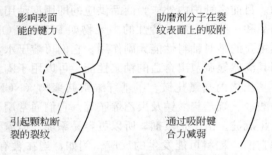

图0-3 助磨剂分子在裂纹表面吸附的示意图

实际上，颗粒的强度与物料本身的缺陷有关，使缺陷（如位错等）扩大无疑将降低颗粒的强度，促进颗粒的粉碎。列宾捷尔首先研究了在有无化学添加剂两种情况下液体对固体物料断裂的影响。他认为，液体尤其是水将在很大程度上影响颗粒的碎裂。添加表面活性剂可以扩大这一影响，原因是固体表面吸附表面活性剂分子后表面能降低，从而导致键合力的减弱；颗粒上现存裂缝形成吸附层更容易扩展，避免重新愈合，使破坏它的外力减小。此外，助磨剂还可降低固体物料的硬度，这也有利于物料粉磨的进行。

**(2) 矿浆流变学调节学说** 由克兰帕尔（Klimpel）等人提出，该学说在研究矿浆的流变特性和研磨效果二者关系的基础上，从宏观角度出发，认为添加助磨剂不是由于吸附引起物料力学性能的改变，而是能够通过调节粉磨物料的流变学性质和颗粒表面电性质等，降低浆料的黏度，提高浆料的可流动性，通过促进颗粒的分散，阻止颗粒之间、颗粒与研磨介质及衬板之间的团聚与黏附，从而明显提高了物料连续通过磨机的速度，改善研磨介质的粉磨作用。

这两种不同学说有其各自的作用效果及其应用场合。前者不能够解释为何在施力太强，形变发生太快，吸附膜来不及深入微裂缝深部，以及施力太弱，不易起可逆性的隐蔽的显微裂缝这两种极端施力状态下，加入化学药剂而显示的助磨效果。后者虽然能够很好地解释高浓度磨矿时，加入化学药剂有助于提高磨矿效率，但不能够说明低浓度磨矿时，添加化学药剂所引起料浆黏度变化甚微而显示的明显助磨现象。这两种学说各自代表不同的研磨阶段：粗磨时，吸附降低硬度学说起主导作用；细磨时，流变学理论占支配地位。吸附降低硬度的效果，也会引起矿浆流动性的变化，仅仅是在不同情况下，何者起主导作用而已。概括起来说，助磨作用机理可归纳如下：降低破碎能；增加脆性断裂概率以防止塑性变形；阻止细颗粒的絮凝和再聚集/强化分散；调整浆料的流变特性，使之处于假塑性区。

## 0.2.4 增强作用

在陶瓷生产过程中，对于一些质地较差的高岭土等，往往需要加入某些陶瓷添加剂，来弥补其塑性差或改善初制品的强度。增强剂加入后对浆料性能通常没有不良影响，但却能够提高坯体可塑性以及浆料的悬浮稳定性。陶瓷坯体增强前后结构如图0-4所示，颗粒受力如图0-5所示。图0-4说明具有足够链长的高分子聚合物可在陶瓷颗粒之间架桥，产生交联作用，形成不规则网状结构，并形成凝聚，将陶瓷颗粒紧紧包裹，从而增加坯体强度。图0-5说明在不加增强剂时，陶瓷颗粒之间主要依靠范德华力结合，由于颗粒之间还存在少量水分，故颗粒之间还有毛细管力，毛细管力的存在使得颗粒扩散层产生张紧力，从而将颗粒拉近。成型压力越大，颗粒之间的距离越近，毛细管力越大，颗粒结合力越强，则坯体强度越大。当有增强剂存在时，除了上述作用之外，由于颗粒表面被高分子材料包裹（包裹程度视增强剂加入量不同而异），还会使颗粒之间借助于有机高分子而产生氢键作用，因而可以大大增加坯体强度。

(a) 未加增强剂的情况　　(b) 加增强剂后的情况

图 0-4　陶瓷坯体加增强剂前后
的结构示意图

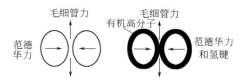

(a) 未加增强剂的情况　　(b) 加增强剂后的情况

图 0-5　陶瓷坯体加增强剂前后颗
粒的受力示意图

## 0.2.5 黏结作用

黏结作用是使制品在成型过程中减少颗粒间的摩擦力，增加陶瓷物料的可塑性和成型中的高度黏结性，从而提高生坯强度（特别是瓷质砖，配方中瘠性原料较多，坯体强度差，半成品破损较多）。

黏结作用机理为：黏合剂（高分子表面活性剂或高聚合物）与陶瓷物料紧密接触，由于分子的布朗运动或链段的摆动产生互扩散作用，使两者极性基团或链节相互靠近，互相吸引，使分子间距进一步缩短，处于最大稳定状态的距离，从而打破黏合剂与陶瓷物料链条间界面，形成牢固的过渡区。整个体系如同一个物理缠结网络，可将作用力分散于整个网络上，减少局部应力导致的不均匀，提高坯体或釉层的强度。

常用起黏结作用的陶瓷添加剂有脂肪醇聚氧乙烯醚、聚丙烯酰胺、聚乙烯醇、聚丙烯酸盐和木质素磺酸钠等。

## 0.2.6 助烧作用

所有的陶瓷都需要经过高温烧结的工艺过程，高温对生产条件和能源均提出较高要求。如果能降低陶瓷的烧结温度，则可以大大提高生产企业的经济效益，更能节省日益匮乏的能源。为此，需要在陶瓷中加入某些添加剂来降低烧结温度，起到帮助烧结的作用。许多氧化物陶瓷采用低熔点助剂促进材料烧结，助剂的加入一般不会影响材料的性能或反而为某种功能产生良好影响。这些添加剂一般是由低熔点的玻璃或化合物组成的。在陶瓷粉料中使用的助烧剂主要存在以下几种助烧机制。

**(1) 与烧结相形成固溶体**　当外加剂与烧结相的离子大小、晶格类型及电价数接近时，它们可形成固溶体，离子置换使主晶相晶格发生畸变，增加结构缺陷，降低电畴间的势垒，从而有利于离子扩散，促进烧结，降低烧结温度。一般来说，它们之间形成有限固溶体比形成连续固溶体更能促进烧结。外加剂离子的电价和半径与烧结相离子的电价和半径相差越大，晶格畸变程度越大，促进烧结的作用越显著。选择与烧结体正离子半径相近但电价不同的外加剂可以形成缺位型固溶体，或是选用半径小的正离子以形成填隙型固溶体造成晶格畸变，提高活性，从而促进烧结。例如在 $Al_2O_3$ 的烧结中，加入少量 $Cr_2O_3$ 或 $TiO_2$ 可促进烧结。加入 3％ $Cr_2O_3$ 于 $Al_2O_3$ 中形成连续固溶体，可以在 1860℃烧结；而加入 1％～2％ $TiO_2$ 的 $Al_2O_3$ 在 1600℃就能致密化。这是因为 $Cr_2O_3$ 与 $Al_2O_3$ 正离子半径相近，电价相同，可形成连续固溶体；而 $Ti^{4+}$ 与 $Al^{3+}$ 电价不同，置换后将有正离子空位产生，而且在高温下 $Ti^{4+}$ 可能转变成半径较大的 $Ti^{3+}$，加剧晶格畸变，使 $Al_2O_3$ 活性提高，更能有效地促进烧结。

**(2) 阻止晶型转变**　有些氧化物在烧结时发生晶型转变，并伴有较大的体积变化，这就容易引起坯体开裂，导致烧结致密化发生困难，选用合适的添加物加以抑制，可以促进烧结。在 $ZrO_2$ 烧结时加入一定量的 CaO、MgO、$Y_2O_3$ 就属于这一机理。在 1170℃左右，稳定的单斜 $ZrO_2$ 转变成四方 $ZrO_2$ 伴有 10％左右的体积收缩，使坯体易于开裂，引入电价比 $Zr^{4+}$ 低的 $Ca^{2+}$（或 $Mg^{2+}$、$Y^{3+}$），可形成晶型稳定的 $Zr_{1-x}Ca_xO_2$ 固溶体，这样既防止了制品的开裂，又增加了晶体中的离子空位，使烧结加速。

**(3) 抑制晶粒长大**　烧结后期晶粒长大对烧结致密化有重要作用，但若二次再结晶或间断性晶粒长大过快，又会因晶粒变粗、晶界变宽而出现反致密化现象并影响制品的显微结构。通过加入外加剂可抑制晶粒的异常长大，促进烧结进程。例如，在烧结 $Al_2O_3$ 时，为抑制二次再结晶，一般加入 MgO 或 $MgF_2$。在高温下 MgO 会与 $Al_2O_3$ 反应形成 $MgAl_2O_4$ 尖晶石，分布于 $Al_2O_3$ 颗粒之间，抑制晶粒的长大，并促使材料致密化。

**(4) 产生液相**　通过形成液相烧结来降低烧结温度。烧结时如有适宜的液相，会大大促进颗粒重排和传质过程。液相烧结中的晶粒重排、强化接触可以提高晶界迁移率，使气孔充分排出，促进晶粒发育，提高瓷体致密度，达到降低烧结温度的目的。外加剂的加入能使坯体在较低温度下产生液相，这可能是由于外加剂本身熔点低，也可能是其与烧结物形成多元低共熔物。例如，在 BeO 中加入少量 CaO、SrO、$TiO_2$，在 MgO 中加入少量 $V_2O_5$ 或 CuO 等属于前一种情况；而在生产氧化铝 95 瓷时，一般加入 CaO、$SiO_2$，在 CaO：$SiO_2$＝1：1（摩尔比）时，由于生成 $CaO$-$Al_2O_3$-$SiO_2$ 液相，使该材料在 1540℃就能烧结，属于后一种情况。

此外，液相产生巨大的毛细管力加速颗粒或者晶粒的重排，从而大大降低烧结温度。液相所产生的毛细管力同时也会引起固相颗粒的"溶解-淀析"过程，使较小的颗粒溶解，较大的颗粒长大。在颗粒接触点，巨大的毛细管力使固相溶解度增大，物质便由高溶解度区迁移至低溶解度区，从而使接触区的颗粒渐趋平坦而互相靠近，使坯体收缩而致密化。而且在此过程中，还常伴有固-液相之间的化学反应，这更加速了物质的扩散。

（5）烧结温度范围　加入适当外加剂还能扩大陶瓷的烧结温度范围，有利于烧成工艺温度控制。例如，锆钛酸铅陶瓷的烧结温度范围只有 $20\sim40℃$，但在加入适量的 $La_2O_3$ 和 $Nb_2O_5$ 后，其烧结温度范围可扩大到 $80℃$。这是由于外加剂在晶格内产生空位，在有利于瓷坯致密化的同时拉宽了烧结温度的上限。

（6）通过过渡液相烧结来降低烧结温度并改善性能　低熔点添加物在烧结过程中会先形成液相促进烧结，而到了烧结后期又作为最终相进入主晶相起掺杂改性作用。低熔点添加物的这种"双重效应"可以使烧结温度降低的同时还能够提高陶瓷的介电性能。

## 0.2.7　减水作用

目前，陶瓷工业中一般使用喷雾干燥的方法制造粉料，用这种方法制备出来的粉料具有良好的流动性，适合流水线生产要求，且可压出高强度的坯体。但是喷雾干燥工艺耗能很大，据统计，入塔泥浆平均含水率约 $40\%$，粉料产品离塔平均含水率约 $7\%$，其余约 $33\%$ 的水分被蒸发，在此过程中所需的能耗约占生产总能耗的 $1/3$。因此希望进入喷雾干燥塔的泥浆含水率尽可能低而泥浆的流动性又好，含水量的降低可以使干燥时的能耗减小，并增加粉料输出量。这就需要陶瓷添加剂来发挥减水作用。

陶瓷添加剂的减水作用是为了在陶瓷压力注浆成型过程中提高泥浆的脱水性，改善陶瓷浆料性能，使浆料在低水分含量的情况下，具有适当的黏度、良好的流动性和高固相含量，以便于操作，达到节能降耗的目的。此外，注浆泥料中低的含水量还可降低坯体的收缩，减小石膏模的吸水量，缩短模型的干燥时间，提高生产效率。有些陶瓷添加剂在浆料颗粒表面吸附或结合后，能降低其表面张力，减小接触角，使水分子难以铺展和浸湿。受应力作用后，在陶瓷压力注浆成型过程中迅速脱水，从而提高注浆效率，同时增强生坯强度。陶瓷减水剂的作用还可以通过控制系统的电动电位，改善釉料的流动性，使其在水分含量减少的情况下，黏度适当，流动性好，避免出现缩釉等现象，提高产品的质量；同时，还能减少釉层的干燥时间，降低干燥能耗，降低生产成本。关于高效减水剂的作用机理，至今为止仍旧没有一个完美的理论来解释，但有几个理论为大家所普遍认同。

（1）静电斥力理论　泥浆水化后，由于离子间的范德华力作用以及泥浆水化矿物、泥浆主要矿物在水化过程中带不同电荷而产生凝聚，导致了粉料产生絮凝结构。高效减水剂大多属阴离子型表面活性剂，掺入到粉料中后，减水剂中的负离子 $SO_4^{2-}$、—$COO^-$ 就会在粒子的正电荷 $Ca^{2+}$ 的作用下吸附于泥浆粒子上，在表面形成扩散双电层的离子分布，使泥浆粒子在静电斥力作用下分散，把泥浆水化过程中形成的空间网架结构中的束缚水释放出来，使料浆流动化。双电层 Zeta 电位的绝对值越大，减水效果越好。随着泥浆的进一步水化，电性被中和，静电斥力随之降低，范德华力的作用变成主导，对于萘系、三聚氰胺系高效减水剂作用的体系，泥浆又开始凝聚，坍落度经时损失比较大，所以掺入这两类减水剂的料浆所形成的分散是不稳定的。而对于氨基磺酸、多羧酸系高效减水剂，由于其与泥浆的吸附模型不同，粒子间吸附层的作用力不同于前两类，其发挥分散作用的主导因素不是 Zeta 电位，因此可以形成一种稳定的分散。

**(2) 空间位阻学说**　该学说以熵效应理论为基础，认为空间位阻作用取决于减水剂的分子结构和吸附形态或者吸附层厚度等。掺有高效减水剂的泥浆中，高效减水剂的有机分子长链实际上在水泥微粒表面是呈现各种吸附状态的。不同的吸附态是因为高效减水剂分子链结构的不同所致，它直接影响到掺有该类减水剂料浆的坍落度的经时变化。有研究表明，萘系和三聚氰胺系减水剂的吸附状态是棒状链，因而是平直的吸附，静电排斥作用较弱。其结果是 Zeta 电位降低很快，静电很容易随着料浆水化进程的发展受到破坏，使范德华引力占主导，坍落度经时变化大。而氨基磺酸类高效减水剂分子在水泥微粒表面呈环状、引线状和齿轮状吸附，它使水泥颗粒之间的静电斥力呈现立体的交错纵横式，立体的静电斥力的 Zeta 电位经时变化小，宏观表现为分散性更好，坍落度经时变化小。而多羧酸系接枝共聚物高效减水剂大分子在水泥颗粒表面的吸附状态多呈齿形，这种减水剂不但具有对水泥微粒极好的分散性，而且能保持坍落度经时变化很小。原因有三：其一是由于接枝共聚物有大量羧基存在，具有一定的螯合能力，加之链的立体静电斥力构成对粒子间凝聚作用的阻碍；其二是因为在强碱性介质中，接枝共聚链逐渐断裂开，释放出羧酸分子，使上述第一个效应不断得以重视；其三是接枝共聚物 Zeta 电位绝对值比萘系和三聚氰胺系减水剂的低，因此要达到相同的分散状态时，所需要的电荷总量也不如萘系和三聚氰胺系减水剂那样多。对于有侧链的聚羧酸减水剂，分子结构呈梳形，特点是：主链上带多个活性基团且极性较强；侧链带有亲水的活性基团，且链较长、数量多；疏水基团的分子链段较短，数量也少。通过这种立体排斥力，能保持分散系统的稳定性。研究表明，加入聚羧酸减水剂后，颗粒的动电位要比加入萘系减水剂低得多。

**(3) 润湿作用**　粉末颗粒加水拌和后，颗粒表面被水润湿，而润湿的状况对新拌料浆的性能影响很大。当这类扩散自然进行时，可由吉布斯方程计算出表面自由能减少的量。

$$dG = \sigma_{cw}dS \qquad (0-3)$$

式中　$dG$——表面自由能的变化量；

　　　$\sigma_{cw}$——颗粒-水界面的界面张力；

　　　$dS$——扩散润湿的面积变化量。

将上式积分得：
$$G = \sigma_{cw}S + C \qquad (0-4)$$

假如整个体系中某一瞬时自由能为定值时，则 $\sigma_{cw}$ 与 $S$ 成反比。因此，若掺入使整个体系界面张力降低的表面活性剂（如减水剂），不但能使颗粒有效地分散，而且由于润湿作用，使颗粒水化面积增大，影响颗粒的水化速度。另外，与润湿有关的是水分向颗粒毛细管渗透的问题。渗透作用越强，颗粒水化越快。水分向颗粒内部毛细管的渗透，取决于溶液的毛细管压力。

**(4) 润滑作用**　减水剂解离后的极性亲水基团定向吸附于颗粒表面，容易以氢键形式与水分子缔合，这种氢键缔合的作用力远大于该分子与颗粒之间的分子引力。当颗粒吸附足够多的减水剂后，借助于极性亲水基团与水分子中氢键的缔合作用，再加上水分子之间的氢键缔合，构成了微粒表面的一层稳定的溶剂化水膜，阻止了颗粒间的直接接触，增加了颗粒间的滑动能力，起到润滑作用，从而进一步提高浆体的流动性。另一方面，掺入减水剂后，料浆中将被引入一定量的微小气泡，它们同样被减水剂定向吸附的分子膜包围，使气泡与气泡及气泡与颗粒间也因同电性相斥而类似在水泥微粒间加入许多微珠，如同滚珠轴承一样。这些小气泡使得颗粒分散从而增加了颗粒间的滑动能力，亦起到润滑作用，提高料浆的流动性。

## 0.2.8　消泡作用

所谓"泡沫"就是一个不溶性的气体在外力作用下进入液体之中，被液膜包围起来而形成相互隔离的非均相体系。产生泡沫时，由于液体与气体的接触表面迅速增加，体系的自由能也迅速增加。泡沫体系自由能的增加等于表面张力和增加表面积的乘积。泡沫产生的难易程度与液体体系的表面张力直接有关，表面张力越低，体系形成泡沫所需的自由能就越小，就越易生成泡沫。泡沫的形成会对陶瓷制品的性能产生诸多不良的影响，如造成釉层产生小孔或凹坑等缺陷。为此，使用具有消泡作用的陶瓷添加剂来防止这类缺陷的形成是十分必要的。

泡沫的本质是不稳定的，它的破除要经过三个过程，即气泡的再分布、膜厚的减薄和膜的破裂。但是一个比较稳定的泡沫体系，要经过这三个过程而达到自然消泡需要很长的时间，因此，需要使用一些能够防止泡沫形成，或者能够使原有泡沫减少或消除的特殊添加剂，即消泡剂。

消泡剂又称为防沫剂、抗泡剂等，可用于陶瓷釉料的除沫，用量约为 $1\%\sim2\%$。消泡剂以微粒的形式渗入到泡沫的体系中，当泡沫要产生时，存在于体系中的消泡剂微粒立即破坏气泡的弹性膜，抑制泡沫的产生。如果泡沫已经产生，添加的消泡剂接触泡沫后，即捕获泡沫表面的憎水链端，并经过迅速铺展，形成很薄的双膜层，进一步扩散，层状侵入，取代原泡沫的膜壁。消泡剂本身的表面张力很低，能使含有消泡剂的泡膜膜壁逐渐变薄，而被周围表面张力大的膜层强力牵引，整个气泡就会产生应力的不平衡，从而导致气泡的破裂。由于消泡剂结构不尽相同，其作用机理也各不相同，目前消泡的作用机理主要有以下 3 种。

**(1) 化学反应法**　消泡剂能与发泡剂（产生泡沫的物质）发生化学反应，或者使发泡剂溶解。例如，发泡剂为脂肪酸皂类的体系，可加入酸使其变为硬脂酸，也可加 $Ca^{2+}$、$Mg^{2+}$ 等金属离子，使其形成不溶于水的难溶盐，导致泡沫破裂。

**(2) 降低膜强度法**　消泡剂降低液膜表面黏度，使排液加快到致泡沫寿命缩短而消泡。泡沫液膜的表面黏度升高会增加液膜的强度，减缓液膜的排液速度，降低液膜的透气性，阻止泡内气体扩散等，延长了泡沫的寿命而起到稳定泡沫的作用，这类物质称为起泡剂。可生成氢键的起泡剂如：在低温时聚醚型表面活性剂的醚键与水可形成氢键，蛋白质的肽链间也能形成氢键而提高液膜的表面黏度。若用不能产生氢键的消泡剂将能产生氢键的稳泡剂从液膜表面取代下来，就会减小液膜的表面强度，使泡沫液膜的排液速度和气体扩散速度加快从而降低泡沫的寿命而消泡。大多数消泡剂使用小分子醇类，如乙醇、辛醇等，它们可以进入泡沫双分子定向膜中，使膜强度降低，并通过这些极性分子的扩散使部分发泡剂分子带入水中，消泡剂分子取代、吸附、顶替原来的起泡剂分子，导致泡沫破裂。又如，磷酸三丁酯分子截面积大，渗入液膜后介于起泡剂分子之间，使其相互作用力减弱，导致液膜表面黏度大幅下降，泡沫亦能变得不稳定而容易被破坏。

**（3）造成局部张力差异** 消泡剂使泡沫液膜局部表面张力降低而消泡。因为消泡剂微滴的表面张力比泡沫液膜的表面张力低，当消泡剂加入到泡沫体系中后，消泡剂微滴与泡沫液膜接触，可使此处泡沫液膜的表面张力减低，因此泡沫周围液膜的表面张力几乎没有发生变化。表面张力降低的部分，被强烈地向四周牵引、延展，最后破裂使泡沫消除，如图 0-6 所示。消泡剂浸入气泡液膜扩展，顶替了原来液膜表面上的稳泡剂（图 0-6 中 A、B 处），使此处的表面张力降低，而存在着起泡剂的液膜表面的表面张力高，将产生收缩力，从而使低表面张力的 C 处液膜伸长而变薄最后破裂，使气泡消除（D 处）。

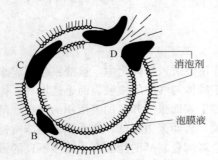

图 0-6 消泡剂降低局部液膜
表面张力而破泡

由于破泡的过程是使隔开气体的液膜由厚变薄直至破裂的过程，当消泡剂在溶液表面铺展时，带走邻近表面的一层溶液，使液膜局部变薄而破泡。消泡剂在液面铺展越快，则消泡能力越强。因此，用作消泡剂的物质必须具备以下条件：

① 基本不溶于起泡液；
② 比起泡液具有更低的表面张力；
③ 容易分散在起泡液中而不是溶解；
④ 具有良好的化学惰性。

如含氟表面活性剂、硅油、聚醚、高碳醇、胶体 $SiO_2$，它们都能够进入泡沫双分子膜中，导致膜中表面张力局部降低，而膜的其余部分则仍保持着较大的表面张力，这种张力差异使较强张力牵引着较弱张力部分，从而导致泡沫的破裂。

## 0.2.9 着色作用

用于陶瓷着色的材料称为陶瓷着色剂（色料），通常是无机化合物，因为只有无机颜料才能在高温下烧结而不发生分解，并能与基质釉料熔为一体。陶瓷色料本身的颜色及其在釉和坯体中的着色是一个十分重要和复杂的问题，特别是呈色机理，它涉及量子物理、量子化学、物理光学和物理化学等多个学科。

不同着色物质着色机理是不同的，但着色元素大都属于过渡金属元素和部分稀土金属元素，从本质上它们特殊的电子构型决定了它们的呈色。

**（1）晶体着色理论** 目前普遍被公认的是晶体场理论和电荷转移呈色理论。根据该理论，铁红的红色源自氧配位多面体中的氧离子和过渡金属元素铁离子间的电荷转移，配位多面体（L）和过渡金属（M）之间的电荷转移又称 L→M 转移（这里是：$O^{2-} \rightarrow Fe^{3+}$）。在转移过程中，引起可见光吸收谱的改变导致红色的产生。很多类似的晶体颜色很难区分究竟是 d→d 晶体场作用机理还是电荷转移吸收机理，特别是当金属的波函数与配位体的波函数有很大重叠和交叉时，要进行混合波函数的有效处理，只有进行整个分子轨道的分析整理，其中包括对以几个原子为中心的分子轨道的分析。这种计算即使采用现代的高速电子计算机也很费工、费时。

（2）离子着色理论　就机理而言广义上包括了离子晶体的着色。其呈色源自它们特有的电子层结构。过渡金属元素离子都具有 $4s^{1\sim2}3d^z$ 型电子结构，而部分稀土金属元素离子具有 $6s^{1\sim2}5d^{1\sim4}f^r$ 型电子结构，它们的能量都较高，不稳定，只需较少的能量即可激发，故能选择吸收可见光。

化合物的颜色多取决于离子的颜色，如果离子有色则离子晶体必然有色。常见的离子着色有：$Co^{2+}$（$3d^2$）能吸收橙、黄和部分绿光，而呈现带紫的蓝色；$Co^{3+}$（$3d^3$）吸收绿光以外的色光，强反射绿色而呈绿色；$Ni^{2+}$ 通过紫、红光吸收其他光形成紫调灰色；$Cu^{2+}$（$3d^9$）吸收红、橙、黄及紫光，让蓝、绿通过，呈蓝、绿色；$Cr^{3+}$ 吸收红、蓝光着绿色。镧系元素如 $Ce^{3+}$（铈）在蓝紫处有不大的吸收，故着黄色；$Pr^{3+}$（镨）吸收蓝、紫光着黄色和绿色；$Nd^{3+}$（钕）吸收橙、黄呈红紫。锕系与镧系相同，因系放射性元素，只使用铀（$U^{6+}$），它吸收紫、蓝光，呈带绿荧光的黄绿色。复合离子如其中有显色的简单离子则必然会显色；如全为无色离子，相互作用强烈，产生较大的极化，则也会由于轨道变形，易受到激发而吸收可见光。如 $V^{5+}$、$Cr^{6+}$、$Mn^{2+}$、$O^{2-}$ 均为无色，但 $VO_3^-$ 显黄色，$CrO_4^{2-}$ 也呈黄色，$MnO_4^-$ 显紫色。

通常高温色料（如釉下彩料等）为使颜色稳定，都先将显色离子合成到人造矿物中去，最常见的是尖晶石型陶瓷色料 $AO \cdot B_2O_3$，这里 A 是二价离子，B 是三价离子，只要离子的尺寸（离子半径）合适，则二价、三价离子均可固溶进去，由于堆积紧密，结构稳定，所制成的色料稳定度高，此外还有制成钙钛矿、锡楣石、刚玉、金红石等作为载体，将发色离子固溶进去而制成高温色料的。不同元素的离子在同一基釉中发出不同颜色是人所共知的，而相同离子在不同基釉中也发出不同颜色，这是由于基础釉的组成对着色离子的配位状态产生影响的结果，例如 CuO 在碱性釉中呈土耳其绿色，在铅釉中则呈绿色到黄绿色，而在酸性釉中可以是无色。着色离子在釉中的呈色见表 0-6。不同元素不同离子在不同基釉中的呈色见表 0-7。几种不同晶体在不同基釉中的呈色见表 0-8。

表 0-6　着色离子在釉中的呈色

| 离子 | 4 配位 | 6 配位 | 离子 | 4 配位 | 6 配位 |
| --- | --- | --- | --- | --- | --- |
| $Cr^{3+}$ | — | 绿 | $Mn^{3+}$ | 赤　紫 | — |
| $Cr^{6+}$ | 黄 | — | $Fe^{2+}$ | — | 青　绿 |
| $Cu^{2+}$ | 黄茶 | 青 | $Fe^{3+}$ | 浓褐 | 淡黄　赤 |
| $Cu^+$ | — | 无色 | $U^{6+}$ | 黄 | 淡黄 |
| $Co^{2+}$ | 青 | 赤 | $V^{3+}$ | — | 绿 |
| $Ni^{2+}$ | 赤紫 | 黄 | $V^{4+}$ | — | 青 |
| $Mn^{2+}$ | 黄硝色 | 淡橘色 | $V^{5+}$ | 无色　黄色 | — |

表 0-7　不同元素不同离子在不同基釉中的呈色

| 元素 | 在酸性釉中 | 在碱性釉中 | 元素 | 在酸性釉中 | 在碱性釉中 |
|---|---|---|---|---|---|
| Fe | 碧绿($Fe^{2+}$) | 黄褐 | V | 淡绿($V^{3+}$) | 褐($V^{5+}$) |
| Cr | 绿($Cr^{3+}$) | 橙黄 | Cu | 无色($Cu^+$) | 淡蓝($Cu^{2+}$) |
| Mn | 淡黄褐($Mn^{2+}$) | 紫红 | | | |

表 0-8　几种晶体着色颜色釉

| 色釉种类 | 陶瓷色料 | 基础釉 | 色料与基釉比例 | 烧成条件 | |
|---|---|---|---|---|---|
| | | | | 温度/℃ | 气氛 |
| 铬铝红釉 | 铬铝红 | 滑石-长石釉 | 8∶92 | 1280 | 氧化 |
| 钒锡黄釉 | 钒锡黄 | 石灰釉 | 1∶10 | 1230～1250 | 氧化 |
| 锌钛黄釉 | 锌钛黄 | 石灰釉 | — | 1280～1320 | 还原 |
| 钛黄釉 | 钛黄 | 石灰釉 | — | 1230～1250 | 还原 |
| 豌豆绿釉 | 钒锆绿 | 锆石-石灰釉 | 4∶108 | 1280 | 氧化 |
| 天蓝釉 | 钒锆蓝 | 石灰釉 | 8∶108 | 1250～1280 | 氧化 |
| 黑釉 | 混合黑 | 石灰釉 | 13∶108 | 1230 | 氧化 |

**(3) 胶态着色理论**　最常见的有胶体金（红）、银（黄）、铜（红）以及硫硒化镉（CdS＋CdSe）等几种，但金属与非金属胶体粒子的属性完全不同，对金属胶体粒子来说，它的吸收光谱或者说所呈现的色调，决定于粒子的大小；而非金属胶体粒子的呈色主要取决于它的化学组成（配比），粒子尺寸的影响则很小。以胶态金的水溶液为例，$d \approx 5～20nm$ 时呈强烈的红色，这是最好的粒度；而当粒度增加到大于 20nm 时，溶液逐渐变到接近金盐溶液的弱黄色；而在粒度增至 50～100nm 时，则依次从红变到紫红再变到蓝色；若粒度再继续增大至 100～150nm 时，透射呈蓝色，反射呈棕色，已接近金的颜色，说明这时已形成晶态金的颗粒。因此，对于以金属胶态着色剂来着色的陶瓷釉而言，它的色调决定于胶体粒子的大小，而颜色的深浅则取决于粒子的浓度。而在非金属胶态溶液［如金属硫化物，如 CdS、SeS 以及 $Fe(OH)_2$ 等］中，颗粒变化对颜色的影响很小，一旦粒子尺寸达到 100nm 以上，溶液开始发生浑浊，但颜色仍然不变。它们在玻璃中的情况也完全相同，最好的例子就是以硫硒化镉胶着色的大红，只要 CdS/CdSe 的比例固定后，总能得到色调相同的红色（粒径＜100nm）。通常，含胶态着色剂的玻璃（及釉等）要在较低的温度下进行热处理显色，使胶体粒子形成所需要的大小和数量，才能出现预期的颜色，如果冷却太快，胶体粒子长不到理想的大小，制品将会是无色的，必须经过再一次的热处理才能呈现应有的颜色。

## 0.2.10　偶联作用

偶联剂的作用和效果早已被世人所承认和肯定，但界面上极少量的偶联剂为什么会对复合材料的性能产生如此显著的影响，迄今尚无一套完整的理论来解释。绝大多数基于分子水平的偶联机理的理论研究工作是针对硅烷偶联剂和玻璃纤维的。主要的偶联机理有以下几种。

**（1）化学键理论** 化学键理论是最早，也是迄今被认为是比较完善的一种理论，可以解释较多的事实和现象。该理论认为偶联剂含有一种化学官能团，与玻璃纤维表面的硅醇或其他无机填料表面的质子作用，形成共价键。此外，偶联剂还含有至少一种不同的官能团与聚合物分子键合，起着在无机相与有机相之间相互连接的桥梁作用，导致产生较强的界面结合。

**（2）浸润效应和表面能理论** 1963 年，Zisman 在回顾有关表面化学和表面能的知识时，曾得出结论：在复合材料的制造中，液态树脂对被粘物的良好浸润是最为重要的，如果能将填料完全浸润，那么树脂对高能表面的物理吸附将提供高于有机物树脂的内聚强度的粘接强度。

**（3）可变形层理论** 为了缓和复合材料冷却时由于有机相树脂和无机相填料之间因热收缩率的不同而产生的界面应力，就希望与处理过的无机物邻接的树脂界面是一个柔曲性的可变形的相，这样复合材料的韧性最大。偶联剂处理过的无机物表面可能会择优吸收树脂中的某一配合剂，相间区域的不均衡固化可能导致一个比偶联剂在聚合物与填料之间的单分子层厚得多的挠性树脂层，即可变形层，它能松弛界面应力，阻止界面裂缝的扩展，因而改善界面的结合强度。

**（4）拘束层理论** 与可变形层理论相对，拘束层理论认为复合材料中存在着高模量的填料和低模量的树脂间的界面区，偶联剂是界面区中的一部分。若此界面区的模量介于填料和树脂之间，则可最均匀地传递应力。偶联剂除与填料表面产生黏合外，还具有在界面上"紧密"聚合物的作用。由于处在界面上的偶联剂具有能够和树脂起反应的基团，则可以在界面上起到增加交联密度的作用。

此外，还有提出把化学键理论、变形层理论和拘束层理论联系起来的可逆水解理论，它把化学键理论的特点和拘束层理论刚性界面结合起来，又能允许变形理论的应力松弛。田伏宗雄认为硅烷偶联剂在无机填料表面的作用机理是化学键氢键物理吸附形成交联结构的覆盖状物质从表面排除水等，这些作用都有助于表面的黏结，即所谓的模式。另一方面，认为和聚合物的作用机理是化学键形成应力传递的界面层，改善聚合物的浸润性，改善相容性，增加表面粗糙度，形成隔水层等。

以上理论均从不同侧面反映了偶联剂的偶联机理，在实际过程中，往往是几种机制共同作用的结果。

## 0.2.11　润滑作用

陶瓷添加剂的润滑剂作用是通过润湿粉料颗粒表面，降低颗粒之间的动、静摩擦系数，在颗粒表面形成疏水基向外的反向吸附，增大彼此间的润滑性，从而提高粉料颗粒的流动性，减少颗粒之间以及粉料颗粒和模具内壁间的摩擦阻力，提高压制坯体的密度及其分布均匀性，使坯体便于脱模，增加坯体表面的光滑性。润滑剂对于采用干压、半干压和热压铸、挤出成型的陶瓷制品而言，是一种非常重要的成型添加剂。陶瓷润滑剂主要由油溶性表面活性剂组成，通常为含有极性官能团的有机物，如硬脂酸、硬脂酸金属盐等，加入量通常为 0.5%～2%；由于陶瓷生产中的影响因素很多，关于润滑剂的作用机理还存在着不同的解释，比较为人们所接受的有塑化机理、界面润滑和涂布隔离机理。

**(1) 塑化机理——内润滑**　为了降低颗粒分子之间的摩擦，即减小内摩擦，需要加入与颗粒分子有一定相容性的润滑剂，称之为内润滑剂。其结构及其在颗粒之间的形态类似于增塑剂，所不同的是润滑剂分子中，一般碳链较长、极性较低。少量的润滑剂分子穿插于颗粒分子间，略微削弱分子间的相互吸引力。在成型过程中，分子间能够相互滑移和旋转，从而减小分子间的内摩擦，流动性增加，起到润滑的作用。

**(2) 界面润滑机理——外润滑**　与内润滑相比，外润滑剂与颗粒分子的相容性更小，故在加工过程中，润滑剂分子更容易从颗粒的内部迁移到表面，并在界面处定向排列。这种在颗粒和加工模具间形成的润滑剂分子层所形成的润滑界面，对颗粒和模具起到隔离作用，故减少了二者之间的摩擦，使材料不会黏附在模具上。润滑界面膜的黏度大小，影响其在金属模具和粉料上的附着力。适当的黏度，可以产生较大的附着力，形成的界面膜良好，隔离效果和润滑效率高。一般来说，润滑剂的分子链越长，越能使两个摩擦面远离，润滑效果越好，润滑效率越高。

**(3) 涂布隔离机理——外润滑**　对加工模具和被加工材料完全保持化学惰性的物质称为脱模剂。将其涂在加工设备的表面，在一定条件下使其均匀分散在模具表面，当其中加入待成型粉料时，脱模剂便在模具与颗粒的表面之间形成连续的薄膜，从而达到完全隔离的目的，由此减少了粉料与加工设备间的摩擦，避免陶瓷坯体黏附在模具上，易于脱模，从而提高加工效率和保证产品质量。

一种好的润滑剂应该满足以下要求：

① 表面张力小，易于在被隔离材料的表面均匀铺展；

② 热稳定性好，不会因为温度升高而失去防黏性质；

③ 挥发性小，沸点高，不会在较高温度下因挥发而失效；

④ 黏度要尽量高，涂抹一次可用于多次脱模，同时在脱模后要较多黏附在模具上而不是制品上；

⑤ 其分子的烃链要足够长，不带支链，易于形成致密的油膜；

⑥ 吸附基要牢固地吸附在黏土、金属和石膏表面上，防止油膜脱落。

陶瓷生产应用的润滑剂主要有如下几类。

**(1) 金属皂类**　国内应用较多的润滑剂是硬脂酸钙乳液，制备方法是将硬脂酸钙与油溶性及水溶性表面活性剂混合，再加水制成 40%～50% 的水悬浮分散液，以绝干量的 0.5%～1.5% 加到料浆中。如德国司马公司的 ZUSOPLAST 126/3 润滑剂就属于硬脂酸金属盐乳液，适用于挤出成型。硬脂酸钠类水溶性润滑剂作用也很明显，并可防止结块，但它容易使涂料黏度提高或引起胶凝。

**润滑剂**　labricants

**其他名称**　SCD 润滑剂，YH 润滑剂。

**组成**　硬脂酸钙，乳化剂。

**性状**　本品为白色乳液，稳定性好，半年之内不分层。

**制法** 将硬脂酸加入反应釜，加热熔融，继续升温至 80℃ 左右，加入 OP-10 水溶液，快速搅拌至均匀乳化。

**产品规格**

| 指标名称 | 指标 | 指标名称 | 指标 |
| --- | --- | --- | --- |
| 固含量/% | 50±2 | 黏度/mPa·s | 350～400 |
| 粒度/μm | 0.5～1.0 | pH 值(2%液) | 8～10.5 |

（2）长链脂肪酸酯或酰胺类 脂肪酸酯类是由脂肪酸或脂肪酸甘油酯与聚乙烯乙二醇（聚乙二醇）或氧化乙烯（环氧乙烷）反应生成的。这些产品通常称为聚乙二醇（PEG），其熔点和水溶性随聚乙二醇用量的增加而提高，通常具有低熔点，且亲水性强。由于是非离子型的，聚乙二醇在酸性和碱性涂料中很稳定。其主要功能是起增塑和改进耐折性作用，也能起润滑作用。

如德国司马公司的 ZUSOPLAST 9002 润滑剂属硬脂酸聚乙二醇酯，适用于氧化物、陶瓷、墙地砖、滑石等的压制成型。长链脂肪酸酰胺类润滑剂由乙二胺、二乙烯三胺、三乙烯四胺与脂肪酸反应而成，其熔点范围视所用的胺和脂肪酸而定，典型产品有二乙烯三胺双硬脂酰胺。

（3）矿物油改性类 主要有氯化石蜡、烷基磺酰氯和磺酰胺、合成脂肪酸、环烷酸等。它们都属于表面活性剂的范畴。

（4）聚酯和聚酰胺类 主要有聚己内酯、聚己内酯类。还可以采用水溶性聚酰胺，二元胺与二元酸缩聚制备，常用的二元酸有己二酸等，常用的二元胺是乙二胺、二亚乙基三胺、三亚乙基四胺和乙二胺等。

陶瓷润滑剂通常用于粉料的半干压、干压成型和可塑性粉料的挤压成型，以提高粉料和可塑性粉料的润滑能力，减少粉料的内摩擦及粉料与磨具间的摩擦，便于脱模和提高坯体表面的光滑程度，提高粉料颗粒的流动性及压制和挤压坯体的密度及密度分布。润滑剂也可以同时起到增塑剂和助压剂的作用。

国外最近研制出一种在精细陶瓷粉料中掺入氟树脂粉（粒径在 15mm 以下）作为坯体间润滑增强剂，效果非常理想。由于氟树脂硬度高，韧性强，不会使陶瓷粉料相互黏附，而且表面摩擦系数极小，能够有效发挥润滑增强作用，直接使用粉料压制成型而不需要成球造粒，只需要用较低成型压力。

# 0.3 陶瓷添加剂的使用原则

陶瓷添加剂一般以外加的形式引入，主要用来改变陶瓷坯体、釉浆的物理性能。在使用陶瓷添加剂时，需要遵循如下原则。

首先，要了解各种添加剂的特性和共性、它们之间的相容性及相互作用情况，掌握添加剂的作用机理。水溶性高分子在使用时要进行合理复配，使多组分添加剂充分发挥各自的作用，甚至能产生协同效应。

其次，要熟悉陶瓷配方组成中各种原料的物化性能、在各工序中的作用及存在形式，了解添加剂与各原料组分间的相互作用。一般亲水系统采用水溶性高分子，采用的添加剂必须能够用水稀释；憎水系统则采用水乳性或油溶性无机添加剂和高分子添加剂。

另外，要准确了解产品设计配方的特点，明白使用添加剂是要解决哪些问题，根据配方和使用要求合理选择添加剂种类。在保证产品性能的前提下，尽量不加或少加添加剂，因为不论是无机添加剂还是有机高分子添加剂，在提高制品质量的同时，亦会产生一些副作用，如无机添加剂存留在制品中有时会引起陶瓷强度的降低；有些无机添加剂烧结后会存留在制品中，破坏晶体结构，改变特种陶瓷应具有的特殊性能。而有些有机化合物及高分子添加剂在烧结过程中会逸出，产生一些气体，并且有大量的碳素遗留，造成产品的纯度降低。特别是某些对纯度要求很高的特种陶瓷制品，不允许有杂质存在，在选用添加剂时更要十分慎重。

第四，陶瓷添加剂的加入量有一定的范围，一般添加量为 0.1%～1.0%，用量太小起不到应有的作用，而加入过多又会产生一些副作用，使产品质量不稳定。但当作为成型助剂使用时，用量一般较大。例如，成型黏合剂和增塑剂的添加量一般较大，甚至达到 6% 左右。作为商品添加剂，它们都有各自最佳的使用量，需要根据产品使用说明或生产的实际情况来调整。

第五，要保证添加剂的质量稳定，使它们在贮存或使用过程中不至于变质。例如，有机化合物和高分子添加剂常会因为霉菌作用而降解，特别是一些天然高分子和半合成高分子的生物降解十分严重，故添加剂配成分散液使用时或在加入坯、釉浆后存放时间不宜过长，否则会使其发生生物降解，导致使用性能急剧降低。

最后，在坯体和釉料中加入添加剂后，陶瓷还要经过烧结工序才能形成制品。烧结温度一般要达到 1000℃ 左右的高温，而在此高温范围内，有机添加剂、高分子添加剂和少数无机添加剂可能会挥发或发生分解。也有极少数无机添加剂可在 1000℃ 以上高温使用，并且始终参与陶瓷制造过程中所发生的化学变化，与陶瓷基料及烧成物熔为一体。所以必须研究陶瓷添加剂与基质材料的烧结与共熔性质，以确定残余组分对产品性能的影响程度。

# 0.4　陶瓷添加剂的研究现状和主要产品

## 0.4.1　陶瓷添加剂的研究现状

陶瓷添加剂在普通陶瓷工业，特别是在特种陶瓷工业中得到广泛应用的历史，不过是近 30 年来的事。添加剂又称外加剂，是在陶瓷生产中，为达到某种目的而使用的一些无机或有机物质，包括一些天然物质和蒙脱石类矿物等，通常其加入量为 0.5%～2.0%，最多不超过 5%（如坯体增强剂）。

我国陶瓷工业使用传统添加剂的历史较长，从 20 世纪 50 年代就开始使用各种陶瓷添加剂。第一代添加剂主要是无机化合物和少量天然或半合成高分子化合物，如硅酸盐、碳酸钠和明胶等；20世纪60～80年代起则主要使用第二代添加剂，主要是天然或半合成高分子化合物，亦使用一些无机化合物与有机化合物的复合物。近年来，使用天然水溶性高分子和合成高分子化合物的种类和品种不断扩大，同时有机化合物亦在陶瓷生产中大量使用。

目前我国在陶瓷生产中常用的添加剂，主要是传统类人工合成添加剂，而新型添加剂生产的种类不多、产量不高，性能也不够稳定，特别是在有机高分子类添加剂、有机-无机复合型添加剂、表面改性型添加剂等高端添加剂方面，其中相当一部分要以高价从工业发达国家中进口。我国陶瓷添加剂研究和生产中存在的主要问题是：大部分品种有待于提高质量；产品不稳定现象十分普遍；产量和应用规模不大；与应用工艺配合不够紧密；专一性和功能性不能满足需要，特别是一些表面处理剂还要依赖进口；一些原料和中间体仍不能满足需要等。国产陶瓷添加剂无论就其种类、品种、性能还是使用稳定性方面，和一些工业发达国家如德国、美国、日本等国相比，尚存在相当大的差距，总体研究水平不高。因此，为了提高我国陶瓷生产技术水平，在研究新材料和新工艺的同时，要特别重视添加剂的研究和应用。

世界陶瓷生产先进国家近30年来十分重视新型化学添加剂的研究和开发，每年都有不少新品推出，除了常用的解凝剂、分散剂、塑化剂、絮凝剂方面广泛采用有机高分子和无机化合物复合外，特别在流变添加剂、各类表面活性剂、抗菌防腐剂、环保絮凝剂、防静电剂方面采用高科技改性，不断有新品推出，陶瓷添加剂已成为化学添加剂中一个十分活跃的领域，令人瞩目。我国在这方面的研究和开发、在陶瓷添加剂生产领域中的投入也有明显增长和进步。如今，各类功能的陶瓷添加剂专利种类繁多，例如："陶瓷釉用复合增白剂及其生产方法"、"复合陶瓷减水剂的制备方法"、"陶瓷材料研磨助剂的制备方法"、"陶瓷解凝增强剂"、"陶瓷釉面砖乳浊釉乳浊剂"、"陶瓷烧成助熔剂"、"骨质瓷复合增塑剂及其制备方法"、"纳米彩色着色剂的制造"、"高温修补釉组合物及其制备方法和应用"、"牙釉质表面早期龋损修复涂剂"、"在陶瓷膜中添加阻止剂以在大气烧结过程中阻止粒子的结晶生长"、"高温硫敏陶瓷脱硫剂及其制备方法"、"高效多用无损伤擦净剂的制造"等，都是国内先进和种类较齐全的、有着广泛应用价值的陶瓷添加剂。总体来看，陶瓷添加剂的发展速度快，产品更新换代的周期缩短，研究领域和使用领域不断扩大。

## 0.4.2 陶瓷添加剂主要产品

目前国际上主要生产陶瓷添加剂的厂家有德国的司马化工（ZSCHIMMER & SCHWAR2 CHEMISCHE FABRIKEN），这是一家生产各类化工产品的国际知名公司，下设有陶瓷部，专门生产各类陶瓷生产用助剂，产品有：坯体制备用添加剂；制品装饰用添加剂，包括印花固定剂、丝网印花介质、防釉剂、三次烧成专用印花介质；丝网制备用添加剂；注浆成形用助滤剂、球磨用助磨剂、坯体增强剂、脱模剂、石膏模添加剂、热塑注模黏结剂、等静压成形用添加剂；特种陶瓷用润湿剂、增塑剂、压形剂、临时黏合剂、化学黏结剂、成孔剂、膨松剂；干燥用助剂、助烧剂等。该公司在陶瓷添加剂生产中是一家品种齐全、质量优等的国际型品牌公司。其主要产品如表0-9所示。

表 0-9　德国司马化工的解凝剂产品

| 产　品 | 化学成分 | 外　观 | 适　用 |
|---|---|---|---|
| DOLAFLUX B | 硅镁化合物 | 灰色粉末 | 硅酸盐陶瓷坯体,尤其是炻器 |
| DOLAFLUX F | 硅镁化合物 | 灰色粉末 | 硅酸盐陶瓷坯体,尤其是陶器 |
| DOLAFLUX SP NEU | 硅镁化合物 | 灰色粉末 | 硅酸盐陶瓷坯体,尤其是瓷器 |
| DOLAPIX PC 67 | 电解质合成物 | 黄色液体 | 硅酸盐陶瓷坯体,尤其是卫生陶瓷 |
| DOLAPIX PCN | 电解质合成物 | 淡黄色液体 | 硅酸盐陶瓷坯体 |
| GISSFIX 162 | 硅酸盐 | 白色粉末 | 硅酸盐陶瓷坯体、炻器、尤其是瓷器 |
| DOLAFLUX SP NEU | 硅镁化合物 | 灰色粉末 | 硅酸盐陶瓷坯体,尤其是砖坯体 |
| DOLAFLUX KW | 磷酸化合物 | 灰色粉末 | 硅酸盐陶瓷坯体,尤其是砖坯体 |
| GISSFIX C30 | 硅磷酸化合物 | 白色液体 | 硅酸盐陶瓷坯体,尤其是砖坯体 |
| GISSFIX C60 | 硅磷酸合成物 | 白色粉末 | 硅酸盐陶瓷坯体,尤其是砖坯体 |
| DOLAPIX CA | 聚电解质 | 淡黄色液体 | 块滑石、蓝青石、氧化物陶瓷 |
| DOLAPIX CE64 | 含有羧基的聚电解质 | 淡黄色液体 | 氧化物陶瓷,尤其是 $Al_2O_3$ |
| DOLAPIX ET85 | 有机电解质 | 淡黄色液体 | 氧化物陶瓷,尤其是 $ZrO_2$ |
| DOLAPIX PC21 | 有机电解质 | 淡黄色液体 | 氧化物陶瓷 |
| DOLAPIX PC67 | 聚电解质 | 黄色黏液 | 块滑石、蓝青石、电瓷 |
| DOLAPIX PCN | 聚电解质 | 淡黄色液体 | 块滑石、蓝青石、电瓷 |

　　美国的罗门哈斯公司（ROHM HARS）以其生产的特种陶瓷用化学添加剂而在国际上享有盛誉,如该公司生产的 Duramax D 系列分散剂,可用于诸如高铝瓷、电子陶瓷（如钛酸钡基）的浆料分散；Duramax D 系列黏合剂适用于各种不同的成型方法。此外,意大利的岱德罗斯公司（DAEDALUS）也是一家国际著名的生产陶瓷添加剂的公司,其产品主要偏重于建筑卫生陶瓷和其他工业用陶瓷添加剂。

　　与上述这些国外公司相比,我国专门从事陶瓷添加剂的公司无论在品种上还是质量上尚存在相当的差距,但近年发展较快,规模也在不断壮大。广东佛山地区的陶瓷化工公司生产的常用陶瓷添加剂产品见表 0-10。

表 0-10　广东佛山地区陶瓷化工公司的陶瓷添加剂产品

| 公司 | 编号 | 产品 | 性　能 | 加入量/% |
|---|---|---|---|---|
| 远大釉料 | J-8008 | 稀释剂 | 坯体中用,稀释泥浆,增加流动性,减少球磨时间 | 0.2～0.4 |
| 远大釉料 | T-100 | 坯体增强剂 | 外观棕褐色,加入坯体可增加生坯强度 10%～30% | 0.1～0.3 |
| 远大釉料 | T-1000 | 坯体增强剂 | 外观为白色粉末,为高分子化合物,加入坯体可增加生坯强度 10%～40% | 0.05～0.2 |
| 中冠企业 | AS-001 | 坯体增强剂 | 外观为黄色粉末,能增加坯体强度 15%～40% | 0.1～0.4 |
| 中冠企业 | AS-002 | 坯体增强剂 | 外观为白色粉末,能增加坯体强度 30%～50% | 0.04～0.08 |
| 中冠企业 | AR-004 | 减水剂 | 白色颗粒,可显著增加料浆流动性能,提高球磨效率 | 0.2～0.4 |
| 凯美特化工 | CM-109 CM-112 | 解凝剂 | 含金属离子有机复合聚合物,淡黄液体 | 0.1～0.3 |
| 凯美特化工 | CM-113 | 解凝剂 | 不含金属离子有机复合聚合物,淡黄色液体 | 0.5～0.8 |
| 凯美特化工 | 增强剂 1# | 增强剂 | 白色粉末,有机高分子聚合物,降低生坯破损达 50% | 0.07 |
| 凯美特化工 | 增强剂 5# | 增强剂 | 褐色粉末,苯基丙烷衍生物,降低生坯破损达 50%以上 | 0.1～0.3 |

# 0.5 陶瓷添加剂的发展前景

发达国家对新型陶瓷的研究与开发正方兴未艾、蓬勃兴起。各国之间也展开了激烈的角逐和较量，都想取得世界新型陶瓷市场的竞争优势。新型陶瓷的制备和加工技术，总体上看，还没有达到完善和实用的程度。但不可否认，在成型、烧结和加工方面仍有某些积极的进展。如在产品成型方面，某些形状复杂的产品必须选择合适的成型方法才行。陶瓷注射成型技术能较好解决复杂产品的成型问题。注射成型本是高分子材料或塑料成型时常用的方法，陶瓷科学家从中得到启发，在陶瓷粉料中加入热塑性树脂、热固性树脂、增塑剂和减摩剂，使陶瓷粉料成为黏弹性体，然后将混练后的料浆从喷口射入金属核内，冷却固化即成。常用的热塑性树脂有聚乙烯、聚苯乙烯、聚丙烯，加入量10%～30%。这一技术已经实用化，很大程度上提高了形状复杂产品成型的精度和可靠性。在烧结技术方面，通过添加烧结辅助剂或选择易于烧结的粉料，来尽可能地降低烧结温度。未来的陶瓷发展将会有以下几种：保温节能砖、变色釉面砖、生态保健陶瓷、抗静电砖、渗水路面砖等。这些性能使产品的附加值大幅度提高，产品的竞争力加强。

随着陶瓷工业特别是新型陶瓷工业的快速发展，陶瓷添加剂也在不断发展，其在国内外的发展和应用可以说是日新月异，主要体现在以下几个方面：

一是其应用范围更加广阔，几乎涉及陶瓷生产过程中的各个领域和各道关键工序，直接关系到产品的质量和产率的提高；

二是功能更加齐全，包括赋予产品，特别是产品表面具有一定的光学（如荧光、闪光、蓄光、偏光等功能）、电学（如改善产品表面电阻、抗静电和半导体性能）、磁学（如使产品具有屏蔽、防干扰的性能）、力学（如改善黏土-水系统的流变性、提高表面强度）等功能，以及改善系统的分散性，进行表面改性等多种功能；

三是产品的科技含量不断提高，添加剂的生产和开发与精细化工、纳米科技领域的新技术紧密结合，其产品的档次和科技含量不断得到提高。

陶瓷添加剂是化学添加剂大家族中的一员，属于精细化工产品中的一个重要门类，它的应用直接关系到陶瓷产品质量的提高、性能的改进、品种的增加和工艺条件的改善。世界各国对助剂工业都给予了高度的重视，在陶瓷企业中采用陶瓷添加剂，特别是新型添加剂，对于提高产品质量、增加产量和降低能耗将会起到巨大的作用。这必将会带动陶瓷添加剂的发展，因此添加剂的发展前景将会更加广阔。根据国内外陶瓷添加剂的制备及应用方面的资料，结合我国陶瓷行业的现状，未来陶瓷添加剂的发展方向主要有如下几方面的工作：

① 继续开发陶瓷生产中常用的高性能陶瓷减水剂、助磨剂和增强剂，以达到节能和提高产品质量的目的。

② 功能陶瓷专用新型陶瓷添加剂的设计和开发。随着人民生活水平的提高，对陶瓷功能的要求也会越来越多，如墙地砖的抗菌功能、导电功能、节能保温功能等。这些特殊性能均需要借助陶瓷添加剂得以实现。通过控制添加剂的结构与性能，制备出满足

工艺条件和使用要求的新型陶瓷添加剂。例如，可通过改变聚合度和离子化程度等，制备新型高分子添加剂；将计算机技术、表面活性剂及胶体化学、高分子化学及物理、精细有机化学等学科的理论和知识应用于陶瓷添加剂的研究和生产中；通过微乳液制备技术、无皂乳液聚合、纳米技术等制备特殊功能性添加剂。

③ 陶瓷添加剂的作用机理和技术研究。陶瓷添加剂的研究一直缺乏理论指导，主要依赖于经验。随着陶瓷工业的发展，人们对配方技术进行深入的研究，使其形成了专门的理论体系，将使陶瓷添加剂的制备朝着科学复配的方向发展，通过复配往往可以产生协同效应。计算机辅助设计在配方研究方面已成为一种十分有效的手段，具有很强的理论性和系统性，正引起人们的高度重视。

④ 开发对环境友好的绿色化学品。陶瓷添加剂的生产和应用，同样要以对环境友好为前提，否则效果再好也不能应用。因此应尽量减少溶剂型产品的应用，对在生产过程中产生污染的一些有机和高分子添加剂要限制使用，最好用无污染的添加剂代替。

# 第一篇

# 传统陶瓷添加剂

# 第1章 分散剂

## 1.1 概述

随着现代陶瓷技术的发展，人们对陶瓷的性能提出了更高的要求。通过对传统陶瓷粉体处理技术的研究，发现陶瓷粉体的微观结构均匀性是决定陶瓷性能是否优良的重要因素之一。分散良好的料浆是制品获得高密度、微观结构均匀的关键，也是提高材料宏观性能的重要因素。如果在陶瓷料浆处理过程中适量使用某些分散剂，则可以大大降低其微观结构的不均匀性。因此陶瓷分散剂作为陶瓷生产中广泛应用的一类添加剂，一直受到国内外陶瓷研究者的重视。

## 1.2 分散剂的分类

### 1.2.1 按分散介质分类

分为水介质中使用的分散剂和非水介质中使用的分散剂。其代表性分散剂及特征和适用体系如表1-1所示。由于使用非水介质（以有机溶剂为介质）成本较高、有毒、易污染环境，而且影响人类健康，所以其使用受到了一定的限制，当今世界研究的重点是水性分散体系（以水为介质）用分散剂。

表1-1 陶瓷胶体分散体系和主要分散剂

| 溶剂 | 分散体系的类别及代表的分散剂 | 特征 | 适用例 | 影响要素 |
|---|---|---|---|---|
| 水系统 | 无机酸、碱类：HCl、$HNO_3$、$NH_4OH$ | 操作简单、不宜用于多成分体系，对离子键强度敏感 | $Al_2O_3$、$ZrO_2$ | pH、$I$、IEP |
| | 无机盐类：偏硅酸钠、三聚磷酸钠、六偏磷酸钠 | 可在中性pH值下分散，不适于非黏土系统 | 传统陶瓷、卫生陶瓷、注浆料 | 黏土的种类、离子交换容量、$C$、pH |

| 溶剂 | 分散体系的类别及代表的分散剂 | 特征 | 适用例 | 影响要素 |
|---|---|---|---|---|
| 水系统 | 低级有机物：硬脂酸钠、柠檬酸钠、$RSO_3Na$ | 分散剂种类多，可根据不同的粒子表面特性进行选择 | $Al_2O_3$、$ZrO_2$ | $pH$、$I$、$C$、$T$、$\Gamma/\Gamma_{min}$ |
| | 水溶性聚合电解质：聚丙烯酸及其盐类（PAA盐、CMC盐）、丙烯酸钠 | 高的时效稳定性，适合于多成分系统，可在中性 pH 值下分散，添加过量会微弱絮凝 | $Fe_2O_3$、$Al_2O_3$、$TiO_2$、$BaTiO_3$ | $pH$、$I$、$C$、$T$、$\Gamma/\Gamma_{min}$、$Mw$、吸附状态 |
| 有机溶剂系统 | 非电解质聚合物：聚乙烯醇（PVA） | 对 $I$ 的变化强，不适于固相含量高的体系，此情况下会使分散性变差 | $Al_2O_3$、$ZrO_2$ | $C$、$Mw$、吸附状态 |
| | 无分散剂添加：只有溶剂 | 用于分析等特殊场合，不适用于高固相体积分数的场合，适用范围窄 | $Si_3N_4$、$SiC$ | 粒子表面状态、纯度 |
| | 有机高分子：鱼油、脂肪酸 | 难以强絮凝，流动特性好 | 薄片成形，射出成形、$BaTiO_3$、$Fe_2O_3$、$Al_2O_3$、$Si_3N_4$ | 添加剂类型、$T$、$C$、吸附状态、CFT |

注：R—烷基；$I$—离子键强度；IEP—等电点；$C$—分散剂浓度，%；$\Gamma/\Gamma_{min}$—表观覆盖率（吸附量/饱和吸附量），%；$T$—温度；$Mw$—分子量；CFT—临界絮凝温度。

## 1.2.2 按荷电性质分类

**（1）非离子型分散剂** 非离子型分散剂日益受到重视，因为它的应用不受介质 pH 值的影响，对电解质也不太敏感，而且其亲水、亲油平衡容易用调节聚氧乙烯链的方法加以控制。非离子型分散剂在粒子表面吸附时以其亲油基团吸附，而由亲水基团形成包围粒子的水化壳。最常用的非离子型分散剂主要有烷基聚氧乙烯醚、聚乙烯醇、聚乙烯内酰胺、聚丙烯酰胺、脂肪醇聚氧乙烯醚和聚氧乙烯脂肪酸酯。另外，钛酸酯作为色料的分散剂已有应用，可用于印刷油墨的制造。

**（2）阴离子型分散剂** 常用的阴离子型陶瓷分散剂有萘系磺酸盐甲醛缩合物、酚醛缩合物磺酸盐、聚丙烯酸钠、聚苯乙烯磺酸盐、苯乙烯-马来酸酐共聚物等。

**（3）阳离子型分散剂** 用于陶瓷料浆稳定分散的阳离子型分散剂主要有以下两种：

① 胺盐型阳离子分散剂 这类表面活性剂的疏水基碳数在 12～18 之间。

② 季铵盐型阳离子表面活性剂 代表产品为十二烷基三甲基氯化铵，易溶于水，呈透明状，具有良好的表面活性，可直接加入料浆中起到分散作用。

**（4）两性离子型分散剂** 两性离子型分散剂可分为氨基酸型两性表面活性剂、甜菜碱型两性表面活性剂、咪唑啉型两性表面活性剂和氧化胺型两性表面活性剂等。代表性产品有十二烷基二甲基乙酸盐（甜菜碱型，BS）、十七烷基咪唑啉-$N$-羟乙基乙酸盐（咪唑啉型）。

作为陶瓷分散剂使用的表面活性剂大多是阴离子型和非离子型的，阳离子和两性表面活性剂使用较少。

## 1.2.3 按化学组成分类

陶瓷分散剂可以分成无机化合物和有机化合物两大类，如图 1-1 所示。

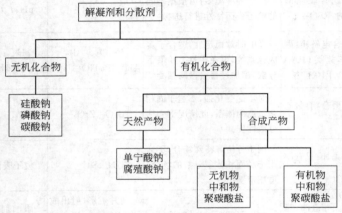

图 1-1 分散剂的种类

**(1) 无机分散剂（解凝剂）** 为了和有机及高分子分散剂有所区别，通常无机分散剂也称为解凝剂，一般用于釉料中，对釉浆具有稠化效应，是防止釉浆沉淀的添加剂。通常的无机分散剂不能挥发，烧结后与原料熔为一体，性能均匀稳定。无机分散剂主要是无机电解质，一般为含钠离子的无机盐，如氯化钠、硅酸钠、偏硅酸钠（$Na_2SiO_3 \cdot 5H_2O$）、碳酸钠（$Na_2CO_3$）和磷酸钠 [如六偏磷酸钠、三聚磷酸钠（STPP）、焦磷酸钠] 等，主要适用于氧化铝和氧化锆浆料的分散。常用无机分散剂如表 1-2 所示。

**表 1-2 常用的无机分散剂**

| 名称 | 化学式 | 分子量 | 密度 /(g/m³) | 水中溶解度 /(g/100mL) | | 备注 |
| --- | --- | --- | --- | --- | --- | --- |
| | | | | 0℃ | 100℃ | |
| 氢氧化钠 | NaOH | 40.01 | 2.1 | 42 | 347 | |
| 偏硅酸钠（水玻璃） | $Na_2O \cdot nSiO_2 \cdot xH_2O$ | 158.9～302.23 | — | 43～156 | 43～156 | 广泛使用,最好组成为 $Na_2O \cdot (3.0～3.3)SiO_2$ |
| 碳酸钠 | $Na_2CO_3$ | 106.00 | 2.5 | 7.1 | 45.5 | |
| 十水碳酸钠 | $Na_2CO_3 \cdot 10H_2O$ | 286.17 | 1.4 | 215.2 | 421.0 | |
| 焦磷酸钠 | $Na_2P_2O_7 \cdot 10H_2O$ | 466.07 | 2.5 | 3.16 | 40.26 | 常与硅酸钠混用,要防潮 |
| 四磷酸钠 | $Na_6P_4O_{13}$ | 469.90 | | | | |
| 六偏磷酸钠 | $(NaPO_3)_6$ | | | | | |
| 腐殖酸钠 | R—COONa | | | | | 又称卡甘,实际分子结合数大于6 |
| 铝酸钠 | $Na_2O \cdot Al_2O_3$ | 163.64 | | 易溶解 | | 一般用量小于 0.25% |
| 草酸钠 | $Na_2C_2O_4$ | 134.01 | 2.34 | 3.7 (20℃) | 6.33 | 较水玻璃和硅酸钠好 |

| 名称 | 化学式 | 分子量 | 密度 /(g/m³) | 水中溶解度 /(g/100mL) | | 备注 |
| --- | --- | --- | --- | --- | --- | --- |
| | | | | 0℃ | 100℃ | |
| 没食子酸钠 | | | | | | 效果与草酸铵相同 |
| 单宁酸钠 | | | | | | |
| 草酸铵 | $(NH_4)_2C_2O_4 \cdot H_2O$ | 142.12 | 1.5 | 2.54 | 11.8 (50℃) | |
| 碳酸锂 | $Li_2CO_3$ | 73.89 | 2.1 | 1.54 | | 可溶性钙沉淀剂,与其他解凝剂并用 |
| 氢氧化锂 | LiOH | 23.95 | 1.4 | 12.7 | 0.72 | |
| 铝酸锂 | $LiAlO_2$ | 65.91 | | | 14.9 | |
| 柠檬酸锂 | $Li_3C_6H_5O_7 \cdot 4H_2O$ | 281.99 | | 74.5 (25℃) | | |
| 鞣性减水剂 | | | | | 66.7 | 也称 AST,与碳酸钠和硅酸钠并用为好(对应鞣性减水剂) |
| 亚硫酸纸浆废液 | | | | | | |

**(2)有机小分子分散剂** 主要是有机电解质类分散剂和表面活性剂分散剂,前者主要有柠檬酸钠、腐殖酸钠、乙二胺四乙酸钠、亚氨基三乙酸钠、羟乙基乙二胺、二乙酸钠、二乙基三胺五乙酸钠等,后者主要有硬脂酸钠、烷基磺酸钠、脂肪醇聚氧乙烯醚等。

**(3)高分子分散剂** 在陶瓷浆料中添加的高分子分散剂一般分为两类,一类是聚电解质,在水中可以电离,呈现不同的离子状态,主要是一些水溶性高分子,如聚丙烯酰胺、聚丙烯酸及其钠盐、羟甲基纤维素、亚硫酸化三聚氰胺甲醛树脂等;另一类是非离子型高分子表面活性剂,如聚乙烯醇等。

高分子分散剂在非水介质中因其低的介电常数,静电稳定机制不起作用,主要是空间稳定机制为主起分散作用,有的带电高分子还可以辅以静电稳定机制使分散体系稳定,因此这种分散剂常常比有机小分子分散剂更有效。普通分散剂由于受分子结构、分子量等的影响,其分散作用往往十分有限,且用量较大。而高分子分散剂由于亲水基、疏水基的位置、大小可调,分子结构既可呈梳状,又可呈现多支链化,因而对被分散微粒表面覆盖及包封效果要比普通分散剂强得多,且其分散体系更易趋于稳定、流动,因此高分子分散剂是很有发展前途的一类陶瓷分散剂。

# 1.3 分散剂的作用

分散剂是陶瓷加工过程中应用最多的添加剂。如果不加分散剂,自由水容易进入原料颗粒内,使颗粒之间的距离缩短,需要加很多水稀释才能使坯料、釉料具有流动性。加入分散剂后形成疏水表面,这样在同等加水量的条件下,颗粒间的自由水增多,从而可以改善料浆和釉浆的流动性，提高颗粒的均匀度，并且可以缩短硬化时间，提高坯体强度。

## 1.3.1　分散纳米粉体的作用

近年来，随着粉体制备技术的发展，人们已经能够成功地制备出纳米粉体。由纳米粉体制备出的纳米陶瓷具有许多独特性能。因此，纳米陶瓷材料越来越受到人们的重视。但是由于纳米颗粒细小，颗粒间存在较强的相互作用力，如静电力、范德华力等，使纳米粉体存在团聚度高、流动性差等缺点，而团聚后的纳米粉体会大大影响其优势的发挥，导致制备、分级、混匀、输运等加工工程无法正常进行，影响坯体和陶瓷体均匀性及致密度，并最终严重影响最终材料的性能。因此，要制备出高性能的纳米陶瓷材料，首先就要解决纳米粉体均匀分散的问题。只有将纳米粉体制成稳定的悬浮体系，才有可能制备出高性能的纳米陶瓷。为了得到高稳定分散的纳米颗粒悬浮液，必须在悬浮液中添加适当的分散剂。通过分散剂吸附改变粒子的表面电荷分布，产生静电稳定和空间位障稳定作用来达到满意的分散效果。

理想的烧结粉料应该超细（$0.1\sim1.0\mu m$）、等轴形、无团聚及尺寸分布很窄。而实际上，要做到这一点较困难，但可以通过各种手段使粉料尽量接近理想状态。纳米颗粒间的"软团聚"由于质点间作用力较弱，且团聚体在成型时容易破碎，故一般采用适当的分散技术即可消除或减弱，从而得到均匀的高密度坯体。但"硬团聚体"由于质点间作用属化学键合，作用力较大，故不仅不易分散，而且也不易破碎，只能得到气孔分布不均匀的低密度坯体。同时，由于硬团聚体优先发生烧结，故会恶化材料性能，应尽量消除之。

硬团聚的解决办法要从引起其团聚的原因，即它们的键合类型来有针对性地解决。主要的方法有：①防止（或消除）表面羟基层的产生，只有降低或消除表面羟基层相互作用，才能有效地防止和降低团聚；②提高粉体间的排斥能，增加粉间的距离，减少羟基间相互作用力（范德华力、氢键）；③将羟基层屏蔽起来，避免羟基层起作用；④减少电解质的产生和引入等等。

目前，应用较为普遍的是在液体介质中对粉体进行分散。在液体介质中，超细粉体颗粒的团聚是吸附和排斥共同作用的结果。如果吸附作用大于排斥作用，纳米颗粒团聚；如果吸附作用小于排斥作用，纳米颗粒分散。但是在液体介质中，粉体颗粒受力情况较复杂，不仅有像范德华力、静电力、表面张力、毛细管力等产生团聚的吸引力，而且在粒子的表面，还会产生溶剂化膜作用、双电层静电作用、聚合物吸附层的空间保护作用等使纳米颗粒趋向于分散的斥力作用。又因为超细粉体的团聚与分散，受其形态和表面结构以及化学组成、制备方法等多种因素的影响，所以导致了纳米粉体团聚与分散机制的复杂性和多样性。

尽管物理方法可以较好地实现纳米粒子在水等液相介质中分散，但一旦机械力的作用停止，颗粒间由于范德华力的作用，又会相互聚集起来。要使纳米微粒分散，就必须增强纳米微粒间的排斥作用能：①强化纳米微粒表面对分散介质的润湿性，改变其界面结构，提高溶剂化膜的强度和厚度，增强溶剂化排斥作用；②增大纳米微粒表面双电层的电位绝对值，增强纳米微粒间的静电排斥作用；③通过高分子分散剂在纳米粒子表面的吸附，产生并强化立体保护作用。

用物理、化学方法对纳米粒子表面进行处理，有目的地改变粒子表面的物理化学性质，如表面原子层结构和官能团、表面疏水性、电性、化学吸附和反应特性等，从而可以改善纳米粉在基体中的分散行为。纳米粉表面改性的方法有很多，如气相沉积法、机械球磨法等。但利用化学反应对纳米粒子进行表面改性是最重要的一种方法。采用化学手段，利用有机官能团等使粒子表面进行化学吸附或化学反应，从而使表面改性剂覆盖在粒子表面。

有研究表明，在溶胶-凝胶过程中引入环氧乙烷失水山梨醇单油酸酯（俗称吐温80）为表面活性剂，利用其调控正硅酸乙酯（TEOS）的水解缩聚反应过程，对溶胶胶粒表面进行修饰，可以有效地控制纳米粉体的团聚状态，所得到的莫来石粒子分散性好，不团聚，粒径在 30～50nm 范围内，活性高。这是由于 TEOS 与 $Al(NO_3)_3$ 水解缩聚反应形成的铝硅酸溶胶粒子经 Tween 80 表面活性剂修饰后，其胶束结构不仅限制了溶胶胶粒自身的生成，而且在溶胶胶粒簇团的生长过程中起到了"导向"作用，形成不同空间构象的网络结构。

**吐温 80**（Tween 80）

**其他名称**　聚氧乙烯脱水山梨醇单油酸酯；分散剂 T-80；T-80

**分子式**　$C_{64}H_{124}O_{26}$　**分子量**　1309.66

**结构式**

$$HO(CH_2CH_2O)_x \quad CH_2OOCC_{17}H_{33}$$
$$O(CH_2CH_2O)_yH$$
$$O(CH_2CH_2O)_zH$$
$$x+y+x=20$$

**性状**　本品为淡黄色至琥珀色油状黏稠液体，相对密度（25℃）1.06～1.10，折射率 $n_D^{30}$ 1.0756，黏度（25℃）0.4～0.7Pa·s，闪点 148.3℃，HLB 值 15.0。易溶于水，可溶于乙醇、植物油、乙酸乙酯、甲醇、甲苯，不溶于矿物油。低温时呈胶状，受热后复原。

**产品规格**

| 指标名称 | 指标 | |
| --- | --- | --- |
| | 工业级 | 食品级 |
| 外观 | 淡黄色至琥珀色油状黏稠液体 | |
| 羟值/(mgKOH/g) | 68～85 | 65～80 |
| 皂化值/(mgKOH/g) | 45～60 | 45～55 |
| 酸值/(mgKOH/g)　≤ | 2.2 | 2.0 |
| 灰分/%　≤ | | 0.25 |
| 水分/%　≤ | | 3.0 |
| pH 值(1%水溶液) | 5.0～7.0 | 5.0～7.0 |
| 砷/(mg/L)　≤ | | 1 |
| 重金属/(mg/L)　≤ | | 10 |

为得到分散良好、抗团聚的纳米 $Si_3N_4$ 悬浮液，用聚乙二醇（PEG）作为分散剂，

进行沉降实验，研究了 $Si_3N_4$ 纳米粉末分散性与悬浮液值、分散剂 PEG 分子量及用量之间的关系，结果表明，所采用 $Si_3N_4$ 纳米粉末等电位点在 pH＝5.5 附近，最佳分散条件为：PEG 分子量为 4000，分散剂质量分数为 0.5％，分散介质值在 9.5～10 之间。分散前后粉体分散效果如图 1-2 所示。

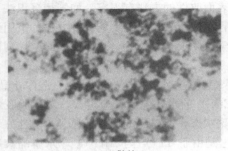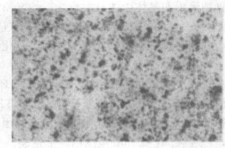

(a) 分散前　　　　　　　　　　　　　　　　(b) 分散后

图 1-2　纳米 $Si_3N_4$ 颗粒分散前后的效果

近年出现了一种超分散剂，可以说是分散技术的一个飞跃。超分散剂克服了传统分散剂在非水体系中的局限性，与传统分散剂相比，它有以下特点：①在颗粒表面可形成多点锚固，提高了吸附牢度，不易被解析；②溶剂化链比传统分散剂亲油基团长，可起到有效的空间稳定作用；③形成极弱的胶束，易于活动，能迅速移向颗粒表面，起到润湿保护作用；④不会在颗粒表面导入亲油膜，从而不至于影响最终产品的应用性能。通过基团转移聚合合成方法，合成出多种官能团的分子满足分散稳定的需要已成可能。大量性能优异的分散剂被发现、合成，这些分散剂大多数为大分子，就其稳定机理的研究也空前热烈。

分散剂分散法可用于各种基体纳米复合材料制备过程中的分散，选择合适的分散剂来分散纳米微粒，则是目前研究得比较活跃的一个领域。但应注意，当加入分散剂的量不足或过大时，可能引起絮凝。因此，在使用分散剂分散时，必须对其用量加以控制。

## 1.3.2　在坯体制备中的作用

在陶瓷泥浆中加入分散剂是必不可少的。通过加入这些添加剂，泥浆和泥团的流变学性能如熟度、流动性、触变性、膨化性、假塑性等可调整至所需的数值，注浆速度和生坯强度得以提高，同样成型性能得以提高，泥浆含水率降低，并且可以避免泥浆沉淀及坯体在干燥过程中的开裂。陶瓷坯体常用分散剂如表 1-3 所示。

表 1-3　坯体制备用分散剂

| 产　品 | 化学成分 | 外　观 |
| --- | --- | --- |
| DOLAPIX SP NEU | 腐殖酸及硅酸盐 | 灰黑色粉末 |
| DOLAPIX PC 16 | 聚合电解质 | 黄色液体 |
| DOLAPIX PC 67 | 电解质合成物 | 黄色液体 |
| GLESSFIX 162 | 硅酸盐 | 白色粉末 |
| GLESSFIX C 30 | 硅酸磷化合物 | 白色粉末 |
| GLESSFIX C 91 | 硅酸磷化合物 | 白色粉末 |

### 1.3.3 在喷雾干燥泥浆中的应用

在氧化物陶瓷的生产中，泥浆喷雾工艺已经广泛适用于压制粉体的制备，但这种工艺有一些问题，如：采用喷雾干燥的泥浆容易凝固，使喷雾难以进行或工艺过程难以稳定，导致压制粉的质量难以保证，因此需要添加一些分散剂。常用的喷雾干燥泥浆用分散剂有柠檬酸、木质素磺酸钠、聚乙烯醇和羧甲基纤维素等。它们可以减少泥浆的水分，增加其流动性，另外，由于加入的分散剂主要是具有表面活性的化合物，也会提高粒子的黏结性能。

例如，在氧化镁-氧化铁的泥浆喷雾干燥过程中，因为氧化镁容易水解形成—O—Mg—O—键，这类似于交联的作用，导致泥浆在湿磨时容易发生凝固，不宜进行喷雾。如果加入 0.5%～1% 的柠檬酸，则可以与氧化镁形成配合物沉淀在颗粒表面，防止进一步水解，并使颗粒稳定，从而可以进行喷雾。更为重要的是，在保证泥浆流动性的同时加入分散剂可以有效减少用水量，这样可以在喷雾干燥时，缩短干燥时间，提高生产效率。

实践表明，由于使用分散剂，可以使陶瓷泥浆的相对湿度从 40%～45% 降低到 28%～32%，使进入到干燥器的热载体温度从 160～180℃ 降到 110～130℃，并且在喷雾过程中容易控制喷物流。

### 1.3.4 在釉料制备中的应用

为了适应各种施釉工艺，要求釉浆具有较高的密度和较低的黏度，常见的釉用分散剂如表 1-4 所示。其中新型解凝剂的分散效果更好，分散范围更宽，而且容易控制。在釉料中作为分散剂的主要有木质素磺酸钠、烷基苯磺酸、渗透剂 NNO、脂肪醇聚氧乙烯醚 AE09、丙三醇聚氧乙烯聚氧丙烯醚等，这些分散剂的添加量一般为色釉浆干料的 0.5% 左右，它们可以提高磨料效率，使颜料分散均匀，改变色釉浆的悬浮性和流动性，在制作仿古器皿时可以产生较为逼真的效果。用于陶瓷釉浆稳定的分散剂还有：二甲基乙烯丙基氯化铵、甲基纤维素共聚物（NCMC）、聚乙烯醇、石油磺酸钠、烷基硫酸钠及聚乙烯胺等。

表 1-4　常用的釉用分散剂

| 传统釉用分散剂 | 偏硅酸钠<br>碳酸钠<br>焦磷酸钠<br>六偏磷酸钠<br>三聚磷酸钠<br>柠檬酸钠<br>腐殖酸钠 | 新型釉用分散剂 | 聚丙烯酸钠<br>聚丙烯酸己酯<br>磷酸盐聚合物<br>丙烯酸钠<br>DOLAPIX G6(进口)<br>DOLAPIX PC67(进口)<br>DOLAPIX PC66(进口) |
| --- | --- | --- | --- |

用于釉料的分散剂，对釉浆的流变特性和固体含量有特殊的作用。釉浆的熟度和加入分散剂的效果取决于釉浆中的固体含量、所用的原料性质及其他工艺参数。这些参数包括：①水的硬度；②粒子形状、大小和分布；③粒子间距。

# 1.4 分散剂分散效果的影响因素

分散剂由于能显著地改变悬浮颗粒的表面状态和相互作用而成为陶瓷工作者研究的焦点。分散剂在悬浮液中可以吸附在颗粒表面，提高颗粒的排斥势能而阻止微粒的团聚。但分散剂在粉体表面的吸附有一最佳值，只有在分散剂达到饱和吸附量时，悬浮液的黏度才最小，体系才稳定。同时，研究还发现，溶液的酸碱性也显著地影响分散剂在粉体表面的吸附状况。

分散剂的种类很多，但并不是所有分散剂都适用于陶瓷粉料，也不是适用这种粉料的分散剂也适用于所有的陶瓷粉体。因为不同的分散体系物理化学特性差别很大，分散剂的作用机理也十分复杂。作为陶瓷料浆分散剂时，必须通过实验来验证各种分散剂对某一原料的效果，即测定分散剂对料浆黏度、沉降度、Zeta 电位、pH 值等各种参数对料浆稳定性产生的影响，来分析调节各种因素，以选择最佳的分散剂。影响分散效果的主要因素如下。

## 1.4.1 分散剂的种类

不同种类的分散剂对 $SiO_2$ 粉体分散稳定性的影响如图 1-3 所示。从图中可知，各种分散剂分散效果不同，其中 PSE 系列超分散剂（如表 1-5 所示）是一种新型的非离子型水系列超分散剂，这是一类按结构和性能而特殊设计研发的高分子聚合物。空间位阻稳定分散的 PSE 系列对 $SiO_2$ 粉体的分散稳定效果明显优于传统分散剂六偏磷酸钠和硅酸钠等，且高出一倍多。

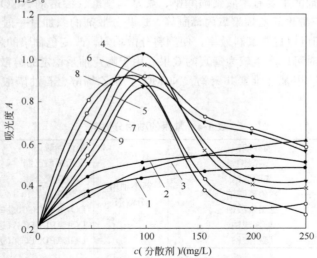

图 1-3　分散剂种类及浓度对 $SiO_2$ 粉体分散稳定性的影响

1—六偏磷酸钠；2—硅酸钠；3—CMC；4—PSE 1；5—PSE 2；
6—PSE 3；7—PSE 4；8—PSE 5；9—PSE 6

表 1-5　超分散剂 PSE 系列

| 聚合物 | 锚固段 | | 溶剂化链 |
| --- | --- | --- | --- |
| | 结构单元 | 锚固基团 | |
| PSE 1 | | —OH | 聚乙二醇 |
| PSE 2 | | —OH | 聚丙烯酸 |
| PSE 3 | 聚硅氧烷 | —COOH | 聚乙二醇 |
| PSE 4 | | —COOH | 聚丙烯酸 |
| PSE 5 | | —$(CO)_2O$ | 聚乙二醇 |
| PSE 6 | | —$(CO)_2O$ | 聚丙烯酸 |

## 1.4.2　聚合物分子量

在胶态成型及各种湿法成型工艺中，人们越来越多地使用高聚物，以制备分散均匀、固相含量高的料浆体系，这里我们主要讨论水溶液分散体系。

在水溶液分散体系中，被分散固体粒子大都是非极性的（疏水），分散介质是水。在水化作用下，这些被分散粒子表面一般都带有电荷。起稳定作用的高聚物要有一端与固体粒子结合的基团，使聚合物固定在粒子表面；另一端的基团进入悬浮介质中阻止粒子相互靠近。其吸附效率随着疏水基链长的提高而提高，对于一定粒子，具有较长链的化合物与短链化合物比较，较长链更为有效。

对于将带电固体粒子分散于水介质中的分散剂而言，要求分散剂分子结构上含有多个离子基团，而且疏水端基团含有极性结构（如芳香环，或其他不饱和链节）。多个离子基团的作用在于：①吸附分子的疏水基团朝向固体粒子，其他离子基团定向排列朝向水，这样可以阻碍高分子物质用疏水基团朝向液相，产生絮凝。②它们可以提高高聚物对于聚沉产生电子势垒效率，在带相同电荷的粒子上，吸附分子的同种电荷数量越多，提高的电子势能也就越大。③它们还可以使多个离子基团伸向液相中，产生对絮凝的空间势垒。

对分散在水溶液中的固体，由离子单体所提供的聚电解质往往是优良的分散剂。它们的多个离子基团可以将高表面电荷给予吸附它们的固体粒子，以提高固体粒子的 Zeta 电位。在实际运用中，合成用于分散体系中的高聚物时，高聚物分子结构中的一部分要能强烈吸附在粒子表面，且在液相中的溶解度是有限的，另一部分可以伸展到液相中，并与液相之间有良好的协调作用——溶剂化。人们一般使用亲水性聚合物单体与亲油聚合物单体，通过嵌段或接枝共聚的方法，来合成低分子量高聚物分散剂。

## 1.4.3　分散剂用量

分散剂分散法可用于各种基体纳米复合材料制备过程中的分散，制备稳定、流动性好的料浆，分散剂的选取、浓度及用量非常重要。随着分散剂的加入，陶瓷浆料的黏度逐渐降低，陶瓷烧结后密度更接近理论密度，更加致密。但分散剂的使用存在一个最佳用量的问题。超过一定量后，料浆黏度不会减小，反而可能增加。其主要原因是分散剂过量时，粉体吸附的分散剂达到单层饱和状态，使进入液相的自由分散剂分子浓度增大，对粉体产生桥联作用，而使粉体间的作用加强，浆料黏度加大。对于具有高固相含量的分散体系，当加入分散剂的量不足或过大时，均会导致 Zate 电位降低，可能引起料浆絮凝。因此，在使用分散剂分散时，必须对其用量加以控制。

分散剂在水介质中对颗粒的吸附如图 1-4 所示。当分散剂的质量浓度很低时，颗粒表面未被分散剂有效覆盖，由布朗运动引起的颗粒碰撞，使未吸附超分散剂的颗粒表面粘贴、团聚，故稳定分散性较差；增加分散剂的质量浓度有利于增加颗粒表面的覆盖率，使体系稳定分散性增加；但分散剂质量浓度过高时，颗粒表面的吸附量已达饱和状态，因过剩而游离的分散剂分子会在颗粒间架桥而导致絮凝，使体系的稳定分散性变差。

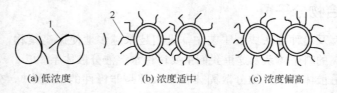

图 1-4　分散剂在颗粒表面的吸附状态
1—锚固段；2—溶剂化链

从理论上来说，分散剂的最佳用量取决于有效粉体表面积，以分散剂在颗粒表面形成致密的单分子吸附层为标准。在实际应用中经常用到的方法是测定分散剂的吸附等温曲线，这一曲线与 Langmuir 提出的模型较为符合，但还需要改进。分散剂加入量通常作为外加剂以干基计算。为了使添加剂均匀分散于料浆中，首先需要将分散剂配成溶液后再加入，切忌以干粉形式直接加入。常用的无机分散剂加入量不宜超过 0.8%，新型分散剂和无机-有机复合分散剂的加入量通常不超过 0.5%。但这只是一个大致的范围，因料浆类型、分散剂种类、生产厂家等的不同而异，没有一个固定的加入量。具体的分散剂加入量必须通过对料将加入分散剂前后的流动性、触变性进行测定后才能确定，而且在使用过程中，还要根据原料和工艺条件的波动进行适当的调整。

特别应当注意所用黏土原料的矿物组成和颗粒组成。不含黏土的泥、釉浆，使用明胶、阿拉伯树胶和羧甲基纤维素钠盐等天然高分子分散剂，在用量少时会出现料浆的聚沉，而增加用量时则会重新获得良好的流动性。在含量低时分散剂会与二价离子形成配合物而沉聚，但当有害离子消耗完后，则会形成保护膜阻止颗粒沉聚。

需要指出的是，某些材料不允许有微量杂质存在，因此，分散剂加入量过大则有副作用，如乙烯碱金属离子的存在会降低烧结温度，并形成低共熔物，破坏晶体结构，改变陶瓷应该具有的特殊性能。另外，有机和高分子分散剂主要作用是改变坯釉浆的物理性能，在分解完成后挥发，原则上不参加反应，但仍然会有可能残留少量微量元素。这类分散剂使用时要注意，在烧成后有机物的灰分不能太高，因为灰分（特别是碳素成分）容易形成微雀斑点，有机物挥发是造成釉面光泽度下降或者失去光泽，快速烧成时分散的气体不能及时排除时釉面产生气泡和针孔的原因之一。当然，其他陶瓷添加剂亦应该在允许的范围内使用。

复配分散剂（OP/CPB）（OP：壬基酚聚氧乙烯醚，CPB：溴代十六烷基吡啶）加入量与纳米 $ZrO_2$ 颗粒粒径的关系曲线如图 1-5 所示。从图中可以看出，随着复配分散剂的加入，颗粒粒径呈减少的趋势，当分散剂加入量超过一定值时，颗粒粒径开始增大，分散剂加入量为 6% 时，颗粒粒径达到最小值。其中，OP 紧密地吸附在颗粒表面，而 CPB 则尽可能伸向溶液，以减少颗粒间的引力，当分散剂用量少时，在分散剂长链上黏着较多的固体颗粒，颗粒表面不能被复配分散剂充分包裹，引起重力沉降而聚沉。当分散剂用量增加时，分子链数量也增多，分子链在悬浮液中易形成网络结构，在颗粒表面形成一层有机保护膜，阻止了颗粒间相互碰撞，提高了悬浮液的稳定性。但如果分散剂用量继续增加，分子链因数量过多而相互缠绕搭结，引起颗粒团聚而使颗粒粒径开始增大。所以在使用分散剂对悬浮液中的颗粒进行分散时，分散剂的加入量一定要适当。

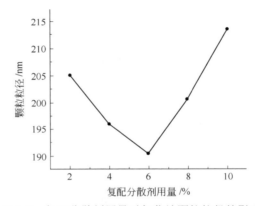

图 1-5　复配分散剂用量对氧化锆颗粒粒径的影响

## 1.4.4　料浆 pH 值

陶瓷生产中主要用水作为分散介质，水中的电解质会影响体系的溶解平衡和离子浓度。溶解平衡受体系 pH 值和离子浓度的影响，因此，体系 pH 值对分散剂分散效果的影响也非常大。研究表明，调节 pH 值与料浆的黏度、流动性、Zeta 电位、沉降度等有相当密切的关系，而且不同的 pH 值聚电解质的吸附量和解离方式不同。通过调节 pH 值，可使胶粒表面的聚电解质达到饱和吸附值，并使接枝聚合物水解产物达到最大离解度，这时空间位阻或静电排斥的作用可以使系统具有高分散性和高稳定性。

通常陶瓷原料的离子表面带负电。原料粒子的表面与水分子的水化反应受 pH 值的影响，粒子的表面电荷取决于分散介质的 pH 值。当 pH 值小于 7 时，即酸性条件下，表面吸附正离子；当 pH 值大于 7 时，发生负离子交换，表面吸附负离子；当 pH 值大于 8 时，离子的表面电荷为负，这与原料粒子的电荷相同，有利于体系的稳定。

随着 pH 值的降低，料浆会形成卡片结构，使自由水受到束缚，体系的黏度增加，稳定性降低。以硅酸盐为例，由于晶格间不等价离子的置换，如 $Al^{3+}$ 置换 $Si^{4+}$，$Mg^{2+}$ 置换 $Al^{3+}$，其结果造成了晶格边缘呈浮点。随着边缘电荷的变化，粒子的空间排列也发生了变化，显然在 pH＝8～12 之间的情况下，即碱性条件下，离子的空间排列有利于料浆的长期稳定，有利于分散。

pH 值与 $ZrO_2$ 悬浮液的 Zeta 电位关系曲线如图 1-6 所示。可以看出，当悬浮液中不加入任何分散剂时，其等电点位于 pH＝6 附近，在 pH＜6 和 pH＞6 时，$ZrO_2$ 颗粒表面分别带正电荷和负电荷。当悬浮液中添加陶瓷分散剂时，Zeta 电位为 0 处，pH 值约等于 13，即等电点由原来的 pH＝6 右移到 pH＝13。这是因为复配分散剂中的阳离子表面活性剂 CPB，它在水中电离出带正电的基团，非常容易吸附在 $ZrO_2$ 颗粒表面，使 $ZrO_2$ 颗粒表面呈现带正电的特征，因此，$ZrO_2$ 的等电点向碱性方向偏移。从图中还可以看出，在 pH＝1.8 的 Zeta 电位较高，颗粒间的斥力较大，分散效果比较好。

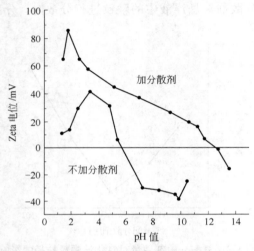

图 1-6　pH 值对氧化锆悬浮液 Zeta 电位的影响

## 1.4.5　其他影响因素

除上述影响因素外，原料性质和颗粒大小、级配等因素也会影响陶瓷料浆的分散效果，针对不同颗粒尺寸的氧化铝粉体，其最适合的 pH 值范围和分散剂的最佳用量又存在一定差异。如对于平均粒径 $3\mu m$、$0.63\mu m$、150nm 不同颗粒尺寸的氧化铝粉体，制备稳定陶瓷料浆的最佳分散剂质量分数分别为 0.03％～0.05％、0.2％和 0.5％的 $PMMA-NH_4$。而对于亚微米的氧化铝，如果采用分散剂丙烯酸-丙烯酸酯-磷酸-磺酸四元共聚物，在 pH 值为 9.5 左右加入 0.2％时，效果最好，可获得固体含量为 58％的氧化铝料浆。

另外，料浆温度过高会导致体系中水分的蒸发加剧、系统的密度增加，并导致粒子间的静电作用力的平衡发生变化，双电层厚度发生变化，同时体系的黏度和流动性也发生变化。就硅酸盐体系而言，放置一段时间后，会使粒子的粒度分布更均匀，粒子表面的水化更好，分散体系中的离子交换更充分，而从导致体系的黏度有所下降。

# 1.5　分散剂分散效果的评价方法

随着纳米分散技术的发展，对纳米颗粒在液体介质中的分散稳定性必将提出越来越高的要求。如何判断纳米颗粒在液体介质中的分散稳定性，便产生了分散稳定性的评估方法问题。从目前的研究来看，主要有沉降法、粒度观测法、Zeta 电位法和透光率法等。

## 1.5.1　沉降法

分散稳定性差的体系多呈团粒状的絮凝迅速沉降，且沉降物与上部澄清液之间形成一清晰的界面很快达到沉降平衡。分散稳定性好的沉降速度慢，分散体系的颗粒由上而下呈逐渐增浓的弥散分布，没有明显的沉积物。沉降法评价分散效果的具体操作是：将分散好的分散体系倒入量筒中，静置，观察沉降物的体积或高度。

沉降法可以用来研究各种因素对液体分散体系分散效果的影响。郭小龙等用该方法研究了 SiC 和 $Si_3N_4$ 纳米颗粒在不同介质中的分散稳定性，得出 SiC 在乙醇介质中分散性能很差，而其水悬浮液分散状态好；$Si_3N_4$ 在乙醇介质中有一定的分散，但整体分散状态没有水悬浮液的好。酒金婷等对纳米 ZnO 微乳液体系稳定性影响的研究结果发现，在分散剂质量分数为 0.2％时沉降体积分数最小，分散剂用量太多或太少沉降的体积都会增多。沉降法可以真实地反映出纳米颗粒在液体介质中的分散稳定性，且操作简便，是目前最常用和最可靠的一种方法。不足之处是试验周期长，对于分散稳定性好的分散体系有可能放置 10 天、一个月甚至半年都不会发生沉降。

## 1.5.2　粒度观测法

粒度观测法是通过观测分散体系中纳米颗粒的粒度或粒径分布的一种常用评估方法。分散稳定性好的分散体系颗粒尺寸应该是一次纳米颗粒的尺寸。相反，粒度较大者，一方面说明该分散体系有一定程度的团聚；另一方面，其在分散体系中所受重力影响较大，沉降速度加快，从而加速了体系的不稳定性。目前，测量纳米微粒粒度的方法很多。可以用透射电镜来观察纳米颗粒的分散效果（用带支撑膜的铜网承载各分散体系中的粉末，在透射电镜上观察），还有用专门的粒度分析仪来观测（将合成的纳米粉体加入到分散介质中，经超声波分散后部分经稀释的样品用 Zetasizer 3000 粒度分析仪测量粒度分布），还可以用 X 射线粒度分析仪测量分散体系中颗粒的粒度。

从目前所用粒度观测法中的具体操作来看，测量的粒度大小或粒度分布都是分散体系中经过处理（如稀释）后所观测到的结果，可见这种方法除不能直接测量纳米颗粒在液体介质中的粒径大小外，还由于取样数量有限，结果缺乏统计性意义。

## 1.5.3　Zeta 电位法

纳米颗粒分散到液体介质中，颗粒表面带有一定数量的净电荷，吸引同等数量的相反电荷在其周围，紧密层和扩散层交界处滑动面的电位为 Zeta 电位。Zeta 电位的绝对值大，颗粒之间的静电斥力占优势，不易团聚，说明分散体系稳定；相反，Zeta 电位的绝对值小，颗粒之间的范德华引力占优势，容易团聚，说明体系分散稳定性差。Zeta 电位法就是通过测量颗粒表面 Zeta 电位的大小来评估分散体系的分散稳定性的。通过测量颗粒表面的 Zeta 电位，可以反映出分散体系的稳定性，以确定合适的电解质和体系 pH 值，最终得到分散稳定性好的分散体系。如通过测定二氧化钛在水溶液中的 Zeta 电位，可以得出适应 $TiO_2$ 体系应用的较好分散剂是六偏磷酸钠、硅酸钠、乙醇，可显著提高颗粒表面 Zeta 电位的绝对值。对纳米级 SiC 颗粒在水中 Zeta 电位的研究表明，SiC 颗粒在 pH＝2.5 和 pH＝10.5 时均有较大的电位（绝对值），而 pH＝4.2 时，Zeta 电位等于零，所以在碱性条件下可获得高分散、高稳定的 SiC 水悬浮液。液体分散体系中 $Al_2O_3$ 的 Zeta 电位测量结果表明，当 pH 值小于 6.0 时，含 $Al_2O_3$ 分散体系的 Zeta 电位较高，分散的稳定性较好。

用测量 Zeta 电位的方法来评估分散体系的分散稳定性，很快地得出试验结果是该方法的最大优点。但是该方法是在静电稳定机制的理论基础上建立起来的，不适用空间位阻稳定机制体系的分散体系，具有一定的局限性。

### 1.5.4　透光率法

该方法是利用分散体系中纳米颗粒对一定波长入射光有吸收作用，其吸光度的大小满足朗伯-比尔定律，即 $A=-\lg T=\varepsilon_m b C_S$。式中，$A$ 为吸光度；$\varepsilon_m$ 为摩尔吸光系数；$b$ 为样品池的厚度；$C_S$ 为分散体系中纳米颗粒的含量；$T$ 为透光率。在 $\varepsilon_m$、$b$ 相同的条件下，分散体系的透光率负对数与纳米颗粒的含量 $C_S$ 成反比例关系。随着分散体系中纳米颗粒含量的增加，透光率减小，如果透光率不再减小，则可认为分散体系达到了分散稳定的状态。也就是说，对于不同的分散体系，在相同条件下，透光率小的体系分散稳定性好。透光率一般可以使用分光光度计来测量。与其他方法比较，该方法直观、省时而且准确度较高，尤其在有限的试验条件下更为方便。韩爱军等通过测量分散体系的浊度来评估分散稳定性的好坏，认为分散体系的浊度大，则分散稳定性好。这与透光率的原理一样，因为浊度是体系对入射光无选择性吸收时的乳光强度，可用入射光通过单位厚度体系后光强度的损失表示，即可以理解为吸光度，所以两种方法测得的结果应该是一致的。

该方法的优点是直观、省时，但是这种方法是根据朗伯-比尔定律提出来的一种评估方法，只适于稀溶液，有一定的局限性，同样不是评估分散稳定性的直接方法。

## 1.6　分散剂选择和使用原则

并不是所有分散剂都适用于陶瓷粉料。在使用陶瓷添加剂时，一是要对现有商品分散剂的种类、性能和使用方法有基本的了解，二是必须根据陶瓷坯体和釉料的组成和性能选择分散剂。要多选择几种分散剂反复试验和比对，以便选择出最好的分散剂。

选择合适的分散剂是近年来研究的热点，而分散剂中使用最多的就是表面活性剂。因为无机粉体在水中通常是带电的，加入相同电荷的表面活性剂，由于相互排斥而阻碍表面活性剂吸附，所以常选导电性表面活性剂。表面活性剂中，疏水性的离子基团越多越好，因为亲水基团增多，会使表面活性剂水溶性增大，在固体表面吸附减少，尤其在表面活性剂与固体表面相互作用较弱的情况更是如此。分散剂主要的选择原则如下。

### 1.6.1 不同料浆选择不同的分散剂

对黏性较大的料浆一般选择无机分散剂，加入量在 $0.2\%\sim0.5\%$。如硅酸钠适合作为含有 $Ca^{2+}$、$Mg^{2+}$ 的黏土的稀释剂；碳酸钠对富含有机质黏土的分散效果较好。

### 1.6.2 使用水化能力大且能与有害离子形成配合物的分散剂

电解质中阳离子的水化能力为：一价金属离子＞二价金属离子＞三价金属离子。电解质加入料浆中，金属离子 $M^+$ 进入胶团的吸附层离子较少，整个胶团游离的电荷较多，而水化能力较强，使胶团的扩散层增大，水化膜加厚，流动性改善。如果电解质含有能够与黏土粒子上的有害离子 $Ca^{2+}$、$Mg^{2+}$ 配合的能力，形成难溶的盐或配合物，更有利于金属离子 $M^+$ 的交换作用，有利于料浆的流动。

例如，硅酸钠（$Na_2SiO_3$）对所有的泥浆、釉浆均能起到分散作用，是最常用的无机分散剂，不仅可以显著地降低黏土泥浆和其他泥釉浆的黏度，而且对于含纯高岭土较多的泥浆来说，在相当宽的电解质质量分数（$0.2\%\sim0.8\%$）范围内，黏度都是比较低的，有利于操作。另外，它还可以解离出 $SiO_3^{2-}$ 阴离子，能与系统中的部分有害离子 $Ca^{2+}$、$Mg^{2+}$ 形成配合物或难溶性的盐，部分吸附在黏土颗粒的表面，增加保护层厚度。但使用时必须控制用量，因为在用量大时会产生絮凝作用。

### 1.6.3 选择合适分子量的高分子分散剂

高分子分散剂在一定条件下使用会产生其他作用，有时可用作黏合剂或絮凝剂。但无论哪种作用，都要求其能够在水中溶解，形成水溶液，能够吸附在料浆颗粒表面，具有一定的可发生静电吸附或分子间力吸附的基团，同时具有合适的分子量。通常作为分散剂使用时要具有低的分子量，作为黏合剂使用要具有中等的分子量，而作为絮凝剂使用要具有高的分子量。

### 1.6.4 适当加入助溶剂

有时需要加入一些助溶剂，来帮助高分子分散剂在水中形成分子水平的分散。如果分散剂中加入了较多的疏水组分，则需要通过乳化剂制备成乳液或微乳液使用。这些助溶剂本身也能起到分散作用，或者称其为稀释剂。

### 1.6.5 使用复配型分散剂

分散剂可以单独使用，也可以复配后使用，利用复配技术将几种分散剂复合使用是降低用量、提高性能、降低成本的有效途径，往往具有最好的效果。如分散剂与表面活性剂配合使用时，可以提高分散剂的润湿性、分散性、耐盐性、耐温性和储存稳定性，在陶瓷坯、釉料制备中有着很好的应用效果。

目前使用的新型分散剂主要是复合型产品，如腐殖酸盐-硅酸盐、腐殖酸盐-磷酸盐、磷酸盐-硅酸盐等。如采用普适性强、效果好，但价格高的有机高分子聚合电解质和经济型无机电解质复合使用的方案，稀释效果良好。对能采用无机复合分散剂达到稀释效果的则尽量采用无机复合分散剂，这样也会有效地降低成本。对富含黏土的料浆进行分散，通常采用无机分散剂与高分子分散剂复合的方法，如硅酸钠、碳酸钠、腐殖酸钠或偏硅酸钠与聚丙烯酸钠、聚丙烯酸铵复配使用。

选择分散剂除了考虑分散性能以外，还要考虑分散剂与体系内其他组分的相匹配性和成本等因素。

# 1.7 典型分散剂简介及配方

陶瓷生产中常用的分散剂有传统和新型两种，常用的传统陶瓷分散剂如硅酸钠、六偏磷酸钠、三聚磷酸钠、腐殖酸钠、CMC、柠檬酸钠及铵盐等，其价格低，易购买，但用量大，稳定分散效果不好。

硅酸钠、六偏磷酸钠及 CMC 均为离子型分散剂，在水中部分电离，电离形成的阴离子（配位离子，如下式所示）进入双电层外层，使双电层外层负电位增大，而且双电层厚度增加，从而增加了颗粒间的静电排斥作用。

硅酸钠：$NaSiO_3 \longrightarrow 2Na^+ + SiO_3^{2-}$

六偏磷酸钠：

$$Na^+O^- - [\overset{\overset{O}{\|}}{\underset{\underset{O^-Na^+}{|}}{P}} - O]_n - \overset{\overset{O}{\|}}{\underset{\underset{O^-Na^+}{|}}{P}} - O - Na^+ \longrightarrow (Na^+O^- - [\overset{\overset{O}{\|}}{\underset{\underset{O^-}{|}}{P}} - O]_n - \overset{\overset{O}{\|}}{\underset{\underset{O^-}{|}}{P}} - O - Na^+)^{m-} + mNa^+$$

CMC：$RCOONa \longrightarrow RCOO^- + Na^+$

近年来，多采用新型有机聚电解质和超分散剂，如：PSE 系列、SD-05、DA-50、FS-20（醇类聚合物）、D3005、D900，以及低分子量的聚丙烯酸（PAA）盐酯、聚甲基丙烯酸（PMAA）盐等衍生物，多元共聚物等。其水溶性好，分散性好，稳定性高，应用范围更广，不容易受强电解质的影响，在干燥和烧结过程中很容易挥发，不留下任何杂质和离子。

## 1.7.1 传统陶瓷分散剂

### 1.7.1.1 硅酸钠

硅酸钠是一种颗粒悬浮剂和 pH 调节剂，具有很强的缓冲能力，可以保持分散液的适度 pH，能有效地悬浮陶瓷颗粒。硅酸钠对所有的泥、釉浆都具有良好的分散效果，但用量过多会引起料浆絮凝。在分散剂的使用中，硅酸钠与磷酸钠复配的分散效果更佳。

工业上应用的硅酸钠又称为水玻璃。水玻璃是由碱金属氧化物和二氧化硅结合而成的可溶性碱金属硅酸盐材料，又称泡花碱。水玻璃可根据碱金属的种类分为钠水玻璃和钾水玻璃，其分子式分别为 $Na_2O \cdot nSiO_2$ 和 $K_2O \cdot nSiO_2$。式中的系数 $n$ 称为水玻璃模数，是水玻璃中的氧化硅和碱金属氧化物的分子比（或摩尔比）。液体硅酸钠为半透明或为透明黏稠液体，能溶于水。水玻璃模数是水玻璃的重要参数，一般在 $1.5 \sim 3.5$ 之间。水玻璃模数越大，固体水玻璃越难溶于水，$n$ 为 1 时常温水即能溶解，$n$ 加大时需热水才能溶解，$n$ 大于 3 时需 4 个大气压以上的蒸汽才能溶解。水玻璃模数越大，氧化硅含量越多，水玻璃黏度增大，易于分解硬化，黏结力增大。

硅酸钠的合成方法分为干法和湿法两种。

干法是把纯碱和石英砂在反应炉中熔融，加水溶解后即得到产品。其反应方程式如下：

$$Na_2CO_3 + SiO_2 \xrightarrow[\text{H}_2\text{O}]{\text{熔融}} Na_2O \cdot nSiO_2 \cdot xH_2O$$

湿法是把液体烧碱和石英砂混合后用高压蒸汽加热（蒸汽压力约为 784.5kPa），反应后除去未反应的石英砂即得到产品。其反应方程式如下：

$$NaOH + SiO_2 \xrightarrow{\text{高压蒸汽}} Na_2O \cdot nSiO_2 \cdot xH_2O$$

### 1.7.1.2 腐殖酸盐

腐殖酸有两个定义。广义说法是，腐殖酸是由古代植物残骸，经过微生物的分解和转化，以及地球化学的一系列过程造成和积累起来的一类有机物质，广泛存在于泥炭、褐煤和风化煤中，由于富含羧基、羟基等有机基团，具有广泛的利用价值。狭义说法，认为腐殖酸是腐殖物质被稀碱或中性水提取而当酸化到时又复沉淀的部分。

腐殖酸属于天然高分子添加剂，但腐殖酸物质不同于其他天然大分子，不具有某种完整的结构和化学构型。它们随植物分布和地质变迁改善着的地层结构而呈现出不同的结构。它是一种无定形的高分子化合物，是由极小的球状质点聚积而成的。但它也有一定的相似性，是一种大分子的芳香多聚物，是由相似族类的、分子大小不同的结构、组成不一致的高分子羟基芳香羧酸所组成的复杂混合物。腐殖酸分子是由几个相似的结构单元所组成的一个巨大的复合体，每个结构单元由核、桥键和活性基团所组成，含有酚羟基、羧基、羰基、醌基、甲氧基等。由于它具有上述基团，就决定了具有酸性、亲水性、阳离子交换性、络合能力及较高的吸附能力。为了使腐殖酸充分发挥其对瓷土的解胶性能和增强作用，应尽量减少灰分、铁质等杂质含量，以免影响陶瓷外观质量。

腐殖酸的钠盐和钾盐是常用的陶瓷分散剂。

**（1）腐殖酸钠**

**组成** 腐殖酸钠（Na-humic acid）

**性状** 本品为黑色粉末，无毒，无味，易溶于水，水溶液呈碱性。

**制法** 用优质褐煤与烧碱反应 [褐煤：烧碱＝100：（10～20）（质量比）]，将反应液过滤浓缩干燥，得到产品。

**产品规格**

| 指标名称 | 一级品 | 二级品 | 三级品 |
|---|---|---|---|
| 水溶性腐殖酸含量/% | 55＋2 | 45＋2 | 40＋2 |
| 水分/% | ≤12 | ≤12 | ≤12 |
| 细度（过40目筛）/% | 100 | 100 | 100 |
| pH值 | 9～10 | 9～10 | 9～10 |

腐殖酸钠（HA-Na，以下简称腐钠）是一种有机高分子钠盐，能溶于水，其分子中含有 $Na^+$ 和芳香核、酚羟基、醇羟基、羧基、羰基、醌基、甲氧基等多种活性基团。腐钠具有较大的表面积，是一种表面活性剂，具有较高的吸附能力，能够吸附黏土泥料颗粒（以下简称颗粒）。这些物化性质使腐殖酸的钠盐可以作为陶瓷原料添加剂，并对陶瓷的强度、光泽等性能起着增强作用，对陶瓷泥浆又具有良好的解胶性能。腐殖酸钠对黏土的分散效果较好，但用量一般不能超过0.3%，用量过大会有一定副作用，如在高温烧结时有机物的排除及烧成后留下的碳素会产生气泡和空洞，甚至使釉面光泽度变差，含量过高时，腐殖酸会彼此黏结而凝聚，降低流动性，严重时还会导致料浆絮凝。而国外腐殖酸盐添加剂一般添加量约为黏土的0.1%～3%。

**(2) 腐殖酸钾**

**组成** 腐殖酸钾（K-himic acid）

**性状** 黑褐色粉末，易溶于水。

**制法** 用 KOH 水溶液从褐煤中提取腐殖酸而得（详见腐殖酸钠）。

**产品规格**

| 指标名称 | 一级品 | 二级品 | 三级品 |
|---|---|---|---|
| 水溶性腐殖酸含量/% | 55＋2 | 45＋2 | 40＋2 |
| 水/% | 12＋2 | 12＋2 | 12＋2 |
| 细度（过40目筛）/% | 100 | 100 | 100 |
| 钾含量（干基）/% | 10±1 | 10±1 | 10±1 |
| pH值 | 9～10 | 9～10 | 9～10 |

**(3) 陶瓷用腐殖酸钠的提取** 腐殖酸钠的提纯方法通常是将1%的氢氧化钠溶液加入到风干并粉碎成40目以上的风化煤中，风化煤和氢氧化钠以1∶12的质量比混合，搅拌浸取，若要使抽提率提高，可以煮沸10～15min，然后冷却静置24h左右，弃去沉淀不溶性灰分和部分铁质。上层酱油状的溶液即为腐殖酸钠溶液，进一步除铁，便得到陶瓷用腐殖酸钠溶液。

生产原理是用纯碱（$Na_2CO_3$）或烧碱（NaOH）溶液抽取褐煤中所含的腐殖酸通过碱和酸中和成腐殖酸钠盐溶于水中作黏合剂，其化学反应式为：

$$R(COOH)_n + nNaOH \longrightarrow R(COONa)_n + nH_2O$$

通过复分解反应，腐殖酸变成钠盐溶于水中，而碳酸根则和钙离子结合生成碳酸钙沉淀。对泥炭来讲，为避免木质素的溶解，$Na_2CO_3$ 是泥炭腐殖酸较理想的萃取剂。

**(4) 陶瓷用腐殖酸钠的改性** 从风化煤中提取的腐殖酸类物质，含有羟基、羧基和醌基等活性基团，可广泛应用于工业、农业、医学及环保等各个领域。曹文华、刘大成等应用复合技术把腐殖酸钠与偏硅酸钠等按一定的质量比配制成复合分散剂。偏硅酸钠的水解为腐殖酸钠提供了更多的 $OH^-$，使腐殖酸的负电基增多，亲水性增强。偏硅酸根在腐殖酸存在下缩聚为多硅酸根，使其具有与黏土颗粒相似的外形结构，容易被吸附。同时大量存在的 $Na^+$ 和一定的碱性是泥浆生产过程中所必需的。腐殖酸钠的改性产品已广泛用作各种钻井液处理剂，但在陶瓷生产中的应用还有待进一步开发。

### 1.7.1.3　三聚磷酸钠

无机分散剂中使用最多的是三聚磷酸钠，其价格低，综合性能好。三聚磷酸钠俗称五钠，为白色粒状粉末，分子式为 $Na_5P_3O_{10}$，是链状缩合磷酸盐类；三聚磷酸钠具有良好的配合金属离子的能力，能与钙、镁、铁金属配合生成可溶性配合物；三聚磷酸钠还具有对油脂类悬浮分散、胶溶和乳化的作用；在 pH 值 4.3～14 的广泛范围内具有很强的缓冲能力。

磷酸盐具有良好的螯合碱土金属离子、软化硬水的能力，同时本身又具有很好的分散作用。在分散剂配方中与表面活性剂（十二烷基硫酸钠、烷基磺酸钠）配合具有明显的协同效应，可以明显提高后者在硬水中对料浆的分散能力。同时三聚磷酸钠还可以与高分子分散剂配合使用。由于三聚磷酸钠的水溶性小，有时选用水溶性好的焦磷酸钾。

### 1.7.1.4　六偏磷酸钠 sodium hexametaphosphate

**其他名称**　多磷酸钠

**分子式**　$Na_6O_{18}P_6$　**分子量**　611.77

**结构式**　$(NaPO_3)_6$

**性状**　本品为透明玻璃片粉末或白色粒状晶体，相对密度（20℃）2.484，在空气中易潮解，易溶于水。

**制法**

**(1) 磷酸二氢钠法**　将磷酸二氢钠加入聚合釜中，加热到700℃，脱水15～30min，然后用冷水骤冷，加工成型即得。反应式如下：

$$NaH_2PO_4 \longrightarrow NaPO_3 + H_2O$$
$$6NaPO_3 \xrightarrow{聚合} (NaPO_3)_6$$

**(2) 磷酸酐法**　黄磷经熔融槽加热熔化后，流入燃烧炉，磷氧化后经沉淀冷却，取出磷酐（$P_2O_5$）。将磷酐与纯碱按1∶0.8（摩尔比）配比在搅拌器中混合后进入石墨坩埚。于750～800℃下间接加热，脱水聚合后，得六偏磷酸钠的熔融体。将其放入冷却盘中骤冷，即得透明玻璃状六偏磷酸钠。反应式如下：

$$P_2 \xrightarrow{O_2} P_2O_5 \xrightarrow{NaCO_3} NaPO_3 + CO_2$$
$$6NaPO_2 \xrightarrow{聚合} (NaPO_3)_6$$

**产品规格**

| 指标名称 | 优级品 | 一级品 | 合格品 |
| --- | --- | --- | --- |
| 总磷酸盐(以 $P_2O_5$ 计)/% | 68.0 | 66.0 | 65.0 |
| 非活性磷酸盐（$P_2O_5$）/% | 7.5 | 8.0 | 10.0 |
| 铁（Fe）/% | 0.05 | 0.10 | 0.20 |
| 水不溶物/% | 0.06 | 0.10 | 0.15 |
| pH 值(1%水溶液) | 5.8～7.3 | 5.8～7.3 | 5.8～7.3 |
| 溶解性 | 合格 | 合格 | 合格 |

**用途** 对 $Ca^{2+}$ 络合能力强，每 100g 能络合 19.5g 钙。而且由于 SHMP 的螯合作用和吸附分散作用，破坏了磷酸钙等晶体的正常生长过程，阻止磷酸钙垢的形成，用量 0.5mg/L，防止结垢率达 95%～100%。六偏磷酸钠的分散性相当好，且无泡，成型性能优越，注浆坯体强度高，干燥后的固体体积分数达 56.1%，但带入了有害杂质，如 $Na^+$、$PO_4^{3-}$、$SiO_2$ 等，对要求高的高性能陶瓷不能采用。

#### 1.7.1.5 沸石

在陶瓷工业中常常选用 4A 沸石作为分散剂，它是一种不溶于水，但能在水中悬浮分散的颗粒。A 型沸石的化学式为 $Na_{12}(AlO_2)(SiO_2)_{12} \cdot 27H_2O$。4A 型沸石空穴中所带的钠离子可以与水中的钙镁离子交换，因此能够软化水，而且具有一定的分散能力。由于 4A 型沸石对钙镁离子的交换速率都比较慢，因此需要与交换速率快的螯合剂（如柠檬酸、聚羧酸盐等）复配使用。

#### 1.7.1.6 柠檬酸盐

为无色无臭半透明晶体或白色粉末，结构简式为 ［HOOC—$CH_2$—C（OH）COOH—$CH_2$—COOH］，简写为 $H_3Cit$，结构中有三个羧基、一个羟基。柠檬酸盐有果酸味，熔点 153℃，相对密度 1.542，溶于水。柠檬酸的钠盐或铵盐可直接应用于凝固注模成型工艺，使多元物料体系同时在 pH 值为 9～10 的范围内具有较大的 Zate 电位。不加柠檬酸时，料浆颗粒间以范德华力为主要作用，加入柠檬酸，颗粒表面吸附柠檬酸分子，使表面电荷发生变化，产生静电稳定作用；又由于吸附作用使颗粒有效半径增大，从而产生空间位阻作用，使悬浮液稳定分散。

## 1.7.2 新型陶瓷分散剂——高分子分散剂

分散剂作为一种用途较广的助剂，广泛应用于陶瓷浆料制备中。加入适量分散剂，能有效改善粉料表面性能，降低浆料黏度，得到流变性好、分散均匀、固含量高且稳定的浆料，从而达到提高研磨效果、减少用水量、降低动力消耗的目的。随着现代陶瓷成型技术的发展，人们对陶瓷浆料的性能提出越来越高的要求。

普通分散剂虽然很多都具有分散作用，但由于受到分子结构、分子量等因素的影响，其分散作用往往十分有限，用量较大。高分子分散剂由于亲水基、疏水基位置、大小可调，分子结构可呈梳状，又可呈现多支链化，因而对分散微粒表面包覆效果要比普通分散剂强得多。由于其优良的分散性能，在众多种分散剂的类型中异军突起，成为很有发展前途的一类分散剂。它凭借静电位阻效应，在水性介质及非水性介质中均能起到良好的分散稳定作用，尤其在陶瓷、颜料、涂料、造纸、建筑、医药等领域发挥了重要的作用。

近年来，人们对高分子分散剂的研究较多，并习惯将之称为超分散剂。超分散剂的分子结构由两部分组成：一部分为锚固基团，在水性介质中为疏水基团，它们通过离子键、共价键、氢键及范德华力等作用，牢固地吸附在固体颗粒表面，防止超分散剂脱附；另一部分为溶剂化键，在极性匹配的分散介质中，溶剂化链与分散介质具有良好的相容性，故在分散介质中采用比较伸展的构象，在固体颗粒表面形成足够厚度的保护层。在水性介质中，它能在颗粒表面形成一定厚度的水化膜，同时由于聚合物亲水基团在水中电离，使颗粒表面剩余同种电荷，产生静电排斥力，使分散体系稳定分散。下面介绍几种常用的高分子分散剂。

### 1.7.2.1 聚丙烯酸盐

**（1）高分子量聚丙烯酸钠** sodium polyacrylate high molecular

**其他名称** KS-01 絮凝剂；flocculant KS-01

**分子式**（$C_3H_3NaO_2$）$_n$　**分子量** $>8\times10^6$

**结构式**

$$\begin{matrix} +CH_2-CH\frac{}{}_n \\ | \\ COONa \end{matrix}$$

**性状** 本品为白色固体或微黄色透明胶体，水中溶解速度小于 4h，属阳离子型高分子絮凝剂。

**制法** 将聚丙烯酸投入反应釜中加热溶解，在搅拌下滴加 30％的 NaOH 水溶液，pH 值调至 10～12 时停止滴加，在 40℃左右搅拌 1h 得成品。反应式如下：

$$\begin{matrix} +CH_2-CH\frac{}{}_n \\ | \\ COOH \end{matrix} \xrightarrow{NaOH} \begin{matrix} +CH_2-CH\frac{}{}_n \\ | \\ COONa \end{matrix}$$

**产品规格**

| 指标名称 | 指标 | 指标名称 | 指标 |
| --- | --- | --- | --- |
| 外观 | 白色或微黄色透明溶液 | 含固量/％ | 361 |
| 单体含量/％ | 3 | pH 值 | 10～12 |

**用途** 做工业给水城市废水的絮凝剂，制氯化铝中分解赤泥。

**（2）聚丙烯酸钠** sodium polyacrylate

**其他名称** PAANA

**分子式**（$C_3H_3NaO_2$）$_n$　**分子量** 2000～5000

**结构式**

$$\begin{matrix} +CH_2-CH\frac{}{}_n \\ | \\ COONa \end{matrix}$$

**性状** 本品有固体和液体两种。固体为白色粉末，吸湿性强。液体为无色透明的树脂状物，相对密度（20℃）1.15～1.18。易溶于苛性钠水溶液和 pH 值为 2 的酸中，在氢氧化钙、氢氧化镁中沉淀。

**制法** 将去离子水和 34kg 链转移剂异丙醇依次加入反应釜中，加热至 80～82℃。滴加 14kg 过硫酸铵和 170kg 单体丙烯酸的水溶液（去离子水）。滴毕后，反应 3h，冷至 40℃。加入 30％的 NaOH 水溶液，中和至 pH 值为 8.0～9.0。蒸出异丙醇和水得液体产品，喷雾干燥得固体产品。反应式如下：

$$nH_2C=CHCOOH \xrightarrow{引发剂} \begin{matrix} +CH_2-CH\frac{}{}_n \\ | \\ COOH \end{matrix} \xrightarrow{NaOH} \begin{matrix} +CH_2-CH\frac{}{}_n \\ | \\ COONa \end{matrix}$$

**产品规格**

| 指标名称 | 指标 | 指标名称 | 指标 |
| --- | --- | --- | --- |
| 外观 | 白色粉末 | 聚合物含量/％ | ≥30 |
| 单体含量/％ | ≤0.5 | pH 值 | 8.0～9.0 |

**用途** 本品是良好的阻垢剂和分散剂。

**(3) 改性聚丙烯酸** modified polyacrylic acid

**主要成分** 以丙烯酸为主的二元共聚物与其他聚合物。

**性状** 淡黄色液体，相对密度（25℃）1.130，化学性质稳定，呈酸性，有腐蚀性。

**制法** 将丙烯酸二元聚合物与其他聚合物按一定比例复配而得。

**产品规格**

| 指标名称 | 指标 | 指标名称 | 指标 |
| --- | --- | --- | --- |
| 黏度(25℃)/Pa·s | 8.5 | 有效成分含量/% | 30±2 |
| pH 值 | 1~3 | | |

### 1.7.2.2 磺酸系高分子分散剂

**(1) 萘磺酸甲醛系列（NSF）** NSF 的分散能力主要由静电斥力决定。在碱性介质中，它能迅速地分解成带负电荷的阴离子，被各种颗粒吸附，并更快更大改变其 Zeta 电位，在颗粒之间产生较大的排斥力，提高其分散效果并优化料浆的流变特性。但是蒋新元等通过实验表明，NSF 分子的吸附量随初期水化的进行而减少的幅度较大，Zeta 电位随水化时间变化也逐步减小，粒子间凝聚加速，宏观上表现为坍落度损失大。如何有效地控制坍落度损失是进一步开发应用高效分散剂必须解决的问题。目前有两种解决方法：一是复合其他外加剂，如缓凝剂；二是用分子设计的方法合成新的外加剂，在合成中与新的官能团共聚，如采用双酸法可制备出减水率高、经济性好的绿色高效分散剂。如分散剂 dispersant PD 就是一种萘磺酸甲醛系列的高分子分散剂，其主要性质如下。

**其他名称** 萘磺酸甲醛缩聚物钠盐；lomar D

**分子式** $(C_{21}H_{14})_n Na_2 O_6 S_2$

**结构式**

**性状** 本品为棕色粉末，相对密度 0.65~0.75，溶于水，稳定性好，对炭黑有独特的分散力和湿润性。

**制法** 本品制备工艺包括萘磺化、磺化产物与甲醛缩合、中和三大步骤。

将 550g 精萘投入反应釜中，升温至 50℃，反应 4h。然后降温通水蒸气，水解副产物得 1-萘磺酸。水解完成后把物料打入缩聚釜，加入 37% 的甲醛水溶液，在 196kPa 压力下反应。最后加碱中和至 pH 值 8~10 反应结束。冷却结晶，滤出粗品干燥后为成品。反应式如下：

$$\left[ NaO_3S \underset{}{\overset{}{\bigcirc\bigcirc}} CH_2 \underset{n}{\overset{}{\bigcirc\bigcirc}} SO_3Na \right]$$

**产品规格**

| 指标名称 | 指标 | 指标名称 | 指标 |
|---|---|---|---|
| 外观 | 棕色粉末 | $Na_2SO_4$/% | ≤5 |
| 有效物/% | ≥5 | pH 值(1%水溶液) | 8.0~10.0 |
| 水分/% | ≤5 | | |

（2）三聚氰胺磺酸盐甲醛系列（SMF） 目前 SMF 主要有三类产品：低磺化度、中磺化度和高磺化度。SMF 分子中的亲水基团—$SO_3H$ 可提高其表面 Zeta 电位，从而增强其分散性能。该类型分散剂属低引气型，无缓凝作用，减水率略低于萘系，坍落度损失较快，且 SMF 的价格较贵，并常以较低浓度的液体形式供应，故其应用受到了一定的限制。解决办法主要是采用其他廉价活性部分（如尿素）代替三聚氰胺或在分散剂中加入糖钙、葡萄糖酸钠复配成高效分散剂。此外，甲醛挥发性大，是一严重的大气污染源，并对人体造成了伤害。针对此问题，Lutin 等人通过降低甲醛和三聚氰胺的比例以减少产品甲醛含量，但目前仍不能从根本上解决甲醛污染问题。

（3）改性木质素磺酸盐（MLS） 木质素磺酸盐属于半合成高分子分散剂，是木材制浆造纸的副产物，从制浆过程中亚硫酸废液中提取。木质素可分为针叶材木质素、阔叶材木质素和草本木质素 3 种，其含量在木材中占 20%~35%，在草本植物中占 15%~25%。这三种木质素可由其氧化分解得到的产物结构加以区分。

MLS 分为钙盐和钠盐两种。后者使用较多，主要由脱糖木质素磺酸盐缩合物与烷基醚共聚改性而成，它的吸附分散作用主要是在粒子间产生静电斥力和空间位阻作用力。

木质素磺酸钠的主要性质如下。

**结构式** ［木质素$-_{SO_3}^{OH}$］Na

**性状** 本品为棕褐色粉末或液体，属于阴离子型高温分散剂，无特殊异味，无毒，易溶于水及碱液，pH 值（1%的水溶液）为 8.5~10.0，遇酸沉淀，具有较强的分散能力，130℃分解。

**制法** 用造纸厂的纸浆废液为原料，一般有三种制备方法。

① 亚硫酸氢钙制浆法的纸浆废液中所含有的亚硫酸盐或硫酸氢盐直接与木质素分子中的羟基结合生成木质素磺酸盐。往废液中加入 10%的石灰乳，在（95±2）℃下加热 30min。将钙化液静置沉降，沉淀物滤出，水洗后加硫酸。过滤，除去硫酸钙。然后往滤液中加入 $Na_2CO_3$，使木质素磺酸钙转化成磺酸钠。反应温度 90℃为宜，反应 2h 后，静置，过滤除去硫酸钙等杂质。滤液浓缩，冷却结晶得产品。

② 以碱液制浆法所得造纸废液为原料，首先往废液中加入浓硫酸 50%左右，搅拌 4~6h，然后用石灰乳，经沉降、过滤、打浆、酸溶、加碳酸钠转化、浓缩、干燥得产品。

③ 用草类制浆法所得废液为原料，方法同②。

**产品规格**

| 指标名称 | 指标 | 指标名称 | 指标 |
|---|---|---|---|
| 含量/%（液体） | 25～30 | 还原物/% | 2～3 |
| （固体） | 50～60 | pH 值（1%水溶液） | 8.0～9.0 |
| 水溶物/% | <3 | | |

**用途**　主要用作泥浆悬浮剂和料浆分散剂，使成团水泥扩散，所含水分析出，增加其流动性，从而减少拌和用水，并节约水泥。将其用于石油钻井泥浆配方中，可有效降低泥浆黏度和剪应力，从而控制钻井泥浆的流动性，使无机泥土和无机盐杂质在钻井中保持悬浮状态，防止泥浆絮凝化，并有突出的抗盐性、抗钙性和抗高温性。

另一种改性木质素磺酸盐——木质素磺酸钙的主要性质如下。

**结构式**　$\left[\text{木质素}{-}^{OH}_{SO_3}\right]_2 Ca$

**性状**　本品为绿褐色黏稠液，50%含量时，相对密度 $d_4^{20}=1.27$，呈微酸性，对皮肤无刺激。

**制法**　以亚硫酸钠纸浆废液为原料，经石灰水沉降、酸溶、过滤除杂、滤液浓缩而得。

**产品规格**

| 指标名称 | 指标 | 指标名称 | 指标 |
|---|---|---|---|
| 外观 | 深褐色黏稠液 | 水分/%≤ | 10 |
| 含量/%≥ | 50 | | |

木质素磺酸钙在固液界面上的吸附性能要优于其钠盐。不同分子量的木质素磺酸钙对泥浆的性能影响不同。当木质素磺酸钙加入量小于 0.5%时，分子量 10000～30000 的组分对泥浆颗粒的分散作用最大；加入量大于 0.5%时，则随着分子量的增大，其分散作用逐渐增强。这主要是由于分子量增大，大分子网络结构使粉料颗粒表面的吸附层增厚，颗粒间的作用力逐渐以空间静电斥力为主，使水分子及颗粒暂时固定在一定的空间位置，具有更大的分散作用，并能维持其分散体系的稳定性，减少流动度损失。低分子量的木质素磺酸钙，随分子量的增加，在颗粒表面的饱和吸附量增加；而高分子量的木质素磺酸钙，在固液界面上的吸附量基本不受分子量的影响。

木质素磺酸钠具有较大的引气性，因此它对坯体强度的提高很小甚至会降低坯体的强度。而相同分子量的木质素磺酸钙对混凝土的含气量及抗压强度的影响则要小很多。木质素磺酸钙加入量为 0.25%时，随着分子量的增大，泥浆的含气量逐渐增加，而且抗压强度降低。但由木质素磺酸钙的起泡性能测定结果可知，随着相对分子质量的增大，其起泡性能逐渐增强。故在满足分散和强度性能的要求时，应该尽量降低木质素磺酸钙的分子量。

**(4) 氨基磺酸盐（ASP）**　ASP 分散剂是以氨基芳基磺酸盐、苯酚类和甲醛进行缩合的产物。ASP 分散剂 Zeta 电位仅为 $-10～-15mV$，静电斥力学理论是无法解释这一结果的。但从表面物化性能与应用性能的关系可知，ASP 的分散机理为：ASP 分子空间位阻大，极性强，静电斥力和空间位阻的共同作用，使其对颗粒具有良好的分散作用。ASP 分散剂具有高减水率和大坍落度，是当今最有发展前途的新型高效分散剂之一。目前国外已有工业化产品，产品的分散性能良好，但其成本较高；国内对该分散剂的研究也日渐增多，且已有一些厂家生产。

**（5）蒽磺酸钠甲醛缩合物**　主要性质如下。

**其他名称**　分散剂 AF（water-decreasing agent AF）

**结构式**

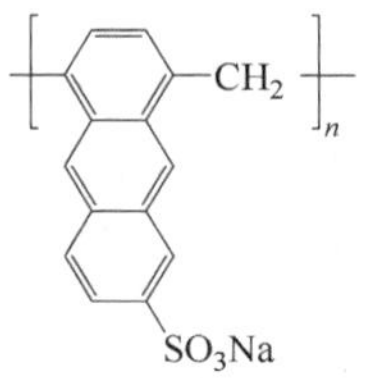

**性状**　本品为棕褐色粉末，易溶于水，水溶液呈弱碱性，分散力强，在水泥中使用能促进水化反应进行，是低引气性高效减水剂。

**制法**　本品制备包括蒽磺化、磺化物与甲醛缩合、缩合产物的中和三大步骤。工艺条件详见扩散剂 NNO。反应式如下：

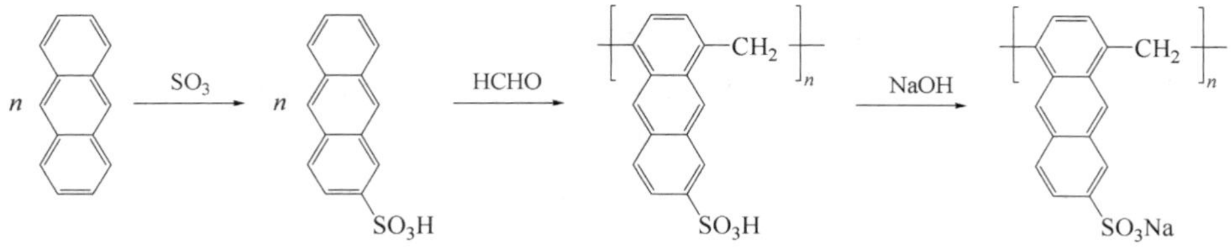

**产品规格**

| 指标名称 | 指标 | 指标名称 | 指标 |
| --- | --- | --- | --- |
| 外观 | 棕褐色粉末 | 减水率/% | 10～30 |
| 硫酸钠/% | ≤38 | pH 值 | 7.0～8.0 |

#### 1.7.2.3　纤维素衍生物分散剂

**（1）甲基纤维素（MC）**　MC 是白色粉末，呈水溶性。如果全部甲基化，甲氧基的含量为 45.6%。一般产品含甲氧基为 26%～33%。一般聚合度越低，溶解性越好。当加热时，其黏度最初随温度升高而降低，但达到某一温度后会急剧变黏而凝胶化。MC 无毒无味，具有良好的保湿性、分散性和稳定性。如果将纤维素与氯乙烷反应，则得到乙基纤维素（EC），这是一种油溶性高分子，可用作黏度调节剂。EC 为白色至浅黄色纤维状或粉状固体，无毒无味，属于非离子型的纤维素醚类，易溶于水，不溶于绝大多数有机溶剂；具有悬浮、乳化、分散和保水等性能。MC 和 EC 分低黏度、中黏度和高黏度 3 种，在陶瓷生产中都有使用。作为分散剂主要是短链和低黏度的。加入量不宜过大，如黏土为主要成分的料浆中，加入量不超过 0.25%，过量则会引起料浆流动性变差，不易均匀施釉，烧成后出现聚棱和缩釉现象。

**（2）羧甲基纤维素（CMC）**　羧甲基纤维素大多以羧酸钠盐的形式存在，是由纤维素与氯乙酸钠反应得到的，其反应方程式可写作：

$$[C_6H_7O_2(OH)_3]_n + ClCH_2COONa \longrightarrow [C_6H_7O_2(OH)_{3-m}(OCH_2COONa)_m]_n$$

羧甲基纤维素外观为白色颗粒，或呈纤维粉末；易溶于水，溶液透明；在碱性溶液中很稳定，遇酸则易水解，pH 值为 2～3 时会出现沉淀，遇多价金属盐也会出现沉淀。CMC 是用量最大的分散剂和黏合剂。用作分散剂使用的主要是低黏度的产品。中等黏度和高黏度的 CMC 主要用作黏合剂和絮凝剂。

熔块釉浆在不加添加剂时，由于重力作用，经过一段时间就要产生沉淀，制釉时及时加入一定量的黏土也不能明显阻止沉淀，如果加入一定量的 CMC 后，由于形成网状结构而支撑着釉粒子的重力，加上 CMC 的分子或离子可以像带子一样在釉中伸展并占据一定空间，防止釉料颗粒的相互接触，使空间稳定性得到了提高，特别是带负电荷的 CMC 阴离子遇带负电荷的黏土粒子相斥，更加大了釉浆的悬浮性，因此在釉浆中使用 CMC 具有良好的悬浮性和分散作用。

**(3) 其他水溶性改性纤维素**　将水溶性纤维素的衍生物开发用作高分子分散剂，是近年来高分子分散剂的一个十分活跃的研究和发展方向。

水溶性纤维素衍生物除了常见的甲基纤维素（MC）、羧甲基纤维素（CMC）和羟乙基纤维素（HEC）外，还有聚阴离子纤维素（PAC）、羟丙基纤维素（HPC）和羟丙基羧甲基纤维素（HPCMC）等。在陶瓷料浆中，二甲基二烯丙基氯化铵和羟甲基纤维素的接枝共聚物对黏土类原料具有良好的分散效果。由于季铵基可以对黏土表面有较强的吸附作用，可以转换黏土表面的 $Na^+$、$Ca^{2+}$ 等水化离子，起到分散作用，并能抑制黏土的膨胀，纤维素上的羟基和醚键对小颗粒有吸附作用，但主链和支链上的其他基团都是亲油基，所以，疏水性好，有利于料浆的分散。在压力注浆时，内摩擦阻力降低，黏度下降，有利于高压注浆工艺。

#### 1.7.2.4　聚羧酸系分散剂

聚羧酸类分散剂可大致分为四类：聚羧酸酯类，含磺酸基的聚羧酸多元聚合物，顺丁烯二酸酐共聚物，含羧酸基、磺酸基的聚羧酸系等。这 4 类聚羧酸系分散剂分别具有羧基、酯基、磺酸基等，从而实现陶瓷的高分散性和高保坍性能。聚羧酸系分散剂的作用机理一般被认为是"空间位阻学说"，此类分散剂一般呈梳状吸附于粒子表面。一方面由于其空间作用使颗粒分散减少凝聚；另一方面，其长的 EO 侧链在有机矿物相形成时仍然可以伸展开，因此该分散剂受到水化反应影响就小，可以长时间地保持优异的分散效果，使坍落度损失减小。聚羧酸分散剂目前多采用不饱和酸及其衍生物与聚乙二醇或其衍生物共聚的方法，或加入第三单体。但是纯聚羧酸分散剂的起始 Zeta 电位较高，而且经时变化比较大，控制坍落度损失方面较差。目前国外对聚羧酸系分散剂的合成研究取得了较好的效果，而国内仍未有大量应用，其原因可能主要在于聚合单体的来源与价格昂贵。

#### 1.7.2.5　电子陶瓷分散剂

作为电子陶瓷用分散剂，要求能与黏合剂、塑化剂等组分相匹配，且能烧尽，不留炭或其他污染，价格不高。聚丙烯酰胺是一种线型的水溶性聚合物，是水溶性高分子中应用最广泛的品种之一，在陶瓷、水处理、纺织印染、造纸、选矿、洗煤、医药、制糖、养殖、建材、农业等行业具有广泛的应用。聚丙烯酰胺英文名：polyacrylamide，缩写 PAAm、PAAM 或 PAM，属精细化工产品，也属于新材料范畴。其中特高分子量聚丙烯酰胺是国家优先发展的八大精细化工产品之一，也是原国家计委新材料高技术产业化重点项目之一。聚丙烯酰胺是丙烯酰胺（acrylamide，AM）均聚物或与其他单体共聚而得的线型聚合物的统称。PAM 作为活性剂，亲水基团、疏水基团的位置可调，分子结构可呈梳状，又可呈现多支链化，对分散微粒表面覆盖及包封效果都比普通表面活性剂强，分散体系更易稳定、流动。因此电子陶瓷分散剂多选用 PAM。

## 1.7.3　新型陶瓷分散剂的高性能化

高性能高分子分散剂的研究已成为陶瓷添加剂科学中的一个重要分支，现在研制的种类大多为有机高分子聚合物和聚电解质分散剂，主要应用于特种陶瓷或氧化物陶瓷中。这些高性能的分散剂能够大大提高陶瓷料浆的固体含量和流变性能。新型高分子分散剂的开发主要有两条途径：一是把已经工业化生产的分散剂进行复配，复配后的分散剂性能会大幅度提高，有利于降低使用成本，这往往可以得到很好的效果，是开发新型分散剂最快捷和最省钱的方法。二是在有关理论成果基础上，进行新型专用和高效分散剂的化学合成研究。目前，得到最佳分散剂的途径有以下几种。

### 1.7.3.1　物理复合

通过合理的物理复合，可以克服单一高分子分散剂自身的缺点，同时又使其中的某种优良性能由于多种分散剂的协同作用产生叠加而得到加强。复合设计分子结构中的主导官能团决定了该分散剂的主导性能，这种结构与功能的统一，也已成为高效分散剂复合设计和生产的理论依据。目前，高分子分散剂只有磺酸基和羧基或同时含有两种基团，它们作为主导官能团存在，可与含其他官能团的化合物复合。这类复合型高效分散剂产品有：聚羧酸盐与改性木质素的复合物、萘磺酸甲醛缩合物与木质素磺酸钙、三聚氰胺甲醛缩合物与木质素磺酸钙、氨基磺酸系高效分散剂与萘系分散剂复合等。复合型分散剂具有静电排斥作用与空间位阻（或立体位阻）共同作用的结构（如 PAA），好的复配分散剂（如 JFC＋PAA）可使陶瓷料浆达到最佳的分散效果。

将适量 OP（壬基酚聚氧乙烯醚）与 CPB（溴代十六烷基吡啶）两种表面活性剂所组成的复配分散剂加入到 300mL 的蒸馏水中，再加入 3g 的 $ZrO_2$ 粉体，最后用超声波对其进行超声分散 20min，即可得到 $ZrO_2$ 悬浮液。将样品放置 48h 后测量其 Zeta 电位和 $ZrO_2$ 颗粒的平均粒径，发现在 pH＝1.8 的条件下，悬浮液颗粒粒径达到最小，中位粒径为 178nm，此时复配分散剂用量为 $ZrO_2$ 含量的 6％，其中 OP 与 CPB 各为 3％。这说明悬浮液的分散稳定性能进一步得到提高和改善，添加复配分散剂后 $ZrO_2$ 悬浮液等电点由 pH＝6 右移到 pH＝13 附近。

### 1.7.3.2　化学改性

化学改性即通过改变分散剂分子的某些参数优化分散剂（NSF、MSF）的分散性能，如分子量、分子量分布、磺化程度等，或将其他系列分散剂部分替代 NSF、MSF，而获得性能与掺量之间更加线性化的效果，更好地保持材料的性能，但这种方法还存在一些小的缺点，如在引气、缓凝、泌水等方面不易控制。

### 1.7.3.3　新型分子设计

从分子设计的角度看，高性能分散剂研究的理论基础主要为静电斥力理论、空间位阻效应、空位稳定作用。同时，高分子分散剂的主要性能由主导官能团决定，其中—SO₃H 主要显示高减水率，—NH₂、—OH 和—COOH 主要显示优良的缓凝保坍作用。因此，高性能分散剂的分子结构设计的趋向是在聚合物分子主链或侧链上引入具有负电荷的—SO₃H、—NH₂、—OH 和—COOH 等官能团，和对水具有良好亲和性的果醚型长侧链。也可以根据需要引入烷基、烷氧基等取代基，以制备具有优良性能的分散剂。

**(1) 磺酸系高分子分散剂（LS）分子结构的改性设计**　普通 LS（木质素磺酸盐）的分散增强作用不如萘系等高效分散剂，减水率一般只有 5%～10%，常将木质素磺酸盐与其他化学成分进行反应，使其产生更好的分散效果。改性 LS 的分散性有较大提高，缓凝效果降低，且具有一定的引气性，因此具有很大的推广价值和经济效益。如强氧化改性木质素磺酸盐，使木质素磺酸盐中的缓凝基团（—OH）、醚链（—O—）氧化成不大缓凝的羧基（—COOH），从而减小木质素磺酸盐中的缓凝作用，提高其分散作用。还可以利用木质素磺酸盐分子中的化学基团与甲醛、萘磺酸盐或三聚氰胺磺酸盐等共缩聚制备分散剂。邱学青等就通过对木素磺酸钙进行改性，研制出 GCL1-3A 高效分散剂产品。

磺酸系高分子分散剂结构单元中都含有磺酸基，最佳分子结构一般为线型主链，并同时有多个长支链。产品的分散效果与分散剂分子的分子量分布关系密切。改性木质素磺酸盐缩合物（MLS）的改性设计在于提高其负电荷密度，使其在颗粒表面形成多点吸附，增加吸附强度，从而形成较高的静电斥力位能，同时保证其具有适当的分子量。NSF 的改性设计，是在制造时混合烷基萘或添加改性木质素磺酸盐等，以具有保持适度的引气性及降低坍落度损失的性能。而三聚氰胺系分散剂生产时可加入改性木质素类或苯酚、水杨酸，主要目的是生成有结构松散的支化高分子、交联高分子以抑制坍落度损失的分散性成分；氨基磺酸系高效分散剂改性设计在于制备长支链的中等分子量 ASF。

**(2) 聚羧酸系分散剂的梳型分子结构设计**　聚羧酸系高性能分散剂的分子设计的趋向是在分子主链和侧链上引入强极性基团如羧基、磺酸基、聚氧化乙烯基等，使分子具有梳型结构。通过极性基与非极性基比例调节引气性，一般非极性基比例不超过 30%；通过调节聚合物分子量增大减水性、质量稳定性；调节侧链分子量，增加立体位阻作用而提高分散保坍性能。

# 1.8　陶瓷分散剂的研究发展趋势

传统的陶瓷分散剂（如水玻璃、腐殖酸钠、三聚磷酸钠等）其分散作用十分有限，而且用量较大；另一方面，由于水玻璃呈碱性，三聚磷酸钠中含有磷等，这些无机盐类分散剂的使用会造成环境污染，不符合可持续发展观。而目前高分子分散剂在生产和应用中也存在以下问题：

① 萘系、三聚氰胺系、改性木质素磺酸盐高效分散剂坍落度损失大，且在低水灰比下流动性较差，其减水率还有待进一步提高；

② 聚合单体价格高，生产成本偏高，如氨基磺酸系和聚羧酸系高性能分散剂；

③ 氨基磺酸系高效分散剂应用过程中对掺量比较敏感，在施工中很难掌握；

④ 生产氨基磺酸系及三聚氰胺系高效分散剂的原料中含苯酚及甲醛，均为易挥发的有毒物质，生产工艺控制不好，会给环境造成较大的污染；

⑤ 高效分散剂受陶瓷、水泥及其他凝胶材料的影响很大，分散剂的作用机理还有待进一步探讨。

近年来，随着对陶瓷结构性能要求的提高以及需求量的增加，研制开发分散性能优良的分散剂成为当务之急。一般来说，优质高效分散剂的发展方向应是：

① 大力开发高浓度、低碱、无氯的萘系高分子高效分散剂和复合型高效分散剂；

② 实现逐步由粉状分散剂向液体分散剂形式的转变；

③ 从聚合物分子设计的角度优化设计高性能分散剂，使其具有很高的分散性和长时间保持材料坍落度的性能，可以达到一定的引气量，实现在相当宽的范围内可以自由设定使用量；

④ 从材料的强度、工作性、耐久性、价格等方面综合考虑，深入研究优化合成反应的工艺，以降低苯酚或甲醛在产品中的残余含量，同时用无毒或低毒的物质取代或部分取代苯酚或甲醛来生产氨基磺酸系绿色高效分散剂，来减少或消除生产和使用过程中对环境所产生的污染；

⑤ 加强对各高性能分散剂的作用机理及掺加高性能分散剂后对陶瓷性能的影响等方面的理论研究，通过对其分子结构表征、作用机理、分散体系的物性和分散剂对陶瓷、水泥水化的影响等方面的理论研究，使开发的产品更加功能化、原材料更加多样化、生产与使用环境生态化、应用技术标准化，来满足市场的需要。

总之，随着合成与表征分散剂及其化学结构与性能关系的研究不断深入，21世纪的分散剂除了具备优良的工作性能、优异的力学性能和耐久性以外，还应进一步向高性能、生态化、国际标准化等多功能高智能方向发展。因此，从分子设计的角度，进一步开发研究磺酸系高性能分散剂和聚羧酸系高性能分散剂，从高性能分散剂的合成、结构与性能的关系、作用机理等方面进行深入系统的研究，开发出具有更高分散能力及更高缓凝保坍性能的分散剂，以满足配制高性能材料的需要，无疑对我国的经济和社会发展有重要的作用和意义。

# 第 2 章　助滤剂

## 2.1　概述

传统注浆与压力注浆的速率，决定了注浆成型的产率，而产率则取决于过滤脱水的难易程度。在浆料中，细颗粒组分对过滤脱水速率起到主导作用，通常细颗粒组分对提高生坯强度起到积极作用，而由于细颗粒组分具有较高的迁移能力，加上它会填充在由粗颗粒密度堆积形成的空隙中，用量过多会在料浆与过滤模具的接触层形成致密层，降低过滤速率。助滤剂是指那些能提高注浆料过滤效率或强化过滤过程的添加剂，又称为减水剂。它的主要功能是提高系统的 Zeta 电位，从而改善浆料的流动性。

通过使用助滤剂可以使细颗粒形成软团聚，毛细孔增大，过滤速率提高，因此即使细颗粒组分较多，也不会影响注浆速率，还可以在其他参数不变的情况下提高注浆速率，同时又可以保证生坯的强度。助滤剂用于注浆成型具有如下优点：无沉淀，可提高注浆件的强度，易脱模等。在实际的生产中，可以将助滤剂和水一同加到球磨机中球磨，也可以在高速搅拌下将助滤剂直接加入到制备好的料浆中。

传统助滤剂有：水玻璃、碳酸钠、腐殖酸钠、焦磷酸钠、AST 和亚硫酸纸浆废液等，以单一或复合形式加入。我国陶瓷行业普遍使用水玻璃、碳酸钠、三聚磷酸钠等无机盐类作减水剂，其减水效果不够理想，而世界陶瓷生产发达国家均十分注重减水剂的开发和应用，现已基本上淘汰使用如水玻璃等的传统减水剂。

助滤机理可以从不同角度来加以解释：

① 带正电荷的助滤剂能够降低纤维、填料的表面电荷（即发生电中和作用），使极性有所降低，水分子难以在纤维、填料表面浸湿及定向排列；

② 助滤剂（同时也起助留作用的那种助滤剂）能够促使纤维和填料凝聚，其结果导致纤维或填料的比表面降低，形成大的聚集体，加速了脱水作用；

③ 助滤剂往往也是高分子表面活性剂或者具有降低表面张力的作用，在纤维、填料表面吸附或结合后，能够降低其表面张力，减小接触角，使水分子难以铺展和浸湿，受应力作用后容易脱离。

## 2.2　助滤剂的分类

### 2.2.1　按物质种类分类

　　陶瓷用减水剂主要有四类：无机减水剂、有机减水剂、高分子减水剂和复合减水剂。无机减水剂主要有水玻璃、纯碱、焦磷酸钠、三聚磷酸钠、六偏磷酸钠等；有机减水剂有单宁酸钠、腐殖酸钠、二萘甲烷磺酸二钠盐等；高分子减水剂主要是聚丙烯酸钠；而复合减水剂是几种减水剂的适当混合。

　　无机减水剂和有机减水剂在黏土-水系统中的作用机理不完全一样。无机减水剂的反应机理实质是间接阳离子置换反应，使水化层分子数多的阳离子如 $Ca^{2+}$、$Mg^{2+}$ 等吸附的水释放出来，而增加泥浆中自由水的含量，达到减水的效果，同时还会使电位升高，提高泥浆的动力学稳定性。有机减水剂的反应机理有两种情况：一种与无机减水剂相同；另一种为置换-吸附作用及形成憎水保护膜，即有机减水剂的阴离子极性端与黏土颗粒上吸附的阳离子通过静电力相结合，形成保护膜，同时置换出被阳离子吸附的极性水分子，达到减水的目的，增加 ζ 电位，提高料浆的稳定性。此种反应机理及减水剂对料浆颗粒 ζ 电位的影响分别见图 2-1、图 2-2。

图 2-1　有机减水剂的反应机理图

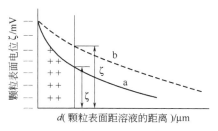

图 2-2　减水剂使用前后泥浆颗粒的 ζ 电位的变化示意图

　　1993 年以前，我国常用的减水剂有：水玻璃、碳酸钠、三聚磷酸钠、腐殖酸钠、焦磷酸钠、鞣性减水剂等，以单一或复合形式加入。1993 年以后则不使用或较少使用如水玻璃、碳酸钠等传统的减水剂。取而代之的新型减水剂有：腐殖酸盐-硅酸盐合成物、腐殖酸盐-磷酸盐合成物、磷酸盐-硅酸盐合成物、合成聚合电解质、水性高分子聚合物如聚丙烯酸钠和添加表面活性剂的复合减水剂等。对于非硅酸盐系统的特种陶瓷，也有一系列相应的减水剂，主要以合成聚合电解质为主。新型减水剂一般以单一形式加入，加入量 0.1%～0.5%，与坯料或浆料一起球磨，效果良好。

### 2.2.2　按作用性质分类

　　陶瓷助滤剂可分为介质型助滤剂和化学助滤剂两大类。

### 2.2.2.1　介质型助滤剂

介质型助滤剂是一种颗粒均匀、质地坚硬、不可压缩的粒状物质。因为可以直接用作过滤介质，故称其为介质型助滤剂。作为助滤剂，其作用在于防止胶状微粒对滤孔的堵塞，也即充当实际的过滤介质。由于助滤剂表面有吸附胶体的能力，而且这种细小坚硬颗粒所形成的滤饼具有格子型结构，不可压缩，滤孔不至于全部堵塞，可保持良好的渗透性，既能使滤液中的细小颗粒式胶状物质被截留在格子骨架上，又能使清液有流畅的通道。因此使用该助滤剂，能大大提高过滤能力，改善滤液澄清度，提高生产效率，降低过滤成本。

介质型助滤剂的种类较多，如硅藻土、珍珠岩、纤维素、石棉等。表 2-1 列出了几种常用助滤剂的主要性能，简要介绍，作为选用时的参考。

表 2-1　各种常用介质型助滤剂的主要性能

| 性　　质 | 助　滤　剂 | | |
| --- | --- | --- | --- |
| | 硅藻土 | 珍珠岩 | 纤维素 |
| 渗透率/达西① | 1.05~30 | 0.4~6 | 0.4~12 |
| 平均孔径/μm | 1.1~30 | 7~16 | — |
| 湿密度/(kg/m³) | 260~320 | 150~270 | 60~320 |
| 可压缩性 | 低 | 中 | 高 |

① 达西：1974 年 McGraw-Hill 公司出版的《科学与技术术语辞典》将其定义为渗透率单位。等于在 1 个标准大气压下，每秒钟，黏度为 1mPa·s 的 1cm³ 流体流过面积为 1cm²、长度为 1cm 的多孔介质，流率为 1cm³/s，可表示为：

$$K' = \nu \mu L / \Delta p$$

式中　$\nu$——滤液的流率，cm³/s；

　　　$\mu$——黏度，mPa·s；

　　　$L$——滤饼厚度，cm；

　　　$\Delta p$——压力差，atm（1atm=101325Pa）。

### 2.2.2.2　化学助滤剂

化学助滤剂主要用于希望降低滤饼水分和提高过滤机生产能力的场合。化学助滤剂分为表面活性剂型和高分子絮凝剂型两大类。其中，表面活性剂型助滤剂的减水效果要强于絮凝剂型助滤剂。下面简要地介绍这两类助滤剂的情况。

**(1) 表面活性剂型助滤剂**　表面活性剂型助滤剂是通过降低滤液表面张力，使阻碍滤液在颗粒间隙中流动的附加压力也随着降低，而达到强化过滤的目的。表面活性剂型助滤剂的助滤性能取决于其结构特点，作为助滤剂的表面活性剂，其极性基与浮选捕收剂类似，对固体表面应有较强的亲和性，但其亲水性不要太强；对于其非极性基，在能破坏颗粒表面水化膜使固体表面疏水的前提下，尽可能避免过长；作为高效助滤剂，应具有较大面积的疏水基并配以合适的亲水基团，使其在固体表面大量的单层吸附以使固体表面大面积疏水化。

常见的用作助滤剂的高分子助滤剂主要是人工合成的各种高分子量的、不同极性的聚丙烯酰胺及各种天然高分子有机物的改性产品，用得最多的是非离子型和阴离子型，分子量在 $5 \times 10^5 \sim 10 \times 10^6$ 之间的聚丙烯酰胺。几种主要表面活性剂型助滤剂种类列于

表2-2。早期多以聚乙烯亚胺（PEI）作为助滤剂，目前以聚丙烯酰胺和改性淀粉为主。

**表2-2　主要助滤剂种类**

| 种类 | 主　要　产　品 |
|---|---|
| 阳离子型 | 聚乙烯胺、阳离子淀粉、聚乙烯亚胺(PEI)、聚酰胺多胺环氧氯丙烷(PAE)、聚丙烯酰胺接枝阳离子淀粉、丙烯酰胺-二甲氨基丙基丙烯酰胺共聚物等 |
| 非离子型 | 聚丙烯酰胺、聚甘露醇半乳糖、聚氧化乙烯 |
| 两性离子型 | 两性淀粉、两性聚丙烯酰胺(C-APAM) |
| 阴离子型 | 水解聚丙烯酰胺、羧甲基纤维素(CMC)、羧甲基淀粉(CMS)等 |

国内已研制成的表面活性剂型助滤剂有以下几种：

① 烷基及烷芳基磺酸盐，属于阴离子表面活性剂型助滤剂。这两种助滤剂对不同类型的铜精矿都具有良好的助滤性能，其效果与国外 OT 型助滤剂相同，可降低滤饼水分 1.4%～2.6%。

② 酸化油——3132 助滤剂，是酸化油的一种改进产品，是从化工厂废弃物中回收的副产品，用酸碱处理得到的，对浮选铁精矿的助滤效果较好。

③ SP505 和 CA603 助滤剂，属于多种高分子有机化合物，具有表面活性剂的特性。这两种助滤剂先后在东鞍山选矿厂和南京梅山铁矿选矿厂使用，使过滤过程得到明显改善。

**(2)** 高分子絮凝剂型助滤剂　高分子絮凝剂型助滤剂具有絮凝作用，能使颗粒生成稳定的絮团，从而可防止微细颗粒穿过滤布，使滤液浑浊，造成金属流失，又可防止微细颗粒沉积在滤布孔洞之中而降低过滤速率。

美国道（DOW）化学公司生产的 SeParan MGL 非离子型助滤剂，纳尔科（Nalco）公司的 Fitra Max 9764 聚合物型助滤剂，分别对铀矿、煤粉和高岭土进行过滤，取得了良好的效果。

# 2.3　助滤减水效果的影响因素

减水剂可以降低固、液之间的界面张力，有效润湿颗粒，减少水化膜厚度，得到流动性好的料浆，达到稀释减水的作用。影响减水剂减水效果的因素主要有以下几种情况。

## 2.3.1　黏土的组分与性质的影响

黏土矿物原料在陶瓷生产中是一种重要原料，在坯料配方中占有很大比例，故在球磨工艺中对泥浆性能有较大影响。但因黏土矿物形成的地质年代不同、地域不同，在组分、结构和性能上会有较大差别。人们在宏观上选择黏土矿物的类型和性能，其实是对黏土矿物微观结构上的一种要求，如有的黏土矿物塑性好，有的黏土矿物烧失量少，有的黏土矿物悬浮性好等，这些都与黏土矿物的微观结构相关。这里就黏土矿物的微观结构与减水剂的选择作一分析，以说明如何根据制浆中所用黏土矿物的类型选择不同类型的减水剂，从而提高减水剂的使用性能。

黏土的种类很多，其结构也各不相同，但概括起来主要有三大类：高岭石类、蒙脱石类和伊利石类。其中高岭石类和蒙脱石类黏土，$Al_2O_3$、$SiO_2$含量都较高，含有该种黏土的泥浆，本身的流动性就会变差。而伊利石类的黏土，由于它本身含有一定量$K_2O$、$Na_2O$，对含有伊利石类黏土的泥浆，它本身的流动性就会变好。

**(1) 黏土矿物的微观结构** 在微观结构上，高岭石类属于单层结构，即由一层水铝氧八面体层［$Al(OH)_4O_2$］和一层硅氧四面体层［$SiO_4$］构成，单网层之间主要是通过氢键联结（OH—O），虽然键力不强，但水分子不易进入。在高岭石类微观结构中，离子取代现象较少，故其晶体结构比较完整；而蒙脱石类属于复网层结构，即由一层水铝氧八面体层［$AlO_4(OH)_2$］和两层硅氧四面体层［$SiO_4$］构成，复网层之间存在较大的斥力，再加之微观结构中存在较多离子取代现象，通常是低价离子$Na^+$、$K^+$、$Mg^{2+}$、$Ca^{2+}$取代高价离子$Al^{3+}$、$Si^{4+}$，使电价平衡受到破坏，进一步增加了复网层间的排斥作用，致使复网层间空隙加大，易吸附大量的水分子，使层间结合力进一步减弱，易产生解理；伊利石类也具有复网层结构，但复网层之间主要是通过$K^+$来联结的，虽然也存在较多的离子取代，但由于$K^+$的存在，使伊利石类矿物复网层间的排斥作用受到抑制，故极性水分子不易进入复网层中，表现为吸水性较差。

**(2) 水在黏土中的结合形式** 水加入到黏土中，会被黏土颗粒吸附。水与黏土颗粒的结合形式主要有两种：一种是牢固结合水，即黏土颗粒表面有规则排列的水层，有人测得其厚度为 3～10 个水分子层，且性质不同于普通的水分子，其密度为 1.28～1.48g/cm³，冰点较低；一种为松弛结合水，即从规则排列到不规则排列的水层。此外，黏土中还有一种更主要的结合水的存在形式，即通过水化阳离子吸附的水。我们使用减水剂的目的就是要将水化阳离子吸附的水分子释放出来，增加料浆中自由水的含量，使料浆在低含水率的情况下，具有较好的流动性，以降低陶瓷生产中制粉和干燥过程的能耗，降低生产成本。表 2-3 为不同阳离子水化时所吸附的水分子数比较。

表 2-3　不同阳离子的水化半径、水化膜中的分子数的比较

| 离子种类 | 离子半径/Å | 水化后半径/Å | 水化膜中的水分子数 |
|---|---|---|---|
| $Ca^{2+}$ | 1.06 | 4.2 | 10 |
| $Mg^{2+}$ | 0.78 | 4.4 | 12 |
| $K^+$ | 1.33 | 3.1 | 4 |
| $Na^+$ | 0.98 | 3.3 | 5 |
| 碳氢链 | 2.6 | — | — |

**(3) 陶瓷泥浆制备中减水剂的选择** 减水剂通过化学反应，释放出黏土颗粒所吸附的水分，以减少水的添加量，同时提高泥浆中黏土颗粒的 ζ 电位，保证泥浆的稳定性。在泥浆制备中，有机减水剂的使用对黏土种类的选择不太敏感，但无机减水剂的选择与黏土矿物的种类有很大关系，因为不同类型的黏土其吸附的离子种类是不同的，有的为H-黏土，有的为 Na-黏土，有的为 Ca-黏土，为此就要选择不同的减水剂，否则，就不会得到理想的使用效果。一般 Na-黏土、Ca-黏土多为蒙脱石类，而 H-黏土多为高岭石类，因此黏土矿物所吸附的阳离子类型与其微观结构相联系。

针对上述黏土类型，所选择的减水剂反应如下：

$$Ca\text{-}黏土 + R\text{—}COONa \longrightarrow (R\text{—}COO)Ca + Na\text{-}黏土$$
$$H\text{-}黏土 + NaC_{14}H_9O_9 \longrightarrow Na\text{-}黏土 + HC_{14}H_9O_9（单宁酸）$$
$$H\text{-}黏土 + NaOH \longrightarrow Na\text{-}黏土 + H_2O$$
$$H\text{-}黏土 + Na_2SiO_3 \longrightarrow Na\text{-}黏土 + H_2SiO_3$$

## 2.3.2 杂质离子的影响

杂质很多来自黏土本身和球磨用水，它们在泥浆中常以带负电荷的胶粒出现；由于它们与泥浆中的高价阳离子（如 $Mg^{2+}$、$Ca^{2+}$）的吸引，使整个胶粒的静电荷变低，因而斥力减少，引力增大，$\zeta$ 电位下降，使泥浆的流动性能降低，杂质离子有 $SO_4^{2-}$、$Cl^-$ 等。

## 2.3.3 固相颗粒形状与大小的影响

在一定浓度的泥浆中，固相颗粒越细，颗粒间平均距离越小，吸引力增大，位移时所需克服的阻力增大，流动性减少。此外，由于水具有偶极性，是极性分子，胶体粒子带有电荷，每个颗粒周围形成水化膜，固相颗粒呈现的体积就会比真实体积大得多，因而阻碍泥浆的流动。

## 2.3.4 泥浆 pH 值的影响

控制 pH 值是提高泥浆流动性、悬浮性的方法之一。pH 值影响离解程度，又会引起胶粒 $\zeta$ 电位发生变化，导致改变胶粒表面的吸力与斥力的平衡，最终使这类氧化物（两性物质）胶溶成絮凝。

## 2.4 陶瓷常用助滤剂

陶瓷企业常用的传统助滤剂如表 2-4 所示。

**表 2-4 陶瓷企业常用的传统助滤剂**

| 类别 | 名称 | 主要性状 | 使用特点（如加入量） |
|---|---|---|---|
| 无机电解质 | 水玻璃 | 浅黄色黏稠液 | 0.1%～0.5% |
| | 碳酸钠 | 白色吸水性粉末或颗粒 | 0.1%～0.3%,可与水玻璃合用 |
| | 磷酸钠 | 白色粉末 | 0.05%～0.2% |
| | 焦磷酸钠 | 白色粉末 | 0.05%～0.2% |
| | 六偏磷酸钠 | 白色粉末 | 0.05%～0.2% |
| | 三聚磷酸钠 | 白色粉末 | 0.05%～0.1% |
| | 氢氧化钠 | 白色片状或粉末易潮解 | 0.05%～0.1%,与其他减水剂合用 |
| 有机电解质 | 草酸钠 | 白色粉末 | |
| | 草酸铵 | 白色颗粒或片状 | 0.1%～0.2%,与水玻璃合用 |
| | 腐殖酸钠 | 黑色颗粒或粉末 | |
| | 柠檬酸钠 | 白色结晶颗粒或粉末 | 0.2%～0.5% |
| | 单宁酸钠 | 白色粉末 | 0.2%～0.5% |

## 2.4.1　聚丙烯酰胺

作为助滤剂使用时，应选择高分子量、高电荷密度的阳离子聚丙烯酰胺（CPAM），这类助滤剂吸附在各种粒子表面上，能够降低和中和表面的电荷，使水容易滤出。此外，助滤剂的加入使浆料的Zate电位向等电点靠近，减少了离子与粒子及与纤维之间的排斥力，从而容易形成桥联，最终能产生好的助滤作用。

CPAM及其与改性皂土的混合物广泛用于改善浆料的滤水性能。CPAM的最佳用量与聚合物的电荷密度及浆料的pH值有很大关系。当CPAM在淀粉之前加入时，还会减少浆料对于阳离子淀粉的吸附。阴离子聚丙烯酰胺（APAM）必须和阳离子聚电解质或阳离子聚合物配合才有助滤效果，单独使用则滤水性不理想。阴离子聚丙烯酰胺使浆料滤水性能劣化，其原因是阴离子聚丙烯酰胺与浆料粒子具有相同的阴离子性，使粒子与粒子及与纤维之间斥力增大，导致浆料的滤水性能劣化，故阴离子聚丙烯酰胺不能单独作为助滤剂使用。

## 2.4.2　聚乙烯亚胺

这类聚合物主要是用低分子量、高电荷密度的阳离子聚合物作为助滤剂。单独使用聚乙烯亚胺（PEI）有提高滤水性的作用，但二元系统效果更好。PEI一般是和APAM构成典型的二元聚合物系统，当然还有其他形式的组合。但用于提高滤水性，已经证明有两个系统特别有效，即PEI-CPAMT和PEI-CPAM-活性膨润土。

## 2.4.3　阳离子丙烯酸树脂

将阳离子淀粉在"即时"阳离子化和氧化后，加入丙烯酸及丙烯酸酯单体进行接枝共聚，得到乳液型丙烯酸树脂接枝共聚阳离子淀粉助滤剂。另外，也可以采用阳离子丙烯酸酯单体，如二甲氨基丙基丙烯酸酯与其他丙烯酸系单体共聚，制备水溶性阳离子丙烯酸酯共聚物，德国司马公司生产的DOLASAN24即是此类产品，其性能如表2-5所示。DOLASAN24对坯体的细颗粒有一种聚集力，能提高料浆的脱水性，从而提高注浆效率。大多数情况下，加入这种助滤剂后，不会改变浆料的流变性能，在提高滤水性的同时还会提高生坯的强度。其使用方法是在料浆制备时与水混合后一起加入，通常加入量为0.1%～0.2%（相对于干重计）。

表 2-5　助滤剂 DOLASAN24 的性能

| 化学组成 | 外观 | 溶解性质 | 密度(20℃)/(g/cm³) | pH 值 | 活性物含量/% |
|---|---|---|---|---|---|
| 聚氨基丙烯酸酯 | 淡黄褐色液体 | 水溶 | 1.2 | 8.6～9.1（浓度为1%） | 50 |

## 2.4.4　聚氧化乙烯

与阳离子淀粉复合聚氧化乙烯（PEO）作为助滤剂使用时，只有相对分子质量非常高时才起作用。非离子型和高相对分子质量的PEO作为助滤剂已有多年。其滤水性能的提高是通过桥连合成链机理实现的。聚合物网络形成与存在于浆中的悬浮固形物起作用，这种作用机理显然有别于其他的助滤系统。在 PEO 中添加少量阳离子淀粉可提高滤水速率，一般可以提高 3%～5%。两性淀粉也具有同样的性质，但这两种淀粉主要用于其他目的，而不是单独作为助滤剂使用。

## 2.4.5　胶体二氧化硅加阳离子聚合物

在陶瓷工业中有价值的是微粒系统，即以胶体二氧化硅加阳离子淀粉或活性膨润土加阳离子 PAM，一般可改进中性和碱性系统的助滤脱水。

对高岭土泥浆来说，偏硅酸钠（$Na_2O \cdot nSiO_2$）的稀释效果最好，它不仅显著地降低了泥浆的黏度，而且在很宽的范围内黏度都是最低的，其次是碳酸钠，氢氧化钠和草酸钠的效果都很差，不是分散的范围太窄，就是几乎没有分散效果。碳酸钠的分散范围不如偏硅酸钠宽，但其降低黏度的范围却很大。

## 2.4.6　减水剂 UFN-2

**其他名称**　2-萘磺酸钠甲醛缩合物；water-decreasing agent UFN-2
**结构式**

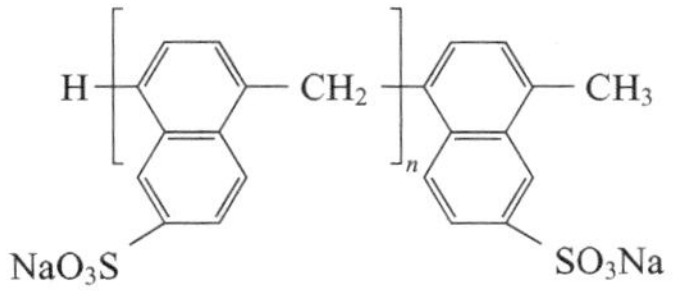

**性状**　本品为棕褐色粉末，易溶于水，水溶液呈碱性，扩散力强，起泡性小，消泡快，表面张力大，减水率高，沉降性能好。

**制法**　本品的制备工艺包括萘磺化、磺化物与甲醛缩合、缩合物的中和三大步骤。最后产物经干燥、成型得成品。反应式如下：

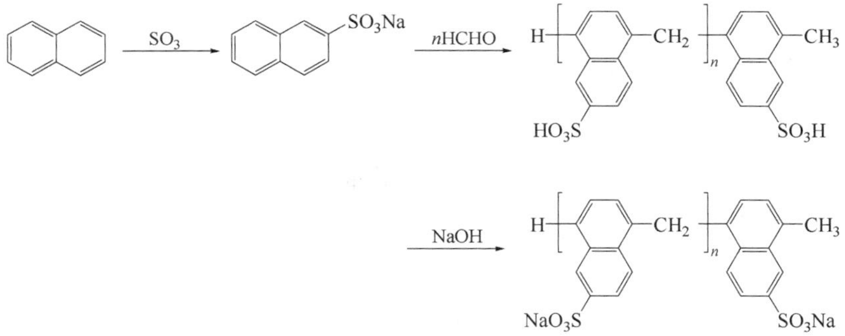

**产品规格**

| 指标名称 | 指标 | 指标名称 | 指标 |
| --- | --- | --- | --- |
| 外观 | 棕褐色粉末 | 消泡时间/s | 60 |
| 硫酸钠/% | ≤27 | pH 值 | 7.0～9.0 |
| 减水率/% | 15～30 | | |

**用途** 本品在混凝土工程和水泥制作中作减水剂，加入量为水泥量的 0.5%～0.7%。水泥净浆流动速度≥210mm/s，达到良好的扩散性。

### 2.4.7　减水剂 AF

具体性质和制法详见 1.7.2.2 分散剂 AF。

### 2.4.8　减水剂 MY

**其他名称** 木质素磺酸钠。
具体性质和制法详见 1.7.2.2。

### 2.4.9　木质素磺酸钙

具体性质和制法详见 1.7.2.2。

### 2.4.10　单宁酸钠

**组成** 单宁酸钠（sodium tannate）
**性状** 本品为棕色粉末或细颗粒，无 3cm 以上的结块。
**制法** 用单宁酸与 NaOH 水溶液中和，浓缩，干燥，粉碎，得产品。
**产品规格**

| 指标名称 | 单宁酸：NaOH =1:1 | 单宁酸：NaOH =2:1 | 单宁酸：NaOH =3:1 |
|---|---|---|---|
| 单宁含量/% | ≤31.0 | 44.0 | 48.0 |
| 水分/% | ≤12.0 | 12.0 | 12.0 |
| 水不溶物(干基)/% | ≤5.0 | 4.0 | 4.0 |
| pH 值 | 10～11 | 9～10 | 8.0～9.0 |

**用途** 做水基钻井液降黏剂，降滤失剂。

## 2.5　助滤剂配方

下列各配方中的质量分数（%）是按浆料总量计算的。
**(1)** 轻度交联壳聚糖改性聚丙烯酰胺助滤剂

| 组分 | 质量分数 | 组分 | 质量分数 |
|---|---|---|---|
| 壳聚糖(2%) | 50 | 甲醛(36%) | 0.5 |
| 阳离子聚丙烯酰胺 | 30 | 水 | 至 4% |

**(2)** 聚酰胺多胺环氧氯丙烷改性聚丙烯酰胺助滤剂

| 组分 | 质量分数 | 组分 | 质量分数 |
|---|---|---|---|
| PAE(12%) | 30 | 水 | 至 8% |
| 阳离子聚丙烯酰胺(10%) | 30 | | |

（3）阳离子淀粉改性阳离子聚丙烯酰胺助滤剂

| 组分 | 质量分数 | 组分 | 质量分数 |
| --- | --- | --- | --- |
| 阳离子淀粉 | 5 | 水 | 至8% |
| 阳离子聚丙烯酰胺(10%) | 30 | | |

# 2.6 新型助滤剂的合成及性质研究

无机陶瓷减水剂存在掺加量大、分散效率低和制得的泥浆稳定性差等缺点。目前，国外陶瓷生产发达企业已基本不使用单一组分的无机盐减水剂。有机小分子减水剂的分散效果比无机减水剂好，但是价格相对较高、稳定性不是太好，并且会对环境造成污染。为了降低产品成本和提高竞争力，各个生产厂商都纷纷投入人力、物力，千方百计研制新型高效廉价的复合减水剂。新型复合减水剂是无机或有机的复合物，如腐殖酸盐-硅酸盐合成物、腐殖酸盐-磷酸盐合成物、磷酸盐-硅酸盐合成物以及合成聚合电解质等。复合减水剂具有解胶范围宽、减水效率高、成本低廉等优点，有广泛的应用前景和显著的经济效益。

## 2.6.1 腐殖酸钠-丙烯酸铵-丙烯酸钠复合减水剂的合成

（1）实验原料  腐殖酸钠、丙烯酸铵、丙烯酸钠、氢氧化钠、过硫酸钾。

（2）实验步骤  在装有一定量水的容器里，加入定量的丙烯酸铵、丙烯酸钠，并用20%氢氧化钠中和至pH值为7，再加入腐殖酸钠和引发剂，混合均匀，放入微波炉中微波加热，反应时间为20min，即得到腐殖酸钠-丙烯酸铵-丙烯酸钠共聚物，真空干燥，研成粉末即可。

（3）减水机理  陶瓷浆料由黏土矿物颗粒和瘠性原料及辅助原料组成。不加减水剂，自由水容易吸附于上述颗粒上，需要大量水稀释才能使浆料具有流动性。当加入腐殖酸钠-丙烯酸铵-丙烯酸钠减水剂后，水中的坯体颗粒黏附在高分子链节上，使颗粒形成保护膜，抑制了水的吸附，使自由水含量增加，浆料流动性增加，达到解凝的目的；同时，该减水剂又是一种聚电解质，其中的 $Na^+$ 具有较强的水化作用，可使胶团扩散层加厚，也使料浆流动性增强。

## 2.6.2 水玻璃-三聚磷酸钠复合型陶瓷减水剂的合成

水玻璃和三聚磷酸钠（STPP）对泥浆的解胶作用有着较为明显的影响，水玻璃主要成分偏硅酸钠对高岭土有着很好的解胶作用，而STPP磷酸盐对陶瓷泥料的解胶影响很大且解胶性能很好，其他减水剂的存在可以为泥浆系统提供弱碱环境，促进解胶减水的进行。将这几种减水剂复配，制备复合型减水剂。

减水剂的配方组成为：28.57%水玻璃、14.29% STPP、28.57%碳酸钠、28.57%OT-ⅡA；其减水效果要比单一减水剂的减水效果好，且总加入量比单一减水剂加入量少；复合减水剂的减水效率高，最佳添加量为0.5%～0.7%，低于目前企业普遍0.8%

的加入量。

经济估算：三聚磷酸钠（STPP）8500 元/t、水玻璃 1600 元/t、碳酸钠 2000 元/t、OT-ⅡA 2350 元/t，1t 复合减水剂的价格为：

$$8500 \times 0.1429 + 1600 \times 0.2587 + 2000 \times 0.2587 + 2350 \times 0.2587 = 2914.565(元)$$
$$2914.565 \div 8500 = 34.29\%$$

由于引入了水玻璃、碳酸钠等廉价原料，所以复合减水剂的成本较低，比单纯使用三聚磷酸钠做减水剂生产成本节省约 2/3。

## 2.6.3 新型聚羧酸系高效减水剂的合成

无机减水剂因为本身分子量和分子结构的问题，使用范围受到限制。而且无机减水剂用量大，会增加生产成本。高分子减水剂可以克服无机减水剂的缺点，目前研究比较多的是聚羧酸系复合型减水剂。但是，复合型减水剂因其要与无机物复合才能取得减水效果，无疑也会增加生产成本。为了解决现有的无机减水剂使用受限、添加量大和复合型减水剂增加生产成本的问题。2014 年，佛山市功能高分子材料与精细化学品专业中心发明了一种新型聚羧酸系陶瓷减水剂。

**(1) 减水剂的组分**　组分包括单体、蒸馏水、无机类链转移剂和引发剂。单体包括丙烯酸和巴豆酸；其中丙烯酸占单体总质量的 66%～89%，巴豆酸占单体总质量的 10%～40%。单体占单体和蒸馏水总质量的 29%～45%；无机链转移剂为亚硫酸氢钠或亚硫酸氢钾或次亚磷酸钠，占单体总质量的 4.2%～14%。引发剂为无机类的过氧化物：过硫酸铵与过硫酸钾，占单体总质量的 2%～10%。

**(2) 减水剂的制备**　将丙烯酸和巴豆酸按配方量溶于蒸馏水中形成混合溶液，向其中添加质量分数为 60% 的氢氧化钠溶液，调节混合溶液的 pH 值为 7～8；往混合溶液中加入无机链转移剂，升温到 75～90℃；再缓慢滴加引发剂，反应 3～4h，温度保持在 75℃。把溶液冷却到室温，即得到聚羧酸系陶瓷减水剂。

**(3) 减水剂的优点**　聚羧酸系高效减水剂分子结构自由度比较大，合成上可控制的参数也比较多，高性能化的潜力大。通过控制主链的聚合度、侧链的长度和类型、官能团的种类数量及位置、分子量大小及分布等参数，可对减水剂进行分子结构设计。该聚羧酸减水剂具备低掺量、高减水率、制备操作简单、无需与无机盐复配的优点；在生产过程中对设备要求简单，无需后处理，能耗小，对环境无污染；能够显著提高陶瓷料浆的流动性；在添加剂量范围内不会出现陶瓷料浆的沉降现象。

## 2.6.4 环糊精接枝共聚物型减水剂的合成

高分子陶瓷减水剂的合成及应用逐渐成为陶瓷添加剂领域研究的热点，但由于工业生产成本较高，聚羧酸系高分子陶瓷减水剂主要处于研究阶段。为克服现有技术的缺点和不足，2014 年，中科院广州化学有限公司发明了一种环糊精接枝共聚物型陶瓷减水剂。其由环糊精类聚合物、3-(2-甲基丙烯酰氧乙基二甲胺基) 丙磺酸盐（DMAPS）、链转移剂、引发剂、链终止剂以及去离子水组成。

减水剂组成和用量如下。

（1）环糊精类聚合物为环糊精（CD）或环糊精衍生物。环糊精包括 $\beta$-环糊精或 $\alpha$-环糊精中的一种以上；环糊精衍生物为羟丙基环糊精、乙二胺-$\beta$-环糊精或甲基丙烯酸缩水甘油酯-乙二胺改性环糊精（GMA-EDA-CD）中的一种以上。环糊精类聚合物与DMAPS的质量比为（0.2～2.0）：1。

（2）链转移剂为无机盐类，优选次亚磷酸钠或次亚磷酸钾中的一种以上。链转移剂的质量为环糊精类聚合物与DMAPS总质量的2%～5%。

（3）引发剂为过硫酸盐，优选为过硫酸铵。引发剂的质量为环糊精类聚合物与DMAPS总质量的0.5%～3%。

（4）链终止剂为次亚磷酸钠和次亚磷酸钾中的一种以上。链终止剂的质量为环糊精类聚合物与DMAPS总质量的1%～3%。

（5）去离子水的质量为环糊精类聚合物与DMAPS总质量的1.3～2.7倍。

此减水剂具有如下优点：通过环糊精及其衍生物接枝到高分子主链上，由于环糊精特殊的分子结构，具有更高的减水和分散效果；同时，减水剂为两性离子型聚电解质，化学性和热稳定性好、水化能力强且不易受溶液pH值影响；另外，此减水剂对陶瓷素坯具有明显的增强效果。

## 2.7　高效减水剂的研究发展趋势

随着陶瓷工业的迅速发展，传统的陶瓷添加剂已经不能适应生产的需要。世界各国都在积极研究和应用新型高效陶瓷减水剂。作为代表的聚羧酸系减水剂发展很快，目前对聚羧酸系减水剂的合成、作用机理探讨等方面还只建立在合理推测阶段，存在很多无法预测的因素，不少理论尚待研究论证，深入研究新型高性能减水剂具有重要的理论意义和实用价值。尽管系统研究新型高性能减水剂仍存在很多困难，但其发展前景是相当广阔的。

# 第3章　助磨剂

## 3.1　概述

原料的粉碎和研磨是陶瓷制备过程中一道必不可少的工序，而原料磨细是一个高能耗、低效率的作业过程，原料磨细的主要设备有球磨机和搅拌磨，方法包括湿法磨和干法磨。在陶瓷企业中将矿物原料磨细的电耗约占陶瓷厂总电耗的 2/3，但其效率却仅为 1%甚至更低，大部分的输入能量变为热量，无用的冲击、挤压、磨损、静电能、弹性和塑性变形及噪声等。因此提高原料的细磨效率对节能降耗有着重要的现实意义。

目前，在提高球磨效率方面主要从三个方面着手：一是选择合适的料球水比；二是选择合适的球石和球衬，其中包括球石和球衬的材料，球的大小、形状和级配；三是选择球磨机的类型和传动系统。以上是从设备和材质上的考虑。当设备和材质固定后，陶瓷原料球磨到一定时间和细度时，继续研磨的效率将显著降低，往往会难磨甚至产生团聚、逆研磨的现象。这是因为已粉磨的细粉对大颗粒的粉磨起缓冲作用，较大颗粒难于进一步粉碎。在陶瓷原料加工中，比较难粉碎的是石英、熔块、锆英石等硬度较大的原料，为了提高研磨效率，使物料达到预期的细度，需要加入助磨剂来提高助磨效率降低能耗。助磨剂可以牢牢吸附在颗粒的裂缝上并能深入到裂缝深处，有效打碎粉料中的团聚，获得颗粒小、分布均匀、近球形的料浆，从而达到助磨的作用。

一般来说，助磨剂是指在粉碎过程中少量加入即能显著提高粉碎效率的化学物质。在相同条件下，少量助磨添加剂可使粉碎效率成倍提高，各种粉末设备及干湿法操作（如球磨、振动、气流磨）皆可用它，它不仅能够提高粉碎效率，同时还能明显降低粉料平均粒度。因此助磨剂的研究对于提高粉碎效率、降低生产成本具有重要的现实意义。由于它的引入，就可以采用传统的湿法球磨工艺，制备出各种硅酸盐超细粉料。

从流变学机理角度看，现在各陶瓷厂广泛使用的减水剂如纯碱、水玻璃、三聚磷酸钠等也都属于助磨剂，只是各厂家大多重视泥浆的减水问题，而对助磨问题未予以足够重视。作为助磨剂应用的物质，应该具有良好的选择性，能够调节浆料黏度，抗 $Ca^{2+}$、$Mg^{2+}$ 能力强，不易受 pH 值的影响等性质。

# 3.2 助磨剂的分类

助磨剂种类繁多，助磨效果相差很大，应用较多的就有百余种。助磨剂的分类方法很多，可以按不同的分类方法，将助磨剂分成不同的种类。

## 3.2.1 按成分组成分类

助磨剂可以分为化合物和混合物（如表 3-1）。其中，化合物助磨剂又可进一步分为无机极性助磨剂和有机非极性助磨剂。

表 3-1　按照成分组成划分的助磨剂

| 类别 | 种别 | 助磨剂的组成和名称 |
|---|---|---|
| 纯化合物 | 极性助磨剂 | 是指离子型的助磨剂<br>有机物助磨剂，如三乙醇胺、乙二醇、丙二醇、癸酸、环烷酸等 |
|  | 非极性助磨剂 | 是指非离子型的助磨剂<br>无机物助磨剂，如煤、石墨、焦炭、松脂、石膏等 |
| 混合物 | 复合助磨剂 | 有机物的混合物<br>有机物与无机物的混合物<br>无机物的混合物 |

（1）无机类非极性助磨剂　主要是无机盐的水溶液，能形成物料颗粒表面的包裹薄膜，使表面达到饱和状态，不再互相吸引黏结成团块，改善料浆的流动性。有助磨效果的无机电解质有聚磷酸钠、水玻璃、硅酸钠，但它们的助磨效果一般不突出，现在已较少使用。

（2）有机类极性助磨剂，吸附于物料颗粒表面或物料颗粒裂缝的表面，使物料颗粒的表面张力减小，表面层酥软，容易粉磨。有机助磨剂主要有醇类、烷基醇胺类、脂肪酸及其酯类。

（3）表面活性剂助磨剂　主要起润滑作用。它们能够大大提高产品的比表面积，而大幅度缩短粉磨时间，提高效率。阴离子型有机表面活性剂有木质素磺酸钠、十二烷基苯磺酸钠、柠檬酸钠；非离子型有机表面活性剂助磨剂有三乙醇胺等。

（4）高分子助磨剂　主要是聚硅氧烷类化合物和丙烯酸高碳醇酯共聚物等。

## 3.2.2 按物理状态分类

助磨剂可分为固体、液体和气体助磨剂，如表 3-2 所示。

固体助磨剂主要有硬脂酸盐类、胶体二氧化硅、炭黑、氧化镁粉、胶体石墨以及石膏等。液体助磨剂包括表面活性剂、分散剂等，如三乙醇胺、聚丙烯酸酯、甘醇、聚羧酸盐、甲醇、乙醇、异戊醇等等。气体助磨剂包括丙酮、硝基甲烷、甲醇、水蒸气以及四氯化碳等等。到目前为止，陶瓷工业中使用的绝大多数是固体和液体助磨剂。固体助磨剂一般制成粒状或粉状，液体助磨剂多是溶液或乳剂。采用液体助磨剂比采用固体助磨剂在工艺上更容易控制。

表 3-2　助磨剂的种类及其应用

| 类　型 | 助磨剂名称 | 应　用 |
|---|---|---|
| 液体助磨剂 | 甲醇 | 石英、铁粉 |
| | 异戊醇 | 石英 |
| | S-辛醇醛 | 石英 |
| | 乙二醇、丙二醇 | 水泥等 |
| | 甘油 | 铁粉 |
| | 丙酮 | 水泥 |
| | 有机硅 | 氧化铝、水泥等 |
| | 12-14 胺 | 赤铁矿、石英、石英岩 |
| | 油酸(钠) | 石灰石 |
| | 丁酸 | 石英 |
| | 硬脂酸(钠) | 浮石、白云石 |
| | 羊毛脂 | 石灰石 |
| | 环烷酸(钠) | 水泥、石英岩 |
| | $n$-链烷系 | 苏打、石灰 |
| | 碳氢化合物 | 玻璃 |
| | 硅酸钠 | 黏土等 |
| | 氢氧化钠 | 石灰石等 |
| | 碳酸钠 | 石灰石等 |
| | 氯化钠 | 石英岩 |
| | 六偏磷酸钠 | 铅锌矿等 |
| | 三氧化铝 | 赤铁矿、石英 |
| | 水玻璃 | 钼矿石 |
| | 三乙醇胺 | 方解石、水泥、锆英石等 |
| | 焦磷酸钠 | 黏土矿物 |
| 固体助磨剂 | 炭黑 | 水泥、煤、石灰石 |
| 气体助磨剂 | 二氧化碳 | 石灰石、水泥 |
| | 丙酮蒸气 | 石灰石、水泥 |
| | 氢气 | 石英等 |
| | 甲醇 | 石英、石墨等 |

### 3.2.3　按助磨剂的性能分类

可将助磨剂分为以下三类：①单一改善流变性的助磨剂，这类助磨剂仅改善料浆的流变性，对颗粒表面自由能没有影响，如无机分散剂等；②单一降低颗粒表面自由能及硬度的助磨剂，这类助磨剂对料浆流变性几乎无影响，如一些气体助磨剂等；③既能降低颗粒表面自由能和硬度，又能改善料浆流变性的助磨剂，如亲水性长分子有机化合物等。第三种助磨剂便是逐渐引起人们重视的复合助磨剂，它代表着助磨剂的一种发展方向。正是根据这些机理，研制出聚丙烯酸钠的磷酸盐复合物，这是一种高效的助磨减水剂，并且还有一定的坯体增强效果。

## 3.3　助磨剂助磨效果的影响因素

由于助磨剂在作用过程中涉及多种问题和复杂的机理，加上不少有效的商用助磨剂系专利产品，技术上不完全公开，使得系统地总结助磨剂的机理和效用存在相当的困难。但国内外近年来仍开展了很多试验研究工作，内容涉及助磨剂的助磨机理、助磨剂的助磨效果的影响因素、助磨剂对产品性能的影响以及各国对助磨剂的选用等。

## 3.3.1 助磨剂种类的影响

助磨剂的助磨效果首先取决于其本身的化学性质。助磨剂一般都是表面活性物质，其组成基团的类型和分子量影响着其吸附、分散效果，进而影响着助磨效果。

水玻璃具有一定的且很有限的助磨作用，这点可以解释为：它作为强碱弱酸盐，在水中很容易形成 $HSiO_3^-$ 和 $H_2SiO_3$ 吸附在颗粒表面上，在一定程度上降低颗粒的表面能，起到润湿和渗透的作用。此外，$SiO_3^{2-}$ 还能与粉料颗粒中的钙离子、镁离子反应，生成 $CaSiO_3$、$MgSiO_3$ 沉淀，促使 $Na^+$ 进入扩散层增加 $\zeta$ 电位，降低泥浆黏度，从而起到提高球磨效率的作用。

三聚磷酸钠也具有有限的助磨作用，这主要是源自 $Na^+$ 置换了扩散层中 $Ca^{2+}$、$Mg^{2+}$，增加了扩散层厚度，从而提高了 $\zeta$ 电位，降低了料浆黏度，此外三聚磷酸根离子会吸附包裹在黏土颗粒表面，提高颗粒的分散性并降低表面能，加上三聚磷酸钠的分子量小，容易进入到颗粒表面的缝隙中，阻止微裂纹的重新聚合，降低颗粒的强度和表面硬度，从而提高粉磨效率，起到助磨作用。

木质素磺酸钠是一种阴离子表面活性剂，其阴离子吸附在颗粒表面，不仅可以降低颗粒的表面能，也可以阻止颗粒之间的团聚，提高颗粒的分散性和滑动能力，此外其阴离子可以与泥浆中的 $Ca^{2+}$、$Mg^{2+}$ 反应，生成沉淀，并促进 $Na^+$ 进入扩散层提高 $\zeta$ 电位，从而提高料浆的稳定性和流动性。将木质素磺酸钠与另外两种非离子型表面活性剂组成复合助磨剂后，助磨效果还会进一步有所提高。

十二烷基苯磺酸钠也是一种阴离子表面活性剂，在水中解离为 $Na^+$ 和磺酸根，其憎水基（十二烷基）吸附在颗粒表面，一方面降低了颗粒的表面能，促进裂纹的产生和扩展，另一方面，它是一种长链分子，吸附在颗粒表面后能使颗粒在水中有效地悬浮，起到强化分散、增加泥浆的流动性、提高球磨效率的作用。在使用十二烷基苯磺酸钠作为助磨剂时，用量不宜大于 0.5%，否则会在泥浆中产生很多小气泡，从而影响泥浆的流动性，并对产品质量造成严重影响。

各种助磨剂最佳用量对瓷石的助磨效果见表 3-3。其中，十二烷基苯磺酸钠单独使用浆料粒度最小，效果最好；木质素磺酸钠单独使用的效果相对差一点。通常也可以将以上化学品混合使用，效果更好。三乙醇胺与柠檬酸钠混合，其助磨效果有较大改观，这是非离子型表面活性剂三乙醇胺与离子型表面活性剂柠檬酸钠混合后，三乙醇胺分子减弱了带同种电荷的柠檬酸钠极性基间的排斥作用，而且三乙醇胺的极性基在邻近的表面活性离子的电场作用下可能发生极化而产生进一步的相互作用，这使得混合胶团容易形成，从而进一步增强了表面活性剂分子的吸附作用；将三聚磷酸钠与释放剂 TC 混合后，其助磨效果也有较大改观；柠檬酸钠与水玻璃混合的效果仅次于十二烷基苯磺酸钠，这是由于在离子型表面活性剂柠檬酸钠中，加入电解质水玻璃后，会导致 $Na^+$ 进入颗粒表面柠檬酸根吸附层，从而削弱了柠檬酸根离子间的电性排斥，使吸附分子排列更加紧密。可见，复合助磨剂的助磨效果往往好于单一助磨剂，其适应性也有明显改善，因此将不同类型的添加剂混合使用，利用它们之间的相互作用和不同的作用机理，改善作用效果，是助磨剂发展的方向。

表 3-3　各种助磨剂最佳用量对瓷石的助磨效果

| 按效果<br>排列顺序 | 助　磨　剂 | 添加量(质量分数)<br>/% | 中位径/$\mu m$ |
|---|---|---|---|
| 1 | 十二烷基苯磺酸钠 | 0.3 | 3.68 |
| 2 | 柠檬酸钠＋水玻璃 | 0.8 | 3.74 |
| 3 | 木质素磺酸钠＋十二烷基苯磺酸钠＋三聚磷酸钠 | 0.8 | 3.75 |
| 4 | 柠檬酸钠＋三乙醇胺 | 0.6 | 3.93 |
| 5 | 柠檬酸钠＋三聚磷酸钠＋水玻璃 | 0.24 | 4.01 |
| 6 | 木质素磺酸钠 | 0.9 | 4.21 |
| 7 | 稀释剂 TC＋三聚磷酸钠 | 0.3 | 4.35 |
| 8 | 商品助磨剂 WZ | 0.9 | 4.47 |
| 9 | 三乙醇胺 | 0.3 | 4.7 |
| 10 | 三聚磷酸钠 | 0.7 | 4.85 |
| 11 | 稀释剂 TC | 0.9 | 5.15 |
| 12 | 羧甲基纤维素钠 | 0.1 | 6.68 |

助磨剂的助磨效果不仅与其化学结构类型有关，而且与组成基团的分子量有关，即基团间的相互关系。如含碳原子 1～11 个的脂肪酸能很好地吸附在水泥颗粒上，强化粉磨作用。脂肪酸的钠盐和钾盐，因为羧基极性增强而具有更大的吸附能力和助磨效果。饱和脂肪酸类的助磨效果随其分子链长度的增加而减小。不饱和脂肪酸比饱和脂肪酸更有效。从甲醇到戊醇的系列中，助磨效果也是随其分子链长度的增加而减小。

吴一善等对滑石粉碎过程中助磨剂种类对研磨效果的影响研究结果表明，三乙醇胺是滑石湿磨的最佳助磨剂，具有分散作用的丙酮、乙醇也可以作为滑石的助磨剂；三乙醇胺和乙醇混合使用则不如单独使用；三乙醇胺主要通过降低矿浆黏度、改变矿浆流变性，从而提高磨矿效率。同时，三乙醇胺还具有提高滑石颗粒分散性的作用。

杜高翔等对使用搅拌磨超细粉碎水镁石粉时助磨剂的应用效果也进行了试验研究。试验中分别选用 9400 分散剂（主要成分为聚丙烯酸盐）、WP-19 分散剂（阳离子型羧酸共聚物）、5060 分散剂（丙烯酸与丙烯酸酯共聚物）、乙醇胺、二乙醇胺、三乙醇胺等作为助磨剂，在相同的实验条件下进行比较，结果表明，三乙醇胺的助磨效果最好。同时三乙醇胺用量试验的结果表明，三乙醇胺用量为水镁石质量的 0.5％时，助磨效果最佳。

胡永平等对助磨剂在白土矿物磨矿中的应用进行了研究，结果表明，助磨剂的作用效果依次为：石油磺酸钠＞TF279＞三乙醇胺＞油酸钠。当石油磺酸钠的用量为0.155％时，其粉体 500 目产率可由 76.5％提高到 84.9％。另外，NaOH、碳酸钠和六偏磷酸钠等对白土矿物也有一定的助磨效果。

## 3.3.2　助磨剂用量的影响

助磨剂在实际应用时，除了要求合适的助磨剂品种外，助磨剂的用量对助磨效果也有很重要的影响。用量较少时，助磨效率不明显；用量过大时，不仅不能起到助磨的作用，还有可能起到"阻磨"的作用。因此，客观上要求对各种不同物料的不同助磨剂及其用量进行试验研究。

按照助磨作用原理，无论是"强度学说"（吸附降低硬度学说），形成对粉磨物料足够大量颗粒的吸附层所需的助磨剂量，还是"矿浆流变学调节"学说，调节矿浆的流变性质和矿粒的可流动性，促进颗粒的分散所需的助磨剂都很少。

助磨剂的用量和助磨作用不存在简单的定量关系，对于不同原料，不同的助磨剂存在一个最佳用量，目前还找不到一种简单的规律，往往需要通过实验来确定。

日本学者提出了以下计算公式，来理论计算助磨剂用量。

$$G = \frac{100MS_w}{NS}$$

式中　　$M$——助磨剂的物质的量，mol；

　　　　$S_w$——物料预期的比表面积，$cm^2/g$；

　　　　$S$——助磨剂的分子截面积，$cm^2$；

　　　　$N$——常数，$6.02 \times 10^{23}$；

　　　　$G$——助磨剂用量，％。

这个公式的理论依据是：假定助磨剂是以单分子层吸附在物料的表面上，并恰好将整个物料包裹住，形成一个单分子层吸附的掺加量，就是最佳掺量。

假定产品比表面积 $350m^2/kg$，几种助磨剂的最佳计算掺量分别如下：乙二醇为0.018％，一缩二乙二醇为0.021％，丙二醇为0.019％，一缩二丙二醇为0.022％，二缩三丙二醇为0.025％，二乙醇胺为0.021％，三乙醇胺为0.024％。

而试验中测得的最佳掺量与按上式计算的结果常常不尽相符，前者往往高于后者。因为助磨剂在粉磨过程中是否以单分子扩散开并吸附在物料表面上，是值得怀疑的。实际表明，助磨剂最适宜用量范围一般为泥浆质量的0.01％～0.1％。任何一种助磨剂都有最佳的用量范围，这一最佳用量与要求的产品细度、助磨剂的分子大小及其性质等有关。过少，助磨效果得不到充分发挥；过多，不仅会提高成本，还会影响泥浆的性能。

掺加醇类、乙二醇和三乙醇胺粉磨水泥熟料时，产品的比表面积随助磨剂的增加而增大。但当超过一定限量时，细度就不再增加，不论用什么方法表示皆如此。各类乙醇胺超过最佳量0.025％～0.05％时，除单乙醇胺外，都使粉料比表面积降低。

图 3-1 显示出不同助磨剂用量对粉磨方解石的影响。

## 3.3.3　被粉磨物料的性质的影响

由于助磨剂在粉碎过程中与物料之间所发生的表面物理化学过程相当复杂，同一种助磨剂在不同物料粉碎过程中所表现出来的效果也不同，其使用量也有所不同。大量的研究和实践证明，选择合适的助磨剂会对粉磨物料的整个生产过程都起着显著的作用。

粉磨物料在助磨剂作用下容易形成松散聚集体，这种松散聚集体的形成，归因于聚集现象趋于缩小而产生的。在磨机中连续研磨时，必然会出现较多细料成分，其中助磨剂可以在研磨过程中干扰聚集现象。经验指出，这种现象一般发生在比表面积值超过 $320m^2/kg$ 以上的时候，也正是助磨剂特别起作用的细度范围。因此，在规定比表面积值 $320m^2/kg$ 以上研磨过程中，加入助磨剂的作用将比不添加时效果更明显。

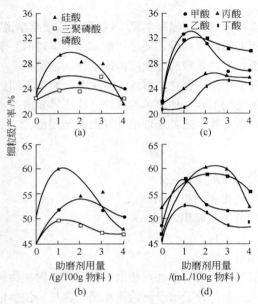

图 3-1  助磨剂用量对粉磨方解石的影响

不同的粉体材料如氧化铝、石英、石灰石等，其表面状态、硬度等性质不同，应该选取不同种类的助磨剂。不同助磨剂对不同原料的助磨也具有一定的针对性，一种助磨剂可能对某种原料有较好的助磨效果，但不一定对另一种原料也有很好的助磨效果。所以，需要研发出不同系列的助磨剂以适应不同原料的助磨效果；另外，要开发出适应性强的助磨剂系列，以扩大使用范围。

## 3.3.4  粉磨设备的工艺条件的影响

意大利学者 Giozgio Gighi 用醋酸钠作助磨剂在实验室的球磨机里进行研磨水泥熟料的研究后指出，在快速断裂时，助磨剂分子来不及扩散到裂缝顶端，也就无法发挥它削弱固体物质强度的作用。在不同球径、不同磨机转速的助磨剂粉磨试验中发现，小球径和适宜转速时，助磨效果最好；较大球径及较高转速时，助磨效果较差。由此得出结论，助磨剂的使用效果取决于在磨机操作的力学条件下，单个颗粒上能否形成广泛的裂缝网络。细度一定时，助磨剂减少了水泥在磨内的停留时间。用多元醇作助磨剂，在很短时间内便能发挥助磨效果，而时间超过一定限度后，助磨作用不再增加。

粉磨设备内部工作温度对助磨剂助磨效果的干扰，也应引起足够的重视。对于有机类的助磨剂和易挥发性物质，当工作温度超过一定值后，进行物理化学反应后的产物，助磨作用降低甚至没有助磨作用。其交叉反应非常复杂，目前，仅能通过不同条件下实践，才能确定其限制温度条件。

此外，物料的浓度也会对助磨剂的助磨效果产生较大的影响。研究表明，在较稀的料浆中，添加助磨剂的效果甚微，因此没有必要添加助磨剂；只有当料浆浓度较高时，添加助磨剂才有显著的效果，也才有必要添加助磨剂。

# 3.4　使用助磨剂的技术要点及注意事项

使用助磨剂时，一方面要根据粉磨物料的性质，把握好掺入量，同时还应注意助磨剂对物料的一般物理性能无害。在生产特种水泥时，还应注意选择那些对水泥胶砂湿胀、干缩性能、水泥水化热、蒸养强度、抗冻、抗蚀等性能无影响的助磨剂。

## 3.4.1　明确加入助磨剂的目的

① 在坯釉料配方和质量不变的情况下，可以大幅度地提高磨机的产量，降低各种单耗，从而降低物料研磨成本。

② 在坯釉料配方不变，磨机产量不变，不提高成本的情况下，可以大幅度提高物料的研磨细度，从而达到加快烧成速度，或提高坯体瓷化程度以及釉面质量的目的。

③ 变化坯釉料配方，或换用原料，通过研磨过程的调整来达到降低生产成本或提高产品质量的目的。

加入助磨剂要同时达到上述 3 个目的是很困难的。因此每个陶瓷企业应根据本企业的生产状况、产品品质、市场需求等具体情况，明确选择加入助磨剂的目的。产品质量好、市场需求量大的企业，应选择提高产量为目的；质量较好而市场需求量一般的企业，则应以降低生产成本为目的；产品质量较差的企业，其主要目的是提高产品质量。这一点很重要，一些企业对加入助磨剂的目的不明确或是期望值太高，认为助磨剂是"万能的"，既要提高产品质量和磨机产量，又要降低生产成本，同时还希望多用一些劣质原料，这样的目的是不现实的。

## 3.4.2　选择合适的掺加量

助磨剂的加入量对助磨剂的作用效果有重要影响。一般说来，每种助磨剂都有其最佳用量，这一最佳用量与研磨的物料种类、产地、配方，以及所要求的研磨细度、助磨剂的分子大小及性能有关。也就是说，在一定条件下，对于某种配方的物料有一最佳的助磨剂用量，用量过少达不到助磨效果，过多则浪费，甚至起副作用。助磨剂的具体加入量应结合具体情况，在生产中摸索确定。

一般来说，助磨剂的掺量与被粉磨的物料性质和工艺流程有关，干法磨、湿法磨、开流磨、圈流磨及烘干磨各不一样。从形成单分子吸附层和水泥流动性两方面考虑，最佳掺量应根据实际生产中情况反复试验确定。如加入三乙醇胺将使水泥粉体流动性变大，此类物质掺入量应偏小控制，尤其是开流磨，以防止因粉碎物料在磨机内停留时间短，部分粗颗粒随着水泥细粉一起流出，造成不完全粉碎的情况。

## 3.4.3　准确计量，稳定加入

计量也是保证助磨剂使用的一个重要方面，只有准确而稳定地加入助磨剂，才能确保助磨剂的助磨效果。计量不准或加入量波动，都会引起研磨效果的不稳定，这样不仅达不到掺加助磨剂的目的，而且会造成物料研磨细度的波动，从而造成产品质量的波动。

### 3.4.4 采用必要的配套工艺措施，合理调节工艺参数

加入助磨剂后，磨机的产量可能会提高，此时，除要充分发挥磨机的生产能力，还要根据产量的提高对生产工艺和设备进行必要的调整，以充分发挥助磨剂的作用。加入助磨剂后，磨机所研磨料浆的黏度和物料加水量可能会发生变化，应结合具体情况适当调整工艺参数，以确保产品质量的稳定。

助磨剂常见固体和液体两种。固体助磨剂常为粉状，一般从磨头放入。而液体助磨剂，根据有关资料和对比试验得知：助磨剂在研磨过程中一次添加与逐次添加或在粉磨前期、中期添加都没有明显的影响。采用滴入法或喷雾法的影响也相差无几，在工业生产中可根据具体情况来进行选择。

### 3.4.5 选择优质高效的助磨剂，严把质量关

目前生产助磨剂的厂家较多，现在市售产品品种较杂，如 CD-88、LY、LC、希普、格雷斯等品牌，但有部分产品质量不稳定，这将影响助磨剂的助磨效果和经济效益，因此陶瓷企业应该选择使用质量稳定的优质高效助磨剂，加强进厂助磨剂的质量和有效期管理。

助磨剂使用简易，效果显著，但因种类繁多，性质各异，作用机理复杂。物料性质和工艺条件不同，作用效果变化也很大。使用助磨剂后对工艺参数和产品性能的影响等尚研究得不够透彻，加上助磨剂来源、成本方面的问题等，使得实际采用助磨剂来取得良好技术经济效益方面还把握不牢，有待深入研究。

总之，在生产应用方面，应结合研磨实际情况，明确加入助磨剂的目的，合理加入，正确使用，必要时还应对原有处理系统进行适当改造，调整相关的工艺参数，以适应加入助磨剂后的各种变化。无论是哪一种助磨剂，均具有相对适应性，绝不是万能的，应当在试验的基础上加以选择。

## 3.5 常用助磨剂品种

### 3.5.1 低级醇

主要有甲醇、乙二醇、甘油等小分子醇，醇类助磨剂能迅速吸附在变形的微裂缝表面而降低固体表面积，一方面减少裂纹扩展所需的应力，另一方面阻止新生表面连接和闭合。

### 3.5.2 烷基醇胺类

主要指二乙醇胺和三乙醇胺。三乙醇胺是极性物质，具有不对称的结构，在力场中

偶极子随力场的作用方向而发生取向变化，当粉体被进一步粉碎产生新表面时，三乙醇胺吸附在不平衡价键力的位置上，使粉体断裂面上的价键力得到饱和，颗粒之间的吸附力得到屏蔽，从而有效地阻止了团聚。如在适应粉碎过程中加入 0.01% 的三乙醇胺，能够有效提高石英粉体的比表面积。但如果加入量超过 0.1%，助磨效果反而不理想，说明在较低浓度下三乙醇胺的助磨效果好，其他助磨剂亦有类似的作用。

### 3.5.3 脂肪酸及其酯类

常用的有油酸、亚油酸、亚麻酸钠盐和铵盐、脂肪酸甘油单酯或双酯。脂肪酸甘油单酯或双酯是天然油脂加工改性的产物，天然油脂经与低级醇进行醇解反应后，生成甘油双脂肪酸、甘油单脂肪酸酯及脂肪酸低级醇酯。经过上述加工改性后生成的甘油单酯、甘油双酯其分子量相对较低，并有—OH生成，提高了反应活性。

### 3.5.4 长链脂肪酸乙醇酰胺

最常用的是二乙醇胺与天然油脂进行酰胺化反应的改性。醇胺与天然油脂的反应十分复杂，其产物是一种复杂的混合物。在这一复杂的混合物体系内，生成的烷醇酰胺属于非离子型表面活性剂，具有良好的表面活性，可以作为助磨剂使用。

### 3.5.5 羊毛脂

羊毛脂是由多种高级脂肪酸与高级脂肪醇形成的酯组成的复杂混合物，具有特殊的气味。其酸值小于 1.0，皂化值为 90~105，熔点 38~44℃，碘值 15~49。商品羊毛脂中酯类含量约为 94%，其余为游离醇 4%，烃类 1% 及游离酸 1%。羊毛脂具有优异的吸水及保湿性能，使之成为助磨剂中极优良的油成分。

### 3.5.6 高分子助磨剂

高分子助磨剂主要有聚硅氧烷类化合物和丙烯酸高碳醇酯共聚物等。

聚硅氧烷类化合物具有优异的疏水性及润滑性，使之成为一类重要的新型助磨剂的油成分。但由于成本较高，限制了其使用范围，一般只作为助磨剂的添加成分。常有的有含氨基、羟基、醚基、卤代基等多种官能团的有机硅油。

丙烯酸高碳醇酯共聚物实际上是一类高分子蜡剂，它们主要起润滑作用。作为助磨剂，同时兼具分散和稳定效果，但较之有机和无机助磨剂没有明显的优势，所以一般较少应用。

### 3.5.7 腐殖酸钠

腐殖酸钠在陶瓷工业中作助磨剂使用已有许多年了，在对粉碎泥料，如在粉碎黏土类的球磨加工过程中，腐殖酸钠能提高球磨效率，也已经被生产实践所证实。添加腐殖酸钠后对泥浆和泥料球磨，可缩短 14% 左右的球磨时间，节电约 14.3%；在保持泥浆必需的稠度下，可以减少含水率 4%，增加装料量 8%~10%，并降低泥浆烘干的能耗，节能效益明显。

### 3.5.8 其他

环烷酸、木质素磺酸盐等油酸钠、十二烷基氯化铵等都是油溶性表面活性剂。作为助磨剂使用时，极性基吸附在粉体表面，而疏水基朝外排列，形成低能表面，防止粉体的团聚。

常用的助磨剂有油酸和醇类。例如，干磨时加油酸、乙二醇、三乙醇胺和乙醇等，湿磨时加乙醇和乙二醇。碳酸钙矿物的助磨剂主要有胺类表面活性剂、三乙醇胺、无机磷酸盐等，硅酸盐矿物的助磨剂主要有胺类表面活性剂、硅酸钠、无机磷酸盐等。

## 3.6 新型助磨剂的研究发展趋势

为了降低陶瓷工业原料加工中的研磨电耗，应广泛推广助磨剂的应用，因此开发高效廉价的助磨剂是当务之急。

当前新型助磨剂研究开发应用的趋向有以下几方面。

**(1)** 加强助磨物质的改性研究，提高助磨能力　助磨剂必须是偶极矩大的极性物质或强力的表面活性剂。例如，乙醇胺、多元醇类及木质素磺酸盐均为极性物质，但当将其单独使用时，其助磨效果并不显著。如果我们通过一定的方式对其改性，增大分子偶极矩，或增大其分子量，其助磨效果将进一步提高。又如通过将纸浆废液磁化，可增大木质素磺酸盐的活性，从而提高助磨效果。从另一方面讲，对一部分极性较小的物质，如果也能加以改性，提高其助磨活性，这对扩展助磨剂的生产资源也是非常重要的。

**(2)** 加强工业废料的开发利用，降低生产成本　目前，我国陶瓷行业使用的助磨剂大部分价格较高、性能单一，所使用的陶瓷助磨剂仍大部分采用工业原料生产，致使其价格较高，用户较难接受，加之来源短缺，大部分为石油或煤化工产品，故很难推广应用。利用工业废料开发廉价的助磨剂新品种是一条重要途径，例如利用亚硫酸纸浆废液开发出具有效助磨成分是木质素硝酸盐的助磨剂，木质素磺酸盐型助磨剂的开发也是其中一例。其他一些工业废料，加油脂废液中的己二酸钠、毛纺工业中的羊毛脂等，经过加工处理也都有助磨作用。工业生产中的废液加工而成的助磨剂价格低廉，资源充足，有益于环保，如果能将它们开发利用，既能降低生产成本，又能防止废物排放，这些都有待进一步开发。

**(3)** 加强具有多种表面活性的复合助磨剂的开发　将多种有效助磨成分配合在一起，组成复合助磨剂，以满足各种物料在不同条件下的粉磨要求，发挥最佳助磨效果。由于助磨作用牵涉到助磨剂在颗粒表面上的吸附，因此偶极矩大和强力的表面活性剂都有可能成为高效的助磨剂。各种表面活性剂在颗粒表面上具有不同的吸附机理。离子型表面活性剂以离子交换吸附和离子对吸附为主；非离子型表面活性剂以氢键形成吸附和憎水吸附为主。将多种类型的表面吸附剂配在一起混合使用，能加强在颗粒表面上的吸附作用，提高助磨效果。此外，物料中的各种成分粉碎时所要求的助磨机理不同，单纯加入一种物质进行助磨，显然是很难适应不同陶瓷原料粉碎要求的。因此，最好将几种助磨剂复合在一起，利用它们之间的相互作用和不同的作用机理，改善助磨作用效果，是助磨剂发展的方向。

（4）助磨剂的多功能化的研究　即助磨剂不仅要起助磨作用，还能起减水剂和活化等其他作用。为了使助磨剂多功能化，应将多种表面活性剂配合在一起成为复合助磨剂，可发挥多种效果，取得良好的经济效益。

# 第 4 章　塑化剂

## 4.1　概述

　　成型工艺是陶瓷材料制备的一个重要环节。所谓成型就是将制备好的陶瓷粉料或浆料通过一定的方法制成具有特定形状和尺寸的坯体。

　　根据成型方式的不同，陶瓷材料的成型可以分成干法成型和湿法成型两种。干法成型主要包括干压和冷等静压两种；湿法成型方法较多，包括注浆成型、注射成型、挤压成型以及流延成型等。上述成型方法在陶瓷产品的规模化生产中均有很好的实用性。

　　陶瓷坯料种类繁多，坯料性能差异很大，为了使各种坯料的性能适应不同成型方法，以及成型后各加工工序的工艺要求，以达到提高生产效率和产品质量的目的，在生产实际中，通常要在坯料中加入少量添加剂。陶瓷塑化剂即是指为增加陶瓷生坯可塑性、结合性或釉料悬浮性、结合性而加入的各类添加剂。它包括黏合剂、增塑剂、润滑剂、坯体增强剂、釉用流变添加剂（触变剂）等。

　　传统陶瓷原料粉体中大多已经含有天然的、具有可塑性的黏土成分，粉碎后的原料用适量的水调和、混练后捏成泥团，并陈腐一定的时间就具有良好的成型性能。而新型功能陶瓷的大多数成分不含黏土，其原料是非可塑性的。为了满足陶瓷成型的要求，就需要在原料中加入一定量的塑化剂。塑化剂的种类和加入量，由成型方式、原料性质以及产品的尺寸和形状等因素决定。

## 4.2　塑化剂的分类

　　塑化剂一般分两大类，一类是无机塑化剂，另一类是有机塑化剂。

### 4.2.1　无机塑化剂

　　无机塑化剂如黏土类矿物，多用于传统陶瓷中，是自古以来就为人们所知道和利用的最廉价的塑化剂，其塑化原理是加水后形成带电的黏土-水系统，使黏土具有可塑性和悬浮性。传统陶瓷常用黏土、膨润土来提高其可塑性、生坯强度和坯釉结合强度。这类无机塑化剂在陶瓷的烧结过程中不发生挥发，并可与坯体物料发生化学反应。

## 4.2.2 有机塑化剂

有机塑化剂如一些有机高分子化合物，在电子陶瓷等高质量或具有特殊性能要求的先进陶瓷中被广泛采用。

制备先进陶瓷的原料多为化工原料，一般是没有可塑性的脊性原料，粉料的黏结性通常较差，在成型之前需要对其进行塑化处理，使其具有便于成型的可塑性。所谓可塑性就是指瓷料在一定外力的作用下可以任意改变其形状而不发生开裂，除去外力后，仍能保持受力时形状的性能。为了赋予其可塑性，通常加入有机塑化剂。有机类塑化剂不作为瓷料中的一种组分，而是作为一种加入物添加进去的，在烧成过程中又能跑掉，不会影响先进陶瓷材料的性能。

### 4.2.2.1 有机塑化剂的组成

有机塑化剂一般是一种水溶液，由黏结剂、增塑剂和溶剂组成。

① 黏结剂的作用是把粉体黏结在一起，通常用有机高分子化合物，如聚乙烯醇（PVA）、聚乙烯醇缩丁醛（PVB）、聚乙二醇（PEG）、甲基纤维素（MC）、羧甲基纤维素（CMC）、乙基纤维素（EC）、羟丙基纤维素（HPC）、聚乙酸乙烯酯和石蜡等。它们都是粉末状的，要溶解后才能使用。

② 增塑剂是对水有良好的亲和力并能溶于水的有机物，常用的有机增塑剂为有机醇类和酯类，如甘油、乙二醇、乙酸三甘醇、邻苯二甲酸二丁酯、钛酸二丁酯、硬脂酸丁酯以及各种纤维素衍生物，如各种 CMC、高聚合度多糖等，其作用是插入线型的高分子之间，增大高分子间的距离，以降低它的黏度，加入量（质量分数）通常为 $0.1\%\sim0.6\%$。在陶瓷坯体增强剂中用得较多的有木质素提取物和木质素碳酸盐；后者较纯，前者杂质较多，除木质素外还含有葡萄糖、戊糖、半纤维素、树脂酸盐等，通常是造纸厂的副产品。陶瓷工业中采用木质素提取物作黏合剂、坯体增强剂比采用其他黏合剂经济又实用。如某种墙地砖的生坯中加入 $0.5\%$ 的木质素提取物质，强度提高了 $25\%$。

③ 溶剂是用来溶解黏结剂和增塑剂的，分子结构应与它们相似，常用的有水、无水乙醇、丙酮、苯等。因此，有机塑化剂可在陶瓷制品成型过程中减少粉料间的摩擦力，增加粉料的可塑性和黏结性，从而提高制品的生坯强度，以保证后道工序的顺利进行，在先进陶瓷的生产中被广泛采用。

### 4.2.2.2 有机塑化剂主要品种及性质

有机塑化剂在陶瓷工业中的应用只有几十年的历史。随着科学技术的发展，有机塑化剂的种类越来越多，性能也各异。现仅介绍几种常用的陶瓷黏结剂。

**(1) 聚乙烯醇** 聚乙烯醇是一种高分子化合物，简称 PVA，通常利用碱或酸水解聚乙酸乙烯酯制得，视水解条件不同会生成白色或淡黄色丛毛状或粉末状的晶体。聚乙烯醇分子中含有极性基团（—OH），一般可溶于水以及乙醇、乙二醇、甘油等有机溶剂中。

聚乙烯醇具有由许多链节连成的卷曲而不规则的线型结构。由于链是卷曲的，拉伸时链伸直，外力除去后又能卷曲，因而具有弹性。又由于分子中含有极性基，在水溶液中能生成水化膜，因而又具有黏性，是陶瓷成型中被广泛采用的一种有机塑化剂。

聚乙烯醇的聚合度、水溶液的制备方法、贮存条件和时间及是否使用了相应的改性剂等，对陶瓷粉料的物理特性都有不同程度的影响。使用的聚乙烯醇品种的热稳定性及影响其从坯件中分解、排出的各个因素，可以直接影响产品的质量，若处置不当，可能会严重地影响产品的成品率。

聚乙烯醇分子中存在两种化学结构：

$$—CH_2—CH—CH_2—CH—CH_2—CH—$$
$$\quad\quad | \quad\quad\quad | \quad\quad\quad |$$
$$\quad\quad OH \quad\quad OH \quad\quad OH$$

1,3-乙二醇结构

$$—CH_2—CH—CH—CH_2—CH_2—CH—$$
$$\quad\quad | \quad | \quad\quad\quad\quad | \quad |$$
$$\quad\quad OH \ OH \quad\quad\quad OH \ OH$$

1,2-乙二醇结构

这两种结构在聚乙烯醇分子中所占比例的不同，将导致其在性能上产生一定的差异。聚乙烯醇的聚合度一般在 1600～1700 之间为宜。如聚合度过大则弹性太大，因而不利于成型。如聚合度过小，则链短、强度低、脆性大，也不利于成型。

另外，聚乙烯醇水溶液对硼砂及硼的化合物特别敏感。将硼砂或硼酸水溶液与聚乙烯醇水溶液混合，静置 2min，即可失去流动性。即使很少剂量的硼砂也可使聚乙烯醇水溶液失去流动性。例如，在铁氧体中掺入少量的三氧化二硼，当聚乙烯醇水溶液与铁氧体粉料混合时，会大大降低聚乙烯醇的渗透性，而形成柔韧性很好的表层或粗大的结团。除此以外，某些铬的化合物，钒、锆及高锰酸钾等化合物也使聚乙烯醇水溶液发生凝胶作用。钛酸酯、氢氧化铜与聚乙烯醇也能形成具有良好化学稳定性和耐热性的络合物，即钛、铜与聚乙烯醇所形成的络合盐。因此，如果坯料中含有氧化物（如 CaO、BaO、ZnO、$B_2O_3$ 等）和某些盐类（如硼酸盐、磷酸盐等）时，最好不用聚乙烯醇作黏结剂，因为它们会与聚乙烯醇反应生成一种不溶于水的脆性化合物或像橡胶一样有弹性的络合物，不利于成型。

聚乙烯醇水溶液的制备过程如下：将聚乙烯醇慢慢地分散投入计量好的蒸馏水中，浸泡 1h 左右，并适当搅拌，使其充分溶胀、分散。然后逐步提高温度，并不停地搅拌，搅拌速度为 60～100r/min。为了避免剧烈地发泡，应限制升温速度，一般不应超过150℃/h。聚乙烯醇的醇解度不同，其溶解的温度和保温时间也不同。一般说来，完全醇解的聚乙烯醇的溶解温度为 95～100℃，保温时间为 2～2.5h；醇解度为 87%～89%的聚乙烯醇溶解温度为 65～85℃，保温时间为 0.5～1.0h，过高的溶解温度可能会产生不良影响。

聚乙烯醇是否已完全溶解，仅用肉眼观察是无法判断的，必须进行检验。检验方法是：取少量溶液，加入 1～2 滴碘液，并适当摇动，然后进行观察。对完全醇解聚乙烯醇而言，若出现蓝紫色团粒状透明体，对部分醇解聚乙烯醇而言，若出现红紫色团粒状透明体，则说明尚未完全溶解。若色泽能均匀扩散，说明已完全溶解。聚乙烯醇完全溶解后，边搅拌边冷却，直至常温；补加水至计算量并搅拌均匀为止，再过 60 目筛，贮存备用。

聚乙烯醇水溶液长期存放，溶液中的水会发生腐败，若加入 0.01％～0.05％（以 PVA 为基准）的甲醛、水杨酸，则可以防腐。另外，完全醇解的聚乙烯醇水溶液的黏度会随存放时间的延长而上升，若存放时间过长或贮存温度过低，甚至会产生凝胶化。为了使其黏度稳定，除保持其温度在常温外，还可向溶液中加入 5％～10％（以 PVA 为基准）的硫氰酸胺或苯酚丁醇。

**（2）聚乙酸乙烯酯**　聚乙酸乙烯酯（PVAc）是由乙酸乙烯在醋酸存在下聚合而成的，其分子式为 $(C_4H_6O_2)_n$，结构式为：

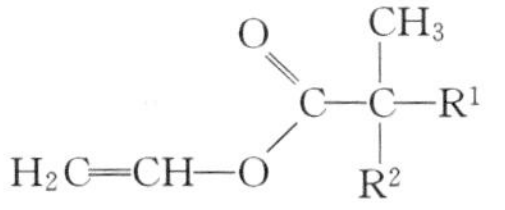

聚乙酸乙烯酯一般为无色黏稠液体或无色至微黄色透明玻璃状颗粒。30℃左右时软化，在室温下有较大的冷流性。溶于乙醇、丙醇、甲苯、苯和三氯甲烷中，不溶于水、甘油和脂肪。其相对密度为 1.191，熔点 100～250℃，聚合度通常在 400～600 之间，平均分子量 22000，吸水性 2％～3％（25℃，24h）。

当坯料呈酸性（pH＜7）时，用聚乙烯醇作黏结剂为好，呈碱性（pH＞7）时，用聚乙酸乙烯酯作黏结剂为宜。

**（3）甲基纤维素**　甲基纤维素（MC）又称纤维素甲醚，是一种灰白色纤维状粉末，能溶于冷水，成为半透明黏性很强的胶状溶液，不溶于乙醇、乙醚、丙酮和氯仿。它是由碱纤维素与氯甲烷或硫酸二甲酯作用而成的，也可由纤维素与甲醇在脱水剂存在下反应制得。其结构式为：

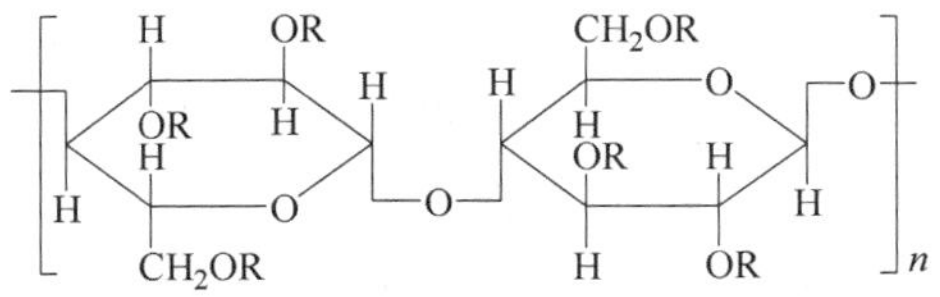

式中 n 为聚合度，R 为—H 或—CH$_3$

配制甲基纤维素水溶液十分方便，只要按甲基纤维素：水＝（7～8）：100 的比例把甲基纤维素加入 90～100℃水中搅拌。甲基纤维素在热水中会迅速分散、溶胀，降温后迅速溶解，滤去杂质（一般过 80 目筛）即可使用。

**（4）羧甲基纤维素**　羧甲基纤维素简称 CMC，通常用它的钠盐，结构式为：

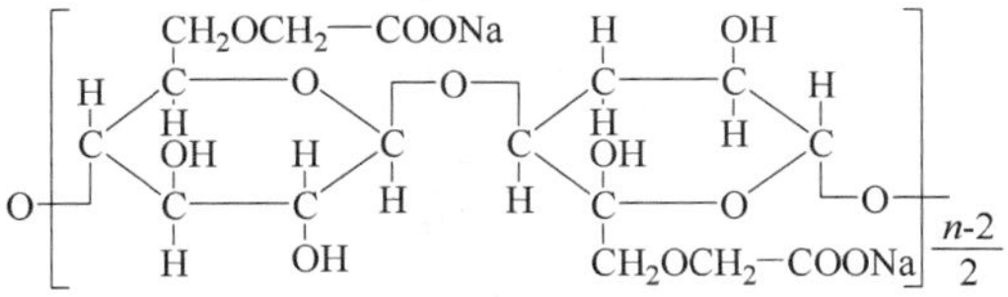

CMC 是一种白色粉末，吸水性很强，可溶于水形成黏性液体，不溶于有机溶剂。羧甲基纤维素水溶液的配比为：CMC：H$_2$O＝（5～6）：100。这种黏合剂的用量一般为：瓷料：CMC 水溶液＝100：（20～40）。羧甲基纤维素高温煅烧后残留有氧化钠和其他氧化物组成的灰分，会明显改变瓷料的介质损耗和介电常数的温度系数，因此，在选用它时要考虑灰分对陶瓷性能的影响。

（5）石蜡　石蜡是多种碳氢化合物组成的固体结晶产品，纯石蜡是无臭无味的白色固体，含有杂质的石蜡则为黄色；商品石蜡的碳原子数一般为22～36，分子量范围为360～540，沸点为300～550℃，熔点53℃，闪点198℃，遇热熔化，遇高温则燃烧并分解。不同分子量、不同沸点和不同熔点的石蜡具有不同的性质。其不溶于水，在醇和酮中溶解度很低，易溶于四氯化碳、氯仿、乙醚、苯、石油醚、二硫化碳、各种矿物油和大多数植物油中；化学性质稳定，不易与碱类、无机酸类以及卤族元素反应。具有冷流动性（即室温时，在压力下能流动），在受热时呈热塑性，黏度降低，可以流动并能润湿瓷料颗粒的表面，形成一个薄的吸附层，起黏结作用。热压铸成型就是利用石蜡的热塑性，而干压成型则是利用它的冷流动性。这种固体塑化剂不易挥发，比水溶性塑化剂好，但缺点是不易从瓷坯中排除。

（6）糊精　糊精（$C_6H_{10}O_5$）为白色无定形粉末，由稀盐酸或稀硝酸水解淀粉制得。在常温下，白色糊精在水中的溶解度为61.5%，黄色糊精为95%，在坯料中加入糊精一般不超过6%，若糊精加入过多，湿坯强度下降，坯体易变形，而且使坯件干燥时间过长，出现硬皮现象。

（7）桐油　桐油是由桐树果实制得的，为淡黄或深褐色黏性液体。新鲜桐油无臭，陈桐油有恶臭味。桐油能增加成型坯体的可塑性，还可使坯体干燥后的表面形成一层柔韧薄膜，增加了坯体强度。它与糊精配合使用，效果甚佳，但用量不可太多，否则会延长干燥时间，一般加入量为3%～4%左右。

### 4.2.2.3　有机塑化剂对瓷坯性能的影响

塑化剂中起黏结作用的有机高分子化合物既是亲水的又是极性的，这种分子在水溶液中能生成水化膜，而且这种分子连同其水化膜能被物料颗粒牢固地吸附在表面上，从而使瘠性粉料颗粒表面不但有了一层厚厚的水化膜，而且又有了一层黏性很大的有机高分子化合物。由于这种高分子是卷曲的线性分子，因此，能把松散的瘠性陶瓷粉料黏合起来。另外，由于水化膜的存在，泥料在外力作用下，颗粒能发生相对位移，使其具有流动性，外力消除后，卷曲的线型高分子又重新将它固定下来，因而使瘠性粉料具有可塑性。

塑化剂的选择是根据成型方法、坯料的性质、制品性能的要求、塑化剂的性质、价格及其对制品性能的影响来进行的。此外，还要考虑塑化剂在烧成时是否能完全排除及挥发时的温度范围。表4-1列出不同成型方法所选择的塑化剂。

表4-1　不同成型方法所选择的塑化剂

| 成型方法 | 黏结剂 | 增塑剂 | 溶剂 |
|---|---|---|---|
| 挤压法 | 聚乙烯醇、羧甲基纤维素、桐油、糊精 | 甘油、邻苯二甲酸二丁酯、己酸三甘醇、乙基草酸 | 水、无水乙醇、丙酮、甲苯、醋酸乙酯 |
| 压模法 | 聚乙烯醇、聚醋酸乙烯酯、甲基纤维素、聚乙烯醇缩丁醛 | 甘油、己酸三甘醇、邻苯二甲酸二丁酯 | 水、甲苯、乙醇 |
| 流延法 | 聚乙烯醇、聚乙烯、聚丙烯酸酯、聚甲基丙烯酸树脂 | 邻苯二甲酸二丁酯、己酸三甘醇、硬脂酸丁酯、松香酸甲酯 | 丙酮、甲苯、苯、乙醇、丁醇、二甲苯 |
| 压制法 | 聚乙烯醇、聚苯乙烯、石蜡、淀粉、甘油 | | 水、乙醇、甲苯、二甲苯、汽油 |

另外，在选择塑化剂时，还要考虑到塑化剂对坯体性能的影响，主要有以下几个方面。

**(1) 还原作用的影响** 有机塑化剂在焙烧时，由于氧化不完全，会产生 CO 气体，它将会与坯体中某些成分发生还原反应，使制品性能变坏。因此，对于极易还原的含钛陶瓷，如 $TiO_2$ 和 $BaTiO_3$，烧成时要特别注意。为了更好地控制有机塑化剂对瓷坯的还原作用，需要了解其在烧成时的变化。一般来说，有机塑化剂在 400℃ 以前都会变成气体挥发。挥发量最多的阶段是 300℃ 前后。只要在这段温度范围内注意保持氧化气氛，就能避免瓷料被还原。同时，在这段温度范围内升温速度也不能过大，否则塑化剂挥发过快，有可能使瓷坯产生裂纹。例如，聚乙烯醇黏结剂从 200℃ 开始挥发，直到 400℃ 基本挥发完毕，挥发几乎是以恒速进行，因此，在烧成过程中应正确控制升温速度。

**(2) 对制品致密度和机械强度的影响** 由于塑化剂在升温过程中易挥发，会使坯体中产生一定气孔，从而影响制品的致密度和机械强度。因此，塑化剂的用量越少越好，但塑化剂的含量过低，坯体不易致密，生坯强度不够，也容易分层。

**(3) 塑化剂挥发温度的影响** 所选择塑化剂的挥发温度应低于坯体的烧成温度，而且挥发温度范围要宽一些，以便于控制挥发速度，否则会因塑化剂集中在一个很窄范围内剧烈挥发，造成坯体开裂。

## 4.3 塑化剂在陶瓷成型工艺中的应用

### 4.3.1 塑化剂在干压成型中的应用

干压成型是将粉末状粉料放入模具中，然后将模具放在油压机上加压，形成一定形状坯体的一种广泛应用的成型方法。该方法工艺简单，操作方便，生产效率高，易于自动化，制品烧成收缩率小，不易变形。为了提高坯料成型时的流动性，增加颗粒间的结合力，提高坯体的机械强度，通常需要加入黏结剂，并进行造粒。

原料粉体在干压成型前一般需要造粒，使流动性不好的细粉料变粗，避免在成型后产生空洞、边角不致密、层裂、弹性后效等问题。造粒工艺是将已经磨得很细的粉料，经过干燥、加黏结剂，做成流动性好的较粗的颗粒（粒径约为 0.1mm）。造粒工艺大致分为加压造粒法和喷雾干燥造粒法。加压造粒是将混合了黏结剂的粉料预压成块，然后再粉碎过筛。该法造出的颗粒体积密度大，机械强度高，能满足各种大型、异型制品成型的要求。喷雾干燥造粒法是把混合好黏合剂的粉料做成料浆，或是在细磨工艺时加好黏合剂，用喷雾器喷入造粒塔中雾化。雾滴与塔中的热气混合，使雾滴干燥成干粉，由旋风分离器吸入料斗。这种方法可得到流动性好的球状团粒，产量大，适合连续化生产和自动化成型工艺。

常用干压成型黏结剂有以下几种。

**(1) 石蜡** 石蜡是一种固体塑化剂，是由多种熔点不同的烃组成的混合物，具有冷流动性（即室温下在压力作用下能流动）。干压时则是利用石蜡的冷流动性，用量通常在 8%左右。

**（2）聚乙烯醇水溶液**　使用这种黏结剂进行生产的工艺简单，瓷料气孔率小，生坯的机械强度比石蜡黏结剂稍差，加入量为 3%～5%。

**（3）苯胶**　苯胶配方为：甲苯（或二甲苯）70%，聚苯乙烯 30%。在坯料中的加入量为 8%～10%。生坯有一定强度，但苯类溶剂有毒，应谨慎使用。不论采用哪种溶剂都必须混合均匀、预压、造粒，并过 40～60 目筛。

**（4）酚醛清漆**　用清漆作为黏结剂的生产工艺简单，坯体的机械强度较高，加入量约 8%～15%。

**（5）水、油酸、煤油混合物**　该混合物的配比为粉料 100kg、煤油 1L、油酸 1.5L、水 7kg。使用这种黏结剂的生产工艺简单，瓷件气孔率小，但生坯的强度较低。

**（6）亚硫酸纸浆废液**　这种黏合剂的配方为：水 90%，亚硫酸纸浆废液 10%，其加入量为瓷粉料的 8%～10%，但生坯强度较低。

## 4.3.2　塑化剂在注射成型中的应用

注射成型工艺起源于铸造技术，是湿法成型的一种，它以热塑性树脂或石蜡等为黏结剂，与陶瓷粉料混合并加热制成浆料，然后这些浆料被压入一定形状的模具中，经冷却得到具有固定形状的坯体。注射成型工艺的流程如图 4-1 所示。

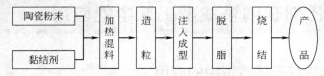

图 4-1　注射成型工艺的流程图

注射成型在注射成型机上进行。制备浆料是进行注射成型的第一步，一般先将热塑性物质加热熔化，然后加入陶瓷粉料，一边加热，一边搅拌，制成均匀稳定的浆料，以备成型之用。制成的浆料也可先冷却凝固成固态存放，在成型之前再加热熔化。所用的陶瓷粉料在混料前要在烘箱内烘干，以除去粉料中的水分。这是因为粉料内含水量大于1%时，水分会阻碍粉料与热塑性物质的完全浸润，使浆料浓度增大，不利于成型。另外，加热时水分还会在浆料中形成气泡，气泡的存在会影响成型后坯体的质量。

注射成型工艺的特点要求所用浆料要具有很好的稳定性和可注性，冷却凝固成固态时体积收缩率要小。所谓稳定性是指浆料在长时间加热而不搅拌的情况下，仍然保持均匀不分层的性能；可注性是指浆料注满模腔并保持所要求形状的能力。浆料的可注性是衡量浆料熟度和凝固速度的综合指标。一般说来，若粉料细度合适，粉料干燥，黏结剂添加适量，则浆料的可注性好。浆料的可注性一般用特定温度和压力下浆料注入模腔的高度来表示，而这个高度主要取决于浆料的浓度，浓度大则注入高度低，反之注入高度则高。黏度过高或过低都不利于成型。

注射成型法可分为高压注射成型法和低压注射成型法两种。高压注射成型法的注射成型温度为 100～300℃，压力为 1500kPa～100MPa，黏结剂主体为高分子材料。高压注射成型法适用的陶瓷粉体为氧化铝、氧化铅、碳化硅、氮化硅、氮化铝、赛隆（sialon）等结构用材料和氧化铁、铁电体、压电体、传感器等电子材料。常见的产品有汽车发动机用的陶瓷涡轮转子（丰田、日产采用）和副燃烧室腔口（日立金属、理研制造）、齿轮、螺母和螺帽、气焊喷枪嘴、陶瓷刀具、光纤的连接零件等。表 4-2 为碳化硅和氮化硅制品注射成型的工艺条件。

**表 4-2　碳化硅和氮化硅制品注射成型的工艺条件**

| 制品类别 | 黏结剂 | 坯料配比/% | 成型、脱脂条件 |
|---|---|---|---|
| 碳化硅制品 | 碳化硅 | 100 | 混合：150℃，1h |
| | 可塑性聚苯乙烯 | 16.5 | 射出温度：150～325℃ |
| | 硬脂酸钠 | 3.5 | 射出压力：7～70MPa |
| | 40#油 | 8.3 | 脱脂条件：50～800℃，1～10℃/h |
| | 钛酸盐 | 0.6 | 非氧化气氛 |
| 氮化硅制品 | 氮化硅 | 100 | 加压混练：0.25MPa，180℃ |
| | 聚苯乙烯 | 13.8 | 射出温度：240℃ |
| | 聚丙烯 | 7.6 | 射出压力：100MPa |
| | 硅烷 | 3.6 | 脱脂条件：$N_2$，常温～200℃，30℃/h |
| | 钛酸二乙酯 | 1.9 | 200～350℃，35℃/h |
| | 硬脂酸 | 1.9 | 350℃下保持 10h |

20 世纪 80 年代末，以石蜡为黏结剂主体的低压注射成型技术（Peltsman 方式）由俄罗斯开发出来并在美国和日本达到实用化。它具有设备价格较低，成型温度低，成型时间短，成型压力低（300～500kPa），对模具和其他机械部件的摩擦损耗较小等特点。低压注射成型法可以很高的尺寸精度进行各种复杂形状零件的成型，并且几乎适用于所有的陶瓷粉体。

注射成型适合于形状复杂、精度要求高的中小型产品的成型（可以针对目的零件制成相对尺寸精度小于 1% 的成品），具有生产效率高、产量大、操作简便、工序较少、适合于大批量和自动化生产的优点。但注射成型法因其需要采用大量的有机黏结剂而需要较长的脱脂工艺过程，除此之外，还有成型模具设计难、制造成本高等问题。

注射成型中常用黏结剂如表 4-3 所示。对黏结剂的基本要求是可使粉末流动并填充模腔，即要求黏结剂能润湿粉末表面，以便有助于混合和成型。

**表 4-3　注射成型工艺常用黏结剂**

| 热塑性聚合物类 | 蜡或挥发性的有机聚合物 | 热固性树脂 | 水或醇的混合物 | 裂解后留下陶瓷残留物的混合物 |
|---|---|---|---|---|
| 苯乙烯及其共聚物 | 石蜡 | 环氧树脂 | 纤维素醚 | 硅油 |
| 聚苯乙烯 | 微晶石蜡 | 苯酚树脂 | 琼脂 | 聚碳硅烷 |
| 聚丙烯 | 地蜡 | 硅烷交联苯乙烯 | 二甲基二丙醇 | 聚苯倍半硅氧烷 |
| 聚乙烯乙酸乙酯 | 巴西棕榈蜡 | 酚醛树脂 | | |
| 聚甲醛共聚物 | 聚丙烯蜡 | | | |
| 聚酰胺 | 萘和樟脑 | | | |

表 4-4 列出了理想的注射成型黏结剂的各种属性，即流动特性、与粉末的相互作

用、脱脂特性以及工业生产要求（制造工艺性）。广泛使用改善润湿性的各种化学物质、各种结构的界面偶联剂（包括金属有机化合物），在注射成型中很有效。典型的黏结剂配方如表 4-5 所示。

**表 4-4　理想的注射成型黏结剂的属性**

| 流动特性 | 制造工艺性 |
| --- | --- |
| 成型温度下黏度低于 10Pa·s | 价格低、易获取 |
| 成型过程中黏度随温度变化小 | 安全、无环境污染 |
| 冷却后坚固且稳定 | 贮藏寿命长、不吸潮且无挥发组分 |
| 分子小可填充颗粒间隙 | 循环加热不变质(可重复使用) |
| 与粉末的相互作用 | 润滑性好 |
| 接触角小且与粉末黏附良好 | 强度高、硬度高 |
| 对颗粒具有毛细吸力 | 热传导性高 |
| 与粉末不发生化学反应 | 热膨胀系数低 |
| 脱脂特性 | 可溶于普通溶剂 |
| 特性不同的多组分 | 链长度短、无方向性 |
| 分解产物无腐蚀性、无毒 | |
| 灰分量低、金属含量低 | |
| 分解温度高于混合和成型温度 | |

**表 4-5　典型的黏结剂配方**

| 编　号 | 配　方　组　分 |
| --- | --- |
| 1 | 石蜡 70%,微晶蜡 20%,甲基乙基酮 10% |
| 2 | 聚丙烯 67%,微晶蜡 22%,硬脂酸 11% |
| 3 | 石蜡 33%,聚乙烯 33%,蜂蜡 33%,硬脂酸 1% |
| 4 | 石蜡 69%,聚乙烯 20%,棕榈蜡 10%,硬脂酸 1% |
| 5 | 聚苯乙烯 45%,植物油 45%,聚乙烯 5%,硬脂酸 5% |
| 6 | 环氧树脂 65%,石蜡 25%,丁基硬脂酸酯 10% |
| 7 | 聚丙烯 25%,花生油 75% |
| 8 | 棕榈蜡 50%,聚乙烯 50% |
| 9 | 聚乙烯 35%,石蜡 55%,硬脂酸 10% |
| 10 | 聚苯乙烯 58%,矿物油 30%,植物油 12% |
| 11 | 苯胺 98%,石蜡 2% |
| 12 | 水 56%,甲基纤维素 25%,甘油 13%,硼酸 6% |
| 13 | 聚苯乙烯 72%,聚丙烯 15%,聚乙烯 10%,硬脂酸 3% |
| 14 | 水 93%,琼脂 4%,甘油 3% |

## 4.3.3　塑化剂在挤制成型中的应用

挤制成型又称挤压成型，基本过程是将真空炼制的可塑性泥料放入挤制机内，这种挤制机一头可以对泥料加压，另一头装有成型模具，通过加压端加压挤压出一定形状的坯体。根据产品形状的不同可以更换模具以挤出不同形状的坯体。挤压成型技术包括炼泥机和成型机的选择，粉体粒度的分布，黏结剂和润滑剂等的选择，以及成型用磨具的设计等等。挤压成型的主要工艺包括真空炼泥、挤制成型、干燥和脱脂等，如果使用无机材料黏结剂则不需脱脂过程。挤制成型工艺流程如图 4-2 所示。

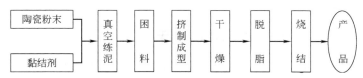

图 4-2　挤制成型工艺流程

挤制成型工艺对泥料的要求较高。外形呈球形的细粉料一般有利于成型；溶剂、增塑剂和黏结剂的用量要适当，同时必须保证泥料高度均匀。表 4-6 给出了几种工业陶瓷塑性泥料的配方组成，其中黏土、甲基纤维素用作黏结剂，水为溶剂，氯化物作聚合剂。常用的成型添加剂列于表 4-7。常见的电容器陶瓷，如钛酸钡瓷等挤压成型用增塑剂和黏结剂的比例如表 4-8 所示。挤压用塑性泥料本质上是弹塑性的，高分子量的有机黏结剂可增加弹性压缩，减少水分迁移，并提供成型体足够的强度和保持形状的能力。

**表 4-6　几种工业陶瓷塑性泥料配方**

| 高纯 $Al_2O_3$ | 耐火级 $Al_2O_3$ | 电　瓷 |
| --- | --- | --- |
| $Al_2O_3(<20\mu m)50\%$ | $Al_2O_3$ 46% | 石英($44\mu m$)16% |
| 有机添加剂 6% | 有机添加剂 2% | 长石 16% |
| 水 44% | 黏土 4% | 高岭土 16% |
|  | 水 48% | 黏土 16% |
| $AlCl_3<1\%$ | $MgCl_2<1\%$ | 水 36% |
|  |  | $CaCl_2<1\%$ |

**表 4-7　挤压成型常用添加剂**

| 黏结剂/聚合剂 | 聚　合　剂 | 润　滑　剂 |
| --- | --- | --- |
| 甲基纤维素 | $CaCl_2$ | 各种硬脂酸 |
| 羟基乙基纤维素 | $MgCl_2$ | 胶状石墨 |
| PVA | $MgSO_4$ | 有机硅树脂 |
| 多糖类 | $AlCl_3$ | 石油 |
|  | $CaCO_3$ |  |

**表 4-8　电容器陶瓷挤压成型泥料用增塑剂、黏结剂配比**　　　单位：%

| 陶瓷品种 | 甲基纤维素 | 桐　油 | 水 | 糊精 |
| --- | --- | --- | --- | --- |
| 钛酸钡瓷 | 7 | 5 | 22 |  |
| 锡酸钙陶瓷 |  | 4 | 20 | 5～7 |

挤制成型工艺适合柱状、管状、板状及多孔柱状坯体的成型，广泛用于传统耐火材料如炉管、护套管、棒状发热体和一些电子、磁性材料的生产中，在高性能的新型陶瓷

产品的成型中也得到越来越多的应用。而且随着成型模具和周边技术的进步，可将挤压成型代替流延成型用于小于 0.5mm 厚的厚膜成型。挤压成型的优点是污染小，易于自动化操作，可连续性生产，效率高。但挤压成型工艺也有若干缺点，如所用设备的结构比较复杂，加工精度要求高；添加的溶剂和黏结剂较多，坯体在干燥和烧成时收缩较大，坯体的性能容易受到影响等。

## 4.3.4　塑化剂在热压铸成型中的应用

热压铸成型是在热压铸机上进行的，能够成型形状复杂的中小型瓷件。热压铸成型必须用熟料，即煅烧过的料，目的是保证铸浆有良好的流动性，减少坯体的收缩率，提高产品尺寸精度。热压铸粉料的含水量小于 0.5％，否则铸浆流动性很差。要获得这样低的含水量的配料，原料需要进行高温烘干。烘干温度应在 300℃ 左右。烘干后的粉料要长期保存在红外干燥箱中，以免吸水。煅烧后的料要进行干粉碎。

热压铸成型以石蜡为黏结剂。石蜡在 50～55℃ 熔化，冷却凝固后有 5％～7％ 的体积收缩，有利于脱模。石蜡呈化学惰性，价格便宜。为减少石蜡的用量和提高铸浆的流动性，可加表面活性剂，如油酸、蜂蜡、硬脂酸、软脂酸、植物油和动物油等。石蜡和表面活性剂的配比：石蜡 97％，硬脂酸 3％；石蜡 95％，油酸 5％；石蜡 94％，蜂蜡 6％。

铸浆配制工艺如下：首先，加热石蜡至 70～90℃ 使之熔化，按粉料（含 0.4％～0.8％ 的油酸）87.5％～86.5％、石蜡（含表面活性剂）12.5％～13.5％ 的比例，把已加热的料粉倒入石蜡液中，边加热边搅拌，制成蜡饼；接着，将蜡饼放入和蜡机中。先放入快速和蜡机中，温度为 100～110℃，转筒速度 40r/min，至蜡饼熔化，冷却到 60～70℃，倒至慢速和蜡机中，搅拌速度为 30r/min，以排出气泡，约需 2h。

将铸浆在 304～506kPa 压力下充满金属铸模，并在压力持续作用下凝固，形成含蜡的半成品，再经过排蜡（除去黏结剂）和烧成即得到制品。

## 4.3.5　塑化剂在轧膜成型中的应用

轧膜机轧辊转动时，放在轧辊之间的瓷料不断受到挤压，使瓷料中的每个颗粒都能均匀地覆盖上一薄层黏结剂，气泡不断被排除，最后轧制出所需厚度的薄片，再用冲片机冲出所需尺寸的坯件。该种成型方法工艺简单，生产效率高，能轧制 $10\mu m$ 的薄片且膜片厚度均匀，产品烧成温度比干压成型低 10～20℃，在国内有广泛的应用。

轧膜成型所用黏合剂主要有聚乙烯醇水溶液和聚乙酸乙烯酯两种。聚乙烯醇水溶液的配制如前所示，聚乙酸乙烯酯黏结剂的配制过程为：聚乙酸乙烯酯 100g，甲苯 140～200mL，无水乙醇 40mL，利用热水浴使聚乙酸乙烯酯溶解后，过 60～80 目筛，以除去不溶物和气泡。

黏结剂的用量依坯料种类、环境湿度及膜厚而定，通常为 20％～25％，外加 2％～5％ 甘油。瓷料为中性或弱酸性时，用聚乙烯醇较好；瓷料为碱性时，需用聚乙酸乙烯酯。

以表 4-9 中压电瓷料配方中聚乙烯醇塑化剂为例介绍有机塑化剂的调配过程：先将

480g 酒精与 900g 聚乙烯醇混合均匀，然后倒入一只钢精锅内，加入 4000mL 沸腾的蒸馏水，搅拌 1～6min 并加热至 60℃，以使聚乙烯醇充分溶解。随后加入工业甘油 240g，继续搅拌 10min，直到没有结块，然后过滤。经过滤后的溶液放入烘箱，在 60℃烘 8h 即成透明而又黏稠的液体，可贮存备用。

表 4-9　各种轧膜瓷料用塑化剂的不同配比

| 瓷　料 | 聚乙烯醇水溶液 | | 聚乙烯醇/g | 乙醇/g | 甘油/g | 蒸馏水/mL | 100g 瓷料中塑化剂用量/g |
| --- | --- | --- | --- | --- | --- | --- | --- |
| | 含量/% | 用量/mL | | | | | |
| 高压电容器 | 15 | 35 | | | 3～5 | | |
| 压电喇叭 | 15 | 18 | | | 2 | | |
| 滤波器 | 15 | 24 | | | 2 | | |
| 压电陶瓷 | | | 900 | 480 | 240 | 4000 | 18～20 |
| 电容器 | | | 900 | 480 | 240 | 5400 | 高频料 30～35<br>低频料 25～27 |
| 95%Al$_2$O$_3$ | | | 200 | 60 | 75 | 660 | 28～30 |
| 75%Al$_2$O$_3$ | | | 150 | 75 | 85 | 720～750 | 28～30 |

轧膜成型坯件（以聚乙烯醇为黏合剂）的排塑升温制度如表 4-10 所示，现将完全排塑的温度制度列于表 4-11 中。

表 4-10　轧膜成型坯件的排塑升温制度

| 温度区域/℃ | 升温速度/(℃/h) | 备　注 | 温度区域/℃ | 升温速度/(℃/h) | 备　注 |
| --- | --- | --- | --- | --- | --- |
| 室温～100 | 50 | | 500～870 | 180 | |
| 100～500 | 120 | | 870 | ±10℃ | 保温 2h |

表 4-11　完全排塑的温度制度　　　　　　　　单位：h

| 温度/℃ | 坯体厚度/mm | | | | | | | |
| --- | --- | --- | --- | --- | --- | --- | --- | --- |
| | 5 | | 5～10 | | 10～20 | | 20～40 | |
| | 加热 | 保温 | 加热 | 保温 | 加热 | 保温 | 加热 | 保温 |
| 100 | 0.5 | | 0.5 | | 0.5 | | 0.5 | |
| 200 | 0.5 | | 2 | | 3.5 | | 5.0 | |
| 300 | 1.5 | 1.5 | 2 | 2.5 | 2 | 3.5 | 3 | 4.5 |
| 400 | 1.5 | | 1.5 | | 2 | | 3 | |
| 500 | 1 | | 1 | | 1 | | 1 | |

## 4.3.6　塑化剂在流延成型中的应用

流延成型技术最初出现在 20 世纪 40 年代，主要用于生产电子电路基板、多层电容器、压电陶瓷及层状陶瓷等。流延成型工艺的第一步是将粉料、溶剂（一般为易挥发的有机溶剂）及部分添加剂混合制成浆料。浆料经消泡等处理后即可在流延机上进行流延操作（流延机的构造如图 4-3 所示）。流延嘴前的刮刀用来调节流延膜的厚度。膜厚与刮刀和钢带之间的间隙成正比，与钢带速度、料浆黏度成反比。料浆黏度一般控制在 $3.0 \sim 3.1s$，料浆黏度对成膜厚度的影响最大。流延成型具体工艺是将制成的黏度合适的浆料通过流延嘴，浆料依靠自重流在一条平稳转动的环形钢带上，并随钢带向前运动，浆料被刮刀刮成一层连续、表面平整、厚度均匀的薄膜，进入干燥区烘干，成为固态薄膜。之后，钢带又回到初始位置，经多次循环重复，直至得到需要的厚度时，在前转鼓下方将陶瓷坯带从钢带上剥离。每圈的流延膜厚度为 $8 \sim 10 \mu m$，干燥区温度约 $80 ℃$。流延法的特点：①生产效率高于轧膜法，成本低；②致密均匀，质量优于轧膜法；③生产的膜片由 $3 \sim 5 \mu m$ 至 $2 \sim 3mm$；④膜片弹性好，致密度高。

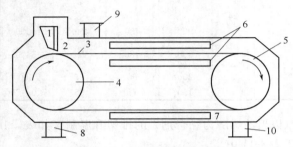

图 4-3　流延机构造示意

1—料斗与流延嘴；2—调厚刮刀；3—不锈钢带；4—前转鼓；5—后转鼓；
6—上干燥器；7—下干燥器；8—热风进口；9—上热风出口；10—下热风出口

流延成型常用黏结剂有聚乙烯醇及聚乙烯醇缩丁醛。聚乙烯醇缩丁醛（PVB）属乙烯醇醛类树脂，由聚乙烯醇和丁醛缩合而得。其缩醛度为 $73\% \sim 77\%$，羟基数 $1\% \sim 3\%$，含量不同性能各异。它有较长的支链，因而有较好的黏合性，制成的膜片柔顺性和弹性都好，是一种热塑性树脂。

当增塑剂与黏结剂互溶性好时，塑化效率高，化学性能稳定，挥发慢。一般常用增塑剂有两类：当用聚乙烯醇作黏结剂时，可用甘油、磷酸、乙二醇、丁二醇等作为增塑剂；用聚乙烯醇缩丁醛作黏结剂时，可用邻苯二甲酸二丁酯、癸二酸二丁酯、二丁基邻苯二甲酸二丁酯等作为增塑剂。另外，水溶性的黏结剂和增塑剂可用水和乙醇作溶剂。聚乙烯醇缩丁醛的溶剂有甲醇、乙醇、丙醇、丁醇、环己酮、三氯乙烯、醋酸乙酯等。润湿剂也称悬浮剂，可改善瓷粉在黏结剂中的分散性和浆料的流动性。它是一种表面活性物质，可以使有固液相的物系表面自由能降低。常用的这类物质有十七碳第二烃基磺酸钠（$C_{17}H_{35}SO_3Na$）、鲱鱼油、鲸油、蓖麻油、橄榄油等。常见流延成型用有机材料如表 4-12 所示。水系流延浆料的配制工艺列于表 4-13；非水系流延浆料的配制工艺列于表 4-14。

常用流延成型塑化剂的典型配方有以下 3 个。

配方 1：聚乙烯醇 $13\%$；乙醇 $47\%$；蒸馏水 $40\%$。

配方 2：聚乙烯醇缩丁醛 $12.5\%$；邻苯二甲酸二丁酯 $3.5\%$；$C_{17}H_{35}SO_3Na$ $4\%$；环己酮 $44\%$；正丁醇 $36\%$。

表 4-12　常见流延成型用有机材料

| | | 溶剂 | 黏合剂 | 可塑剂 | 悬浮剂 | 润湿剂 |
|---|---|---|---|---|---|---|
| 非水系 | | 丙酮<br>丁基乙酸<br>苯<br>溴氯甲烷<br>丁醇<br>二丙酮<br>乙醇<br>丙醇<br>乙基乙丁烯酮<br>甲苯<br>三氯乙烯<br>二甲苯 | 纤维素醋酸丁烯<br>乙醚纤维素<br>石油树脂<br>聚乙烯<br>聚丙烯酸酯<br>聚甲基丙烯<br>聚乙烯醇<br>聚乙烯醇缩丁醛<br>氯化乙烯<br>聚甲基丙烯酸酯<br>乙基纤维素<br>松香酸树脂 | 丁基苯甲基邻苯二甲酸<br>二丁基邻苯二甲酸<br>丁基硬脂酸<br>二甲基邻苯二甲酸<br>酞酸酯混合物<br>聚乙烯甘醇介电体<br>磷酸三甲苯酯 | 脂肪酸(三油酸甘油)<br>天然鱼油<br>合成界面活性剂<br>苯磺酸<br>鱼油<br>油酸<br>甲醇<br>辛烷 | 烷丙烯基聚醚乙醇<br>乙基苯甘醇<br>聚氧乙烯酯<br>单油酸甘油<br>三油酸甘油<br>乙醇类 |
| 水系 | | (作为除泡剂有:石蜡系,有机硅系,非离子界面活性剂乙醇类) | 丙烯系聚合物<br>丙烯系聚合物的乳液<br>乙烯氧化物聚合物<br>羟基乙基纤维素<br>甲基纤维素<br>聚乙烯醇<br>异氰酸酯<br>石蜡润滑剂<br>氨基甲酸乙酯(水溶性)<br>甲基丙烯酸共聚的盐石蜡乳液<br>乙烯-醋酸乙烯共聚体的乳液 | 丁基苄基邻苯二甲酸酯<br>二丁基邻苯二甲酸酯<br>乙基甲苯磺酰胺甘油<br>聚烷基甘醇<br>三甘醇<br>三-N-丁基磷酸盐<br>汽油<br>多元醇 | 磷酸盐<br>磷酸络盐<br>烯丙基磺酸<br>天然钠盐<br>丙烯酸系共聚物 | 非离子型辛基苯氧基乙醇<br>乙醇类非离子型表面活性剂 |

表 4-13　水系流延浆料的配制工艺

| 材　料 | 功　能 | 添加量/g | 工　艺 |
|---|---|---|---|
| 蒸馏水 | 溶剂 | 31.62 | 在烧杯中预先混合 |
| 氧化镁 | 晶粒成长抑制剂 | 0.25 | |
| 聚乙二醇 | 可塑剂 | 7.78 | |
| 丁基苄基邻苯二甲酸酯 | 可塑剂 | 57.02 | |
| 非离子辛基苯氧基乙醇 | 润湿剂 | 0.32 | |
| 丙烯基磺酸 | 悬浮剂 | 4.54 | |
| 氧化铝粉末 | 主原料 | 123.12 | 加上述预混料球磨 24h |
| 丙烯树脂系乳液 | 黏结剂 | 12.96 | 加到主原料中混磨 0.5h |
| 石蜡系乳液 | 消泡剂 | 0.13 | 加到主原料中混磨 3min |

## 表 4-14 非水系流延浆料的配制工艺

| 材料 | 功能 | 添加量/g | 工艺 |
|---|---|---|---|
| 氧化铝粉末 | 原材料 | 194.40 | |
| 氧化镁 | 粒子成长控制剂 | 0.49 | 第一阶段 |
| 鲱鱼油[①] | 悬浮剂 | 3.56 | 经24h球磨机混合 |
| 三氯乙烯 | 溶剂 | 75.81 | |
| 乙醇 | 溶剂 | 29.16 | |
| 聚乙烯醇缩丁醛[②] | 黏结剂 | 7.78 | 第二阶段 |
| 聚乙二醇[③] | 可塑剂 | 8.24 | 在上述混合料中加入 |
| 辛基邻苯二甲酸 | 可塑剂 | 7.00 | 本栏材料短时混匀 |

① 将鲱鱼煮沸或压榨而得的油。
② 门森德公司所产，分子量约32000。
③ 分子量约2000。

配方3：烯醇缩丁醛 11.5%；二丁基钛酸盐 3.9%；$C_{17}H_{35}SO_3Na$ 2.5%；环己酮 43.4%；乙醇 15.4%；甲苯 23.3%。

浆料的制备 采用聚乙烯醇时，浆料的配方为：瓷粉 52%，聚乙烯醇水溶液 42%，甘油 6%。在球磨罐中使其混合均匀，用玛瑙球，料球比为 1：1，混料时间 15h。混合好的料含有大量气泡，必须除去。可用机械法和化学法除泡。机械除泡用真空搅拌，转速 100r/min，压力在 1.5kPa 以下。化学除泡是使用除泡剂，除泡剂的组成为：正丁醇：乙醇＝1：1。两法结合使用效果更佳。方法如下：在真空搅拌过程中，进行 3～4 次除泡剂表面喷雾，约半小时气泡即基本排除。工艺过程中加料次序很重要，第一次球磨混合和第二次球磨混合都是 15～20h。球料比和真空除气与采用 PVA 时相同。聚乙烯醇缩丁醛的黏度对流延后的成膜性、脱膜影响很大，一般选用 15～25s 的较好。

几种典型的流延成型浆料配方列于表 4-15。

## 表 4-15 几种典型的流延成型浆料配方 单位：%

| 陶瓷粉料 | 黏合剂 | 溶剂 | 增塑剂、润湿剂 | 抗聚凝剂 |
|---|---|---|---|---|
| 氧化铝 100.0<br>氧化镁 0.25（烧结促进剂） | 聚乙烯醇缩丁醛 4.0<br>聚乙烯乙二醇 4.3 | 三氯乙烯 39.0<br>乙醇 15.0 | 辛基二甲酯 3.6 | 天然鱼油 |
| 氧化铝、氧化锆硅酸镁类瓷料 96.3 | 聚乙烯醇缩丁醛 2.5 | 甲苯 20.0 | 聚乙醇烷基醚 0.2<br>聚烷撑乙二醇衍生物 1.0 | |
| 钛酸盐粉料 76.3 | 聚乙烯醇缩乙醛 2.5 | 甲苯 20.0 | 乙酸三甘醇 0.2<br>丙二醇三烷基醚 0.2 | |
| 铌铋镁低烧独<br>石瓷料 100    1[①]<br>2 | 聚乙烯醇水溶液 85.0（含量 8.5%）<br>乙基纤维素水溶液 100.0（含量 8.5%） | | 甘油 6～7<br>甘油 10.0 | |

① 表中给出的两种方案可任选其一。

# 第 5 章　助烧剂

## 5.1　概述

随着化石类矿物原料的日渐枯竭，世界能源供应日趋紧张，能源危机已初现端倪，能源价格上涨，导致生产成本大幅提高。因此，各行各业都在采取有效措施来节能降耗。陶瓷行业是能耗的大户，例如，在陶瓷生产中，烧成的能耗费用所占生产成本的比例是相当大的，国外占到了 25% 左右，而国内则占到了 30% 以上。烧成温度对燃料消耗的影响可用下式表示：$F=100-0.13(t_2-t_1)$。式中，$F$ 为温度 $t_1$ 时的单位燃耗与温度 $t_2$ 时的单位燃耗之比（%）。由上式可知，当其他条件相同时，烧成温度每降低100℃，单位制品的能耗降低约 13%。由此可见，降低陶瓷产品的烧成温度，能大大降低烧成能耗。因此，降低烧成温度，减少烧成能耗是降低生产成本，提高经济效益的一个重要环节，也是陶瓷行业的一项长期的重要任务。

陶瓷的烧结主要分为固相烧结和液相烧结。固相烧结和液相烧结的共同点是烧结的推动力都是表面能，其烧结过程都是由颗粒重排、气孔填充和晶粒生长等阶段组成的。而不同点则在于由于流动传质比扩散传质快，因而液相烧结致密化速率高，可使坯体在比固相烧结温度低得多的情况下获得致密的烧结体。在固相烧结中，少量外加剂可与主晶相形成固溶体促进缺陷增加，如果加入少量外加剂可产生液相，就形成了液相烧结，可大大促进烧结的进行。例如，传统陶瓷和大部分电子陶瓷的烧结依赖于液相形成、黏滞流动和溶解再沉淀过程，而对于高纯、高强结构陶瓷的烧结，则以固相烧结为主，它们是通过晶界扩散或点阵扩散来达到物质迁移的。

从陶瓷的烧结过程来看，要降低烧结温度就要使坯体在较低的温度下出现较多的液相或者降低烧结能垒，增加烧结推动力。目前，降低烧结温度的主要措施和方法有以下几种。

（1）减小物料的细度，有利于降低烧结温度，促进烧结。

（2）增加生坯成型压力和烧结时的外加压力（热压），有利于降低烧结温度。

（3）加入烧结助剂。

在配方中，适当增加熔剂和矿化剂的含量有利于促进陶瓷坯体的低温烧结。根据低共熔原理，组分越多，低共熔温度越低，则出现液相的温度越低。因此，采用多组分配料、选用复合熔剂降温效果更明显。

# 5.2 助烧剂的分类

一般地，烧结助剂可通过下面几种方式起作用：①本身是低熔点物质，在烧结过程中首先熔化成为液相，通过溶解-传质机理促进材料的烧结；②本身具有较高熔点，但可以与主相发生反应，形成低熔点固溶物质，通过液相烧结机理促进物质的烧结；③在主晶相中发生固溶，造成晶格缺陷，加快离子迁移速度，促进烧结。目前，研究较多的烧结助剂主要有锂盐、氧化物、低熔点玻璃等，常用烧结助剂的组成及特点如表 5-1 所示。

表 5-1 常用烧结助剂的组成及特点

| 烧结助剂 | | 组成 | 特点及存在问题 |
|---|---|---|---|
| 玻璃 | 硼硅酸盐玻璃 | $ZnO-B_2O_3-SiO_2$ | ①应用广，对众多体系有效 ②所需添加量大 ③玻璃介电损耗大，或是与基体材料反应，造成介电性能急剧下降 ④物相可控性差 |
| | | $BaO-B_2O_3-SiO_2$ | |
| | | $B-Bi-Si-Zn-O$ | |
| | | $PbO-B_2O_3-SiO_2$ | |
| | | $ZnO-B_2O_3$ | |
| | 其他玻璃 | $La_2O_3-B_2O_3-TiO_2$ | |
| 氧化物 | 非金属氧化物 | $B_2O_3$ | ①添加量少，对中低烧结温度材料体系非常有效 ②添加量较大时，介电性能下降明显 ③添加 $B_2O_3$ 和 $V_2O_5$ 等的材料不能获得满足要求的流延膜片，尚未能实现产业化 |
| | | $V_2O_5$ | |
| | 金属氧化物 | $ZnO$ | |
| | | $Bi_2O_3$ | |
| | | $CuO$ | |
| | | $GeO_2$ | |
| 化合物 | | $LiF$ | ①对特定体系有效 ②助剂在高温阶段的稳定性较差 |
| | | $FeVO_4$ | |
| 复合助剂 | 氧化物-氧化物 | $CuO-V_2O_5$ | ①对众多体系有效 ②降温效果比单独使用更为有效 |
| | | $CuO-Bi_2O_3-V_2O_5$ | |
| | | $Bi_2O_3-B_2O_3$ | |
| | | $Li_2O-Bi_2O_3$ | |
| | 氧化物-玻璃 | $Bi_2O_3-ZBS\ glass$ | |
| | 化合物-氧化物 | $BaCuO_2-CuO$ | |
| | | $LiF-V_2O_5-CuO$ | |

## 5.2.1 锂盐

1976 年 Walker 等人首次报道了 LiF 对 $BaTiO_3$ 的助烧效果，随后有关 LiF 助烧剂的报道逐渐增多。LiF 对 $BaTiO_3$ 基介电陶瓷的助烧作用很明显，在 900℃ 的低温和较长的保温时间就可以获得较高的密度，同时介电性能也得到改善，但是介电损耗相应增加，而且延长保温时间使 LiF 损失严重。为了改善氟化物的助烧效果，可在 LiF 中添加 Ba、Ca 等元素。值得注意的是，（$CaF_2$＋LiF）助烧剂可以部分进入 $BaTiO_3$ 晶格，形成钙钛矿结构（Ba，Ca）（Ti，Li）（O，F）$_3$ 复合物，可以改变晶格参数，提高陶瓷的内应力，促使陶瓷的介电常数增大。可见，（$CaF_2$＋LiF）同时起到了降烧和掺杂改性的双重目的。

$LiCO_3$ 也是一种常见的烧结助剂。周和平等研究发现，$SrTiO_3$ 陶瓷的烧结温度一般为 1350～1450℃。当加入 0.5％ 的 $LiCO_3$ 后，在 1200℃ 即可获得性能良好、致密的 $SrTiO_3$ 陶瓷。这主要是 $LiCO_3$ 与 SrO、$TiO_2$ 形成了 $Li_2O$-SrO-$TiO_2$ 低共熔液相，与晶粒完全浸润，晶粒的长大为液相烧结下的蒸发-凝聚过程。当晶界间液相含量适中时，有利于蒸发-凝聚过程的进行，促使晶粒长大，因此，有利于降低 $SrTiO_3$ 陶瓷的烧结温度。

## 5.2.2　氧化物

低熔点氧化物作为陶瓷助烧剂的重要组分而被广泛使用。研究比较多的有 B、Bi、Pb、Cd、Cu、P、Zn、Mn 等元素及稀土元素的氧化物。这些具有低熔点易挥发性的氧化物在比较低的温度就可以形成液相，可以促进陶瓷液相烧结，并防止二次晶粒长大的大量产生。例如，$B_2O_3$ 具有低熔点（450℃）和在 800℃ 以上易挥发的特点，使 $B_2O_3$ 在陶瓷烧结过程中挥发掉，从而可以保证陶瓷性能不受掺杂物的影响。在（$Zn_{0.5}Mg_{0.5}$）$Nb_2O_6$ 微波介质陶瓷中添加 2％（质量分数）$B_2O_3$ 时，950℃ 烧结即可获得相对致密度高达 95％ 的陶瓷，其介电常数为 20.7，$Q \times f$ 为 60156GHz，微波介电性优良。另外，某些氧化物也能起到掺杂改性的作用，如 Bi 和 Pb 的氧化物可以使 $BaTiO_3$ 的居里点向高温移动；ZnO 具有抑制 $BaTiO_3$ 晶粒生长、促进陶瓷晶粒细化的作用，从而可以压低居里峰，改善其温度稳定性。但是，单一的氧化物在陶瓷的助烧和改性方面的能力有限，如 $MgTiO_3$ 单独添加 CuO，其降温极限在 1200℃；采用 $Bi_2O_3$-$V_2O_5$ 复合助剂可将烧结温度降至 900℃ 以下，但添加量较大；而采用三元复合助剂 CuO-$Bi_2O_3$-$V_2O_5$ 降至同样温度，助剂的添加量大幅度减少，从而改善低温烧结 $MgTiO_3$ 陶瓷的微波介电性能。因此，目前复合氧化物或者玻璃助烧剂得到广泛关注。

## 5.2.3　低熔点玻璃

低熔点玻璃助烧剂主要是由适当配比的若干种氧化物经过高温熔融后骤冷淬火而形成的凝聚体。它没有确定的熔点，随着温度的升高而逐渐软化，当温度高于玻璃软化温度 $T_s$ 后即变为液态，从而加速晶粒的重排，促进陶瓷液相烧结，以达到降低烧结温度和增强陶瓷致密性的目的。目前，应用较多的玻璃主要是硼玻璃或硼硅酸盐玻璃。硼玻璃，如 ZnO-$B_2O_3$、$La_2O_3$-$B_2O_3$-$TiO_2$，具有较低的软化温度，可以更好地促进烧结，有利于陶瓷烧结温度的降低。硼硅酸盐玻璃体系，如 ZnO-$B_2O_3$-$SiO_2$ 和 PbO-$B_2O_3$-$SiO_2$，具有良好的热稳定性、化学稳定性和力学性能，还具有适应性强、成本低等优点。

## 5.3　烧结助剂的加入方式

向陶瓷中加入烧结助剂的方法通常分为两种。第一种为二次固相添加法，该方法先分别制备 $BaTiO_3$ 粉体和 ZBSO 玻璃助烧剂，然后通过球磨等方法将助烧剂粉体加入已制备的陶瓷粉体中。采用二次固相添加法加入 ZBSO 玻璃助烧剂的方法虽然简单易行，但由于助烧剂粉体粒径较大（微米或亚微米级）且在基体中分布不均匀，导致产生的液相区比较集中但不连续，不能充分浸润陶瓷晶粒，使得制备的陶瓷材料气孔率较高，晶粒尺寸不均匀，并且还会出现晶粒异常长大现象。

第二种为液相一步合成法，即将玻璃组分直接加入陶瓷配方中形成"玻璃-陶瓷"，在烧结过程中陶瓷晶粒从玻璃中析晶出来，玻璃组分聚集在晶界层，使玻璃成分均匀地掺入陶瓷中。这种加入方式，助烧剂的用量较少，降烧作用明显。

助烧剂的加入虽然可以在一定程度上降低陶瓷制品的烧结温度，改善陶瓷材料的烧结性能，但也会造成陶瓷晶粒过度生长。这是由于液相会加速陶瓷晶粒的重排，使小晶粒聚集在一起生长成大晶粒。因此，为了在降低烧结温度的同时保持陶瓷的性能，应该对助烧剂的成分做充分的研究，使陶瓷在烧结后气孔率减小，相对密度大幅提高，抑制晶粒生长而且不出现第二相。同时，助烧剂用量也会对材料的烧结性能产生影响。当助烧剂用量过少时，在陶瓷烧结过程中由助烧剂熔融而出现的液相量较少，不能有效包裹陶瓷晶粒，从而不能有效地促进陶瓷烧结；当助烧剂用量过大时，由于陶瓷中液相含量过多，过多的液相会导致较小的陶瓷晶粒被溶解而结合成较大晶粒，导致晶粒的异常生长；还应防止过多的玻璃成分进入陶瓷材料的晶格，使其性能恶化。

## 5.4　助烧剂在传统陶瓷中的应用

### 5.4.1　在建筑陶瓷领域的应用

高张海等设计了一种可有效降低建筑陶瓷烧成温度的添加剂，其质量组成为：$SiO_2$：$B_2O_3$：$ZnO$：$Bi_2O_3$：$Li_2O=(0.5\sim1.5)$：$(1.5\sim6.0)$：$(2.0\sim8.0)$：$(0\sim0.5)$：$(0\sim2.0)$。制备方法为：按添加剂的组成称取原料 $SiO_2$、$H_3BO_3$、$ZnO$、$Bi_2O_3$ 和 $Li_2CO_3$，混合均匀后在 $850\sim1000$℃条件下熔制，保温时间为 $30\sim90min$，之后在水中淬冷、研细得到。在坯料或色坯料中的添加量为其总质量的 $5\%\sim15\%$，在釉料中的添加量为釉料总质量的 $5\%\sim10\%$。

高张海等研究了这种低熔点玻璃助烧剂的种类和用量对不同组分陶瓷的烧结效果和力学性能的影响，其中，表 5-2 为各实施例中使用坯体坯料的组成，表 5-3 为各实施例中使用助烧剂的制备工艺和用量。在实施例 4 和实施例 5 中使用了色釉料，其组成如表5-4 所示。

表 5-2 各实施例中使用坯体坯料的组成

| 坯料成分比例/% | Al₂O₃ | SiO₂ | Fe₂O₃ | CaO | MgO | K₂O | Na₂O | TiO₂ | PrO₂ | 其他 |
|---|---|---|---|---|---|---|---|---|---|---|
| 实施例1 | 18.85 | 67.84 | 0.76 | 0.03 | 0.11 | 6.94 | 1.75 | 0.04 | 0 | 3.68 |
| 实施例2 | 17.24 | 69.81 | 0.81 | 0.44 | 1.25 | 2.78 | 2.31 | 0.36 | 1.58 | 3.42 |
| 实施例3 | 18.14 | 68.86 | 0.83 | 0.12 | 0.24 | 4.42 | 1.86 | 0.11 | 0 | 5.42 |
| 实施例4 | 17.76 | 69.10 | 0.84 | 0.76 | 1.21 | 2.76 | 2.43 | 0.33 | 0 | 4.81 |
| 实施例5 | 18.68 | 69.28 | 0.86 | 0.08 | 0.35 | 4.39 | 1.65 | 0.09 | 0 | 4.62 |

表 5-3 各实施例中使用助烧剂的制备工艺和用量

| 助烧剂 | 原料质量比 | 熔制温度/℃ | 熔制时间/min | 在坯料中添加量/% | 在色釉料中添加量/% |
|---|---|---|---|---|---|
| 实施例1 | SiO₂ : H₃BO₃ : ZnO=1 : 3 : 6 | 1000 | 40 | 20 | 0 |
| 实施例2 | SiO₂ : H₃BO₃ : ZnO : Li₂CO₃=1 : 3 : 5 : 1 | 950 | 35 | 15 | 0 |
| 实施例3 | SiO₂ : H₃BO₃ : ZnO : Li₂CO₃=1 : 3 : 6 : 0.5 | 900 | 30 | 10 | 0 |
| 实施例4 | SiO₂ : H₃BO₃ : ZnO : Li₂CO₃=1 : 4 : 4 : 1 | 950 | 38 | 25 | 15 |
| 实施例5 | SiO₂ : H₃BO₃ : ZnO : Bi₂O₃ : Li₂CO₃ =1 : 3.7 : 4 : 0.3 : 1 | 850 | 40 | 5 | 5 |

表 5-4 各实施例中使用色釉料的组成

| 成分比例/% | Al₂O₃ | SiO₂ | B₂O₃ | CaO | MgO | ZnO | K₂O | Na₂O | ZrO₂ | 其他 |
|---|---|---|---|---|---|---|---|---|---|---|
| 实施例4 | 13.78 | 73.71 | 0.01 | 0.38 | 2.16 | 1.43 | 0.18 | 1.54 | 6.13 | 2.00 |
| 实施例5 | 19.32 | 40.59 | 5.68 | 8.78 | 3.76 | 2.32 | 1.17 | 1.63 | 3.41 | 13.34 |

表 5-5 为添加助烧剂（实施例）和不加助烧剂（对比例）时陶瓷的烧结温度、保温时间及性能。其中，以未添加助烧剂的对比例 1 的能耗为 1，计算实施例 1 的能耗降低率。

表 5-5 陶瓷的烧结温度、保温时间及性能

| 编号 | 烧结温度/℃ | 烧结时间/min | 抗折强度/MPa | 断裂模量/MPa | 吸水率/% | 能耗降低率/% |
|---|---|---|---|---|---|---|
| 实施例1 | 1000 | 30 | 1838 | 41.5 | 0.09 | 31.15 |
| 对比例1 | 1210 | 30 | 1935 | 43 | 0.06 | |
| 实施例2 | 850 | 80 | 1826 | 33.8 | 4.8 | 32.79 |
| 对比例2 | 1175 | 80 | 1876 | 35 | 4.5 | |
| 实施例3 | 900 | 60 | 1788 | 38.6 | 0.45 | 29.68 |
| 对比例3 | 1195 | 60 | 1839 | 41.8 | 0.31 | |
| 实施例4 | 850 | 90 | 1793 | 31.7 | 5.5 | 33.03 |
| 对比例4 | 1180 | 90 | 1865 | 34.4 | 4.7 | |
| 实施例5 | 850 | 40 | 1861 | 39.2 | 0.18 | 34.19 |
| 对比例5 | 1203 | 50 | 1916 | 40.2 | 0.14 | |

从表 5-5 中的数据可知，多种不同的坯料中添加了助烧剂之后，可以显著降低瓷砖烧成时的温度，降温幅度达 100～200℃，这主要是由于该种助烧剂的加入使坯体不需经过普通陶瓷烧成所需的高温即能产生大量液相，在液相表面张力作用下，坯料中的组分便产生黏滞流动，从而实现其致密化过程。陶瓷烧结温度的降低大大降低了陶瓷烧成时的能耗，有助于减少环境污染，降低生产成本。同时，制得的陶瓷砖的性能未有明显下降，均符合国标 GB/T 4100—2006《陶瓷砖》的要求，说明该助烧剂适用于多种坯料，具有较好的降低陶瓷烧成温度的效果。另外，该种陶瓷添加剂使用方便，直接添加在陶瓷坯釉中，不需要对原有的配方进行调整，也不需要改变陶瓷的生产工艺流程，是一种优异的陶瓷助烧剂。

## 5.4.2 在日用陶瓷领域的应用

通常，日用陶瓷产品的售价（指同种类产品）与其烧成温度成正比，即高温陶瓷价格较高，中温陶瓷次之，低温陶瓷售价较低。为了降低能耗，不少日用陶瓷生产企业往坯体中加入单纯的熔剂性添加剂，虽然可将陶瓷的最高烧成温度从 1360℃ 左右降到 1270℃ 左右，能耗也随之降低，但是，单纯的熔剂性添加剂不能起到改善瓷坯内在结构的作用，产品的内在质量如致密度、莫来石晶相含量、抗热震性能等与高温烧成的产品相差较大，从而使产品落入中温陶瓷类别中，产品售价也随之下降，使生产企业真正得益甚微甚至得不偿失。为此，郭福琼等发明了一种日用陶瓷用助烧剂，其组成为：长石 35～45 份，石英 30～36 份，高岭土 4.0～6.0 份，滑石 2.0～6.0 份，锂长石 18～25 份，氧化镧 0.5～1.5 份，用量为坯体干料量的 1.5%～3.0%（质量分数）。这种复合助烧剂中的钾、钠、锂组分可起熔剂作用，通过增加瓷坯中的玻璃相量，降低陶瓷的烧成温度；而添加剂中所含的锂、镁和稀土氧化物 $La_2O_3$ 的共熔物能促进玻璃相中莫来石微晶的析出，可改善瓷坯的脆性及提高瓷坯的抗冲击强度。另外，锂的存在能降低瓷坯的热膨胀系数，保障了瓷坯抗热震性能的稳定。

该陶瓷助烧剂的制备步骤如下：①按配方称取原料，原料过 160 目筛后湿法球磨至过 300 目筛，筛余量为 0.5%～1.0%（质量分数）；②过筛后的料浆经脱水成泥饼；③烘干泥饼至含水率为 1.0%～2.0%（质量分数）；④粉碎泥饼，过 60 目筛。

当在坯体中加入 3.0%（质量分数）的配方为长石 35 份，石英 30 份，高岭土 6.0 份，滑石 6.0 份，锂长石 25 份，氧化镧 1.5 份的助烧剂时，陶瓷的烧成温度可从 1350℃ 降至 1280℃，烧成燃耗可降低 12%；烧成时间可缩短 12% 以上。另外，加入助烧剂后于 1280℃ 烧成的产品，其吸水率和抗热震性与 1350℃ 下烧成的产品性能基本一致，均符合日用瓷器的国家标准《GB/T 3532—2009 日用瓷器》的要求，保持了高温陶瓷的优良性能。

当在坯体中加入 1.5%（质量分数）的配方为长石 45 份，石英 36 份，高岭土 4.0 份，滑石 2.0 份，锂长石 18 份，氧化镧 0.5 份的助烧剂时，陶瓷的烧成温度可从 1380℃ 降至 1310℃，烧成燃耗可降低 12%；烧成时间可缩短 12% 以上。另外，加入助烧剂后于 1310℃ 烧成的产品，其吸水率和抗热震性与 1380℃ 下烧成的产品性能基本一致，均符合日用瓷器的国家标准《GB/T 3532—2009 日用瓷器》的要求，保持了高温陶瓷的优良性能。

# 5.5 助烧剂在新型陶瓷中的应用

## 5.5.1 助烧剂在多层陶瓷电容器基材料中的应用

低温共烧陶瓷（low-temperature co-fired ceramics，LTCC）技术起源于 1982 年美国休斯公司开发的新型材料技术。它汇集了高温共烧陶瓷（HTCC）技术和厚膜技术的优点，是实现高集成度、高性能电子封装的主流技术之一。与传统的印制电路板（PCB）相比，LTCC 基板具有高的化学稳定性及热稳定性，较高的机械强度及热导率，能用于电子产品的气密性封装；与 HTCC 基板相比，LTCC 基板的 $\varepsilon_r$ 低，具有更好的高频性能，陶瓷能与高电导金属（如 Ag、Cu）在空气中共烧，减少了电路损耗，导线可以做得很细，更有利于高密度布线。

$BaTiO_3$ 基多层陶瓷电容器（MLCC）具有体积小、容量大、可靠性高和介电常数高等优点，作为电子元件被广泛使用。MLCC 的成本主要来自内电极，如钯或银钯合金。但由于钯的价格居高不下，关于 $BaTiO_3$ 基介电陶瓷低温烧结的研究成为国内外该领域研究的热点之一。低温烧结可使 MLCC 能够采用更廉价的纯银或镍、铜等内电极，以降低成本；也可使陶瓷的晶粒变小，以满足介电陶瓷的粒径效应，提高陶瓷材料的室温介电常数。因此，低温共烧陶瓷（LTCC）技术作为无源集成的主流技术，成为无源元件领域的发展方向和新元件产业的经济增长点，受到各国研究者的极大重视。

降低 $BaTiO_3$ 基陶瓷烧结温度的常用方法是添加助烧剂，通过烧结过程产生的液相来加速晶粒的重排，降低陶瓷的烧结温度。另外，有些低熔点助烧剂在烧结过程中先形成液相促进烧结，而到了烧结后期又作为最终相进入主晶相起掺杂改性作用，即能够起到在降低烧结温度的同时提高材料性能的"双重效应"。表 5-6 为常见助烧剂对 $BaTiO_3$ 基介电陶瓷部分性能的影响。

表 5-6　常见助烧剂对 $BaTiO_3$ 基介电陶瓷部分性能的影响

| 基体材料 | 助烧剂 | 助烧剂用量<br>（质量分数）/% | 相对密度(*)<br>或收缩率 | 烧结温度 | 介电常数<br>ε（25℃） |
|---|---|---|---|---|---|
| $BaTiO_3$ | LiF-CaF | 5.0 | 12.5% | 1000 | 3500 |
| $BaTiO_3$ | $P_2O_5$ | 0.14 | 96%* | 1150 | 6100 |
| $BaTiO_3$ | CdO | 3.0（摩尔分数） | 6.4% | 1000 | 2800 |
| $BaTiO_3$ | $CaO$-$B_2O_3$-$SiO_2$ | 5.0 | — | 1150 | 1353 |
| $BaTiO_3$ | $BaO$-$B_2O_3$-$SiO_2$ | 1.0 | 93%* | 900 | 2781 |
| $BaTiO_3$ | $ZnO$-$SiO_2$-$P_2O_5$ | 0.83 | 97%* | 1175 | 2630 |
| $Ba_{0.8}Sr_{0.2}TiO_3$ | $PbO$-$B_2O_3$ | 10（摩尔分数） | — | 750 | 760 |
| $Ba_{0.7}Sr_{0.3}TiO_3$ | $B_2O_3$ | 0.5 | 7.0% | 900 | 1800 |

低温烧结 PZT 压电陶瓷所添加的烧结助剂主要是低熔点玻璃、化合物或者可与 PZT 陶瓷固溶的化合物。例如，当加入 0.5%（摩尔分数）$PbO \cdot WO_3$ 时，900℃保温

2h 就可以得到纯的钙钛矿相 PZT 陶瓷。在 1100℃ 保温 2h 可获得该组成的最佳性能，即介电常数为 1593，介电损耗 $\tan\delta=0.019$，压电系数 $d_{33}=3635\text{pC/N}$，机电耦合系数 $K_\text{p}=0.596$，机械品质因数 $Q_\text{m}=88.4$。研究发现，低熔点的 $PbO \cdot WO_3$ 在烧结过程中完全形成液相且进入晶格中，起到了液相烧结的作用，降低了烧结温度，同时避免了第二相的生成。

通过在 PMN-PZT 陶瓷中添加 $Li_2CO_3$ 和 $Bi_2O_3$ 作为烧结助剂，在烧结过程中形成 $LiBiO_2$ 液相来达到降低 PMN-PZT 陶瓷烧结温度的目的；并且，$Bi^{3+}$（0.096nm）和 $Li^+$（0.074nm）分别取代了 $Pb^{2+}$（0.118nm）和 $Ti^{4+}$（0.068nm），同时形成了 Pb 空位和 O 空位，起到了双重改性的作用。该陶瓷材料在 940℃ 的低温下即可烧结，致密度达到理论密度的 96%，并具备优良的介电、压电性能参数。另外，$Bi_4Ti_3O_{12}$ 复合氧化物也可以作为烧结助剂来降低 PZT（52/48）陶瓷的烧结温度。$Bi_4Ti_3O_{12}$ 在烧结过程中可以形成大量液相促进烧结致密化。但是，添加低熔点玻璃或氧化物可能会引入第二相，过多第二相的存在必然会导致瓷料的介电系数极大地下降，介电损耗 $\tan\delta$ 增加，这在选择烧结助剂的种类和加入量时必须注意。

## 5.5.2 助烧剂在微波介质陶瓷中的应用

微波介质陶瓷是制造微波介质滤波器和谐振器的关键材料，随着移动通信的发展，微波介质陶瓷的研究越来越受到人们的重视。它具有高介电常数、低微波损耗、温度系数小等优良性能，适于制作各种微波器件，如电子对抗、导航、通信、雷达、家用卫星直播电视接收机和移动电话等设备中的稳频振荡器、滤波器和鉴频器，能满足微波电路小型化、集成化、高可靠性和低成本的要求。

### 5.5.2.1 微波介质陶瓷的性能要求

① 高的介电常数，$\varepsilon_r$ 要求在 20～100 之间，且稳定性好，以便于微波介质元器件的小型化。

高 $\varepsilon_r$ 是微波器件小型化、集成化的必要条件。在介电系数为 $\varepsilon$ 的媒质中，电磁波的波长与 $1/\sqrt{\varepsilon}$ 成正比，因此在同样的谐振频率下，$\varepsilon_r$ 越大，谐振器的体积就越小。

② 在 -50～+100℃ 温区，频率温度系数 $\tau_f$ 要小或可调节，一般在 $30 \times 10^{-6}/℃$ 以内，以保证微波器件的高度频率稳定性。

$$\tau_f = \frac{1}{f} \times \frac{\Delta f}{\Delta T} = \frac{1}{f} \times \frac{f_2 - f_1}{T_2 - T_1} \tag{5-1}$$

式中　$f_1$——$T_1$ 温度下测得的谐振器的谐振频率；
　　　$f_2$——$T_2$ 温度下测得的谐振器的谐振频率。

材料的频率温度系数 $\tau_f$ 也可由材料的线胀系数 $\alpha_e$ 和介电常数温度系数 $\tau_\varepsilon$ 决定，三者的关系如下式所示：

$$\tau_f = \tau_\varepsilon/2 - \alpha_e \tag{5-2}$$

③ 在微波频段，介质损耗要小（$\tan\delta \leqslant 10^{-4}$），品质因数要高（$Q \geqslant 10000$），以保证系统的高效率。

评价微波介质陶瓷材料，主要看它的介电常数 $\varepsilon_r$、品质因数 $Q$ 值和谐振频率温度

系数 $\tau_f$ 这三个主要参数的先进性和实用性。此外，也要考虑到材料的传热系数、绝缘电阻和相对密度等因素。

### 5.5.2.2 微波介质陶瓷的种类

迄今为止已开发的微波介质陶瓷材料种类很多，但归纳起来主要集中在如下三个体系。

(1) $BaO$-$TiO_2$ 体系　　$BaO$-$TiO_2$ 体系中含有多种化合物，其介电性能随 $TiO_2$ 含量的变化而改变。其中 $BaTi_4O_9$ 和 $Ba_2Ti_9O_{20}$ 由于具有优异的微波介电性能而引起人们的广泛兴趣。

(2) $BaO$-$Ln_2O_3$-$TiO_2$ 体系　　目前发现的介电常数比较大，谐振频率温度系数合适，品质因数 $Q$ 基本符合要求的陶瓷材料多为在 $BaTiO_3$ 系中加入稀土氧化物而派生出来的通式为 $BaO$-$Ln_2O_3$-$TiO_2$ 的陶瓷。其中 $Ln_2O_3$ 为稀土氧化物，以 $BaO$-$Ln_2O_3$-$TiO_2$ 为基础，通过掺杂、改变各组分比例可得到一系列的陶瓷材料，这些陶瓷材料在各微波频段内的电学性能有所不同，工艺过程的难易也不一样。

(3) $A(B_{1/3}'B_{2/3}'')O_3$ 体系　　在厘米、毫米波段使用的通信体系要求介电材料在高频（大于 10GHz）时有很高的 $Q$ 值。具有复合钙钛矿结构的 $A(B_{1/3}'B_{2/3}'')O_3$ 材料在很高的微波频率下有极低的介质损耗，因此对它的研究日益受到人们的重视。在这一系列中，具有代表性的是 $Ba(Zn_{1/3}Ta_{2/3})O_3$（BZT）陶瓷。日本川岛等人发现：BZT 的 $Q$ 值大小取决于晶格中 Zn、Ta 原子规则排列的程度。这种规则排列的程度又取决于烧成条件。通过延长烧结时间，可使这类陶瓷在微波频率下的介质损耗降低，在 12GHz 条件下，用介质谐振法测得的 $Q$ 值达 14000。用 X 射线衍射分析法对其进行研究，发现 $Q$ 值的提高与陶瓷中 Zn 和 Ta 有序结构的增加有关。

### 5.5.2.3 微波介质陶瓷常用助烧剂

多层微波元器件的制备需要陶瓷与低熔点的 Ag 或 Cu 共烧，因此，1000℃以下烧结的微波介质陶瓷材料是近年来研究的热点。表 5-7 为烧结助剂的种类及加入量对微波系列陶瓷的烧结温度及介电性能的影响。其中，$BaTi_4O_9$ 广泛用于第一代无线通信基站中，其成分与结构简单，物相随温度变化改变较小，$\tau_f$ 值小，但烧结温度较高。采用烧结助剂是降低 $BaTi_4O_9$ 陶瓷烧结温度的有效途径。例如，用 5%（质量分数，以下同）的烧结助剂掺杂可将其烧结温度降低到 1200℃；用较多量（如 10%）的烧结助剂可将其烧结温度降低到 900℃，但其微波介电性能有所下降。另外，在 0.8$(Mg_{0.95}Zn_{0.05})$ $TiO_3$-0.2$Ca_{0.61}Nd_{0.26}TiO_3$ 陶瓷中添加 $B_2O_3$ 可将其烧结温度从 1350℃降至 1150℃，当添加量为 1% 时，在 1175℃可得到致密陶瓷，其介电常数 26.6，$Q \times f$ 为 54900 GHz，$\tau_f$ 为 $8.5 \times 10^{-6}$/℃；当添加 1% $V_2O_5$ 作助烧剂时，材料在 1225℃时烧结成瓷，其介电常数为 26.1，$Q \times f$ 为 46000GHz，$\tau_f$ 为 $1.73 \times 10^{-6}$/℃，微波介电性能得到显著的提高。

在相同的条件下，二元或多元助烧剂的作用更为明显。例如，$B_2O_3$-$ZnO$ 在 610℃形成液相，比 $B_2O_3$ 更能均匀润湿、包裹固体颗粒，生成的晶粒尺寸均一，陶瓷致密，并具有优良的介电性能；$B_2O_3$-$CuO$ 系列助烧剂在 880℃形成液相 $Cu_3B_2O_6$-$CuB_2O_4$，可将 $Ba_3Ti_5Nb_6O_{28}$ 陶瓷的烧结温度降低到 900℃，比单独加入 $B_2O_3$ 和 $CuO$ 效果明显，且由于生成了介电性能优异的第二相 $Ba_3Ti_4Nb_4O_{21}$，材料的性能得到了明显的改善；$V_2O_5$-

表 5-7 添加剂对各系列微波陶瓷介电性能的影响

| 陶瓷体系 | 添加剂 | 添加量（质量分数）/% | 烧结温度/℃ | $\varepsilon_r$ | $Q \times f$ /GHz | $t_f$ /$\times 10^{-6}$ |
|---|---|---|---|---|---|---|
| BaO-TiO$_2$-WO$_3$ | B$_2$O$_3$ | 5 | 1200 | 34 | 70550 | |
| | ZnO-B$_2$O$_3$ | 5 | 1100 | 29 | 9360 | |
| | ZnO-B$_2$O$_3$-SiO$_2$ | 5 | 1000 | 27 | 8400 | |
| | BeO-B$_2$O$_3$-SiO$_2$ | 5 | 1100 | 26 | 6710 | |
| | PbO-B$_2$O$_3$-SiO$_2$ | 5 | 1100 | 25 | 6600 | |
| | Al$_2$O$_3$-B$_2$O$_3$-SiO$_2$ | 5 | 1100 | 31 | 5529 | |
| | Al$_2$O$_3$-SiO$_2$ | 5 | 1100 | 32 | 10080 | |
| | R$_2$O-B$_2$O$_3$-SiO$_2$ | 5 | 1100 | 25 | 6100 | |
| | R$_2$O-Al$_2$O$_3$-SiO$_2$ | 5 | 1100 | 30 | 10830 | |
| Ba$_2$Ti$_9$O$_{20}$ | ZnO-B$_2$O$_3$-SiO$_2$ | 5 | 900 | 33 | 27000 | 7 |
| BaTi$_4$O$_9$ | B$_2$O$_3$ | 5 | 1200 | 36.5 | 40200 | 38 |
| | ZnO-B$_2$O$_3$ | 5 | 900 | 33 | 27000 | 7 |
| | PbO-B$_2$O$_3$-SiO$_2$ | 5 | 1200 | 37.2 | 9900 | 9 |
| | BaO-B$_2$O$_3$-SiO$_2$ | 10 | 925 | 30 | 18000 | — |
| | Li$_2$O-B$_2$O$_3$-SiO$_2$-CaO-Al$_2$O$_3$ | 10 | 875 | 32.0 | 9000 | —4.0 |
| | Li$_2$O-B$_2$O$_3$-SiO$_2$ | 15 | 875 | 26.0 | 10200 | 0 |
| (Zr,Sn)TiO$_4$ | ZnO+CuO | 1 | 1220 | 38 | 50000 | 3 |
| | ZnO+CuO | 1 | 1300 | 37.5 | 45000 | 0.5 |
| | La$_2$O$_3$+NiO | 1 | 1370 | 37 | 62000 | 0 |
| | BaCO$_3$+CuO | 2.5～5 | 1000 | 35～38 | 19600～35000 | |
| | ZnO+V$_2$O$_5$ | 1 | 1300 | 37.2 | 51200 | —2.1 |
| Li$_2$O-Nb$_2$O$_5$-TiO$_2$ | V$_2$O$_5$ | 2 | 900 | 66 | 3800 | 11 |
| CaO-Li$_2$O-Nb$_2$O$_5$-TiO$_2$ | B$_2$O$_3$ | 0.7 | 1000 | 35 | 22100 | —5.6 |
| | ZnO-B$_2$O$_3$-SiO$_2$ | 8 | 910 | 37 | 4380 | |
| ZnO-TiO$_2$-Nb$_2$O$_5$ | FeVO$_4$ | 2 | 900 | 44 | 13000 | —9 |
| | CuO | 15 | 875 | 37 | 17000 | —7 |
| | CuO+V$_2$O$_5$ | 2 | 930 | 38 | 10370 | —2 |
| ZnO-Nb$_2$O$_5$ | CaF$_2$ | 0.5 | 1080 | 31.6 | 6800 | —47 |
| | CuO+B$_2$O$_3$ | 5+4 | 900 | 23.3 | 46800 | —6.7 |
| | CuO+Bi$_2$O$_3$-V$_2$O$_5$ | 1.5 | 890 | 32.7 | 67100 | — |
| | CuO+Bi$_2$O$_3$-V$_2$O$_5$ | 2.5+1+1 | 880 | 23.4 | 46975 | —44.9 |
| | CuO+V$_2$O$_5$ | 1.5 | 860 | 42.3 | 9000 | 8 |
| BiNbO$_4$ | CuO+V$_2$O$_5$ | 0.1+0.4 | 960 | 43 | 20400 | 6.8 |
| | ZnO-B$_2$O$_3$ | — | 920 | 41 | 13500 | |
| | B$_2$O$_3$ | 0.4 | 960 | 41.5 | 4400(Q) | —2.4 |
| | V$_2$O$_5$ | 0.8 | 960 | 42.7 | 28500 | — |
| BaO-Nb$_2$O$_3$-Ti$_2$O | ZnO-Bi$_2$O$_3$-B$_2$O$_3$-SiO$_2$ | — | 900 | 68 | >6000 | 0 |
| (Pb,Ca,La)(Fe,Nb)O$_3$ | PbO-B$_2$O$_3$-V$_2$O$_5$ | 1.0 | 1050 | 101 | 5400 | 5.6 |

CuO 系列助烧剂在 630℃ 即可形成液相，加入 1%（质量分数）的 CuO-V₂O₅ 可使 BiSbO₄ 在 930℃ 烧结成瓷。另外，由于在烧结过程中形成了 BiVO₄ 相，材料的介电常数高于纯 BiSbO₄ 材料。

## 5.5.3 助烧剂在热电陶瓷中的应用

热电材料（thermoelectric materials）是一类通过材料内部载流子的运动实现热能和电能之间直接相互转换的能源材料。由热电材料制备的热电器件具有无噪声、无污染、可靠性高和使用寿命长等优点，在利用汽车尾气废热、工业余热和太阳能等温差发电以及特殊制冷等领域具有广泛的应用前景。热电材料的转换效率通常用无量纲的热电优值 $ZT = S^2 \sigma T / k$ 衡量，其中 $S$ 为 Seebeck 系数，$\sigma$ 为电导率，$T$ 为绝对温度，$k$ 为热导率。$ZT$ 值越大，材料的热电性能越好。因此，性能优良的热电材料应具有较高的 Seebeck 系数和电导率，以及较低的热导率。

目前，热电性能较好的热电材料主要是金属化合物及其固溶体合金。但是这些材料具有制备条件要求较高、需要在一定气体保护条件下制备、不适合在高温下工作、易氧化及含有对人体有害的重金属等缺点。而氧化物热电陶瓷克服了传统热电材料的缺点，特别是其具有原料低成本、不易氧化、高温稳定、无污染等优点，从而引起了各国研究者的广泛关注，掀起了氧化物热电材料研究的热潮。本节以目前备受关注的 p 型热电陶瓷 LaCoO₃ 为例，介绍助烧剂在热电陶瓷中的应用。

LaCoO₃ 陶瓷的烧结温度通常在 1200℃ 以上，在制备热电器件过程中难以与低熔点的廉价金属共烧，从而限制了其应用。哈尔滨工业大学宋英课题组研究了 B₂O₃、B₂O₃-CuO（以下简称 BCu）以及 Bi₂O₃-B₂O₃-SiO₂（以下简称 BBS）助烧剂对 LaCoO₃ 陶瓷的烧结温度、致密度、晶粒形态的影响；同时，分析了助烧剂的种类和用量对材料热电性能的改善作用。

### 5.5.3.1 一元助烧剂

一元助烧剂应用较多的是 B、Bi、V、Cu、Zn 等单一组分的氧化物，这些具有低熔点的氧化物在较低温度下形成液相，促进液相烧结，实现陶瓷致密化。其中，B₂O₃ 具有较低的熔点和易挥发性，在烧结初期产生液相降低材料的烧结温度，在烧结后期易从陶瓷中挥发出去，避免因产生杂质相而对陶瓷的性能产生恶化。

B₂O₃ 对 LaCoO₃ 陶瓷致密度的影响如图 5-1 所示，从中可以看出，LaCoO₃ 在 1200℃ 条件下烧结时，致密度较高，可达 97%，这是因为较高烧结温度有利于传质的进行及气孔的排出，从而促进了陶瓷致密度的提高。但随着 B₂O₃ 助烧剂的加入，LaCoO₃ 的致密度却随着 B₂O₃ 量的增多而下降。这是由于虽然 B₂O₃ 熔点较低，可以在低温下形成液相促进陶瓷烧结，但 B₂O₃ 在 800℃ 以上易挥发，挥发之后在陶瓷体内留下的气孔未能及时排出，导致陶瓷致密度下降。

LaCoO₃ 在 1150℃ 条件下烧结时，致密度只能达到 84%。加入 B₂O₃ 后，陶瓷的致密度随助烧剂含量的增多先升高后降低，这是由于 B₂O₃ 量少时，在烧结过程中液相的出现可在一定程度上促进晶粒重排，提高陶瓷致密性；当 B₂O₃ 加入量超过 1%（质量分数）时，B₂O₃ 高温阶段的挥发在陶瓷内部留下大量气孔，从而降低了陶瓷的致密度。

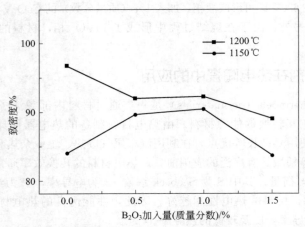

图 5-1　$B_2O_3$ 助烧剂加入量对 $LaCoO_3$ 陶瓷致密度的影响

因此，单一组分助烧剂的助烧效果有限。

### 5.5.3.2　二元助烧剂

二元助烧剂多为低熔点复合氧化物，如：$B_2O_3$-ZnO、$B_2O_3$-$Bi_2O_3$、CuO-$V_2O_5$、$B_2O_3$-CuO 等。这些氧化物通过形成低熔点共熔物在较低温度下形成液相，从而实现陶瓷的低温烧结。其中，$B_2O_3$-CuO 主要应用于微波介质陶瓷的低温烧结，其对 $BaTi_4O_9$、$Ba_2Ti_9O_{20}$、$Ba_3Ti_4Nb_2O_{21}$、Ba（$Mg_{1/3}Nb_{2/3}$）$O_3$、Ba（$Zn_{1/3}Nb_{2/3}$）$O_3$ 等陶瓷都有较好的助烧效果。例如，Kim 等研究了添加 $B_2O_3$-CuO 对 $Ba_3Ti_5Nb_6O_{28}$ 介电性能的影响，研究发现，$B_2O_3$ 和 CuO 在 880℃ 形成 $Cu_3B_2O_6$-$CuB_2O_4$ 液相，可有效地将 $Ba_3Ti_5Nb_6O_{28}$ 陶瓷的烧结温度降低到 900℃，比单独加入 $B_2O_3$ 和 CuO 效果明显，且由于生成了介电性能优异的第二相 $Ba_3Ti_4Nb_4O_{21}$，使材料的介电性能得到明显改善。值得一提的是，$B_2O_3$-CuO 对热电陶瓷材料也有显著的助烧和改性效果，下面以 $LaCoO_3$ 陶瓷为例加以介绍。

图 5-2 为 950～1150℃烧结温度下，添加 $B_2O_3$-CuO 助烧剂对 $LaCoO_3$ 陶瓷致密度的影响，其中 $B_2O_3$-CuO 的加入量和比例如表 5-8 所示。从图 5-2 可以看出，未加助烧剂的 $LaCoO_3$ 在 1150℃以下烧结时，致密度较低，最高仅能达到 84%。添加助烧剂后，在不同烧结温度，$B_2O_3$-CuO 的加入均有利于 $LaCoO_3$ 陶瓷致密度的提高，并且陶瓷致密度随着 $B_2O_3$-CuO 加入量的增加而增大。当 $B_2O_3$-CuO 加入量相同时，随着烧结温度的升高，陶瓷的致密度逐渐增加。另外，当烧结温度在 1000℃以上时，助烧剂的用量大于 1.0%后，继续增加助烧剂的量对陶瓷致密度的影响较小。当 $B_2O_3$-CuO 的加入量为 2.5%时，可将 $LaCoO_3$ 陶瓷的烧结温度降至 1000℃，陶瓷的致密度仍可达到 95%以上，接近未加助烧剂时，1200℃条件下烧结的 $LaCoO_3$ 样品。

表 5-8 为助烧剂中 $B_2O_3$：CuO 的比例及用量对 1000℃条件下烧结的 $LaCoO_3$ 致密度的影响，其中，$LaCoO_3$（C）为 1200℃条件下烧结的 $LaCoO_3$ 样品，用作对比试样以显示 $B_2O_3$-CuO 助烧剂的效果。从表 5-8 中可以看出，随着 $B_2O_3$-CuO 加入量和 $B_2O_3$：CuO 比例的增加，$LaCoO_3$ 陶瓷的致密度逐渐增大。当 $B_2O_3$-CuO 的加入量为 2.5%

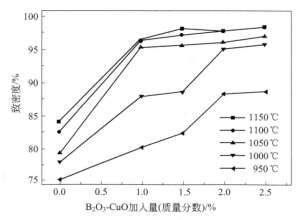

图 5-2 不同烧结温度下 $B_2O_3$-CuO 助烧剂加入量对 $LaCoO_3$ 致密度的影响

（质量分数）时，1000℃条件下烧结的 $LaCoO_3$ 陶瓷的致密度可达 95.4%，接近 1200℃条件下烧结的 $LaCoO_3$（C）试样的致密度。

表 5-8  助烧剂中 $B_2O_3$：CuO 的比例及用量对 1000℃条件下
烧结的 $LaCoO_3$ 晶胞参数及致密度的影响

| 名义组成 | $B_2O_3$：CuO 质量比 | 缩写 | 致密度/% |
|---|---|---|---|
| $LaCoO_3$（1000℃下烧结） | — | $x=0.0$ | 78.0 |
| $LaCoO_3$-1.0%（$B_2O_3$-CuO） | 1：1 | $x=1.0$ | 87.7 |
| $LaCoO_3$-1.5%（$B_2O_3$-CuO） | 1：2 | $x=1.5$ | 89.2 |
| $LaCoO_3$-2.0%（$B_2O_3$-CuO） | 1：3 | $x=2.0$ | 94.7 |
| $LaCoO_3$-2.5%（$B_2O_3$-CuO） | 1：4 | $x=2.5$ | 95.4 |
| $LaCoO_3$（1200℃下烧结） | — | $LaCoO_3$（C） | 97.2 |

注：助烧剂用量为 $LaCoO_3$ 的质量分数。

图 5-3 为 1000℃烧结的 $LaCoO_3$ 陶瓷断口 SEM 照片，从中可以看出 $B_2O_3$-CuO 加入量 $x$ 对 $LaCoO_3$ 陶瓷断口形貌的影响。图 5-3（a）为未加 $B_2O_3$-CuO 助烧剂的 $LaCoO_3$ 陶瓷，由于烧结温度仅为 1000℃，陶瓷未能烧结完全，存在大量气孔，晶粒大多为等轴状，晶粒尺寸与 $LaCoO_3$ 原料粉体接近，大约为 $1\mu m$；当 $B_2O_3$-CuO 助烧剂加入量为 1.0% 时，晶粒逐渐增大，但还存在大量气孔，晶粒边缘较模糊，晶界结合不致密，说明在较低的烧结温度下，助烧剂添加量过少时，形成的液相量较少而不能较好地润湿颗粒，促进晶粒重排，对提高陶瓷致密度效果不佳。随着助烧剂 $B_2O_3$-CuO 加入量增至 2.5%，由于生成的液相量增多，晶粒逐渐长大至 $3\mu m$ 左右并结合紧密，陶瓷体内的气孔数目减少，致密度显著提高，这与陶瓷致密度变化趋势（图 5-2）基本一致。特别是在 $B_2O_3$-CuO 含量为 2.5% 的 $LaCoO_3$ 陶瓷的晶界处观察到 100nm 左右的析出物和 200nm 左右的超细气孔［如图 5-3（c）中插图所示］。这些超细显微结构的存在有助于通过界面声子散射降低材料的热导率，从而有利于材料热电性能的改善。

$B_2O_3$-CuO 助烧剂在有效降低 $LaCoO_3$ 陶瓷烧结温度的同时，也显著提高了 $LaCoO_3$ 陶瓷的热电性能。

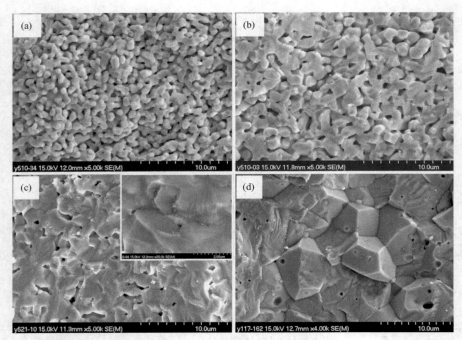

图 5-3　1000℃烧结条件下，$B_2O_3$-CuO 加入量 $[x,\%$（质量分数）$]$ 对 $LaCoO_3$ 陶瓷断口形貌的影响（插图为局部放大照片）

(a) $x=0$；(b) $x=1.0$；(c) $x=2.5$；(d) $LaCoO_3$（C）

图 5-4(a) 为 50～500℃测试温度范围内，1000℃烧结条件下制备的不同 $B_2O_3$-CuO 加入量的 $LaCoO_3$ 陶瓷的电导率随温度变化关系曲线。从中可以看出，在整个测试温度范围内，材料的电导率随着 $B_2O_3$-CuO 助烧剂加入量的增加而提高。当测试温度为 500℃，$B_2O_3$-CuO 助烧剂用量为 2.5% 时，材料的电导率最大，为 975.7S/cm，比在相同烧结条件下制备的未加助烧剂的 $LaCoO_3$ 试样提高了约 2 倍，比 1200℃条件下烧结的 $LaCoO_3$（C）高了 5%。

图 5-4(b) 为 50～500℃测试温度范围内，1000℃烧结条件下制备的不同 $B_2O_3$-CuO 加入量 $LaCoO_3$ 陶瓷的 Seebeck 系数随温度变化关系曲线。从中可以看出，虽然未加助烧剂的 $LaCoO_3$ 陶瓷的致密度较低，仍获得和 1200℃条件下烧结的高致密度的 $LaCoO_3$（C）试样相近的较高的 Seebeck 系数。另外，在室温～200℃测试温度范围内，材料的 Seebeck 系数随着 $B_2O_3$-CuO 加入量的增加而降低，但在 300～500℃测试范围内，所有试样的 Seebeck 系数趋于一致，在 500℃测试条件下约为 $30\mu V/K$。

图 5-4(c) 为 50～500℃测试温度范围内，1000℃烧结条件下制备的不同 $B_2O_3$-CuO 加入量的 $LaCoO_3$ 陶瓷的功率因子随温度变化关系曲线。从图中可以看出，加入 $B_2O_3$-CuO 助烧剂的试样的功率因子均比未加助烧剂的 $x=0$ 试样有较大提高。当测试温度为 100℃、$B_2O_3$-CuO 加入量为 2.5% 时，$LaCoO_3$ 陶瓷的功率因子值最大，为 $1.6\times10^{-4}W/(m\cdot K^2)$，比未加助烧剂的 $LaCoO_3$ 提高了约 9 倍，比 1200℃条件下烧结的 $LaCoO_3$

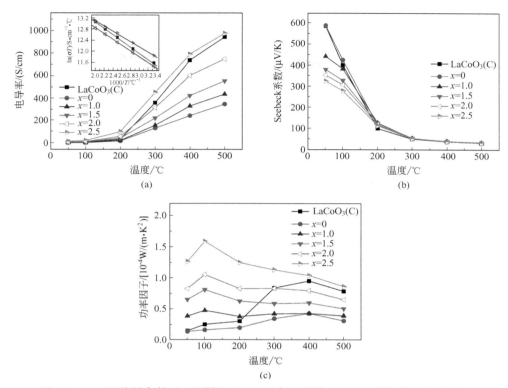

图 5-4　1000℃烧结条件下，不同 $B_2O_3$-CuO 加入量的 $LaCoO_3$ 陶瓷的电导率（a）、Seebeck 系数（b）和功率因子（c）随温度变化曲线［插图为 $x=2.0$，2.5 和 $LaCoO_3$（C）试样的 $\ln(\sigma T) \sim 1000/T$ 曲线］

（C）试样的最大值高 68%。

图 5-5 为 1000℃烧结条件下，不同 $B_2O_3$-CuO 加入量的 $LaCoO_3$ 陶瓷的热导率（a）和 $ZT$ 值（b）随温度变化曲线。在此只研究了 $B_2O_3$-CuO 加入量为 $x=2.0$ 和 $x=2.5$ 试样及 1200℃条件下烧结的 $LaCoO_3$（C）试样的热导率和 ZT 值随温度的变化趋势，主要是因为这三个试样的致密度较高且接近，均在 95%～97%范围内，可以忽略气孔对材料热导率的影响。

从图 5-5(a) 中可以看出，材料的热电率随着 $B_2O_3$-CuO 加入量增加而降低，均明显低于 1200℃条件下烧结的 $LaCoO_3$（C）试样，在 100℃时，$x=2.5$ 试样的热导率最低，仅为 0.81W/(m·K)。图 5-5(b) 为 $LaCoO_3$ 陶瓷的 $ZT$ 值随温度的变化曲线。从图中可以看出，1000℃烧结制备的添加助烧剂试样的 $ZT$ 值均高于 1200℃烧结条件下制备的未加助烧剂的 $LaCoO_3$（C）试样，当测试温度为 100℃、助烧剂 $B_2O_3$-CuO 用量为 2.5% 时，$ZT$ 值达最大，为 0.073，比 1200℃烧结条件下制备的未加助烧剂的 $LaCoO_3$（C）试样的最大值提高了约 1.5 倍。

因此，$B_2O_3$-CuO 复合助烧剂既降低了 $LaCoO_3$ 材料的烧结温度，又对材料起到了掺杂改性的作用，是提高氧化物材料热电性能的有效途径之一。

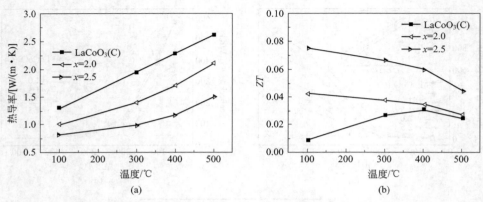

图 5-5　LaCoO₃ 陶瓷的热导率（a）和 ZT 值（b）随温度变化曲线

### 5.5.3.3　多元助烧剂

对于烧结温度高的材料体系，一元和二元助烧剂对材料的烧结温度降低效果有限，如 $MgTiO_3$ 单独添加 $CuO$，其成瓷温度的极限在 1200℃；采用 $Bi_2O_3$-$V_2O_5$ 二元助烧剂可将其烧结温度降至 900℃ 以下，但助烧剂的加入量较大，影响材料的性能；而采用多元复合助烧剂 $CuO$-$Bi_2O_3$-$V_2O_5$ 降至同样温度，助烧剂的加入量大幅度减少，从而改善了低温烧结 $MgTiO_3$ 陶瓷的 $Q \times f$ 值。Yue 等采用 $CuO$-$Bi_2O_3$-$V_2O_5$ 复合助剂促使 Zn-$TiO_3$ 在 850℃ 烧结，解决了该材料在高于 945℃ 易分解的问题，促进了 $ZnTiO_3$ 基陶瓷在 LTCC 材料的应用。童建喜等通过加入 $Li_2O$-$B_2O_3$-$SiO_2$ 实现 $MgTiO_3$-$CaTiO_3$ 复合陶瓷在 890℃ 烧结，并且，其介电性能优异，陶瓷与银电极共烧界面结合状况良好，无明显扩散，该材料可用于制造片式多层微波器件。

新型 $Bi_2O_3$-$B_2O_3$-$SiO_2$ 系助烧剂的组成通常为（质量分数）为：$Bi_2O_3$ 35%～65%；$B_2O_3$ 20%～50%；$SiO_2$ 5%～25%，其部分组成的玻璃化转化温度 $T_g$ 和热膨胀系数 CTE 数据如表 5-9 所示。

表 5-9　$Bi_2O_3$-$B_2O_3$-$SiO_2$ 系助烧剂组成（质量分数）、
玻璃化转化温度 $T_g$ 与热膨胀系数

| 编号 | $Bi_2O_3$/% | $B_2O_3$/% | $SiO_2$/% | $T_g$/℃ | CTE/（×10⁻⁶/℃） |
| --- | --- | --- | --- | --- | --- |
| 1 | 45 | 50 | 5 | 428 | 7.7 |
| 2 | 45 | 45 | 10 | 433 | 7.6 |
| 3 | 45 | 40 | 15 | 431 | 7.5 |
| 4 | 50 | 30 | 20 | 351 | 7.4 |
| 5 | 50 | 40 | 10 | 370 | 7.3 |
| 6 | 60 | 30 | 10 | 400 | 7.0 |

本节主要介绍组成为表 5-9 中编号 6 的 $Bi_2O_3$-$B_2O_3$-$SiO_2$ 助烧剂（以下简称 BBS）对 LaCoO₃ 陶瓷的烧结温度、致密度、晶粒形态和热电性能的影响。

图 5-6 为不同烧结温度下，BBS 助烧剂加入量对 LaCoO₃ 致密度的影响，从中可以看出，未加 BBS 助烧剂的 LaCoO₃ 在 950～1150℃ 烧结时，致密度较低，仅在 76%～

84％之间，这主要是因为在固相烧结中温度为烧结的主要推动力，较低温度下往往不能实现陶瓷的致密烧结。添加助烧剂 BBS 后，在不同的烧结温度，BBS 的加入均有利于 $LaCoO_3$ 陶瓷致密度的提高，并且随着 BBS 加入量的增加而提高。例如，在 950℃烧结时，$LaCoO_3$ 陶瓷致密度由未加入 BBS 助烧剂的 76％增加到加入 3.0％ BBS 助烧剂时的 96％。当加入相同量 BBS 时，随着烧结温度的升高，陶瓷的致密度呈现上升趋势。另外，当烧结温度高于 1000℃，BBS 助烧剂加入量≥2.0％时，$LaCoO_3$ 陶瓷的致密度较高，在 96％～98％之间，与 1200℃条件下烧结的 $LaCoO_3$（C）相当。由此可见，三元助烧剂 BBS 比二元助烧剂 $B_2O_3$-CuO 更能有效促进 $LaCoO_3$ 陶瓷的烧结，这主要是由于 BBS 具有更低的玻璃化转变温度，可在较低温度下形成液相，有效润湿 $LaCoO_3$ 颗粒，从而促进陶瓷的低温烧结。

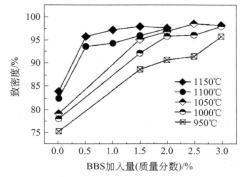

图 5-6　不同烧结温度下 BBS 助烧剂加入量对 $LaCoO_3$ 致密度的影响

图 5-7 为不同烧结温度下，不同 BBS 加入量（$x$,％）的 $LaCoO_3$ 陶瓷断口形貌。从图 5-7（a）和（b）可以看出，950℃烧结条件下，BBS 加入量为 2.0％制备的 $LaCoO_3$ 陶瓷，晶粒发育不完全，晶粒尺寸在 $1\mu m$ 左右，气孔率较高，陶瓷未能完全烧结。当 BBS 加入量增加为 3.0％时，由于烧结过程中液相逐渐较多，促进了晶粒的重排及传质的进行，晶粒尺寸明显增大至 $2\mu m$ 左右，晶粒逐渐堆积紧密，晶界处结合良好，气孔率逐渐降低，陶瓷致密度增大。

图 5-7（a）、（c）、（e）和（f）分别为 BBS 加入量为 2.0％，烧结温度为 950℃、1050℃、1100℃和 1150℃的 $LaCoO_3$ 陶瓷断口形貌，从中可以看出，当 BBS 加入量相同时，随着烧结温度的升高，晶粒显著增大，气孔率降低，并且，在晶粒表面出现很多小的孔洞，这可能是 BBS 中的低熔点物质在高温下挥发造成的。

另外，在 BBS 加入量为 3.0％、烧结温度为 1050℃的 $LaCoO_3$ 陶瓷断口形貌中观察到高长径比的棒状晶粒生成，如图 5-7（d）中插图所示，这种棒状晶体的生成会降低试样的电导率，从而使试样的热电性能变差。

图 5-8 为 1050℃烧结条件下，加入不同量 BBS 的 $LaCoO_3$ 陶瓷的电导率（a）、Seebeck 系数（b）和功率因子（c）随温度变化曲线。

从图 5-8（a）可以看出，BBS 助烧剂的加入提高了材料的电导率，在 $0 \leqslant x \leqslant 2.0$％范围内，材料的电导率随着 BBS 助烧剂加入量的增加而增大。但是，当 BBS 的加入量

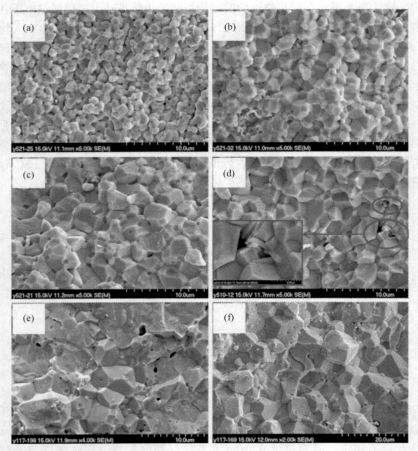

图 5-7　不同烧结温度下，不同 BBS 加入量（$x$，%）的 LaCoO₃ 陶瓷断口形貌
(a) $x=2.0$，950℃；(b) $x=3.0$，950℃；(c) $x=2.0$，1050℃；(d) $x=3.0$，1050℃
（插图为椭圆区域中棒状晶粒的放大照片）；(e) $x=2.0$，1100℃；(f) $x=2.0$，1150℃

达到 3.0% 时，LaCoO₃ 陶瓷的电导率反而降低。当 BBS 加入量为 2.0% 时，LaCoO₃ 陶瓷的电导率达到最大，在 500℃ 时为 1046.5S/cm，比未加助烧剂的 LaCoO₃ 提高了约 1倍，比 1200℃ 条件下烧结的 LaCoO₃（C）高了 11%。

图 5-8(b) 为 1050℃ 烧结的 LaCoO₃ 陶瓷的 Seebeck 系数随温度变化曲线。从中可以看出，在 50～200℃ 测试温度范围内，加入助烧剂后材料 Seebeck 系数略低于 LaCoO₃ 陶瓷，这可能是因为 BBS 的 Seebeck 系数较低造成的。但是，在 300～500℃ 测试范围内，所有试样的 Seebeck 系数趋于一致，在 500℃ 测试条件下约为 30μV/K。

图 5-8(c) 为 1050℃ 烧结的 LaCoO₃ 陶瓷的功率因子随温度变化曲线。从中可以看出，各试样功率因子随温度的变化趋势基本一致，均随着温度的升高先增大后降低，在 400℃ 时达到最大值；在 200～500℃ 测试温度范围时，加入助烧剂对材料的功率因子提高幅度较大，并随 BBS 加入量的增加先升高后降低。当测试温度为 400℃、BBS 加入量

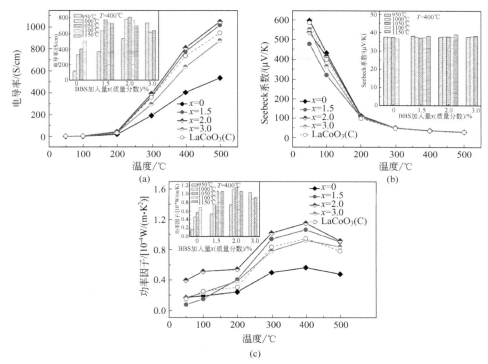

图 5-8 1050℃烧结条件下，不同 BBS 加入量的 LaCoO$_3$ 陶瓷的电导率（a）、Seebeck 系数（b）和功率因子（c）随温度变化曲线 [插图分别为不同烧结温度下，试样的电导率（a）、Seebeck 系数（b）和功率因子（c）和 BBS 加入量的柱状关系图]

为 2.0% 时，材料的功率因子最大，为 $1.15 \times 10^{-4}$ W/(m·K$^2$)，比未加助烧剂的 LaCoO$_3$ 提高了 94%，比 1200℃烧结制备的高致密度 LaCoO$_3$（C）试样提高了 21%。继续增加 BBS 的加入量至 2.0%，不但对材料的致密度提高不大，而且由于其对电导率的恶化，导致材料的功率因子下降。

图 5-9 为不同烧结温度制备的 LaCoO$_3$ 陶瓷的热导率（a）和 ZT 值（b）随温度变化曲线。从中可以看出，加入 BBS 助烧剂的 LaCoO$_3$ 陶瓷的热导率比 1200℃烧结的未加入助烧剂的 LaCoO$_3$（C）试样显著降低，而 ZT 值的变化趋势则相反。其中，1050℃烧结的加入 2.0%BBS 的 LaCoO$_3$ 材料的 ZT 值在 400℃达最大，为 0.050，比 1200℃烧结的未加入助烧剂的 LaCoO$_3$（C）试样提高了 67%。

综上所述，与 B$_2$O$_3$-CuO 助烧剂相比，BBS 对 LaCoO$_3$ 的助烧效果更佳，当 BBS 加入量为 3.0% 时，LaCoO$_3$ 陶瓷的烧结温度可从 1200℃降低至 950℃，其相对致密度仍可达到 95% 以上。但是，BBS 对 LaCoO$_3$ 陶瓷热电性能的改善效果不如 B$_2$O$_3$-CuO，这主要是 BBS 仅借助高温时产生的液相促进烧结过程中传质的进行和晶粒长大，没有 B$_2$O$_3$-CuO 对 LaCoO$_3$ 的掺杂改性效果。因此，今后设计新型氧化物热电陶瓷助烧剂时，不但要进一步降低热电陶瓷的烧结温度，从而实现材料的纳米化，而且，助烧剂中要含有对材料掺杂改性的组分，以达到低温烧结和掺杂改性的双重效果。

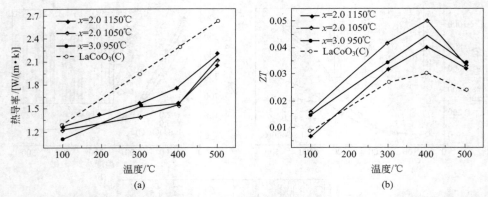

图 5-9　不同烧结温度制备的 $LaCoO_3$ 陶瓷的热导率（a）和 $ZT$ 值（b）随温度变化曲线

## 5.5.4　助烧剂在高温陶瓷中的应用

高温陶瓷材料的烧结温度一般在 $1600\sim1800℃$，不能单靠固相烧结达到致密化，必须加入烧结助剂，使它们在高温下生成液相，通过液相烧结获得致密的陶瓷材料，同时，烧结温度也大为降低。

### 5.5.4.1　AlN 陶瓷

AlN 陶瓷具有高的热导率［理论热导率为 $319W/(m·K)$］、低的介电常数（1MHz下约为 8.0）、与硅相匹配的热膨胀系数（$293\sim773K$，$4.8×10^{-6}K^{-1}$）、高电阻（体积电阻率大于 $10^{14}\Omega·cm$）、低密度（理论密度 $3.26g/cm^3$）和无毒害等特点，是理想的大规模集成电路基板材料和高温大功率射频封装材料，在航空、航天及其他智能功率系统中得到广泛应用。

AlN 属于共价化合物，熔点高，原子自扩散系数小，高温烧结时又容易发生分解，因此，很难烧结致密。为了以较低的成本制备出高性能的 AlN 陶瓷，目前多采用添加烧结助剂来促进烧结。例如，在 AlN 粉末烧结体系中加入 $Y_2O_3$、CaO、MgO、$CaC_2$、$CaF_2$ 等稀土金属和碱土金属的氧化物、碳化物及氟化物作为烧结助剂，能有效促进AlN 粉末的烧结，有助于提高烧结产品的热导率。在烧结体系引入烧结助剂后，烧结助剂起到两方面的作用：一方面，它可与 AlN 粉末表面的氧化铝反应，形成低熔物，产生液相，利用液相促进烧结，提高材料的致密度；另一方面，烧结助剂与 AlN 晶格中的氧杂质反应，生成铝钇酸盐等第二相，利用第二相将氧固结于晶界上，减少了高温烧结时氧进入 AlN 晶格的可能性，起到一个纯化晶格的作用，从而提高了 AlN 烧结体的热导率。

低温烧结不仅可以减少能耗、降低成本，同时也是实现 AlN 的多层布线共烧的关键。低温烧结的关键技术是提高粉末的烧结活性和选择有效的烧结助剂。选择 AlN 陶瓷烧结助剂应遵循以下原则：

① 能在较低的温度下与 AlN 颗粒表面的氧化铝发生共熔，产生液相，这样才能降低烧结温度；

② 产生的液相要对 AlN 颗粒有良好的浸润性，才能有效起到烧结助剂作用；

③ 烧结助剂与氧化铝要有较强的结合能力，以有利于除去杂质氧，净化 AlN 晶格；

④ 液相的流动性要好，烧结后期在 AlN 晶粒生长过程中作用力的驱动下向三角晶界流动，而不至于形成 AlN 晶粒间的热阻层；

⑤ 烧结助剂最好不与 AlN 发生反应，否则既容易产生晶格缺陷，又难于形成多面体形态的 AlN 完整晶形。

目前 AlN 烧结常用的烧结助剂有 $Y_2O_3$、$Dy_2O_3$、$Sm_2O_3$、$La_2O_3$、CaO、$B_2O_3$、$Li_2O$、$Er_2O_3$、$Yb_2O_3$、$CaF_2$、$YF_3$、$CaC_2$ 等或它们中两种或多种组成的复合物，其优缺点如表 5-10 所示。单组分的助烧剂虽然能促进烧结，但一般需要高于 1800℃ 的高温。例如，单独采用 $Y_2O_3$ 作为烧结助剂时，通常需要高于 1800℃ 的温度，其原因是 $Y_2O_3$ 与 AlN 粉末表面的氧化铝形成液相的温度为 1760℃。另外，虽然 CaO 可以与氧化铝在 1350～1650℃ 间形成液相，但单独使用 CaO 作为烧结助剂时，一般也需要 1800℃ 的温度才能使材料致密。因此，人们使用多种烧结助剂，利用各种烧结助剂的复合作用，有效地降低烧结温度。几种常用的低温复合烧结助剂如下。

表 5-10　AlN 陶瓷常用烧结助剂的优缺点

| 烧结助剂 | 优　点 | 缺　点 |
|---|---|---|
| $Y_2O_3$ | 驱氧能力强，稳定性好 | 液相形成温度较高（1760℃ 与 $Al_2O_3$ 形成液相），形成的 Y-Al-O 第二相沉积于晶界，恶化导热性能 |
| CaO | 液相形成温度较低（1360～1500℃ 与 $Al_2O_3$ 形成液相），有利于低温烧结 | 驱氧能力较弱 |
| $Li_2O$ | 液相形成温度较低，形成的第二相挥发，有利于 AlN 陶瓷的致密化和 AlN 晶格的纯化，提高热导率 | 易水化，驱氧能力弱 |
| $YF_3$ | 驱氧能力强，稳定性好，不再引入氧 | 烧结过程中产生有毒的氟化物蒸气 |
| $CaF_2$ | 液相形成温度较低，有利于低温烧结 | 驱氧能力较弱，且与 AlN 反应，降低导热性能 |
| $CaC_2$ | 液相形成温度较低，高温产生 CO 还原气氛，有利于提高导热性能 | 驱氧能力不强，极易水化，不利于工业化生产 |

**（1）$Y_2O_3$-CaO 系烧结助剂**　以 $Y_2O_3$-CaO 系为烧结助剂，AlN 陶瓷样品低温烧结时发生以下反应：

$$5Al_2O_3 + 3Y_2O_3 \longrightarrow 2Y_3Al_5O_{12} \qquad (5\text{-}3)$$

$$Y_2O_3 + 3CaO \longrightarrow Ca_3Y_2O_6 \qquad (5\text{-}4)$$

因为 $Y_3Al_5O_{12}$ 和 $Ca_3Y_2O_6$ 沉积在晶界处，故降低 AlN 晶粒中的氧缺陷。另外，影响 AlN 陶瓷性能的主要杂质为氧原子。AlN 粉体内存在 $Al_2O_3$，而且在空气中 AlN 粉也能够与氧反应生成 $Al_2O_3$，固溶在 AlN 晶格中的氧原子本质上是以固溶在 AlN 中的 $Al_2O_3$ 的形式出现的，可能的缺陷方程式为

$$Al_2O_3 \longrightarrow 2Al_{Al} + 3O_N + V_{Al} \qquad (5\text{-}5)$$

式中，$V_{Al}$ 表示铝空位，$O_N$ 表示在 N 原子位置上 N 被 O 原子所取代。因此，在降低热导率方面，是通过氧原子的取代位置关系才导致 Al 空位的产生，添加烧结助剂的

一个重要作用就是阻止 O 原子进入到 AlN 晶格中，或者在烧结过程中促进 O 原子向固体表层的传质过程，从而降低缺陷数量。

(2) $Y_2O_3$-CaO-$Li_2O$ 系烧结助剂　烧结过程中，由于添加剂和 AlN 陶瓷中存在的 $Al_2O_3$ 发生反应，随着时间延长，生成的 $Y_4Al_2O_9$ 和 $Ca_3Al_2O_6$ 化合物液相量逐渐增加，沉积于晶界处，促进了样品密度的增长。同时，增强杂质的聚集程度，将一些氧原子限制于第二相中，表现为其热导率也逐渐增长。当液相达到饱和时，添加剂的存在加速了 AlN 晶格内部的氧原子向表面扩散的传质进程，进一步减少晶格缺陷，使其热导率迅速增大。另外，$Li_2O$ 在较低温度下形成液相，能够迅速提高试样的收缩率，如 1600℃烧结 2h 后，未加入 $Li_2O$ 的试样密度仅为 $2.74g/cm^3$，而加入 $Li_2O$ 试样的密度接近 AlN 陶瓷的理论密度（即 $3.26g/cm^3$）。同时，在相同烧结条件下，加入 $Li_2O$ 的 AlN 陶瓷的热导率也有一定的提高，即从 $100W/(m \cdot K)$ 增长到 $135W/(m \cdot K)$。

(3) $CaF_2$-$Y_2O_3$ 系烧结助剂　随着 $CaF_2$ 的加入，AlN 陶瓷的晶界相逐渐增多，晶界变宽，晶粒变小，热导率在 $CaF_2$ 质量分数为 3% 时达到最大。这主要是由于在烧结过程中，$CaF_2$ 具有较低的熔融温度，可在低温下与 $Al_2O_3$ 反应形成液相。

(4) $CaF_2$-$YF_3$ 系烧结助剂　与 $Y_2O_3$ 相比，$YF_3$ 具有较低的熔点。加入 $CaF_2$-$YF_3$ 体系助烧剂后，AlN 陶瓷的相组成虽然与加入 $CaF_2$-$Y_2O_3$ 体系助烧剂没有明显的变化，但由于 (Ca, Y) $F_2$ 固溶体可在 1200℃的低温下形成，因此，在高温下，液态的 (Ca, Y) $F_2$ 和 Ca-Al-O 化合物在 AlN 颗粒之间流动与重新分布，使得其中的 $YF_3$ 有充足的机会与 AlN 颗粒表面的氧发生反应，从而有效地降低了 AlN 颗粒表面的氧含量，减少了高温下 AlN 晶格中氧缺陷的形成，使试样具有更高的热导率。

因此，在 AlN 烧结过程中，添加稀土多相复合烧结助剂有利于形成低温液相，降低烧结温度，提高烧结致密度，并净化 AlN 晶界，从而能获得较高的热导率。

烧结助剂对 AlN 陶瓷的烧结温度和热导率的影响如表 5-11 所示。另外，采用 $Y_2O_3$-CaO-$La_2O_3$-$CeO_2$-$CeO_2$ 烧结助剂体系，可将烧结温度降低 200℃，制备出热导率为 $92W/(m \cdot K)$ 的 AlN 陶瓷材料；采用 $Li_2O$-CaO-$La_2O_3$ 作为烧结助剂，也可在 1600℃获得致密的 AlN 材料，热导率可达 $170W/(m \cdot K)$。其作用各不相同，可以根据需要选择使用一种或者几种同时使用。

### 5.5.4.2　$Si_3N_4$ 陶瓷

$Si_3N_4$ 陶瓷是一种重要的高温结构材料，其硬度高、强度大、热膨胀系数小，具有较高的抗蠕变性能及抗氧化、抗腐蚀性能，在化工、冶金、航天等领域得到广泛应用。但是，$Si_3N_4$ 是强共价键化合物，其自扩散系数低，并且在 1600℃就明显分解。如果不添加助烧剂，纯 $Si_3N_4$ 几乎不可能烧结。目前，常用的 $Si_3N_4$ 烧结助剂有 MgO、$Al_2O_3$、$Y_2O_3$ 等，它们在烧结中所起的变化和用 MgO 做烧结助剂时相同，MgO 在 1500℃的高温下可与 $Si_3N_4$ 表面的 $SiO_2$ 熔合生成硅酸镁（$MgSiO_3$）液相，同时与氮化硅发生如下反应：

$$Si_3N_4 + MgO \longrightarrow Mg_2SiO_4 + 2MgSiN_2 \tag{5-6}$$

$Mg_2SiO_4$ 及 $MgSiN_2$ 与 $Si_3N_4$ 在 1600℃以上形成共熔体，$Si_3N_4$ 粉体中若含有钙、钾、钠等杂质，出现液相的温度还可大幅度降低，但将影响烧结体的高温强度。MgO-$CeO_2$ 烧结助剂的效果更好，其在烧结初期（1450～1500℃）就会与 $Si_3N_4$ 反应形成大量

表 5-11　烧结助剂对 AlN 陶瓷的烧结温度和热导率的影响

| 烧结助剂 | 烧结工艺 | 热导率/[W/(m·K)] | 密度/(g/cm³) |
|---|---|---|---|
| $Y_2O_3$ | 1800℃,3h | 169 | 3.34 |
| $Y_2O_3$ | 1850℃,2h | 173 | 3.25 |
| $Y_2O_3$ | 1900℃,3h | 218 | — |
| $La_2O_3$ | 1850℃,2h | 101 | 3.27 |
| $Sm_2O_3$ | 1830℃,6h | 166 | 3.29 |
| $Sm_2O_3$ | 1850℃,2h | 176 | 3.30 |
| $Sm_2O_3$ | 1850℃,6h | 184 | 3.42 |
| $Dy_2O_3$ | 1850℃,6h | 164 | 3.43 |
| $Sm_2O_3\text{-}Dy_2O_3$ | 1850℃,6h | 170 | 3.31 |
| $Y_2O_3\text{-}Dy_2O_3$ | 1850℃,6h | 148 | 3.34 |
| $Y_2O_3\text{-}CaO$ | 1800℃,8h | 170 | 3.19 |
| $Y_2O_3\text{-}CaO$ | 1700℃,4h,25MPa | 200 | 3.269 |
| $Y_2O_3\text{-}CaC_2$ | 1700℃,6h,25MPa | 170 | 3.269 |
| $Y_2O_3\text{-}CaC_2$ | 1850℃,4h,25MPa | 223 | 3.280 |
| $Y_2O_3\text{-}B_2O_3$ | 1850℃,4h | 189 | 3.26 |
| $Y_2O_3\text{-}CaF_2$ | 1850℃,6h | 147 | — |
| $Y_2O_3\text{-}CaF_2$ | 1650℃,8h | 148 | — |
| $Dy_2O_3\text{-}CaF_2\text{-}Li_2CO_3$ | 1650℃,4h | 121 | 3.22 |
| $Dy_2O_3\text{-}CaO\text{-}Li_2CO_3$ | 1650℃,4h | 156 | — |
| $Y_2O_3\text{-}CaO\text{-}Li_2O$ | 1600℃,6h | 172 | — |
| $LiYO_2\text{-}CaO$ | 1600℃,6h | 170 | — |
| $LiYO_2\text{-}CaF_2$ | 1675℃,6h | 97 | 3.26 |
| $Y_2O_3\text{-}CaF_2\text{-}Li_2CO_3$ | 1650℃,4h | 141 | 3.22 |
| $Y_2O_3\text{-}CaF_2\text{-}Li_2CO_3$ | 1650℃,8h | 177 | — |
| $YF_3\text{-}CaF_2$ | 1650℃,6h | 187 | — |
| $(CaY)F_5$ | 1650℃,4h | 197 | — |
| $(CaY)F_5$ | 1650℃,6h | 208 | — |

的硅酸盐液相,促进烧结致密化,从而使材料具有很高的常温性能(相对密度 98.5%,抗弯强度 950MPa,硬度 92HRA);在烧结中后期(1550~1800℃),MgO 在烧结过程中会自动析晶,使得玻璃相中几乎不含 MgO,但 $CeO_2$ 却以铈硅酸盐的形式始终留在玻璃相中。MgO 的自动析晶大大减少了 $Si_3N_4$ 烧结体中影响其高温性能的玻璃相的含量,从而有助于 $Si_3N_4$ 陶瓷高温性能的提高。

近年来,以稀土氧化物作为烧结助剂的 $Si_3N_4$ 陶瓷材料受到了广泛的关注,加入 $Y_2O_3$、$CeO_2$、$La_2O_3$ 等,不仅可使 $Si_3N_4$ 陶瓷在烧结时产生液相,促进烧结,同时又可大大提高 $Si_3N_4$ 陶瓷的高温力学性能。例如,$Y_2O_3$ 与 $Si_3N_4$ 烧结时,首先在 $Si_3N_4$ 晶界生成 $Si_3N_2\text{-}SiO_2\text{-}Y_2O_3$ 相,高于 1750℃时,会形成耐高温的 $Si_3N_2 \cdot Y_2O_3$ 相,所以,以 $Y_2O_3$ 做烧结助剂有利于提高 $Si_3N_4$ 材料的高温强度。$Y_2O_3$ 的常用量为 1.0%~3.3%,用量过多时高温强度虽好,但抗氧化性较差。$Y_2O_3$ 与 $Al_2O_3$ 共同使用可进一步降低 $Si_3N_4$ 的烧结温度,并且,添加 $Y_2O_3$ 和 $Al_2O_3$ 的 $Si_3N_4$ 陶瓷的抗弯强度在 1370℃的高温下可达 1000MPa 以上。另外,添加 $Y_2O_3$ 和 $La_2O_3$ 烧结助剂的 $Si_3N_4$ 陶瓷可形成具有高耐火度和黏度的 Y-La-Si-O-N 玻璃晶界,因此具有较高的高温抗弯强度和较好的抗氧化性能，并且在高温条件下易析出较高熔点的结晶化合物，于是减少了材料非晶态玻璃相的含量，提高了材料的高温断裂韧性。不同稀土氧化物作为烧结助剂，会形成不同的显微结构，从而影响氮化硅的性能，如表 5-12 所示。

表 5-12 不同稀土氧化物烧结助剂对氮化硅力学性能的影响

| 助烧剂（质量分数）/% | 弯曲强度/MPa | 断裂韧性/(MPa/m$^{1/2}$) | 硬度/GPa |
|---|---|---|---|
| $Y_2O_3$(8%) | 875 | 5.9 | — |
| $Y_2O_3$(5%)+$La_2O_3$(3%) | 962 | 7.8 | — |
| $Y_2O_3$(5%)+$Nd_2O_3$(3%) | 924 | 6.3 | — |
| $Y_2O_3$-MgO | 1041 | — | 16 |
| $Y_2O_3$-CaO | 992 | — | 18 |
| $CeO_2$-MgO | 809 | — | 16 |
| $CeO_2$-CaO | 737 | — | 19 |
| $La_2O_3$-MgO | 879 | — | 16 |
| $La_2O_3$-CaO | 810 | — | 18 |

#### 5.5.4.3 SiC 陶瓷

SiC 陶瓷具有高比强、高比模、耐高温、抗氧化、耐磨损以及抗热震等优点，在高温、高速、强腐蚀介质的工作环境中具有特殊的使用价值，被材料科学界认为是结构陶瓷领域中综合性能优良、最有希望替代镍基合金在高科技、高温领域中获得广泛应用的一种新材料。但是，SiC 是共价键性极强的化合物，其 Si—C 键的共价键性大于 86%，并且，氮原子和硅原子的自扩散系数很低，致密化所必需的体积扩散及晶界扩散速度、烧结驱动力很小。因此，这种共价键陶瓷非常难烧结，在无压固相烧结过程中，即使在非常高的温度下，粉末（3～5$\mu$m）之间也仅有微量的颈部长大，而不发生体积收缩致密化。目前，SiC 陶瓷的烧结通常需在很高温度（2000～2100℃）下进行，并且需要加入少量添加剂，利用液相烧结原理进行致密化烧结，同时，施加高的机械压力。

添加烧结助剂在烧结过程中会产生液相，然而并不是有液相存在就会促进烧结。在多数情况下这种液相往往还会带来不良影响，如烧结结束后，液相作为玻璃相残存于晶界，使高温强度降低，以及容易引起粒子异常长大等。因此，SiC 陶瓷的液相烧结必须遵守以下条件：

① 要使适量的液相将固体粒子的间隙填满。液相过多，则会在自重下软化变形；过少，则会产生未润湿部分。

② 熔化物能够将固体填料很好润湿。润湿程度可用接触角（$\theta$）测定，最少也应在 90°以下。$\theta$ 角如果接近于零，熔化物即使少到百分之几，也会在温度上升时完全覆盖固体粒子表面。

③ 熔化物能够将固体适当溶解。在烧结过程中，通过液相烧结进行传质，较小的固体粒子或粒子表面凸起部分溶解，而在较大的粒子表面沉积，出现晶粒长大和晶粒形状的变化。同时，固体粒子不断进行重排，产生进一步致密化。

SiC 陶瓷常用的烧结助剂的优化、设计和应用等研究已经取得了很大进展。选择烧结助剂时，应尽量减少添加剂引入导致残留于晶界的玻璃相；在添加烧结助剂时，则应力求使其在陶瓷粉体中分布均匀。适合于 SiC 陶瓷的各种烧结助剂，历经了硼、碳和铝及其化合物系列、氧化物和硝酸盐等几个阶段，它们具有各自的优势和缺点。

**(1)** 硼、碳和铝系列烧结助剂　在 SiC 粉体中加入 B、C、Al 以及这些元素的化合物都可对 SiC 陶瓷的烧结起到烧结助剂的作用，其中，B 系烧结助剂可以在 SiC 粒界处析出，降低界面能，有利于烧结致密化，但会促使 SiC 晶粒长大；C 系烧结助剂主要是 C，C 的添加有利于除去 SiC 粉末表面的 $SiO_2$，提高粉体表面能，从而提高粉体活性；Al 系烧结助剂的烧结原理主要是与 SiC 形成固溶体活化烧结。SiC 陶瓷常用的 B、C、Al 系烧结助剂的组成如表 5-13 所示。

**表 5-13　B、C、Al 系烧结助剂的组成**

| 分　类 | 烧　结　助　剂 |
| --- | --- |
| 单组分 | Al 系：Al、AlN、$Al_3N_4$<br>B 系：B、BN<br>C 系：C、$B_4C$、$Al_4C_3$ |
| 二组分 | Al 系：AlN+$Y_2O_3$<br>Al-C 系：$Al_4SiC_4$、$Al_4C_3$、$Al_2O_3$-C、Al-C<br>C 系：C-B、C-稀土类金属化合物 |
| 三组分 | Al-B-C 系：$Al_4C_3$-$B_4C$、$Al_8B_4C_7$ 或添加 $AlB_2$ |

当添加 1%（质量分数）左右的上述烧结助剂后，SiC 陶瓷便可达到充分致密化，但烧结温度仍需在 2000℃左右。用这种方法得到的 SiC 烧结体显微组织为细小的等轴状晶粒（晶粒尺寸 1～4$\mu$m），制品中除 SiC 粒子外，几乎没有发现晶界相。因此，该材料具有很好的抗高温蠕变和氧化性能，但其断裂韧性低（3～4MPa·$m^{1/2}$），即使在室温下，强度对缺陷也非常敏感，使其应用受到了限制。利用 Al-B-C〔质量比为 3：0.6：2，总含量为 4%（质量分数）〕作为烧结助剂时，在 1900℃/4h、50MPa 条件下对 SiC 陶瓷进行烧结，其烧结体的密度为 3.18g/$cm^3$，断裂韧性最高达到了 9.5MPa·$m^{1/2}$。

**(2)** 氧化物系烧结助剂　氧化物本身在高温时呈现液相，使 SiC 可以在常压或加压条件下进行烧结。特别是在采用热压烧结方法时，可以得到基本上没有气孔的高致密度烧结体。例如，SiC 中添加 $Al_2O_3$ 和 $Y_2O_3$ 为烧结助剂，可大大降低 SiC 陶瓷的烧结温度，$Al_2O_3$ 和 $Y_2O_3$ 在烧结温度下形成液相，从而以液相烧结机理加速材料致密化。有研究者用无压烧结制得含板状晶料的液相烧结 SiC 陶瓷，其断裂韧性达 7MPa·$m^{1/2}$，添加稀土氧化物可使其抗氧化性能得到明显改善，且随稀土加入量的增加，氧化速度逐渐降低，加入量为 3%时效果最佳。用这种方法得到的 SiC 烧结体显微组织为细小的等轴状晶粒，第二相分布在三角晶界处，不仅不会牺牲 SiC 的高温性能，而且其烧结温度还能降低（1850～2000℃）。另外，$Y_2O_3$ 和 $Al_2O_3$ 的加入，可以通过裂纹偏转机制提高 SiC 陶瓷的断裂韧性。这种烧结助剂的使用也存在烧结终结后，液相作为玻璃相残存于晶界，使高温强度降低，容易引起粒子异常长大等缺点。

**(3)** 硝酸盐系烧结助剂　以硝酸盐作为陶瓷的烧结助剂时，硝酸盐在达到某一温度下会分解成对应金属的氧化物，所以，本质上来说，它与以金属氧化物作为烧结助剂的情况是相同的。但是，由于硝酸盐可以配置成溶液的形式加入，其分解析出的对应金属的氧化物粒子尺寸比直接添加的氧化物粉末要细小得多，且在基体陶瓷粉末表面的分布更加均匀，因此，更有利于陶瓷的烧结。例如，以 $Al(NO_3)_3 \cdot 9H_2O + Y(NO_3)_3 \cdot 6H_2O$ 作为烧结助剂时，与氧化物烧结助剂（$Y_2O_3 + Al_2O_3$）相比，烧结温度下降100℃。这主要是硝酸盐能溶解于乙醇，在球磨混料过程中，由于化学吸附作用，与氧化物烧结助剂相比，可增加粉体表面氧化层的量并且改变了氧化层的化学态；另外，其分布更加均匀。因此，如果用硝酸盐作为烧结助剂，能在更低的烧结温度下获得更大的致密度，更好地提高陶瓷的烧结性。

#### 5.5.4.4　$Al_2O_3$ 陶瓷

$Al_2O_3$ 陶瓷具有较高的硬度和机械强度，膨胀系数与金属差不多，同时具有良好的化学稳定性，是目前应用最广泛的结构陶瓷。研究发现，稀土氧化物如 $Y_2O_3$、$La_2O_3$、$Sm_2O_3$ 等是良好的表面活性物质，可改善 $Al_2O_3$ 复合材料的润湿性能，降低陶瓷材料的熔点。这主要是由于加入稀土氧化物可促进材料中 $Al_2O_3$ 与 $SiO_2$、$CaO$ 等组分的化学反应，易于形成低熔点液相，并通过颗粒之间的毛细管作用，促使颗粒间的物质向孔隙处填充，使材料孔隙率降低，致密度提高。另外，由于添加的稀土氧化物离子半径相对铝离子要大得多，难于与 $Al_2O_3$ 形成固溶体，因此稀土主要存在于 $Al_2O_3$ 陶瓷的晶界上。具有玻璃网络结构的稀土氧化物由于其体积较大，在结构中自身迁移阻力大，并阻碍其他离子迁移，降低晶界迁移速率，抑制晶粒生长，有利于致密结构的形成。同时，掺入的稀土氧化物进入晶界玻璃相，使玻璃相的强度得到提高，从而达到改善 $Al_2O_3$ 陶瓷力学性能的目的。

#### 5.5.4.5　$ZrO_2$ 陶瓷

$ZrO_2$ 陶瓷具有比 $Al_2O_3$ 更高的强度、韧性与耐蚀耐磨性，广泛应用于冶金、化工、机械、电子、石油等领域，因其独特的应力诱发马氏体相变增韧特性，又被称为韧性陶瓷。

$ZrO_2$ 有三种稳定的多晶体，即单斜相（m），四方相（t）和立方相（c），由 t 相转变为 m 相的相变为马氏体相变，通常伴随有 8% 的剪切应变和 3%～5% 的体积膨胀，因此，纯 $ZrO_2$ 制品在冷却过程中会开裂，无法直接使用。鉴于此，$ZrO_2$ 陶瓷常采用四方多晶 $ZrO_2$（TZP）的形式使用，它在制备过程中添加了一定量晶型稳定剂，如 $Y_2O_3$、$CaO$ 等，材料晶型全部由四方相组成，理论上具有最好的韧性，应用十分广泛。

四方多晶 $ZrO_2$（TZP）陶瓷的烧结温度通常在 1600℃左右，能耗高，对烧成设备的要求严，产品最终成本高，限制了其广泛使用。彭铁缆等通过在商用 $ZrO_2$ 粉体中加入组分为 40%～50%（质量分数，下同）$SiO_2$，5%～15% $CaO$，20%～30% $Al_2O_3$，5%～15% $Na_2O$，10%～20% $B_2O_3$ 的钙铝硅基玻璃粉，将四方相 $ZrO_2$ 陶瓷的烧结温度降至 1400℃±30℃，且制备的四方 $ZrO_2$ 陶瓷韧性高、化学稳定性好，抗折强度＞400MPa。

彭铁缆等选择在这种助烧剂组分中同时添加 $Na_2O$ 和 $CaO$ 两种碱，且总碱量占助烧剂的 20%，可使热膨胀系数下降出现极小值，化学稳定性出现极大值，有利于高韧性、高化学稳定性 TZP 材料的生成。另外，他们还在助烧剂中加入 10%～20% 的 $B_2O_3$，一方面起到助熔，降低助烧剂玻璃熔点的作用，一方面在玻璃中产生硼氧反常性，能够提高助烧剂的化学稳定性。

彭铁缆等设计的这种钙铝硅基助烧剂的熔点为 1350℃±50℃，粒度在 5～20μm 为宜，热膨胀系数小于 $10^{-6}K^{-1}$。其制备工艺如下：

**(1)** 根据三元相图设计钙铝硅基玻璃组分，将助烧剂各组分全部熔融并保温 2h 以上，得到无明显气泡、均匀透明的玻璃液，然后倒入水中进行水淬，形成一定尺寸的玻璃颗粒；

**(2)** 将水淬后得到的玻璃颗粒置于球磨罐中湿磨，添加占玻璃颗粒 0.2% 的三聚磷酸钠作为助磨剂，料：球：水＝1：2：（0.4～0.5）（质量比），球磨时间为 10～20h，过 800 目筛，得到钙铝硅基助烧剂玻璃粉；

**(3)** 钙铝硅基助烧剂在商用 $ZrO_2$ 粉体中的加入量为 4%～6%。

烧成过程中钙铝硅基助烧剂可在较低温度下产生液相，形成液相烧结机制，迅速降低材料气孔率，提高材料密度，从而较大程度降低 TZP 材料的烧结温度，起到助熔和降低烧结温度的作用。

### 5.5.4.6 $Y_2O_3$ 陶瓷

$Y_2O_3$ 为立方结构，其具有熔点高、化学和光化学稳定性好、光学透明性范围较宽、声子能量低、易实现稀土离子的掺杂等特点。目前，$Y_2O_3$ 透明陶瓷在高温窗口、红外头罩、发光介质（闪烁、激光和上转换发光）及半导体等行业已获得广泛的应用。

1966 年，Brissette 等采用类似煅压（热机械形变）的方法，首次制备了 $Y_2O_3$ 透明陶瓷；1967 年，Lefever 等在真空热压烧结过程中采用 LiF 为烧结助剂，以莫来石为模具、氧化锆为压头，在 950℃ 保温 48h 制备 $Y_2O_3$ 透明陶瓷，所使用的热压压力为 69～83MPa。但是，随后的研究表明：当采用 LiF 为烧结助剂时，由于 LiF 的挥发，导致材料内部和边缘部分的晶粒生长速率不一致，从而产生不均匀的显微结构；另外，少量残留于样品中心部位的 F，导致样品中间的透过率低于边缘部分。

1967 年，Jorgensen 等详细地研究了 $ThO_2$ 对 $Y_2O_3$ 致密化过程的影响，结果表明：$ThO_2$ 的添加可减小 $Y_2O_3$ 晶粒的表面能，并能有效抑制晶界迁移速率和不连续的晶粒生长，通过溶解-沉积机制促使 $Y_2O_3$ 致密化，最终接近理论密度。1973 年，Greskovich 等公布了商业化透明 $Y_2O_3$ 产品（Yttralox）的制备工艺：$ThO_2$-$Y_2O_3$ 粉体经过 275MPa 冷等静压成型，然后在流动 $H_2$ 气氛中于 2170℃ 烧结，保温时间为 30～125h，最终得到 3.5mm 厚的 $ThO_2$-$Y_2O_3$ 透明陶瓷，其在 0.75～6.0μm 的透过率达到 80% 以上，晶粒尺寸在 100～150μm，气孔率可以控制在 $2.5×10^{-7}$ 以下。Anderson 等很快就以这种材料为激光介质，实现脉冲氙灯泵浦的激光输出，这是在氧化钇陶瓷体系中首次获得的激光输出；然而，由于 $ThO_2$ 具有放射性，该材料未获得广泛应用。

GE 公司在此研究基础上，不采用 $ThO_2$ 作为烧结助剂，成功开发 $(Y,Gd)_2O_3$：Eu，Pr 透明陶瓷，并作为陶瓷闪烁体在 X-CT 医疗器械方面获得实际应用。1981 年，Rhodes 在 $Y_2O_3$ 中添加摩尔分数为 8%～12% 的 $La_2O_3$，通过瞬时液相烧结机制实现 $Y_2O_3$ 陶瓷的透明化。此后，经过 Wei 等的努力，成功开发 $La_2O_3$ 增强 $Y_2O_3$（lanthana-strengthenedyttria，LSY）透明陶瓷体系，由于其红外截止波长明显大于 $Al_2O_3$ 单晶、AlON 以及 $MgAl_2O_4$ 等材料，其在导弹窗口和球罩领域的应用受到重视。1986 年，

Rhodes 等采用 $Al_2O_3$ 为烧结助剂制备透光性 $Y_2O_3$ 陶瓷；同年，Greskovich 等引入摩尔分数为 $0.075\% \sim 0.6\%$ 的 $SrO_2$，人为制造氧空位，从而加速 $Y_2O_3$ 致密化过程，在 $2000℃$ 氢气氛中烧结 2h，实现材料的透明化。1988 年，Gyozo 等采用 BeO 为烧结助剂的无压烧结工艺制备透明 $Y_2O_3$ 陶瓷，烧结过程中，BeO 和 $Y_2O_3$ 形成液相促进致密化，在 $2200℃$ 左右的高温，部分液相可以通过蒸发而挥发。另外，以高纯 $Y_2O_3$ 为原料，添加 $LiF-ThO_2$ 助烧剂，于 $1300 \sim 1500℃$ 和 $35 \sim 50MPa$ 压力下真空热压烧结，也可获得 $Y_2O_3$ 透明陶瓷。由于该材料熔点大于 $2400℃$，介电常数为 $12 \sim 14$，透明性好，即使在远红外区仍有约 $80\%$ 的直线透过率，是优良的高温红外材料和电子材料。

### 5.5.4.7 铁氧体

铁氧体是一类用途广泛的功能陶瓷材料，其烧成温度通常在 $1200 \sim 1400℃$。但随着电子信息技术的发展，电感类元件的片式化和集成化工艺要求铁氧体磁介质在 $900℃$ 以下烧成，以便实现与 Ag 内导体的共烧。目前，可用于低温共烧的铁氧体种类也较多，较为成熟的是作为旋磁材料的 YIG 钇铁石榴石、铋钙钒、Li-Zn 铁氧体及 Ni-Zn-Cu 系列软磁铁氧体等。

亚铁磁性物质 YIG（$Y_3Fe_5O_{12}$，体心立方结构）是一种具有代表性的石榴石结构材料。YIG 材料及器件的工作原理主要是利用材料磁导率的张量特性及铁磁共振效应，其工作频率处在微波波段，故被称为微波铁氧体材料。YIG 的铁磁共振线宽 $\Delta H$ 非常窄，具有优良的旋磁特性和高电阻率，在移动通信、雷达系统、导弹、人造卫星、微波加热及医疗设备等领域有着广泛的应用。随着电子信息设备中大规模集成电路和便携式通信工具的不断涌现，微波铁氧体器件向小型化、微型化、片式化甚至集成一体化方向发展，这需要微波铁氧体与常用电极低温共烧。但是，YIG 的烧结温度太高（大于 $1400℃$），远高于金属电极的熔点，如 $T_{Ag}=961℃$，$T_{Au}=1063℃$，$T_{Cu}=1083℃$，$T_{Ag-Pd}=1145℃$ 等。因此，降低铁氧体的烧结温度已成为国内外的研究热点和关键问题。

在 YIG 预烧粉料中添加适量的、有助于形成液相烧结的低熔点烧结助剂，可有效降低 YIG 石榴石材料的烧结致密化温度。例如，添加 $Bi_2O_3$，可将 YIG 石榴石材料的烧结致密化温度降低至 $1050℃$，与纯 YIG 相比，其烧结温度降低了约 $400℃$，能满足与 Au 电极共烧。但其矫顽力 $H_c$、铁磁共振线宽 $\Delta H$ 受 Bi 含量的影响较大，因此，应在考虑材料综合性能的前提下，适量添加 $Bi_2O_3$。

掺杂质量分数为 $0.025\%$ 的 $B_2O_3$，可使 $Y_{1.05}Bi_{0.75}Ca_{1.2}Fe_{4.4}V_{0.6}O_{12}$ 铁氧体在 $1040℃$ 下烧结，得到晶粒大小均匀、结构致密的铁氧体产物。$TiO_2$ 作烧结助剂时，由于 $Ti^{4+}$ 进入晶格，引起主晶相晶格的畸变，使材料内部的晶格缺陷增加，从而有效地促进烧结。添加 $0.6\%$ $TiO_2$ 后，YIG 在 $1170℃$ 下即可烧结成瓷，且烧结产物的密度达 5.5 $g/cm^3$。另外，$CaO-V_2O_5$ 二元复合烧结助剂及 $CaO-V_2O_5-Bi_2O_3$ 三元烧结助剂，能使 YIG 铁氧体的烧结温度降低到 $1100℃$，且晶粒大小均匀、致密度较高，基本满足实际所需。但是，目前的研究仍然无法使 YIG 铁氧体与常用的 Ag 电极共烧。因此，烧结助剂的选取、具体工艺参数、合适的显微结构以及不同器件所需的性能之间的最佳搭配还是一个亟待解决的问题。

在 Ni-Zn-Cu 铁氧体预烧粉料中添加适量的有助于产生液相烧结的低熔点助熔剂，可使致密化温度显著降低。但富集于晶界、含有助熔成分的其他相可能会损及铁氧体电磁性能，并助长 Ag 的迁移，所以只能进行微量的添加。当添加质量分数≤2％的 CoO、$Bi_2O_3$、PbO、$MoO_3$、$V_2O_5$、$Y_2O_3$、$Dy_2O_3$、SnO 或 $CaCO_3$ 后，烧结温度可以降低到 900℃左右。另外，王依琳等采用 $Bi_2O_3$-$V_2O_5$ 复合烧结助剂，使 Ni-Zn-Cu 铁氧体的烧结温度降至 870℃，且保温时间缩短为 30min。低温烧结和短时间保温可防止 Ag 内电极在烧结过程中向铁氧体层迁移，对提高内电极及铁氧体层的质量大有益处。

总之，在基本保持铁氧体材料的电磁特性的同时，如何将烧结温度降低到 900℃左右是目前内埋置铁氧体材料的研究重点和技术难点。

但是，外加剂只有适量加入时才能促进烧结，如不恰当地选择外加剂或加入量过多，反而会阻碍烧结过程，因为过量的外加剂会妨碍烧结相颗粒的直接接触，影响传质过程的进行。例如，加入 2％ MgO 使 $Al_2O_3$ 烧结活化能由 502J/mol 降低到 397.5 J/mol，因而促进烧结过程。而加入 5％MgO 时，$Al_2O_3$ 烧结活化能升高到 544J/mol，反而起到抑制烧结的作用。

# 5.6　助烧剂的研究发展趋势

添加适当的烧结助剂可实现陶瓷的低温烧结。但是，如何更加合理地选择烧结助剂的体系，实现既能降低陶瓷的烧结温度，又不恶化材料的性能，是研究者们一直追逐的热点，烧结助剂的未来研究会向着以下方向发展：

① 利用软化学法制备纳米烧结助剂，使纳米烧结助剂均匀地分散在基体中，更好地包裹、润湿颗粒，从而减少助烧剂的用量，降低烧结助剂的加入可能会造成的陶瓷性能的恶化。

② 研究具有助烧和改性双重作用的助烧剂。添加兼有改性作用的助烧剂不但可以降低烧结温度，而且还可以改善陶瓷的性能，烧结过程中助烧剂先形成液相促进烧结，而到了烧结后期又作为最终相进入主晶相起掺杂改性作用。

③ 通过液相法加入烧结助剂可使其均匀地分散在陶瓷基质中，不但可以改善固相掺杂所导致的烧结助剂分布不均匀、工序复杂等缺点，还可以实现晶粒可控、掺杂均匀，增强陶瓷的烧结活性，对工艺和设备等的要求也较低。

# 第6章　着色剂

## 6.1　概述

颜色是光的一种特征，物体呈现各种颜色是由波长不同的光波造成的。光是一种电磁波，波长小于 $393\mu m$ 的电磁波为紫外线，波长大于 $770\mu m$ 的为红外线。可见光是波长处于 $393\sim770\mu m$ 范围内的电磁波，处于这一范围内的不同波段的电磁波，使人眼感觉呈现着不同的颜色，如表 6-1 所示。

**表 6-1　不同波长的光对应的颜色**

| 波长/$\mu m$ | 393—440—490—565—595—620—770 |
|---|---|
| 呈现的颜色 | 紫 蓝 青 绿 黄 橙 红 |

表 6-2 是常用着色物质（着色剂）在陶瓷中呈现不同颜色的效果。从表中可以看出，同一种着色剂在不同的陶瓷中呈现的颜色是不同的，因此在特定的陶瓷基体中找到特殊颜色的着色剂也是非常困难的。

**表 6-2　不同氧化物在陶瓷中呈现的颜色**

| 色剂种类 | 质量分数/% | 陶瓷颜色 |
|---|---|---|
| $CoO$ | $<0.5$ | 蓝紫色 |
| $CuO$ | $<2$ | 灰色 |
| $Fe_2O_3$ | $<1$ | 灰色 |
| $MnO_2$ | $<2.5$ | 浅紫色 |
| $Fe_2O_3+MnO_2$ | $1+2.5$ | 琥珀色 |
| $Fe_2O_3+MnO_3$ | $0.2+2$ | 浅琥珀色 |
| $CeO_2+TiO_2$ | $5+5$ | 乳白色 |
| $CeO_2+TiO_3$ | $0.2+5$ | 白色 |
| $CeO_2$ | $2-5$ | 乳白色 |

## 6.2  颜色的测试与控制方法

色度学是颜色和测量的综合。早在 19 世纪后期，Lovibond 利用几组有色玻璃并根据目测观察就可以描述出啤酒的颜色。随后 1929 年，Maxwell 发明了以旋转色盘为基础的孟塞尔颜色图册，此图册在旋转色盘上一组按一定百分比面积覆盖的色彩纸，可以描述每一个孟塞尔颜色名称。到了 20 世纪 20 年代，将标准观察者和标准装置的目视色度法描述的思想应用到了测量系统，使仪器对接收刺激进行光谱测量，以达到与标准颜色匹配。到了 1931 年，CIE（配色系统）统一了标准，此标准成为现代测色系统的心脏。在 1976 年又被改进，出现了 1976-CIE-Lab 色度系统。

### 6.2.1  1931 CIE-XYZ 表色系

CIE 表色系统具有精度高、表色范围广等特点，多应用于要求定量的场合。1931CIE-XYZ 表色系是 1931 年国际照明委员会（CIE）在 RGB 系统的基础上仅用三个设想的原色 XYZ 建立的一个新色度图。1931CIE-XYZ 表色系统有 $X$、$Y$、$Z$、$x$、$y$ 五个色度值，其中大写的 $X$、$Y$、$Z$ 代表 CIE 三刺激值，是混合光中三原色的绝对分量，称为三刺激值。任何色光的三刺激值可用下列方程计算：

$$X = k \int S(\lambda)\bar{x}(\lambda)\mathrm{d}\lambda$$
$$Y = k \int S(\lambda)\bar{y}(\lambda)\mathrm{d}\lambda \tag{6-1}$$
$$Z = k \int S(\lambda)\bar{z}(\lambda)\mathrm{d}\lambda$$

式中  $S(\lambda)$——进入眼睛色光的光谱功率分布；

$\bar{x}(\lambda)$，$\bar{y}(\lambda)$，$\bar{z}(\lambda)$——CIE 标准观察者的配色函数；

$k$——归一化常数。

在色度学计算中，还常常会用到色品坐标。色品坐标是指三刺激值各自在三刺激值总量中所占的比例，用 $x$，$y$，$z$ 表示：

$$x = \frac{X}{X+Y+Z}$$
$$y = \frac{Y}{X+Y+Z} \tag{6-2}$$
$$z = \frac{Z}{X+Y+Z}$$

并且 $x+y+z=1$，因此一般只用两个参数 $x$ 和 $y$ 就可以表示颜色的相对含量。

### 6.2.2  CIE 1976 ($L^*a^*b^*$) Lab 表色系

CIE 三刺激值不是任何情况下都以相等的视觉感知间隔为基础的，这一点非常重要。实际上，CIE 三刺激值系统仅仅是判断两种颜色是否匹配，而不能告诉我们这两种颜色看起来的视觉感知如何，或者在它们不匹配时到底有何区别。因此为了获得物体颜色在知觉上均匀的空间，CIE 推荐了均匀颜色空间和色差计算方法，即 CIE 1976（$L^*a^*b^*$）空间及其色差公式。

CIE-Lab 三维色度空间是由 $L^*$、$a^*$ 和 $b^*$ 构成的直角坐标系，如图 6-1 所示。在该表色系中，$L^*$ 表示明度，$a^*$、$b^*$ 表示色相和彩度。$L^*$、$a^*$、$b^*$ 分别由下式定义：

$$L^* = 116(Y/Y_0)^{1/3} - 16, Y/Y_0 > 0.01 \tag{6-3}$$

$$a^* = 500[(X/X_0)^{1/3} - (Y/Y_0)^{1/3}] \tag{6-4}$$

$$b^* = 200[(Y/Y_0)^{1/3} - (Z/Z_0)^{1/3}] \tag{6-5}$$

式中　$X$、$Y$、$Z$——颜色样品的三刺激值；

$X_0$、$Y_0$、$Z_0$——CIE 标准照明体照射在完全反射漫射体上，再经完全反射漫射体反射到观察者眼中的白物体色的三刺激值。

CIE 1976（$L^*a^*b^*$）表色系中，$L^*$ 代表明度（深-浅），$+a^*$ 代表红色方向的变化，$-a^*$ 代表绿色方向的变化，$b^*$ 代表黄色方向的变化，$-b^*$ 代表蓝色方向的变化。

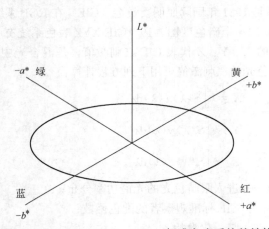

图 6-1　CIE 1976（$L^*a^*b^*$）标准色度系统的结构

## 6.2.3　陶瓷颜色测定方法

陶瓷颜色测定的方法有传统的目测法和现代的测色仪法。测色仪可以快速准确地测得颜色的定量值。根据测色仪的工作原理，在一个 $Lab$ 颜色空间中，每一个颜色都可以分解为 $Lab$ 值，称为颜色值。先输进标准色板值，测定其颜色值；然后对每一次新制备出的釉做成一次烧成的试片，测定其颜色值，该颜色值与相应的标准色值之间的差值称为色差值。根据颜色空间，及时对釉料进行调整。在生产中，我们常将颜色差值 $Lab$ 控制在小于 0.5 范围内。

可以采用白色色度计和 PR-650 光谱扫描色度计测试着色陶瓷的颜色参数 $L^*$、$a^*$ 和 $b^*$ 值。测试前须对仪器进行标准白板标定，消除因电信号不稳定带来的测试误差，待标定完成后将样品置于测试探头前进行色度测定。每个样品测 3 次，每次测量时样品

放置方向旋转 $90°$，取 3 次测试结果的平均值作为测色片的色度值。光斑直径 2.5mm，$10°$视场。光照几何 $45°/0°$，探头边缘漏光忽略不计。试件需经金相砂纸抛光。

# 6.3 常用陶瓷着色剂的分类

## 6.3.1 按着色方法分类

陶瓷装饰可采用坯泥着色、釉料着色和釉上着色几种方法，因此可将陶瓷着色剂分为如下三类。

**(1) 坯泥着色剂** 将色料混于坯料中烧制成型，因而要求这类着色剂对于制坯各工艺处理，不能发生任何反应。

**(2) 釉着色剂** 用于装饰干坯、素烧坯或烧成后的白瓷，在其上施生釉再进行釉烧。要求在正常烧制温度下不得和釉发生反应，同时不得流动或纹样模糊。

**(3) 釉上着色剂** 用于装饰釉烧后产品的表面装饰，要求在相当低的烧制温度（700～900℃）下能牢固地附着在釉面上，不能渗入釉中和流动。

## 6.3.2 按着色机理分类

陶瓷常用着色剂除极少数是金属（如金水、铂金水中的金、铂）外，主要是各种无机氧化物，其着色机理大致可以分成三大类，即晶体着色剂（或分子着色）、离子着色剂和胶体着色剂。

**(1) 晶体着色剂** 占了陶瓷着色剂的绝大部分，如按其晶体结构可将色料分成 10 类约 50 种，如刚玉型的铬铝红、金红石型的钒锡黄、锆英石型的锆钒蓝、尖晶石型的钴铁铬铝黑、石榴石型的维多利亚绿等。

**(2) 离子着色剂** 我国传统的铁青釉就是典型的离子着色，它是 $Fe^{2+}$ 与 $Fe^{3+}$ 在硅酸盐玻璃中的呈色，其色调取决于二价铁与三价铁的比例，而其着色强度则取决于釉料中铁的含量和 $Fe^{2+}$ 与 $Fe^{3+}$ 的比值。$Fe^{3+}$ 在硅酸盐玻璃中呈黄色且着色能力显著，$Fe^{2+}$则呈淡蓝色。

**(3) 胶体着色剂** 其典型的代表就是铜红釉，其着色归结于氧化亚铜胶体粒子（粒子必须足够细且在釉熔体中分散均匀）。其主要化学反应如下：

$$\equiv Si—O—Cu \ + \ Cu—O—Si\equiv \longrightarrow Cu_2O \ + \ \equiv Si—Si\equiv \qquad (6\text{-}6)$$

制备铜红釉，其熔制烧成条件是关键，还原气氛不能太轻也不能过重，$CuO$ 与 $Cu_2O$ 依一定比例存在于铜红釉中，两者的比例受还原程度所制约，它决定了铜红釉的颜色，其中 $Cu_2O$ 使釉呈宝石红颜色，还有金属 $Cu$ 则使釉呈褐色。我国古代有名的钧红、祭红、郎窑红均为典型的铜红釉。

## 6.3.3 按照所呈颜色分类

### 6.3.3.1 棕色釉用着色剂

棕色陶瓷着色剂呈色沉着、稳重、古朴，大量用在釉面砖、仿古砖上。目前广泛使用的有铁铬锰锌棕、铁铬锌铝棕、铁铬锌棕和铁铬棕，它们因其中主要呈色元素的种类和相对含量的不同，可分别呈红棕、黄棕、金棕等不同色相。它们的烧成温度范围很广、很宽，从低温 800℃，到中温 1000～1200℃，直至高温 1200～1320℃，对气氛的适应性较强，可用于氧化焰或还原焰。

### 6.3.3.2　橘色、黄色釉用着色剂

首先是金红石型的铬钛黄如 Ti-Cr-Sb 色料和 Ti-Cr-W 色料。它们是在金红石型的 $TiO_2$ 中，以不等价离子置换形式：$Cr^{3+} + Sb^{5+} \longrightarrow 2Ti^{4+}$ 或 $2Cr^{3+} + W^{6+} \longrightarrow 3Ti^{4+}$，以同样是金红石型的 $Cr^{3+} Sb^{5+} O_4^{2-}$ 或 $Cr_2WO_6$ 和 $TiO_2$ 反应形成不等价置换固溶体（置换过程中，总电价保持不变）而形成的。需要指出的是，相互置换的离子受它们离子半径的约束，$Cr^{3+}$ 的离子半径为 0.064nm，而 $W^{6+}$ 的离子半径为 0.058nm；$Ti^{4+}$ 的离子半径为 0.061nm，这些离子的离子半径很接近满足形成无限固溶体的几何条件，而且它们均作为釉中硅氧四面体的网络外修饰离子起到着色作用。

Ti-Cr-Sb（W）系黄色色料的颜色可以通过增减 Sb（W）的含量来加以调节。其次是呈深橘黄色的钒锆黄，它是在 $ZrO_2$ 中渗染了少量的 $Y_2O_3$ 使 $ZrO_2$ 保持单斜晶形，再由钒吸附在单斜晶形的 $ZrO_2$ 原始晶体表面而形成的。再次是呈鲜黄色的锆镨黄，它是在 $ZrSiO_4$（锆英石又称锆石）中由 $Pr^{4+}$ 置换了部分 $Zr^{4+}$ 形成的固溶体，$Pr^{4+}$ 固溶入晶格并产生鲜黄色。钒锆黄与锆镨黄相比，前者缺乏清晰、明快的色调且常有些褐色，黄色调偏暗。这两者的使用温度范围宽，适用于低温：800～1000℃，中温 1200℃，高温 1280～1320℃。两者不同之处在于锆镨黄适用于氧化焰，不适用还原焰；而钒锆黄则在氧化和还原焰中均能适应，所以钒锆黄用在卫生瓷中作为颜色釉。现在通常的骨色就是由钒锆黄和锆铁红配制而成的，而过去则是用锆镨黄和锆铁红配制的。锆英石包裹型镉黄 Cd（$Se_x S_{1-x}$）/$ZrSiO_4$ 呈色鲜艳，可在 1200～1230℃氧化气氛下使用。用作橙色、黄色着色剂的还有钛酸铁、碱式铬酸铅、铬铁矿、铀黄、氧化钛、锡酸钡、铬酸、铬酸铅、硫化金、金属金等。

### 6.3.3.3　黑色釉用着色剂

黑色颜料及黑釉的使用历史最为悠久，其主要呈色元素为铁（Fe），经不断改进后目前形成了以尖晶石结构为主的黑色釉用色料，如（Co，Fe，Ni）（Mn，Cr）$_2O_4$ 系列黑色釉用色料。在该系列黑色色料中，CoO 是鲜明的黑色所不可缺少的成分，Mn 有益于黑色的呈色，但它往往会导致釉中产生气泡。黑色尖晶石类色料的共同点是它们的组成中均不含有 ZnO，因为这会导致 $ZnCrO_4$ 锌铬尖晶石的形成，而锌铬尖晶石呈棕色，从而使黑色料和黑釉的颜色黑中泛棕。ZnO 还会和黑色色料中的 CoO、$Cr_2O_3$ 反应，生成更稳定的（Co，Zn）（Al，Cr）$_2O_4$ 尖晶石，该尖晶石呈绿色，从而使黑釉中泛绿，使色调变得暗淡。黑色尖晶石类色料在石灰-钼釉和含铅熔快釉中会呈现非常鲜明的黑色。黑色釉用色料的使用温度很宽，可在 800～1300℃的范围内使用，但就烧成气氛而言，铁铬钴锰黑色色料既可以在氧化气氛也可以在还原气氛下使用，而镍铬铁钴仅适用于氧化气氛下。此外，三氧化二铱也可以作为黑色着色剂。

### 6.3.3.4　灰色釉用着色剂

现有锑锡灰和锆灰两种，其中锑锡灰是在 $SnO_2$ 中固溶了锑（Sb）从而呈现灰色，

在烧成时配合料中的 $Sb_2O_3$ 在加热中氧化成 $Sb_2O_4$（即 $Sb^{3+}Sb^{5+}O_4$，它为复合氧化物，其中 $Sb^{3+}$ 和 $Sb^{5+}$ 的配位数均为 6），$Sb_2O_4$ 中的 $Sb^{3+}$ 和 $Sb^{5+}$ 分别置换了 $SnO_2$ 中的 $Sn^{4+}$，形成置换型固溶体，使色料呈美丽的蓝灰色，如在其中固溶钒后，则形成 $SnO_2$[Sb，V] 固溶体，颜色偏灰。另一种为锆灰，它是在锆英石晶体中（$ZrSiO_4$）固溶了 $Ni^{2+}$，若其中还含有少量 $Co^{2+}$ 则灰中偏蓝（Zr-Si-Ni 和 Zr-Si-Co-Ni）。锡锑灰使用温度范围在 $800\sim1280\,℃$，锆灰的使用温度在 $800\sim1300\,℃$，二者适用于氧化气氛，不适用于还原气氛。此外，可用作灰色着色剂的还有白金、铱、铑、钯、钌、锇的可溶性盐类和三氧化二铱等。

### 6.3.3.5 红色釉用着色剂

**(1) 铬锡红和铬锡紫** Ca-Sn-Si-Cr 系色料是在锡榍石晶体（$CaO\cdot SnO_2\cdot SiO_2$）中固溶了微量的 $Cr^{4+}$ 后形成的，它在无 ZnO、MgO 或低 ZnO、MgO 且 $Al_2O_3$ 含量较低的釉中，能够呈现出用其他色料所不能得到的鲜明的玛瑙红色。Ca-Sn-Si-Cr-Co 色料是在 Ca-Sn-Si-Cr 系色料中再溶入 $Co^{2+}$ 后形成的紫红色。上述二者通称为铬锡红。此外有一种名贵的紫红色料是在锡石晶体中（$SnO_2$）固溶了 $Cr^{4+}$ 后形成的，呈美丽的红葡萄色，也属于铬锡红亦称铬锡紫。

**(2) 铬铝红** 一种桃红色色料，称为铬铝红。它是在刚玉晶体中（$\alpha$-$Al_2O_3$）固溶了 $Cr^{3+}$ 后形成的，属 Zn-Al-Cr 尖晶石系色料 $Zn(Al，Cr)_2O_4$，它对基釉的要求和铬锡红正好相反，要求 ZnO、$Al_2O_3$ 含量高的釉。

**(3) 锆英石包裹的包裹红** [$Cd(Se_xS_{1-x})/ZrSiO_4$] $Cd(Se_xS_{1-x})$ 大红色料是陶瓷色料中唯一的一种呈鲜艳大红颜色的色料，但美中不足的是高温稳定性很差，严重影响了它的使用范围。而包裹型的镉硒红色料弥补了这个致命弱点，它采用透明的稳定的晶体包裹，从而大大提高了该色料的热稳定性，可在 $1200\sim1250\,℃$ 间使用，呈鲜艳的大红色。

**(4) 锆铁红** 属锆系色料，其主晶相是锆英石（$ZrSiO_4$），在釉中通常呈珊瑚红色，它既可釉用也可坯用，是目前用途广、用量大的锆系三原色色料之一。它对基釉的宽容性大，可用于几乎所有的釉中。在基釉中可加入少许硅酸锆起稳定和助色的作用。锆铁红的使用温度范围广，可适用于低温 $800\sim1000\,℃$，中温 $1000\sim1200\,℃$，高温 $1200\sim1250\,℃$。其他还有釉用锰红、镉银红等色料。

**(5) 硅铁红** 硅铁红色料是一种产自法国的天然陶瓷坯用色料，它在陶瓷行业中主要用于玻璃化坯体的着色，其在坯体中加入量一般为 $4\%\sim9\%$，而且在 $1200\,℃$ 以下烧成时能够呈现稳定的鲜艳桃红色。这种色料利用天然矿物制得，成本较低，而且进一步的研究表明，这种色料以 $SiO_2$ 作为包裹相，利用 $SiO_2$ 微晶相和 $SiO_2$ 玻璃相对着色剂 $Fe_2O_3$ 进行包裹从而起到高温稳定作用，由于天然原料含铁量的局限性，这种颜料往往只能在陶瓷坯料中使用。

### 6.3.3.6 蓝色釉用着色剂

**(1) 钴蓝** 目前使用最多的是钴蓝、海碧蓝、深蓝及硅酸锌蓝等。习惯上将以 $CoO\cdot Al_2O_3$ 尖晶石作为主晶相的色料通称为钴蓝（$CoAl_2O_4$）；而将含有 ZnO 的色料专门命名为海碧，又俗称浅蓝；含有 $SiO_2$ 的钴蓝因其呈色深，俗称深蓝。在硅锌矿

（$Zn_2SiO_4$）结构中，以 $Co^{2+} \rightarrow Zn^{2+}$ 的置换形式使 $Co^{2+}$ 固溶在 $Zn_2SiO_4$ 中，仍保持硅锌矿（约有一半的 $Zn^{2+}$ 被 $Co^{2+}$ 所置换），由此可得到与 $CoO \cdot Al_2O_3$ 尖晶石相比偏红的紫蓝色，称为硅酸锌蓝。深蓝和硅酸锌蓝呈浓浓的带紫色的蓝，通称为绀蓝。

（2）锆钒蓝　主晶相为锆英石。钒置换了部分锆，其固溶体呈蓝绿色，又称海军蓝。锆钒蓝是锆系三原色之一，另两种是锆镨黄和锆铁红，可相互调和以得到各种中间色。锆钒蓝既可釉用也可坯用，它适应性强，几乎适用于所有类型的釉和坯体，在基釉中加入少量锆英石可起到稳定和助色的作用。

### 6.3.3.7　绿色釉用着色剂

（1）维多利亚绿　属 Ca-Cr-Si 系，石榴石型晶体结构。它对基釉有严格要求，要求高钙、高硅、无锌或低锌，使用温度不超过 1160℃，在釉中呈黄绿色。

（2）孔雀蓝　属 Co-Zn-Al-Cr 系，尖晶石型结构，可以用于釉、坯体和搪瓷，要求釉中无锌或低锌，否则颜色会泛棕。通常在釉中呈蓝色调偏强的绿色，即孔雀蓝。

（3）复合绿色　属新型绿色色料，其使用条件宽松。它用锆钒蓝（Zr-Si-V）和锆镨黄（Zr-Si-Pr）或锡钒黄（Sn-V）、钒锆黄（Zr-V）配制而成可得到广泛的绿色调，而且该系列绿色料在石灰-锌等含 ZnO 的釉中呈色最美，可广泛应用在石灰-锌-铅釉中，其使用范围宽，具有很大的经济和实用价值。

### 6.3.3.8　白色釉用着色剂

可以用作陶瓷白色着色的氧化物主要有氧化镁、碳酸镁、氧化铝、硼酸钙、氧化钛、氧化锌、砷酸、氧化锑、铈化物和金属银等。

# 6.4　陶瓷色料的性质

## 6.4.1　陶瓷色料的共性

陶瓷色料的共性是指所有类别的色料都应具备的性能。它们是着色力、遮盖力、分散度、稳定性、耐光性、耐候性和吸油量。

（1）色料的着色力　是指一种色料与其他色料混合后，这种色料对混合色料的颜色所起的影响能力。色料的着色力，也称着色强度，即色料使其他物质呈现颜色的强度。色料的着色力不仅决定于色料的性质，而且决定于色料的制备方法。一般来说，色料的分散度越大，着色力越强。

（2）色料的遮盖力　是指色料能遮盖起承受色料膜层的底色，使底色的本色不能再透过色料膜层所显示的能力。色料的遮盖力决定于色料和连接料的折射率之差，若色料与连接料的折射率之差增大，则其遮盖作用也增强。色料的遮盖力还与色料颗粒表面反射的光量、对入射光的吸收程度和色料的分散程度有关。一般来说，色料颗粒的分散度提高，其遮盖力增强，但达到某个极限值时，就会停止继续上升。

（3）色料的分散度　是指色料颗粒的大小。色料的分散度直接影响色料的着色力和遮盖力，同时还有影响色料的色泽。一般分散度提高会增强色料的主色调和亮度。

（4）色料的稳定性　主要包括化学稳定性和高温稳定新鲜感。这里的稳定性是指陶瓷色料抵抗酸碱侵蚀的能力。

（5）色料的耐光性　是指色料在光的照射下，能否长期保持本来颜色的能力。色料在日光的照射下发生颜色变化，主要是受到紫外线的作用而引起色料结构变化的结果。

（6）色料的耐候性　是指色料在气候反复变化下能保持本色不变的能力。有些色料在昼夜温差和季节温差大及空气湿度变化大的气候条件下会改变颜色。这是由于色料结构变化而造成的。

（7）色料的吸油量　是指一定量的某种色料所能吸收的油量。色料的吸油量是在色料分散度的一定范围内变动的，同时还决定于色料颗粒之间存在的自由空间和色料对油的吸附能力。

## 6.4.2　陶瓷色料的特性

陶瓷色料的特性是由它的使用条件决定的，通常要同时承受高温和熔体的考验。因此，作为陶瓷色料，首先必须要能在陶瓷制品烧成的温度下不分解变色，不挥发逸出，就是要有较高的耐热性和高温稳定性。其次，陶瓷制品烧成时，胎体表面附着的釉料或熔剂均会熔融，陶瓷色料必须不受这些熔融物的侵蚀而破坏其矿物结构，改变色调，就是要有较强的抵抗熔融物侵蚀的能力或化学稳定性。以上是陶瓷色料在物性上和一般无机色料最大不同的地方。具体来说，用于陶瓷坯泥着色的色料，对制坯各道工序的任何加工处理，包括高温烧成，都不能有任何反应。用于釉着色的色料，对制釉各工序的加工处理，以及高温釉烧时，都需要具有抵抗性，而在釉烧温度下不得和釉发生反应。用于釉上彩饰的色料，在烧成温度下不得和熔剂发生反应。

# 6.5　陶瓷着色剂配方

常见陶瓷着色剂配方如下，配方中物质按质量分数列出。

（1）棕色釉

氧化铁 22；氧化锌 55；氧化铬 23。

色料在釉料中占 0～1.5。

二氧化锰 42.1；土红（含氧化铁 35%）15.8；氧化铬 26.3；氧化铁 15.8。

色料在釉料中占 9。

（2）红棕色釉

长石 40；瓷土 18；石灰石 19；石英 20；氧化锌 3；氧化铁 10。

（3）黑棕色釉

长石 30；石英 20；石灰石 15；硅灰石 12；氧化铁 8；黏土 15。

（4）红色不透明釉

铅丹 4.5；白垩 28.4；氧化锡 45.5；重铬酸钾 1.1；石英 27.0。

色料中前四者用干法混合，向混合料中加入溶于热水中的重铬酸钾溶液，充分混合后 1350℃烧成。

色料在釉料中占 10.0。

**(5) 硒红釉**

硒粉 17.3；氧化镉 7.4；硫化镉 74.3；氧化镁 3.0。

色料在釉料中占 3.5。

**(6) 浅紫色釉**

氧化锡 44.3；氧化钴 0.9；硼酸 8.9；铬酸铅（红）1.3。

色料在釉料中占 22.4。

**(7) 淡粉红色釉**

钠长石 50；石英 16；石灰石 15；氧化锡 1；滑石 6；氧化铜 1；氧化锌 6；氧化硅 0.5；瓷土 7。

如果用 2%的氧化铁替代配方中 1%的氧化铜，可得橄榄绿半透明釉。

**(8) 铬锡红釉**

氧化锡 50；方解石 25；石英 17；重铬酸钾 4；硼酸 4。

**(9) 果绿色釉**

重铬酸钾 21.13；石英 42.25；长石 14.09；氟化钙 14。

色料在釉料中占 16.67。

**(10) 天蓝色釉**

长石 11.11；氧化钴 6.84；氧化铝 45.5；氧化锌 20.51；烧硼砂 16.24。

色料在釉料中占 7.69，烧成温度 1320~1350℃。

**(11) 深紫红色釉**

长石 37；碳酸钡 7；白云石 8；石英 15；硼酸钙 7；氧化钴 2；滑石 20。

烧成温度 1200~1260℃。

**(12) 灰色釉**

长石 36.4；石英 23.7；石灰石 10.1；白云石 1.6；碳酸钡 9.3；氧化锌 2.5；高岭土 3.0；锑锡灰 10.0。

烧高岭土 3.4，烧成温度 1250~1280℃。

**(13) 柠檬黄釉**

氧化锆 90.82；氟化钠 3.86；偏钒酸铵 4.84；氧化铁 0.48。

色料在釉料中占 9.62，烧成温度 1300~1360℃。

# 6.6 着色剂在新型陶瓷中的应用

## 6.6.1 着色剂在氧化铝电子陶瓷中的应用

作为电子技术应用的黑色 $Al_2O_3$ 陶瓷，黑色着色剂的选择必须考虑陶瓷材料的其他性能。例如必须考虑到陶瓷材料具有较高的电阻率等。也就是说 $Al_2O_3$ 黑瓷瓷料的选择，从色料的选择开始就要考虑到使用性能上的要求；不仅要保证瓷料颜色的黑度、质地的致密，也必须保证瓷体的绝缘特性以及用作电子器件时所应具备的其他性能。

用作 $Al_2O_3$ 黑色瓷料的着色氧化物主要有 $Fe_2O_3$、CoO、NiO、$Cr_2O_3$、MnO、$TiO_2$、$V_2O_5$ 等，而以 $Fe_2O_3$、CoO、$Cr_2O_3$、MnO 最为常用。这些常用的着色氧化物在高温下的挥发性都较强。因此，抑制这类氧化物挥发，在拟订配方时就应该注意。通常，挥发速度随温度的升高而升高，因此，选择较低烧成温度的瓷料组成对抑制色素氧化物的挥发有直接效果。有资料表明，向纯度 99.3% 的工业铝氧中加入 3%～4% 的 $MnO_2$ 和 $TiO_2$ 的低共熔组成，在 1250℃ 下烧结的试样的密度可以达到 3.71～3.754g/$cm^3$。为了使黑色 $Al_2O_3$ 瓷料具有尽可能低的烧成温度，应该充分利用 $MnO_2$-$TiO_2$ 低共熔物对 $Al_2O_3$ 陶瓷的强烈促进烧结的作用。还应注意，如果同时引入一定数量（如 1% 以上）的 $Fe_2O_3$，会使 $MnO_2$-$TiO_2$ 加入物促进烧结的作用变弱。

表 6-3 是空气中烧成的黑色 $Al_2O_3$ 陶瓷的配方和性能。表中 1# 配方是在 1350℃ 下保温 2h 烧成，2# 配方是在 1450℃ 下保温 2h 烧成。这两种黑色氧化铝瓷料的烧成温度都是比较低的，这与瓷料中同时含有 $MnO_2$ 和 $TiO_2$ 有关。两种黑色 $Al_2O_3$ 陶瓷经 1250℃ 在还原气氛中处理后，体积电阻率不发生变化，仍保持 $10^{11}\Omega\cdot cm$，这与瓷料配方中含 CoO 有关。用于黑色氧化铝陶瓷着色用的 CoO 或 NiO 属于贵金属氧化物，成本较高，故也可通过调节着色氧化物比例制备 Fe-Cr-Mn 系黑色氧化铝陶瓷，如表中 3# 配方。

表 6-3 空气中烧成的黑色 $Al_2O_3$ 陶瓷的配方和性能

| 配方编号 | 组成/% | | | | | | | | | 性能 | |
| | $Al_2O_3$ | CoO | $Fe_2O_3$ | $MnO_2$ | $Cr_2O_3$ | MgO | $V_2O_5$ | $SiO_2$ | $TiO_2$ | 颜色 | 体积电阻率/$\Omega\cdot cm$ |
|---|---|---|---|---|---|---|---|---|---|---|---|
| 1# | 91.0 | 0.5 | — | 3.7 | 2.1 | — | 0.3 | 0.4 | 2.0 | 黑 | $10^{11}$ |
| 2# | 92.4 | 0.1 | — | 3.5 | 2.5 | — | 0.3 | 1.5 | 黑 | $10^{11}$ |
| 3# | 85.0 | — | 1.5 | 3.0 | 2.5 | 1.1 | — | 3.0 | 4.0 | 黑 | $1.6\times10^{13}$ |

如在氧化铝瓷料中引入着色氧化物（如 $MnO_2$ 和 $Cr_2O_3$），在氧气氛下烧成，则会使瓷料呈深紫红色。其典型配方见表 6-4。

表 6-4 氧气氛下烧成的深紫红色 $Al_2O_3$ 陶瓷的配方

| 组 分 | 烧结 $Al_2O_3$ | 烧滑石 | 叙永土 | $SiO_2$ | $MnCO_3$ |
|---|---|---|---|---|---|
| 组成/% | 89 | 2 | 2 | 4.5 | 3.3 |

## 6.6.2　着色剂在羟基磷灰石牙科陶瓷中的应用

为在牙科陶瓷修复体中产生天然牙齿的颜色，要求使用的陶瓷着色剂能够产生红黄混合色。除了铀以外，没有任何一种单一的稀有元素和过渡金属能够产生满意的黄色，而由于铀具有较强的辐射性，政府早年已立法限制铀在医用牙科的应用。1919 年，

Taylor 报道在硅酸盐玻璃中掺杂适当的 $CeO_2$ 和 $V_2O_5$ 可以产生灰黄色。1959 年，Weyl 却指出在玻璃中添加单一的 $CeO_2$ 其实并不会形成任何颜色，但同时加入 $TiO_2$ 则产生较强黄色，并且可以通过掺杂 $Er_2O_3$ 来调节黄色的深浅。1979 年，Smyth 和 Lee-You 又报道了在传统的牙科瓷中 $Tb_2O_3$ 具有修正 $CeO_2$ 荧光效果的作用。1995 年，Grossman 证实了在可见光和紫外线下 $CeO_2$ 均可使云母微晶玻璃呈黄色。2002 年，孙颖等人研究了多种氧化物对云母微晶玻璃呈色的影响，发现 2％～5％氧化铈和 0.1％$V_2O_5$ 可使玻璃陶瓷在可见光和紫外线下呈现黄色。温宁等人通过变动氧化铈的含量，制备出 7 种不同颜色渗透用玻璃粉。色度学分析结果显示，经玻璃渗透后，氧化铝玻璃复合体的 $b^*$ 值与比色板的 $b^*$ 值范围吻合较好。氧化铈可以有效地赋予氧化铝玻璃复合体黄色品相，但降低材料明度和增加 $a^*$ 值的能力较弱。

采用高分子网络凝胶法可以制备出牙科着色羟基磷灰石（HA）陶瓷，具体工艺为：将 $Ca(NO_3)_2$ 溶解于水，并放入适量的柠檬酸，澄清后，加入一定量的 $(NH_4)_2HPO_4$，并加入 Ce 的硝酸盐作为着色剂（掺杂比例如表 6-5）。再加入适量的丙烯酰胺，溶解后再加入少量 $N,N'$-亚甲基双丙烯酰胺。升温至一定温度后加入引发剂，形成果冻状水凝胶后，将凝胶微波干燥。随后一定温度煅烧 3h，得到铈掺杂 HA 纳米粉体。再将粉体成型后在不同温度下烧结，即得到着色羟基磷灰石牙科陶瓷。

表 6-5　稀土铈着色 HA 陶瓷的成分设计

| 符　号 | 成 分 组 成 | 符　号 | 成 分 组 成 |
|---|---|---|---|
| Ce1 | 99％HA＋1％ $CeO_2$ | Ce3 | 99％HA＋3％$CeO_2$ |
| Ce2 | 99％HA＋2％ $CeO_2$ | Ce4 | 99％HA＋4％$CeO_2$ |

研究发现，掺杂氧化铈后的 HA 陶瓷颜色明显转变为黄色。与表 6-6 所显示的中国人牙色度范围相比较可以发现，未着色的陶瓷及掺杂铈的 HA 陶瓷的 $L^*$ 值在 81.46～91.69 之间，$L^*$ 值和中国人牙的明度相比均偏大，只有一部分样品 $L^*$ 值在 63.68～86.54 之间；所有被测陶瓷样品的 $a^*$ 值均在 −6.65～0.51 之间，而着色后的陶瓷 $a^*$ 值均小于零，因此样品的 $a^*$ 值和中国人牙相比偏低；着色陶瓷样品的 $b^*$ 值结果为 $7.29 \leqslant b^* \leqslant 24.05$，与中国人牙色度范围相比较，在此色度范围之内。可见，适量地掺杂铈可以有效地使羟基磷灰石陶瓷的颜色偏向自然牙的黄色范围。

表 6-6　Vita MK Ⅱ切削瓷块、Vita 烤瓷比色板及中国人牙色度范围

| 测 量 材 料 | $L^*$ | $a^*$ | $b^*$ |
|---|---|---|---|
| Vita MK Ⅱ瓷块 | 42.09～47.07 | −1.42～0.96 | 2.08～9.65 |
| Vita 烤瓷比色板 | 58.57～69.56 | −1.03～2.54 | 6.57～17.39 |
| 中国人牙 | 63.68～86.54 | 0.08～3.87 | 6.67～29.79 |
| 掺杂铈的 HA 陶瓷 | 81.46～92.81 | −6.65～−2.88 | 7.29～24.05 |
| 未掺杂 HA 陶瓷 | 86.69～94.33 | −0.05～0.51 | −0.48～1.34 |

## 6.6.3　着色剂在氧化锆牙科陶瓷中的应用

目前，氧化锆牙科修复体的着色方法主要有两种：一种是在氧化锆粉体中引入着色

剂，制备出着色的陶瓷坯体，再经过切削加工、烧结，从而得到与天然牙颜色相近的修复体。另一种是配置特定的着色溶液，将经过切削加工的未着色的氧化锆基底冠在着色溶液中浸泡一定时间，或将染色液涂刷在氧化锆上，然后经过烧结获得与天然牙齿颜色相近的修复体。

### 6.6.3.1　氧化锆陶瓷粉体的着色

在溶胶-凝胶法制备氧化锆溶胶的过程中，分别加入一定比例的 Ce(NO)$_3$、Fe(NO$_3$)$_3$ 溶液作为口腔色彩黄色和红色的色源提供体，制备含铈（摩尔分数 4%）溶胶和含铁（摩尔分数 0.5%）溶胶。然后将两种溶胶按表 6-7 比例（体积比）混合、烘干、热处理，制成 11 种齿色氧化锆纳米粉。其中，样品号从 1 增加到 11，其对应的纳米粉中氧化铈含量逐渐增加，氧化铁含量逐渐减少，1 号样本中氧化铁含量最多，11 号样本中氧化铈含量最多。将各组分粉体不同温度烧结，即得到齿色氧化锆纳米着色陶瓷。

表 6-7　有色纳米氧化锆粉组成比例　　　　　　　　单位：mL

| 样 品 号 | 11 | 10 | 9 | 8 | 7 | 6 | 5 | 4 | 3 | 2 | 1 |
|---|---|---|---|---|---|---|---|---|---|---|---|
| 含铈溶胶体积 | 10 | 9 | 8 | 7 | 6 | 5 | 4 | 3 | 2 | 1 | 0 |
| 含铁溶胶体积 | 0 | 1 | 2 | 3 | 4 | 5 | 6 | 7 | 8 | 9 | 10 |

其中，氧化物 Fe$_2$O$_3$、CeO$_2$ 属于典型的离子着色。铁离子以 Fe$^{3+}$ 或 Fe$^{2+}$ 的形式存在，铈离子以 Ce$^{3+}$ 或 Ce$^{4+}$ 的形式存在。这些离子的共同特点是具有 $4s^{1\sim2}3d^x$ 型的电子结构，它们最外层的 s 层、次外层的 d 层上均未充满电子，这些未成对的电子不稳定，容易在次亚层之间发生跃迁，跃迁所需的能量正好是可见光区域内光子所具有的能量，故能够选择性地吸收各种可见光。对于不同的离子，各次亚层之间的能级差 $\Delta E$ 不相等，可吸收不同能量的光子，使反射光具有不同的能量和波长，从而呈现出多彩的颜色。颜色是所有着色离子对光选择性吸收的综合结果，由于添加了不同含量着色氧化物 CeO$_2$ 和 Fe$_2$O$_3$，故纳米氧化锆可以呈现出不同的颜色。

图 6-2 是 11 种颜色氧化锆纳米着色陶瓷在可见光波长范围内的反射率。从图中可以看出，各样品的反射率随可见光波长的增大而增加，在 780nm 处达到最高值，同天然牙对光的反射特性一致。由颜色的光谱分布可知，可见光中红色光和黄色光的波长在

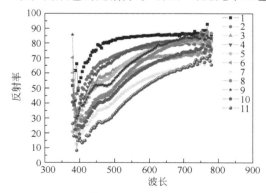

图 6-2　可见光谱范围内纳米着色氧化锆的反射率

560～780nm，可见纳米着色氧化锆的颜色主要集中在红色和黄色光区域，符合口腔色彩分布范围。

图 6-3 是不同样品的主波长，主波长是指用一光谱色按一定比例与一个确定的标准照明体相混合而匹配出样品色，该光谱色的波长就是样品色的主波长。颜色的主波长大致相当于观察到的色调。由图可以看出，11 种着色纳米氧化锆的主波长均在 580nm 左右，单色光的波长由长到短对应的颜色感觉由红到紫，因此，再次验证了样本颜色在纯黄和纯红之间，位于口腔色彩范围内。

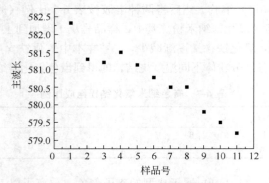

图 6-3　纳米着色氧化锆的主波长

表 6-8 是纳米着色氧化锆、Vita MK 切削瓷块、Vita 烤瓷比色板及中国人牙的 $L^*$、$a^*$、$b^*$ 值。从表中数据可以看出，11 种着色氧化锆的 $L^*$ 值为 $71.77 \leqslant L^* \leqslant 93.75$，比 Vita MK 切削瓷块和 Vita 烤瓷比色板更接近中国人牙的明度；$a^*$、$b^*$ 值分别为：$-1.30 \leqslant a^* \leqslant 6.20$，$6.17 \leqslant b^* \leqslant 25.94$，很好地覆盖了中国人牙齿的颜色范围，并且 $a^*$ 值的范围比中国人牙颜色范围更宽。这说明纳米着色氧化锆的明度、彩度和色相均符合牙科着色剂的要求。

表 6-8　着色氧化锆的 CIE 1976（$L^* a^* b^*$）色度值

| 测 试 材 料 | $L^*$ | $a^*$ | $b^*$ |
|---|---|---|---|
| 1 | 71.77 | 6.20 | 25.94 |
| 2 | 79.71 | 4.00 | 20.66 |
| 3 | 85.26 | 5.01 | 14.56 |
| 4 | 82.53 | 4.70 | 21.73 |
| 5 | 75.80 | 3.08 | 20.07 |
| 6 | 81.29 | 2.27 | 18.04 |
| 7 | 85.95 | 1.95 | 15.90 |
| 8 | 89.25 | −0.15 | 13.16 |
| 9 | 85.17 | −0.36 | 11.59 |
| 10 | 89.33 | −0.82 | 9.23 |
| 11 | 93.75 | −1.30 | 6.17 |
| Vita MK Ⅱ 切削瓷块 | 42.09～47.07 | −1.42～0.96 | 2.08～9.65 |
| Vita 烤瓷比色板 | 58.57～69.56 | −1.03～2.54 | 6.57～17.39 |
| 中国人牙 | 63.68～86.54 | 0.08～3.87 | 6.67～29.79 |

从 11 种纳米着色氧化锆的 CIE 1976 $L^*$、$a^*$、$b^*$ 值的递变规律可以看出：随着氧化铁含量的增加，着色氧化锆的 $a^*$ 值、$b^*$ 值增大，样本色相由黄绿向黄红方向转变，同时明度有所降低，但均高于 Vita 比色板的明度，说明氧化铁可以有效地赋予氧化锆黄红色品，增加 $a^*$、$b^*$ 值的能力较强，但会降低材料的明度。随着氧化铈含量的增加，着色氧化锆的 $a^*$ 值、$b^*$ 值减小，但明度升高，说明氧化铈对红黄色品的影响不大，对 $ZrO_2$ 陶瓷的红黄色品着色能力小于氧化铁，但可以起到增强材料明度的作用。

### 6.6.3.2 氧化锆陶瓷基底的着色

为了模拟天然牙齿的半透明性和颜色，通常将预烧结的氧化锆材料在其预烧结和吸收状态下用着色溶液处理。然而，由于掺入着色组分也伴随有额外的光吸收，因此，烧结之后着色的氧化锆陶瓷不如着色之前透明。

2012 年，深圳爱尔创科技股份有限公司发明了一种用于牙科氧化锆陶瓷的着色方法。具体组成和各物质含量如下：着色溶液由着色剂、溶剂和添加剂组成，其中着色剂为选自镨离子、铒离子、铈离子和钕离子中的两种或两种以上稀土金属离子的可溶性盐。可溶性盐的阴离子选自氯离子、醋酸根、硝酸根、硫氰根、硫酸根中的一种或一种以上。稀土金属离子在溶液中的含量为 0.05～3mol/L 溶剂；稀土离子之间的比例为 Pr：Er：Ce：Nd＝1：（10～50）：（0～10）：（0～25），优选 Pr：Er：Ce：Nd＝1：（12～50）：（1～10）：（3～25）。溶剂以能溶解所选着色剂为最低标准，可单独或混合使用水、醇类溶剂；醇类优选选用在水中溶解度较大的小分子醇，如甲醇、乙醇、异丙醇、正丙醇、丙三醇和/或乙二醇。

该发明提供的采用稀土元素作为着色剂的着色溶液，在应用于牙科氧化锆陶瓷时，可以获得同时具有良好颜色和透光度的牙科氧化锆陶瓷，从而获得与自然牙齿相近的美学效果。

现有着色技术中常使用的过渡金属离子的半径与锆离子相差较大，难以进入氧化锆的晶格内，在烧结后保留在晶界上。保留在晶界上的过渡金属离子容易对入射光产生散射作用，导致陶瓷透光性降低。而稀土元素离子具有与锆离子相近的离子半径，更容易进入氧化锆的晶格，而不是留在陶瓷晶界上，因而提高了氧化锆陶瓷的透光性。而且，稀土元素离子进入氧化锆晶格还可能促进氧化锆晶粒从四方相向立方相转变，而立方相氧化锆的透光性高于四方相氧化锆的透光性，这也可能是稀土元素离子提高氧化锆透光性的原因。另外，采用该发明着色处理的氧化锆陶瓷，在外观上看，其着色更均匀。这可能是因为稀土元素离子半径大，在渗入预烧结氧化锆陶瓷坯体中以后，在后续的干燥过程中随着水分蒸发而向坯体表面扩散的速度较慢，从而可以更均匀地保留在预烧结氧化锆陶瓷坯体中或者保留在距离预烧结氧化锆陶瓷坯体表面更深的深度上，从而使陶瓷修复体的颜色更均匀。

2013 年，美国 3M 创新有限公司也发明了一种用于使多孔氧化锆牙科材料着色且不会降低陶瓷的半透明性的方法。研究表明，仅显示出 IV 型 $N_2$ 等温吸附和/或解吸和 H1 型滞后环的多孔氧化锆材料才适宜这种方法，通过热处理氧化锆气凝胶获得的多孔氧化锆尤其合适。因为这样的多孔结构有助于着色溶液更均匀地浸润到材料中。

该发明中着色剂以阳离子和阴离子的盐的形式添加。阳离子选自 Fe 离子、Mn 离子、Er 离子、Pr 离子、V 离子、Cr 离子、Co 离子、Mo 离子、Ce 离子、Tb 离子以及它们的混合物。这些阳离子以约 $0.05 \sim 5 \text{mol/L}$ 溶剂的量存在。阴离子包括：$OAc^-$、$NO_3^-$、$NO_2^-$、$CO_3^{2-}$、$HCO_3^-$、$ONC^-$、$SCN^-$、$SO_4^{2-}$、$SO_3^{2-}$、戊二酸根、乳酸根、葡糖酸根、丙酸根、丁酸根、葡糖醛酸根、苯甲酸根、酚离子、卤素阴离子（氟离子、氯离子、溴离子）以及它们的混合物。着色溶液是含水的（水性）溶液，通常具有 $0 \sim 9$ 范围内的 pH，即强酸性至弱碱性。烧结后的氧化锆的半透明性和颜色可通过改变着色离子的量和性质进行调整。

典型配方：213.888g 去离子水、126.179g 乙酸铒（Ⅲ）水合物和 159.975g 柠檬酸三铵混合，70℃下搅拌至所有组分完全溶解，即得到着色溶液。

着色氧化锆制备步骤：首先提供一个多孔氧化锆制品和一种着色溶液，将着色溶液施用到多孔氧化锆制品的外表面，将前述步骤的多孔氧化锆制品干燥，烧结所述多孔氧化锆制品以获得着色且半透明的氧化锆陶瓷。

将着色溶液按上面的步骤实施在多孔氧化锆上面，得到的材料的 CR-R 值（反射对比率）如图 6-4 所示。CR-R 值是使用对比率方法表示的不透明度，CR-R 值越高，材料越不透明，CR-R 值越低，材料越透明。尽管此方法所述的氧化锆陶瓷中着色离子的存在引起光的吸收，但着色陶瓷的 CR-R 值明显减小，材料变得更加半透明。分析认为，这是由于着色溶液中的着色离子在烧结期间掺入到氧化锆中并且影响氧化锆材料的结晶结构，使其发生四方晶相到立方晶相的相转化，从而引起半透明性提高。这种半透明性的提高抵消了材料中着色离子的存在造成的光吸收。

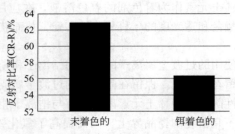

图 6-4　氧化锆陶瓷着色前后的 CR-R 值

2014 年，美国 3M 创新有限公司又提出一种用于使氧化锆牙科制品着色并赋予荧光效果的着色方法，尤其适用于制备高度美观的牙科陶瓷制品（类似于牙冠的牙科陶瓷）。其着色溶液包含以下部分：

**(1) 溶剂**　能够溶解所用的着色离子，包括水、醇（特别是低沸点醇，如沸点低于100℃）和酮。具体如水、甲醇、乙醇、异丙醇、正丙醇、丁醇、丙酮、乙二醇、甘油以及它们的混合物。溶剂的量通常足以溶解包含在溶剂中或添加到溶剂的组分。

**(2) 着色剂**　选自 Tb、Er、Pr、Mn 的金属离子以及它们的组合。

**(3) 荧光剂**　包含铋（Bi）的离子，如乙酸铋。

烧结之后的氧化锆陶瓷材料的亮度和颜色可通过改变着色离子的量和种类以及铋的含量来调节。

研究发现，利用包含 Tb 或 Pr 离子的溶液着色的氧化锆陶瓷的荧光明显强于只包含 Fe 离子着色的氧化锆样品的荧光。说明当使用 Tb 或 Pr 作为黄色着色剂时，可保持更强的荧光。这是由于铋用于为氧化锆牙科制品添加或者赋予荧光，掺杂铋的氧化锆能够发射在蓝光区段中的高光部分。然而，铁几乎可以消除铋赋予材料的全部荧光，因此铁与铋结合作为着色剂会对材料的荧光特性造成不利影响，但是，铁离子又是实现氧化锆陶瓷的牙齿颜色的合适手段。

通过使用这种着色方法，能够以不包含铁离子或仅包含痕量铁离子的溶液（Fe 离子的量相对于整个溶液的质量不超过 0.05%），实现赋予氧化锆牙科制品荧光和颜色的合并效应。

# 6.7  陶瓷着色剂的发展趋势

未来陶瓷着色剂研究的发展方向是高性能化和多功能化，应用的发展方向是专业化和连续化。近年来，着色剂的品种不断创新，品种更加齐全，性能更加优良，应用领域更加广泛。环保型产品是未来着色剂品种的主要发展趋势。同时，产品颜色再现性好，色泽鲜艳，易于分散均匀，色彩品质高的着色剂也是重点关注的对象。此外，随着时代的进步，现代高科技对陶瓷材料的性能要求愈来愈高，着色剂的多功能化研究，不仅能达到美化产品的目的，还可以赋予材料某些特殊性能，比如导电性、抗紫外线功能等。

济南大学的许崇娟等人发明了系列水溶性陶瓷着色釉料。

**(1) 水溶性黑色陶瓷釉料**  由 A 剂和 B 剂组成，A 剂包括的成分（质量分数）为：六氟合锆酸铵 32%～45%，氟硅酸铵 35%～48%，氟铝酸铵 10%～20%，六偏磷酸钠 2.0%～4.0%；B 剂包括的成分（质量分数）为：硫酸高铁铵 30%～45%，重铬酸钾 25%～35%，硫酸锰 8%～18%，硝酸钴 4%～15%，氯化钐 5%～12%。使用时按 A 剂与 B 剂质量比为 1:4 的比例溶于水，其溶液的质量百分浓度为 20%～30%，将水溶性黑色陶瓷釉料的溶液均匀喷雾到陶瓷素坯上，在氮气气氛、1320～1400℃下高温烧制。黑色瓷釉光泽度好、化学性稳定、色泽明亮。

**(2) 水溶性红色陶瓷釉料**  按质量百分比加入 8%～18% 的六氟合锆酸铵，1.0%～2.0% 三聚磷酸钠，35%～45% 六氟硅酸锌，10%～20% 氟硼酸铵，10%～24% 硫酸镉，6%～16% 硫化钠，0.5%～3% 硒粉，各组分之和为百分之百，研磨混合均匀，即得水溶性红色陶瓷釉料。使用方法：将这种釉料溶解于温度为 70～80℃ 的热水中，形成饱和溶液，再将溶液均匀喷雾到陶瓷素坯上，经 800～950℃ 高温烧制。

**(3) 水溶性宝蓝色陶瓷釉料**  按质量百分比加入 62%～75% 的六氟合锆酸铵，0.5%～2.0% 六偏磷酸钠，7%～20% 六氟硅酸锌，6%～18% 硝酸钴，各组分之和为百分之百，研磨混合均匀，即得水溶性宝蓝色陶瓷釉料。使用方法：将这种釉料溶解在水中，质量百分浓度在 15%～20%，将釉料的溶液均匀喷雾到陶瓷素坯上，100～120℃ 干燥，取出冷却至室温，再次喷涂，经 1100～1200℃ 高温烧制。瓷釉具有光泽度好、化学性能稳定、色泽鲜艳。

**(4) 水溶性黄色陶瓷釉料**  按质量百分比加入 35%～45% 的六氟合锆酸铵，1.0%～

2.0％羧甲基纤维素，20％～30％氟硅酸铵，1％～5％重铬酸铵，10％～25％氟硼酸铵，5％～15％氯化镨，各组分之和为百分之百，研磨混合均匀，即得水溶性黄色陶瓷釉料。使用方法：将这种釉料溶解于温度为50～60℃的热水中，质量百分浓度为21％～23％，将水溶性黄色陶瓷釉料的溶液均匀喷雾到陶瓷素坯上，经950～1050℃高温烧制。

另外，传统的制备方法已不能满足制备高性能和各种特殊用途的陶瓷着色剂的需要。非传统工艺的创新与突破，如溶胶-凝胶法、化学共沉淀法、水热法、微乳液法、自蔓延燃烧法、微波加热法等，已成为陶瓷着色剂发展的关键。

除了研究陶瓷着色剂的新品种、新工艺外，更深入地研究陶瓷着色剂的微观结构以及微观形貌对着色剂呈色机理及其性能的影响，将会开拓陶瓷着色剂应用的新领域。设计和可控构筑具有一定微观形貌的新型纳米陶瓷着色剂将成为新兴的热点研究领域。

# 第 7 章　消泡剂

## 7.1　概述

　　某些黏合剂，如甲基纤维素、羧甲基纤维素或合成分散剂，在加入陶瓷浆料中后会产生不希望的气泡，从而造成釉层中产生小孔（气泡）或凹坑（由于气泡破裂后没有填平所产生）等缺陷。消泡方法主要有物理、机械、化学三种。物理消泡方法主要是改变产生泡沫的条件。如提高温度使得液体黏度下降，表面弹性减小，加快液体蒸发等导致泡沫破裂。又如反复加压减压操作也可使液膜破坏，泡沫消失。离心力法是处理大量泡沫常用的机械消泡方法，把泡沫装入金属网中，高速离心使气泡破坏。还有机械搅拌，用 X 射线、紫外线及超声波等方法也可以击碎泡沫。一般根据不同目的与条件而采用不同方法。而化学消泡方法的基本原理则是利用化学药剂来消除泡沫的稳定因素，达到消除泡沫的目的。

　　为了防止陶瓷产品中产生和减少气泡、凹坑等缺陷，需要适当加入某些添加剂以消除其表面活性，避免料浆中气泡的产生。这种能够防止泡沫产生，或者能使原有的泡沫减少或消除的物质称为消泡剂。常用的消泡剂有乙醇混合物、脂肪酸衍生物及酯类，还有有机硅油等。

## 7.2　消泡剂的分类

### 7.2.1　按来源分类

　　通常的消泡指的是化学法，即将某些化学添加剂加到起泡液中，消除或抑制泡沫的生成。消泡剂的种类较多，按照其来源可以分为天然和合成两种。矿物、动植物油等是天然的消泡剂，一般来说，它们的消泡能力不高，如果用量过多，反而会助长泡沫的产生。目前，陶瓷生产中大部分使用的是合成消泡剂。合成消泡剂又可以分为两大类：一类是不溶于水的低表面张力的液状有机消泡剂。例如，脂肪酸酯、带有支链的脂肪醇、磷酸酯及聚醚型表面活性剂等。这类消泡剂使用含量较大，约为 0.1%～0.4%，消泡作用不宜持久。另一类是有机硅类，主要成分是不同分子量的聚二甲基硅氧烷，使用量很低，仅 $(1\sim60)\times10^{-6}$ 就能具有良好的、持久的消泡作用，但由于不溶于水，使用时需制成乳液。

## 7.2.2 按作用分类

消泡剂分为破泡剂和抑泡剂两大类，合称消泡剂。广义上说，消泡指破泡和抑泡，狭义说，消泡仅指破泡。破泡剂作用在于破坏摧毁已经存在的泡沫，为迅速见效的消泡剂；而抑泡剂是预先加入发泡性溶液内，在相当长的时间内阻止泡沫产生。这两种类型消泡剂混合使用时有加和性。几种消泡剂混合使用也常起协同作用，可使消泡效率增加。消泡剂就是要破坏和抑制泡沫薄膜的形成，因此，消泡剂必须是易于在溶液表面铺展的液体，消泡剂进入泡沫的双分子定向膜，破坏定向膜的力学平衡而达到破泡。消泡剂在溶液表面铺展越快，则使液膜变得越薄，迅速达到临界厚度，泡沫破坏加快，消泡作用加强。一种优秀的消泡剂必须同时兼顾消泡、抑泡作用，即不仅能迅速使泡沫破灭，而且能在相当长的时间内防止泡沫的生成。

## 7.2.3 按物质种类分类

一般可分为低级醇系、有机极性化合物系、矿物油系、有机硅树脂系等。具体类型的范围如下所示。

### 7.2.3.1 低级醇系消泡剂

因为只有暂时的破泡性能，故这类消泡剂只当泡沫产生时用它喷淋，以消除泡沫，但它不是理想的消泡剂，如甲醇、乙醇、异丙醇、仲丁醇、正丁醇等。其作用是吸附在液膜局部表面，使该处表面张力急剧下降，导致局部液膜迅速变薄而使气泡遭到破坏。

### 7.2.3.2 有机硅树脂系消泡剂

这是一种是广泛使用的消泡剂，它容易在液面上铺展而又不形成坚固表面膜，具有良好的破泡能力和抑泡能力，消泡效率高，使用量一般仅为 $0.1\%\sim0.5\%$，易于分解，引入杂质少，不影响产品质量，但价格较高。其消泡能力强，使用浓度低且对人类和环境基本无毒的特点，将显示出广阔的应用前景和巨大的市场潜力。如有机硅树脂、有机硅树脂的表面活性剂配合物、有机硅树脂的无机粉末配合物等都可以用作消泡剂。有机硅的铺展系数小，单纯的有机硅（如二甲基硅氧烷）消泡作用不明显，但将其乳化后，表面张力迅速降低，使用很少量即能达到很强的消泡作用。

有机硅树脂消泡剂主要有三种类型。

**(1)** 油型有机硅消泡剂 可以直接使用低黏度的二甲基硅油。

**(2)** 溶剂型有机硅消泡剂将硅油按所需比例溶于有机溶剂，如汽油、煤油、甲苯、四氯化碳和乙醚等。硅油溶液有助于提高硅油在某些体系中的分散性，从而提高消泡效果。

**(3)** 乳液型有机硅消泡剂 为了使二甲基硅油在不相容的液体中稳定分散，常用胶体磨合匀化器进行乳化，使硅油粒子直径小于 $100\mu m$，以保证硅油充分分散在体系中。乳液型有机硅消泡剂的组分为：聚硅氧烷 $20\%\sim40\%$；乳化剂 $10\%\sim20\%$；水 $40\%\sim$

60％；其他添加剂。这种消泡剂广泛用于水体系的消泡。

### 7.2.3.3 矿物油系消泡剂

这是最廉价的消泡剂，但性能不如有机硅树脂系消泡剂。如矿物油的表面活性剂配合物、矿物油（火油、松节油、液体石蜡等）和脂肪酸金属盐的表面活性剂配合物等。

### 7.2.3.4 有机极性化合物系消泡剂

如戊醇、二丁基卡必醇、磷酸三丁醇、油酸、金属皂、聚丙二醇等，能力大多处于有机硅树脂和矿物油之间，价格也在两者之间。

### 7.2.3.5 烃类消泡剂

其主要成分是疏水颗粒、表面活性剂和烃类溶剂。疏水颗粒一般是经过表面处理的胶态 $SiO_2$，另一种疏水颗粒是二硬脂酰乙二胺（EBS），大量消泡剂也可同时含有 EBS 和 $SiO_2$。通常，将疏水颗粒分散于表面活性剂的油溶液中使用，疏水颗粒的添加量约为 1％。

表面活性剂主要用的是油溶性表面活性剂和少量水溶性表面活性剂，其作用是降低界面张力，使消泡剂能铺展在颗粒的表面。通常采用各种脂肪酸衍生物作为油溶性表面活性剂，如 Span 80，用量约为 1％～2％。

烃类溶剂一半是石蜡烃类，如汽油、柴油和煤油等，在消泡剂中占 40％左右。使用时可以配成 4％的乳液直接加入到料浆中，加入量为干量的 0.04％～0.05％。如果在烃类消泡剂中加入少量有机硅油，则消泡效果更加显著。

### 7.2.3.6 复合型消泡剂

主要成分是聚醚、高级醇、脂肪酸酯类、磷酸三丙酯、磷酸三丁酯以及烃类。复合乳液型消泡剂主要是各种形式的硅膏，如在甲基硅油中加入高表面活性的固体粉末。这些固体粉末可以是氧化硅、氧化铝、炭黑等，有助于消泡能力的改善。通常可以将硅膏先溶于适当的溶剂后再加入料浆中进行消泡，也可以直接将这种硅膏涂敷在系统的加料口或容器边上达到消泡的目的。

我国陶瓷工业中常用的消泡剂主要是复合型产品，如由 $C_2$～$C_5$ 亚烷基基团连接的二元胺，与一种脂肪酸或含 $C_6$～$C_{22}$ 的混合脂肪酸反应所得的双酰胺、烷基、烷芳基、脂环基硅氧烷或聚硅氧烷、脂肪族或芳香族液烃、表面活性剂组成复合消泡剂。

现在，使用单一物质作为消泡剂已经很少了，大多是以复配型为主。但是所有的消泡剂都需兼顾两点，即恰当的水分散性和适宜的表面张力。这两点对消泡剂性能和贮存持久性是很重要的。

## 7.3 消泡剂消泡效果的评价方法

消泡剂在应用时，通常要进行消泡速度、抑泡性能以及贮存稳定性等性能的测试。下面介绍一些简单有效的测试方法。

### 7.3.1 消泡速度

取起泡液（通常为生产过程中需要消泡的介质）100mL 于具有刻度的 200mL 高型

烧杯内,使用高速搅拌器,以 $3000\sim4000r/min$ 的高速搅拌使之形成一定的泡沫高度,用 $L_0$ 表示。加入一滴消泡剂后,每隔20s记录一次泡沫的高度,用 $L_2$,$L_4$,$L_6$,$\cdots$,$L_n$ 表示。在记录泡沫高度时,如发现泡沫只是穿了一个洞,而没有普遍破裂下降,则说明该消泡剂的扩散性很差,没有什么消泡能力。以泡沫高度 $L$ 为纵坐标,时间为横坐标作图,观察消泡速度的大小。

### 7.3.2　抑泡性能

取起泡液 100mL 于具有刻度的 200mL 高型烧杯内,加入一定量消泡剂,使用高速搅拌器,以 $3000\sim4000r/min$ 的高速搅拌,时间为120s,测定搅拌时间为30s、60s、90s、120s各点的泡沫高度。把最初高度设为 $L_0$,用 $L_{30}$、$L_{60}$、$L_{90}$、$L_{120}$ 表示各点的高度。根据下面的公式计算抑泡能力:

$$抑泡效率=\frac{空白泡沫高度-加入消泡剂后泡沫高度}{空白泡沫高度}\times100\%$$

### 7.3.3　贮藏稳定性

取 200mL 消泡剂放于白色玻璃瓶中,加盖在50℃恒温箱中放置1~2周,并与最初测定消泡能力的样品对比各项性能。这个条件一般来说相当于常温6个月的贮藏性。

### 7.3.4　动态稳定性

将所制消泡剂配成含量为20%的水溶液,进行离心分离($3000r/min$,$30min$),观察其动态稳定性(是否分层等)。

## 7.4　常用消泡剂

一些常用的商品消泡剂性能简介如下。

**(1)** CW-0601 消泡剂 defoaming agent CW-0601

**主要成分**　液体石蜡,硬脂肪酸,表面活性剂。

**性状**　乳白色液体,能以任意比例分散在水中。

**制法**　将硬脂酸酯、表面活性剂按一定比例混合加入液体石蜡,快速搅拌乳化即可。

**产品规格**

| 指标名称 | 指标 |
| --- | --- |
| 外观 | 乳白色液体 |
| 乳液稳定性 | 合格 |

**用途**　在对循环冷却水设备和管道进行清洗时加入,防止泡沫产生。

**(2)** JC-863 消泡剂 defoaming agent JC-863

**主要成分**　多种表面活性剂。

**性状** 淡黄色浑浊液体，在 10℃ 为软固体，闪点 127℃，相对密度（20℃）0.80～0.85。

**制法** 由多种表面活性剂按一定比例复配而成。

**用途** 作为消泡剂可在泡沫液中迅速扩散，能很快除去泡沫，并能在广泛 pH 值范围内使用。

**（3）JC-5 高效消泡剂 efficient defoaming agent JC-5**

**主要成分** 聚乙二醇，脂肪酸型表面活性剂。

**性状** 淡黄色液体，相对密度（20℃）0.81～0.82，黏度（25℃）4.0～5.0Pa·s，在较宽 pH 值范围内可以控制工业过程的泡沫。

**制法** 将聚乙二醇、脂肪酸表面活性剂、乳化剂按一定比例混配，加水快速乳化成稳定乳液即可。

**用途** 用于陶瓷、涂料、还原染料、石膏、水泥原料、酸化及洗衣粉生产中废水消泡处理，用量 100g/m³。

**（4）TS-103 消泡剂 defoaming agent TS-103**

**主要成分** 液体石蜡，硬脂酸等。

**性状** 乳白色液体，极易分散到任何比例水中，具有高效消泡能力。

**制法** 将 82～84 份液体石蜡、3 份硬脂酸、1 份异丙醇、6 份聚乙二醇硬脂酸酯、在混合釜中复配而成。

**用途** 主要用于工业循环冷却水系统的清洗及预膜过程中作止泡剂，使用量一般为 4～10g/m³。

**（5）WT-309 消泡剂 defoaming agent WT-309**

**主要成分** 有机硅系化合物。

**性状** 本品为液体，耐腐蚀性、热稳定性好。

**制法** 由硅和非离子表面活性剂复配而成。

**用途** 广泛用于循环水系统的消泡及石油、印染、纺织、造纸等行业的污水处理。

**（6）MPO 消泡剂 defoaming agent MPO**

**其他名称** 聚氧乙烯脂肪醇醚。

**结构式**

$$RO\{CH_2CH_2O\}_nH$$

**性状** 棕黄色易流动的液体，相对密度（20℃）<0.95，黏度（40℃）<0.1Pa·s，属非离子表面活性剂，不溶于水。

**制法** 将剂量的脂肪醇和催化剂量的 KOH 加入聚合釜中，用氮气置换釜中空气。滴加精制后的环氧丙烷进行聚合反应，再加入精制后的环氧乙烷进行加聚反应。反应完成后抽真空脱水得成品。

**产品规格**

| 指标名称 | 指标 | 指标名称 | 指标 |
| --- | --- | --- | --- |
| 酸值/（mgKOH/g） | <0.3 | 表面张力/（N/cm） | <3×10⁻⁴ |

**用途** 本品为非水溶性消泡剂。使用时加溶剂将聚醚溶解，而作为成品。MPO用于制浆消泡具有良好的消泡效果，消泡能力比柴油强10倍以上。一般用量为0.044~0.1kg/L。

**(7) OTD消泡剂** defoaming agent OTD

**组成** 主要成分是脂肪酸二酰胺。

**性状** 淡黄色悬浮液，具有流动性，黏度（25℃）160~320Pa·s，是固体分散油基型消泡剂。

**制法** 将2mol硬脂酸投入反应釜中，加热熔融，然后加入催化剂量的碱，再加入1mol乙二胺，加热回流，进行酰基化反应，得二硬脂酰乙二胺。将其与分散剂—缩二乙二醇油酸单酸溶剂白油充分混合得成品。

**产品规格**

| 指标名称 | 指标 | 指标名称 | 指标 |
|---|---|---|---|
| 闪点(闭口)/℃ | ＞130 | 抑泡度(FP)/% | ≥65 |
| 泡沫不稳定度(Fi)/% | ≥75 | | |

**用途** 主要用于造纸工业制浆工段作消泡剂，使用时将其直接加入浆料中，采用滴加方式加入产生的泡沫中。消泡、抑泡效果均佳，在麦草为原料的制浆中，消泡能力比煤油强20倍以上。

此外，其他一些国外公司生产的商品消泡剂如表7-1所示。

**表7-1 商品消泡剂的性状**

| 产品名称 | 生产厂家 | 化学成分 | 产品性状 | 使用范围 |
|---|---|---|---|---|
| CONTRASPUMKON 2 | 德国司马化工 | 不含碱的乙醇混合物 | 澄清液体 | 特种陶瓷料浆 |
| CONTRASPUMKWE | 德国司马化工 | 碳水混合物及脂肪酸衍生物 | 淡黄色液体 | 釉料和坯体泥浆 |
| DFFOMES SLE | DAEDALUS公司 | 完全水溶的硅乳胶 | 白色液体 | 釉料、熔块釉、釉料固定剂 |
| TENSIDL 398 | DAEDALUS公司 | 丙烯和乙烯氧化物的共聚物 | 液体 | 特种陶瓷料浆的成型，瓷砖上釉 |

# 7.5 使用消泡剂的注意事项

为了使消泡剂充分发挥作用，达到最佳的消泡作用，在其使用时应该注意以下事项：

① 消泡剂即使不分层，在使用前也应适当搅拌一下比较。若消泡剂分层，则使用前必须充分搅拌，混合均匀。

② 消泡剂使用前，一般不需要稀释，可直接加入。对可稀释的消泡剂，若使用时需要用水稀释，也应随稀释随用。

③ 消泡剂用量要适当，要找出用量的最佳点，一般用量以最低的有效量为好。

# 7.6 消泡剂的应用

在制备釉浆的过程中，由于表面活性剂和机械搅拌的作用，会产生大量泡沫，而釉浆中已有的釉料黏结剂会起到使泡沫稳定的副作用，从而造成釉层中产生小孔或凹坑等缺陷。气泡泡沫的大小及其持久性取决于釉的黏度、pH值和使用的黏合剂类型。因此，使用防泡剂和消泡剂以防止缺陷的形成就很有必要，它可以在制釉阶段防止泡沫的形成，或在泡沫形成以后将泡沫破坏后除去。为了防止形成泡沫，在制釉时防泡剂和消泡剂必须直接加入到球磨机中一起研磨。消泡剂通过在釉料颗粒表面形成单分子憎水层起作用，这一层憎水层在釉浆表面以极薄的膜扩展开，因而改变了釉浆的表面张力，破坏了泡沫，防止了泡沫的形成。

加入消泡剂后，能够对泡沫的薄膜形成冲撞使泡沫消失。但是消泡剂使用的数量要适当，以避免釉料受到不良影响。有除泡能力的消泡剂常用 0.1%～0.2% 的添加量为宜。通常将消泡剂溶于水制成乳液型产品使用。例如，在瓷砖生产的淋釉和甩釉过程中，通常可引入 0.05%～0.1% 的消泡剂，此时可以提高釉料的附着力，有利于减少气孔、缩釉等施釉缺陷。与硅基产品比较，采用由丙烯和乙烯氧化物的共聚物所组成的消泡剂更好，不会堵塞喷嘴和弄脏甩釉盘。

在滑石瓷和高铝瓷的生产中，加入黏结剂和增塑剂后搅拌和球磨会引入空气，从而在料浆中会产生小气泡，引起密度的改变，而且会影响喷雾干燥的效果和粉料的质量，通过加入消泡剂，可以避免气泡的大量产生，提高料浆的质量。消泡剂可以在静止或搅拌过程中加入，直接加入到球磨机中的量为 0.05%～0.1%。

# 7.7 消泡剂的研究发展趋势

一般认为消泡剂属于表面张力较低的物质，与泡沫的液膜接触后，部分液膜的表面张力将低于液膜的其余部分，从而产生表面张力差，导致液膜破裂。而 Rose 的铺展机理也提出，消泡剂要有较低的表面张力才能起到良好的消泡作用。表 7-2 是各种类型消泡剂的表面张力。

表 7-2　各种消泡剂的类型和表面张力

| 消泡剂 | 类型 | 表面张力/(mN/m) |
| --- | --- | --- |
| NXZ | 金属皂 | 22.4 |
| BYK-020 | 有机硅 | 19.8 |
| 消泡王 470 | 非离子/阴离子复合 | 29.5 |

作为消泡剂，除了需要具有较低的表面张力，还具有较低的 HLB 值；具有能与泡沫表面接触的亲和能力；具有能在泡沫上扩散和进入泡沫，并取代泡沫膜壁的性能；不

溶于发泡介质之中，但又很易按一定的粒度大小均匀地分散于泡沫介质之中，具有在泡沫介质中分散的适宜颗粒作为消泡核心，产生持续的和均衡的消泡能力。

我国的陶瓷消泡剂经过二十多年的研制，开始进入发展期，技术已日趋成熟，给新型消泡剂的研制提供了可行的条件。目前随着陶瓷技术的发展，消泡剂的发展趋势主要有：

① 随着新的高活性消泡组分的不断发现，复配组分协同效应研究的不断深入，那些组分结构单一、经济效益较差的低档消泡剂将逐渐被多功能、高效率的复配型消泡剂取代，比如有机硅化合物和表面活性剂的复配、聚醚和有机硅的复配、水溶性或油溶性聚醚和含硅聚醚的复配。

② 适用性强、用量小、能提高产品质量和设备利用率的新型高效消泡剂将是当前消泡剂的发展方向。

③ 随着硅油合成原料价格的逐年降低以及合成路线的优化，配有聚醚改性硅油组分的复合型消泡剂将在未来的市场上占据主导地位。

# 第 8 章　其他坯釉料添加剂

## 8.1　概述

　　釉料在建筑陶瓷与卫生陶瓷产品中发挥着非常重要的作用，釉料最终能否达到技术要求，贯穿在整个生产工艺流程中。随着现代工业技术日新月异的发展，随着人们环境保护意识的提高以及对釉面质量和施釉的机械化、自动化要求的重视，对釉浆处理和施釉工艺技术的要求越来越严格，具体体现在以下几方面：釉浆黏度随时间的变化特性，超时限性；釉浆随温度变化的稳定性；形成良好的覆盖层和无流淌现象；施釉的低能耗和高产率。

　　为了改善与改进建筑卫生陶瓷产品的品质与釉面质量，在釉料中引入各种添加剂，成为目前国内外陶瓷企业一种很普遍的技术现象，各种陶瓷釉用添加剂应运而生。釉料添加剂主要有以下一些作用：

　　① 调整釉浆黏度，改善釉浆的流变学性能，获得所要求的釉浆触变性。能使料浆在高剪切应力下产生低黏度，在低剪切应力下产生高黏度。

　　② 提高釉面平滑度，防止在竖直表面出现釉滴、条纹，避免边缘处出现釉面凸出。

　　③ 防止釉浆沉淀，改善釉浆的悬浮性能，产生良好的分散性。

　　④ 增加生坯的表面强度。

　　⑤ 促进釉浆排气、除泡。

　　⑥ 防腐作用，阻止细菌和真菌引起的分解反应，延长釉浆储存时间（特别在夏天）。

　　⑦ 调整釉浆吸浆速率和保水性。

　　⑧ 使上釉后釉面具有一定弹性、防裂。

　　⑨ 调整釉浆密度，调节固体含量。

　　⑩ 改善坯、釉间结合。

　　⑪ 提高釉的耐磨性。

　　⑫ 控制施釉后的干燥时间。

　　目前，各种陶瓷釉料添加剂已经形成丰富多样的辅助原料产品体系，它们是为了满足陶瓷工业日新月异的发展要求应运而生的，成为陶瓷工业新材料发展中的"新宠儿"。从陶瓷工艺理论与生产流程来看，不论企业生产规模如何，被粉碎的釉料熔块混合物与球磨原料均很少能够直接用于施釉工艺中去。这是由于釉料悬浮体的流变性必然受到几种组分粒度的影响，这些流动性常随时间的影响而改变。因此要做到保证施釉厚度与釉层的均匀性，就必须加入流变性调整剂，用于控制釉浆的黏度，改善釉料的触变性能，克服釉沉淀，提高润湿性，并能控制干燥时间和增加坯面的釉层强度。采用各种釉料添加剂是提高釉料工艺适用性，控制施釉操作的必要手段。当然任何釉料添加物必须应用适当，避免可能带来的副作用。添加剂的选用也应该先进行试验，做好定性与定量分析工作。

# 8.2 脱模剂

脱模剂用于模具壁上，其主要作用是在模具与坯体之间形成滑移层，防止粘模，有助于坯和模具的分离、脱模，减少坯体破损，并有利于排气。它主要用于单面压制成型。脱模剂实际上是一种特殊用途的润滑剂。由于活性剂分子可以吸附在金属、石膏和黏土等表面上，在金属和石膏等表面形成牢固的吸附膜，这种定向吸附膜亲油基朝外，所以它能使金属、石膏等表面与黏土颗粒表面之间的固-固摩擦和接触变成油膜之间的摩擦和接触，从而便于脱模。

DISTACCANTE110 是一种常用的陶瓷脱模剂，使用在成型坯体和模具之间，使成型坯体更易于脱模，产品表面更光滑无尘污，它可以不经过稀释而直接使用，有时也可以用水稀释，最高比例为 50%，使用时用毛刷在模具上轻轻涂抹一层或采用喷枪喷涂即可。脱模剂中大多数为液体或低熔点物质，常用的有有机油、花生油、肥皂水、甘油等。

## 8.2.1 油、石蜡系列脱模剂

这类脱模剂一般为油、石蜡等比较便宜的材料，是利用材料本身给模具表面与物料之间带来润滑作用。一般情况下，使用这类脱模剂时，每次硫化前在模具表面上进行喷涂、涂刷及用含脱模剂的织物擦拭（形成润滑膜），其也可作为添加剂混入物料。但如果润滑膜被物料吸收，就会产生脱模不佳、产品粘连模具表面等缺陷。为此，模具表面不宜过多地涂抹。常用的有硬脂酸、油酸等。

硬脂酸由棕榈油或牛油、羊油、棉籽油经氢化制成硬化油，再经水解、蒸馏或分馏、切片等工序制成，在陶瓷工业中主要作为润滑剂和脱模剂使用。200 型硬脂酸主要成分为十八碳烷酸和十六碳烷酸，外观为白色蜡状固体或晶体，晶体呈针形，熔化后变成无色透明液体；400 型硬脂酸为碳烷酸分布介于 200 型和 800 型之间的产品；800 型硬脂酸主成分为十八碳烷酸，并含有一定量的十六碳烷酸、十八碳烷酸、高碳酸等，外观为淡黄色片状固体；硬脂酸易溶于热乙醇中，微溶于苯和二硫化碳，不溶于水，具有有机羧酸的一般化学通性。碘值（g/100g）≤2.0；皂化值（mg/g）为 206～211；酸值

（mgKOH/g）为 205～210。

油酸的结构式为 $CH_3(CH_2)_7CH\!=\!CH(CH_2)_7COOH$，分子量为 282.4654；外观为淡黄色透明油状液体，固化后为白色柔软固体；熔点为 13.4℃，相对密度 0.8905；碘值（g/100g）为 85～100，酸值（mgKOH/g）为 188～203；不溶于水，可溶于乙醇、乙醚、氯仿、苯、汽油等有机溶剂；氢化时转变为硬脂酸，具有有机羧酸的一般化学性质及不饱和双键的化学性能。

## 8.2.2 乳化硅油脱模剂

主要是以水或烃类为介质的乳化硅油是低分子量的聚硅氧烷。这种材料价格不贵，所以，被广泛用作脱模剂或润滑剂。与油、石蜡相比，乳化硅油有显著的润滑特性，而且只需使用极少量，就能产生显著的脱模效果，并且不会被橡胶所吸收，这是与油、石蜡类的不同之处。但是，乳化硅油也有不可忽视的缺点：第一，会黏附在产品的表面；第二，容易产生凝聚不良现象；第三，污染模具（因为它是液体，不能有效阻止从胶料中渗出的污染模具成分，在涂抹时易使脱模剂积聚在一起）。

常用作脱模剂的聚有机硅氧烷，分散在烃类溶剂中时，常不能良好地涂布表面，无法得到连续薄膜。因此美国杜邦公司发明了一种能在模具表面形成薄层连续涂膜的新型脱模剂。它是以挥发性的硅氧烷作溶剂，与聚有机硅氧烷以及少量催化剂、共溶剂组合起来。

这里所说的挥发性硅氧烷是指在使用温度和压力下迅速蒸发的硅氧烷。一般其挥发速率大于乙酸正丁酯的 0.01（设乙酸正丁酯的挥发速率为 1）。如六甲基二硅氧烷、八甲基环四硅氧烷、十甲基环四硅氧烷等。聚有机硅氧烷可以是聚二甲基硅氧烷、聚倍半硅氧烷、聚三甲基硅氧烷等。催化剂是有机钛化合物，如四烃基氧化钛等。共溶剂指在体系中对其他组分都呈惰性、与挥发性硅氧烷相容且在涂布到模具表面时能迅速挥发的有机溶剂，如辛烷、环己烷、甲苯、丙酮、四氢呋喃等烃或卤代烃。

以上各组分的配方比例为：以体系总质量为基准，溶剂的量为 10%～99%，聚有机硅氧烷为 0.1%～90%。如使用共溶剂，则使其和溶剂量之和为 10%～99%，只要溶剂量至少 10%，优选至少 20% 即可。其他组分，如果存在，约为 0.01%～10%。

表 8-1 为使用挥发性甲基硅氧烷（八甲基环四硅氧烷）和石油醚作溶剂时形成的连续硅氧烷树脂涂层的情况。其中，挥发性硅氧烷 80%，聚有机硅氧烷 20%，催化剂 0.2%，65℃固化 2min。称重玻片并在显微镜下目视观察，以估算表面的涂层覆盖率。使用甲基硅氧烷作为溶剂时，在涂层 2.8mg 的时候已经达到 100% 的覆盖，而此时石油醚作溶剂的涂层只达到 65% 的覆盖。而且，石油醚为溶剂涂布的玻片上，涂层不规格、不平整，而甲基硅氧烷作溶剂的涂层则光滑平整。

## 8.2.3 碳化硅陶瓷脱模剂

目前碳化硼陶瓷在热压烧结过程中，多采用昂贵的石墨碳纸将碳化硼冷压毛坯件与石墨模具隔离，防止在高温热压烧结过程中发生产品与模具粘连。这种方法存在操作复杂、成本高、产品表面的石墨碳纸不易去除的缺点，而且对于复杂形状的碳化硼陶瓷产

表 8-1  不同溶剂连续硅氧烷树脂涂层覆盖率

| 涂层质量/mg | 涂层覆盖率 | |
| --- | --- | --- |
| | 石油醚 | 甲基硅氧烷 |
| 0.7 | | 100% |
| 0.9 | 20% | |
| 1.9 | 40% | |
| 2.8 | 65% | 100% |
| 3.1 | 70% | |
| 3.5 | | 100% |
| 8.4 | 95% | |
| 19.4 | 98% | |
| 38.2 | 100% | |

品无法操作，只能采取不加石墨碳纸的办法，使在热压烧结过程中石墨模具与产品完全粘连，造成石墨模具只能使用一次就作废，既增加了模具消耗又增加了人工清理模具的费用。

为了克服上述缺陷，大连金玛硼业科技集团有限公司发明了一种碳化硼陶瓷热压烧结使用的脱模剂，其组成（质量份）为：聚乙烯醇 1～2 份、软化水 6～15 份，石墨粉 4～8 份。脱模剂易于涂抹和去除、脱模可靠，可提高碳化硼陶瓷产品的表面质量。

# 8.3  防腐杀菌剂

陶瓷工业中用料浆、釉浆中的某些添加剂，如羧甲基纤维素、淀粉以及糊精等有机物等是细菌的理想培养基，几小时后就会受侵蚀，在料浆的存放过程中可能发酵或腐烂变质，使浆料黏度下降，黏合力削弱，从而导致料浆的性能变坏而影响使用。最好的解决办法就是向料浆和釉浆中加入防腐剂，微生物通过与防腐剂发生化学反应而被杀死。因此，可以防止产生相关的降解反应。

防腐杀菌剂可分为无机、有机和生物杀菌剂三类。无机杀菌剂有沸石、磷灰石、磷酸锆等多孔性物质以及银、铜、锌等金属及其离子化合物。有机杀菌剂包括有机酸、酯、醇、酚类物质。生物杀菌剂主要指从动植物体内提取的及微生物发酵生产的杀菌剂，如黄连素、四环素等大分子结构化合物和大蒜之类的植物。有机杀菌剂存在耐热性、安全性差等问题，且杀菌性能一般，相比之下无机系列杀菌剂由于具有更多优点，其应用范围广泛，因此目前大量使用。无机杀菌剂以陶瓷杀菌剂为主，所谓陶瓷杀菌剂，主要是指以沸石、磷酸钙、硅藻土等陶瓷材料为基质，被覆银、铜、锌等金属离子而制成的杀菌剂及二氧化钛等光催化杀菌剂。

## 8.3.1  银系纳米釉料杀菌剂

银系纳米陶瓷釉料杀菌剂是将 5 份氯化锌溶解在 20 份水中，然后加入 0.1～1 份硝酸银，搅拌均匀；再加入 0.5～1 份硫酸亚铁及 1～5 份饱和硝酸银溶液；用草酸溶液将上述溶液置换形成草酸金属盐络合物；再将上述草酸金属盐络合物洗涤至 pH＝5～6，420～600℃焙烧 6h 即得到产品。这种杀菌剂的使用方法为：①在釉料中加入该剂，加入量为釉料总质量的 2％～3％；②釉面经 1000～1400℃烧制。

这种添加剂选择以纳米银和纳米氧化锌为主要原材料，加入纳米氧化铁、贵金属钯等原料，通过一系列化学方法将纳米银接枝到纳米氧化锌的表面，用纳米氧化锌包裹纳米银，使二者的性能均能得到进一步体现。由于这种杀菌剂在高温时生成了纳米银、氧化锌及其他贵金属的合金，加入该剂的釉料煅烧后，仍有一定数量的纳米银存在，提高了银离子在高温下的保留数量。其作用体现在：①改善了在传统工艺下银离子不耐高温煅烧、银易挥发的现象；②釉面色泽仍然洁白圆润，不会出现加入纳米银釉面烧制发黑的现象；③该杀菌剂可以与釉水料直接共混，进行一次施釉，直接煅烧，强度高、操作简单，改变了其他纳米抗菌技术需二次施釉，间接烧制强度差而造成费时耗能的问题；④添加该杀菌剂的陶瓷釉面具有长效杀菌性能。

## 8.3.2　氧化镁釉料杀菌剂

目前，市场上使用的无机杀菌剂大多含有 $Ag^+$，含量在 1％左右。其成本较高，所以研究开发成本低廉，抗菌效果好的杀菌剂是亟待解决的问题。有研究表明，利用羧甲基纤维素钠、水、氨水、$AlCl_3$ 和轻质氧化镁可以制备成一种陶瓷生坯杀霉菌添加剂。其中，按照羧甲基纤维素钠与水的质量比为 1∶(4～6) 将羧甲基纤维素钠溶于水，加入质量分数为 22％～25％的氨水，氨水与羧甲基纤维素钠的质量比为 1∶1；随后加入 $AlCl_3$，$AlCl_3$ 与羧甲基纤维素钠的质量比为 1∶2，再向得到的胶体溶液中加入轻质氧化镁，轻质氧化镁与羧甲基纤维素钠的质量比为 1∶(3～5)。搅拌均匀即得到陶瓷生坯杀霉菌添加剂。

这种杀菌剂的主要杀菌氧化物是氧化镁，由于霉菌生长环境为酸性，而氧化镁为碱性氧化物，与水结合生成 $Mg(OH)_2$，呈碱性（pH≥8），羧甲基纤维素钠作为含多羟基和羧基的高分子多糖，分子中—$COO^-$ 基团和 $Al^{3+}$ 产生配位键，直链的羧甲基纤维素钠生成交联网状结构，能够作为陶瓷坯料的黏结剂。$Mg(OH)_2$ 和 $H_2O$ 分子存在于网络中，氧化镁可以与霉菌接触反应，造成微生物共同成分破坏或产生功能障碍，有效地抑制霉菌生长，达到杀霉菌的目的。

## 8.3.3　新型光催化杀菌剂——稀土改性四针氧化锌

现今用于陶瓷制品的无机杀菌剂，大体上分两大类：用银化合物或载银杀菌材料和具有光催化作用的 $TiO_2$。银系杀菌材料中银离子化学性质活泼，对热和光比较敏感，特别是经紫外线照射后易形成黑色的氧化银，从而影响白色或浅色制品的外观。而 $TiO_2$ 系杀菌材料需要紫外线照射，在光线暗处杀菌性差。

日本松下公司发现一种四针状 ZnO 晶须（T-ZnOw）由于其独特的空间结构，作为新型的光催化剂，既能克服一般银系无机杀菌剂易变色的缺点，又不同于光催化纳米杀菌材料需要借助紫外线催化才能杀菌，更不会像有机杀菌剂带来二次污染及其他副作用，具有良好的杀菌活性，该类材料的开发可望在环境保护、污水处理、空气净化等方面具有广阔的应用前景。但是这种杀菌剂存在可见光领域响应不足和有效杀菌时间短以及杀菌剂利用率低等问题。基于此，专利"一种改性 T-ZnOw 抗菌材料及其制备方法"（申请号 2010103008261）中提出了一种改性 T-ZnOw 杀菌材料，其可见光响应好，杀菌效率高。

2011 年，湖南博翔新材料有限公司在此基础上进一步对改性 T-ZnOw 晶须杀菌剂经过一系列处理后，利用复合工艺制备出高效杀菌陶瓷。制备的杀菌陶瓷不变色，不依赖紫外线，可见光响应好，杀菌性能高。同时，抗菌陶瓷釉由于晶须的增强作用，釉强度得到进一步增强，使用寿命长。该抗菌陶瓷制备工艺简单，对陶瓷工艺改变很小，杀菌剂可以大规模获得，易于工业生产。

### 8.3.3.1 工艺参数及过程

**(1) 稀土改性四针氧化锌晶须的制备**　称取四针氧化锌晶须 50g、PEG20000 1.5g，加蒸馏水至 500mL；2000 转乳化搅拌 20min；加入稀土改性剂 $LaCl_3$、$CeCl_3$ 各 5g；超声振荡 20min；3000r/min 乳化搅拌 20min；将该分散体系进行抽滤，所得固体 60℃放置 72h；干燥后的固体充分研磨获得粉末产品，即得稀土改性四针氧化锌晶须杀菌剂（所述的浆料中还可以加入占不高于杀菌剂质量 5% 的聚乙二醇 PEG2000。）

**(2) 高强杀菌陶瓷用浆料的制备方法：**

① 选取稀土改性四针氧化锌晶须作为杀菌剂在 1000～1200℃热处理 0.5～2h；

② 杀菌剂中加入 1%～10% 的复合添加剂，其配方为：20%～30% $ZrO_2$，20%～40% $CaCO_3$，20%～40% $NaCO_3$，20%～30% $MgO$；

③ 调制抗菌浆料　按照水和添加了复合添加剂后的杀菌剂的质量比例为 (1:1)～(100:1)；调成浆料后加入占杀菌剂质量 0～5% 的聚乙二醇 PEG2000，搅拌均匀，球磨、乳化，得到杀菌浆料。

**(3) 杀菌陶瓷的制备**　在釉面已经烧结好的陶瓷上喷上一层杀菌浆料（厚度 5～100μm），或按照杀菌浆料和陶瓷釉料的质量配比为 (2:1)～(1:1000) 配制混合釉料，在没有施釉的生坯或者素坯表面浸、喷、或刷上一层混合釉料（厚度 100～1000μm），在 80～120℃下干燥，再在 800～1300℃下煅烧。

### 8.3.3.2 作用机理

四针状氧化锌晶须具有较纳米二氧化钛、氧化锌更多的活性中心，具有更高的光催化活性；而稀土元素可以在 T-ZnOw 禁带中产生附加能级扩展光谱响应范围，因此使得改性后的 T-ZnOw 在可见光领域具有高敏感响应性，活性大大提高。为了保持杀菌剂在复合工艺中的活性、改善与釉料的结合性能以及防止釉料颜色变黑，还对改性 T-ZnOw 进行了热处理和添加复合添加剂。研究表明，经过一系列处理后，杀菌剂保持了高效杀菌性。

## 8.3.4　其他釉料抗菌剂

阳离子表面活性剂也是目前广泛使用的釉料杀菌剂，阳离子表面活性剂可吸附于微生物的细胞壁，破坏细胞壁内的某种酶，与蛋白质发生反应，影响微生物正常的代谢过程，导致微生物的死亡，所以，它被广泛地用作釉浆防腐杀菌剂。此类杀菌剂主要是季铵盐和季鏻盐，如十二烷基二甲基苄基氯化铵（洁尔灭）、十二烷基二甲基苄基溴化铵（新洁尔灭）等。通常情况下，分子结构中带苄基的季铵盐具有较强的杀菌性，但存在其他蛋白质或重金属离子的体系，一些两性表面活性剂的杀菌能力会超过阳离子表面活性剂，特别是与阴离子表面活性剂复配时更显示出两性表面活性剂的优越性。国内已经开发出类似国外十四烷基三丁基氯化鏻的季鏻盐和十二烷氧基甲基三丁基氯化鏻产品。

过去常使用毒性很强的汞化合物、苯酚和甲醛等，近几年出现了一些新型防腐剂，不含这些有毒物质，其化学组成是酰胺化合物或杂环化合物，有微毒，不起泡。德国司马化工生产的釉用防腐杀菌剂型号主要是 NOVAL K 系列，其中 NOVAL K23 是一种专门与 OPTAPIX 型黏结剂一起使用的防腐剂，这是一种用于料浆系统的无苯酚、甲醛的防腐剂，化学组成为酰胺混合物，可溶于水，特别适用于含胶黏的、糊状的淀粉及纤维素的料浆中。它不含任何重金属，由于在搅拌时不易起泡，所以适合用作釉料的防腐剂，通常用量为 0.03%～0.1%。另一种 NOVAL K 系列防腐剂是 NOVAL K44，也是一种无苯酚、无甲醛的防腐剂，它只产生轻微的废水污染，但不起泡。NOVAL K23 的主要特性如表 8-2 所示。

表 8-2　NOVAL K23 防腐剂的特性

| 产品性状 | 化学组成 | 可溶性 | 密度(20℃)/(g/cm³) | pH 值(1%) |
|---|---|---|---|---|
| 淡黄色液体 | 酰胺混合物 | 溶于水 | 1.03 | 5 |

DAEDALUS 公司生产的 CARBOSAN CD20 系列陶瓷用生物防腐杀菌剂，是一种由 N-羧甲基氯乙烯酰胺及其他复合电解质组成的黄色液体混合物，密度为 1.05g/cm³，完全溶于水，pH 值适用范围是 3～10。它具有较宽的抗细菌、酵母和霉菌的作用范围，可用在陶瓷悬浮液系统中，如泥浆、釉料上用来防腐，延长保存时间，其用量为：釉料中为 0.05%～0.2%；坯料中为 0.1%～0.3%。

## 8.3.5　防腐杀菌剂的使用方法及注意事项

（1）将确定比例的杀菌剂加入到釉料中，球磨制浆，然后将制好的釉浆施于陶瓷坯体表面即可，其他工艺和陶瓷生产过程相同。另一种方法是通过气相沉积方法将杀菌剂均匀沉积在陶瓷表面，这样具有杀菌作用的金属就可以坚固地吸附在陶瓷表面，该工艺可以有效减少金属使用量但却可以达到满意的杀菌效果。

（2）防腐剂可以选择两种或两种以上复合使用，它们对所有的微生物，如细菌、酵母菌、真菌均有作用，因此只需要加入极少量的防腐剂，就可以对釉料产生大范围的广谱防腐作用。标准防腐剂可以在 pH 值为 9.5 的黏土水系统中起作用，生成有机氯化物，从而减少污染物的排放。

使用防腐剂时，必须注意避免试剂对人体造成危害，应当选择那些具安全标准的防腐剂。为了减少防腐剂对环境和人体的毒性作用，在可能的情况下尽量不用或少用。传统的防腐剂往往毒性较大，应该尽量选择使用一些无毒或毒性相对较小的新型防腐剂，如德国司马化工公司生产的 NOVAL K23，它不含重金属元素，但对人的眼睛和皮肤有刺激性，如果不小心沾上的话，要迅速用水冲洗。另外，釉料防腐剂使用一段时间后，某些细菌与真菌也会获得抗药性，故需及时观察予以更换。

# 8.4 悬浮稳定剂

　　陶瓷釉料主要由瘠性原料组成，而且各种原料的性能差别较大，所以釉浆的悬浮稳定性较差，通常需要加入某些分散剂，防止釉浆产生分层沉淀。在料浆中加入合适的悬浮稳定剂，一是可以增加物料的分散性，增强"布朗运动"引起的扩散作用，阻止颗粒下沉，提高泥浆的稳定性；二是可以利用高分子物质对溶胶的保护作用形成一层保护外壳，阻止颗粒的结合。而且悬浮剂引入釉料内可以增加釉浆的悬浮性，便于施釉厚度均匀与施釉操作。悬浮剂通常为黏土或完全有机质物质，主要用于不加黏土或加入黏土很少的料浆中，如纯色釉、熔块釉浆及特种陶瓷料浆等。

　　除常规釉料外，某些引入陶瓷颜料的釉组成中亦须添加悬浮稳定剂。传统悬浮稳定剂的种类有膨润土、人造黏土、氯化钠、氯化铵等，但使用碱土金属和铝的酸性盐可以获得更好的效果，另外也经常使用硼酸盐和有机酸等。人造黏土类似于锂蒙脱石，系由人工合成的层状化合物原料，它除具有天然黏土的物理化学性能外，还具有纯度高与优良的流变性能等优点。在陶瓷生产中它是效率很高的增稠剂，亦可用于阻止非可塑性球磨原料的沉淀。不同品种的人造黏土中有的协助触变性，有的协助提高黏度值。它只是将结构带入悬浮系统，而不是明显地改变黏土的成分。

　　CMC 是羧甲基纤维素的简称，对陶瓷釉浆具有悬浮作用。如果釉浆中不加入CMC，釉浆放置超过48h就会产生沉淀，而且出现水和浆的分层现象，再放置较长时间还会导致底部的釉浆与水分层产生硬块，很难使其搅拌均匀。而加入CMC后，即使因外界天气、温度等因素的影响，在放置较长时间后导致黏度下降也不会产生沉淀和结块现象，很容易使釉浆搅拌均匀。

　　使用悬浮剂是为了防止釉料的沉淀。近些年来又出现了新型的悬浮稳定剂，如电解质悬浮剂、聚酰胺制剂、触变剂等。新型悬浮剂的主要组成物是电解质和膨松剂。电解质型悬浮剂具有影响釉料颗粒表面电荷的能力，加入悬浮剂可使釉料具有触变性，这就阻止了沉淀。这些悬浮剂不会增加釉料的干燥时间，因为它们能通过使细颗粒聚集加速脱水。由于小粒子的聚集，当水迁移速度加快时，就会在细颗粒上形成厚的水膜。膨松型的悬浮剂可以通过在悬浮液中形成大的分子骨架来稳定釉料，通过形成凝胶来阻止沉淀的产生。电解质型的液态悬浮剂专门用于已经制备好的成釉。膨松型的粉末悬浮剂可用于由球磨机加工成的釉料，以保证釉料分散均匀，尤其适用于解凝和低黏度釉浆体系的稳定化。

　　这些新型商品悬浮稳定剂具有较强的缓冲作用，对釉料没有副作用，如德国司马化工公司生产的 STELLMITTEL ZS 和 STELLMITEL 506，前者是电解质溶液，后者是聚酰胺制剂。另外，PEPTAPON 系列添加剂是膨胀化合物，在水中分散形成胶体，但又不起泡，不延长釉料的干燥时间，例如，PEPTAPON 5 的加入量为 $0.1\%\sim0.3\%$ 时就能起到很好的悬浮作用，即使釉浆中含有很致密的组分（如刚玉），只要加入适量的

PEPTAPON 5 就能使釉浆保持长时间的稳定。这种悬浮剂还有一个显著的优点，就是它可以在釉浆球磨时直接加入到球磨机内，球磨时间长短也不会影响该添加剂的悬浮稳定特性；也可以配成溶液，在施釉的过程中与釉浆均匀混合后使用。

一些常用新型的陶瓷釉料悬浮稳定剂如表 8-3 所示。

表 8-3　新型陶瓷釉料悬浮稳定剂

| 产　品 | 化学组成 | 外观 | 适用环境 |
| --- | --- | --- | --- |
| STELLMITTEL ZS | 电解溶液 | 无色液体 | 釉料和化妆土（底釉） |
| PEPTAPON 5 | 膨胀化合物 | 乳色粉末 | 釉增厚剂 |
| STELLMITEL 279 | 聚胺衍生物水溶液 | 浅红褐色液体 | 釉料和化妆土 |

# 8.5　负离子陶瓷添加剂

负离子陶瓷添加剂中的主要成分负离子素是一种晶体结构属于三方晶系、空间点群为 R3m 系、典型的极性结晶，这种晶体 R3m 点群中无对称中心，其 $c$ 轴方向的正负电荷无法重合，故晶体结晶两端会形成正极与负极，且在无外加电场情况下，正负极两端也不消亡，故又称"永久电极"，即负离子素晶体是一种永久带电体。

"永久电极"在其周围形成电场，由于正负电荷无对称中心，即具有偶极矩，且偶极矩沿同方向排列，使晶体处于高度极化状态。这种极化状态在外部电场为"0"时也存在，故又叫做"自发极化"，致使晶体正负极积累有电荷。电场的强弱或电荷的多少，取决于偶极矩的离子间距与键角大小，每一种晶体都有其固有的偶极。一般情况下，永久电极分别吸引周围的异号电荷，在其表面形成一个表面电荷层，屏蔽了大部分固有的电极电荷，所以未经激活强化的晶体，静止态负离子发生能力很低，当外界有微小作用时（温度变化或压力变化），离子间距和键角发生变化，极化强度就增大，使表面电荷层的电荷被释放出来，其电极电荷量加大，电场强度增强，呈现明显的带电状态或在闭合回路中形成微电流。电场强弱可用电极化强度来评价，电极化强度越大，产生负离子的能力就越强。因此负离子陶瓷添加剂是依靠纯天然矿物自身的特性，并通过与空气、水汽等介质接触而不间断地产生负离子，具有抗菌、抑菌作用的功能性保健材料。

负离子陶瓷添加剂可用于各种墙砖、地砖等建筑陶瓷及卫生洁具陶瓷产品中，将其添加到陶瓷产品坯体及表面，能够使产品具有抗菌抑菌、持续释放负离子、发射远红外线等多项功能，而且添加剂本身能耐高温达 1300℃，对产品坯体及釉面的烧结、表面性状无任何影响，其特有的保健功能赋予了陶瓷产品新的市场形象。

负离子陶瓷添加剂由多种天然矿物经科学配比，再经过溶胶离子粉碎、机械复合、电子束激活等高科技手段加工而成。负离子陶瓷添加剂是颜色为白色的超微粉，$d_{50} <$ $1\mu m$。其特点是：①用量少。按陶瓷产品表面积计算，每平方米陶瓷产品表面的釉料、树脂等材料中添加 18～20g 负离子陶瓷添加剂，就可以使陶瓷产品具有抗菌抑菌、发射负离子等功效。②效果显著。负离子陶瓷添加剂抗菌抑菌率＞99％，静态持续发射负离

子＞4000 个/(s·cm²)（依据温度、湿度和空气流动性不同，负离子浓度有一定变化）。
③耐高温。负离子陶瓷添加剂本身耐高温达 1300℃，对产品釉面烧结及表面性状无任何影响。

## 8.6 耐污釉料改性添加剂

目前陶瓷炊具如电饭煲内胆、陶瓷炒锅、陶瓷炖锅等所用釉料不具备耐污功能，使用过程中易与食物结焦，不仅清洗困难，而且食物容易渗透到釉里而留下痕迹，时间长则容易发霉。为此，现有改进技术大多是在陶瓷炊具内表面涂覆一层含氟的有机物，利用含氟有机物的不润湿性能使其具有不黏功能，从而使陶瓷炊具有耐污易洁性能。然而，含氟有机物涂层易刮损，且不稳定，在高温（大于 250℃）下会产生分解，从而导致涂层被损坏，使炊具内表面不仅丧失了不粘功能，而且由于含氟有机物与陶瓷锅表面的作用使裸露的陶瓷锅表面不光洁而更易与食物黏结。另外，含氟有机物分解产物具有毒性，会污染食物，从而对人体健康产生危害。

目前有一种能够使陶瓷釉表面具有稳定耐污性能的釉料改性添加剂，这种釉料改性添加剂能够使陶瓷釉表面具有稳定的耐污功能，尤其适合用于陶瓷炊具，釉表面光滑、耐污，使用过程中不易吸脏，即使结焦也容易清洗且不留疤痕；釉表面更加稳定、不会分解损坏。此陶瓷釉料改性添加剂的配方组成、制备工艺参数以及在陶瓷釉料中的用量如表 8-4 所示。

表 8-4 耐污釉料改性添加剂配方及制备工艺参数

| 配方 | | 1 | 2 | 3 | 4 | 5 | 6 | 7 | 8 |
|---|---|---|---|---|---|---|---|---|---|
| 原料组成/% | $SiO_2$ | 58 | 59 | 60 | 63 | 63 | 64 | 58 | 65 |
| | $B_2O_3$ | 22.5 | 22.5 | 22.5 | 22.5 | 24.5 | 23.5 | 24.0 | 22.5 |
| | $Al_2O_3$ | 7 | 5 | 6 | 5 | 6 | 6 | 7 | 5 |
| | $Li_2O$ | 1.0 | 1.5 | 1.3 | 1.5 | 1.5 | 1.4 | 1.3 | 1.4 |
| | $NaO$ | 1.2 | 1.2 | 1.2 | 1.5 | 1.5 | 1.5 | 1.2 | 1.5 |
| | $K_2O$ | 0.8 | 1.0 | 0.8 | 1.0 | 1.0 | 1.1 | 0.8 | 0.8 |
| | $CaO$ | 1.0 | 1.0 | 1.5 | 2.0 | 1.7 | 2.0 | 1.0 | 1.2 |
| | $Fe_2O_3$ | 0.5 | 0.8 | 0.7 | 0.5 | 0.8 | 0.5 | 0.7 | 0.6 |
| | $TiO$ | 2.0 | 2.0 | 1.0 | 0 | 0 | 0 | 4 | 2 |
| | $CeO_2$ | 2.0 | 2.0 | 1.0 | 0 | 0 | 0 | 0 | 0 |
| | $MgO$ | 2.0 | 0 | 0 | 0 | 0 | 0 | 2.0 | 0 |
| | $ZnO$ | 2.0 | 2.0 | 1.0 | 0 | 00 | 0 | 0 | 0 |
| 制备方法 | 烧结温度/℃ | 1350 | 1350 | 1300 | 1350 | 1330 | 1330 | 1350 | 1350 |
| | 研磨细度/目 | 400 | 600 | 800 | 400 | 400 | 600 | 800 | 600 |
| 用量/% | | 10 | 15 | 8 | 15 | 12 | 16 | 10 | 20 |

将表 8-4 中原料球磨混合，经脱水干燥后在 1300～1350℃下烧成，然后粉碎研磨成 400～800 目粉体。再将添加剂按质量百分比为陶瓷釉料的 8%～20% 加入到陶瓷釉料中。在陶瓷表面施釉后与陶瓷一起烧成，便得到具有稳定耐污功能的陶瓷釉表面。

# 8.7 釉料黏结剂

陶瓷半成品经过施釉与干燥后，由于釉料内适量的可溶性盐与可塑性黏土的存在，釉坯在搬运过程中不会发生破损。不过由于大多数干釉层具有脆性，在产品预烧前的搬运、装饰、修补和存放阶段极易形成破碎。如果在悬浮的釉料内加入黏结剂或硬化剂，则因为黏结剂的疏松颗粒结构发生胶结作用，从而起到强化釉坯的抗破碎与抗摩擦强度，减少半成品在生产过程中损失的作用。理想的黏结剂通常由有机物组成，添加得当时，在烧成温度达到 400℃ 以前很容易完全挥发掉，而不会对产品造成任何不利影响。目前广泛用于釉料黏结剂的添加剂产品有淀粉、纤维素乙醚、树胶、藻朊酸盐、水溶性丙烯酸、聚乙烯醇、树脂乳胶等。也有采用无机硬化剂的，如硅酸钠与硅酸钾，它们均具有高效的黏结作用，但应注意其化学成分对釉料性能的不良影响。

# 8.8 解凝剂

某些釉料常常过于凝聚，需要添加解凝剂使之疏散。解凝剂种类有两种，一是多价阴离子解凝剂；再就是碱性阳离子解凝剂。前者采用钠和磷酸的可溶性复盐。三价磷酸钠和亚磷酸钠可以促进黏土、矿物与颜料在水中的分散，不论它们在球磨粉碎机内开始制备或此后混合釉料流动性调整中，均需一定的解凝度。但有时解凝剂使用不当，也会影响素烧坯体釉层的强度。

亚磷酸钠能与釉中的钙和镁一起形成络合物，很利于解凝作用。磷酸四钠可有效地分散在大多数惰性矿物釉料内。磷酸盐在粉碎阶段加入球磨内，有助于难磨釉的细粉碎。此外具有相同解凝效果的解凝剂还有丙烯酰胺和丙烯酸盐。它们作为溶液能以任何比例与水混合，可以使本来絮凝的釉浆解胶。碱性阳离子解凝剂包括氢氧化铵、碳酸钠（苏打灰）、氢氧化钠、硅酸钠、草酸钠等种类。上述解凝剂均选自单价碱性盐。当碱金属阳离子解凝剂的沉淀物在烧后的釉中不符要求时，可采用弱性氢氧化铵解凝剂。碳酸钠通常与硅酸钠一起加入釉浆内，但其亦可单独使用，加入量的有效范围是干釉重的 0.025%～0.15% 左右；氢氧化钠的解凝剂效果最佳，其加入量应限于干釉重的 0.01%～0.1% 左右。硅酸钠为广泛使用的解凝剂，特别适合与碳酸钠合用。该二元系统解凝剂可以严格控制釉浆的流动性，且能控制釉浆的触变性。硅酸钠成本低，经济适用，常用的范围是黏土质量的 0.1%～0.5% 左右，但要严格贮存，避免与二氧化碳发生反应而变质，影响使用性能。也可以使用硅酸钾作解凝剂。在釉浆中草酸钠能沉淀出阳离子，它是一种非常活泼的解凝剂。由于使用效果好，草酸钠有时还可应用于粒度分析剂。

## 8.9　润湿剂

某些物质可以有效降低液体的表面自由能，削弱陶瓷泥浆系统的表面张力和液体/固体系统的界面张力，称之为釉料润湿剂。釉料内引入选择适当的润湿剂，搅拌后有助于某些釉组成成分的分散作用，提高釉下装饰的工艺效果。许多情况下釉下颜料携有有机载色体，它们在施釉前的预烧中经常会分解。引入釉料润湿剂后水的表面活性增大，有助于覆盖釉质装饰墨，增加瓷砖的装饰效果。低泡或无泡的润湿剂最适宜于与釉浆一起使用，在釉浆中的添加量应少于全部浆重的 1/3，但使用过量可能导致发泡。

## 8.10　釉浆保护剂

亦称釉浆固化剂。加入釉浆保护剂的优点如下：①有利于瓷砖手工彩绘装饰；②可以直接或间接将颜料转移印制在生料釉面上。由于正常的釉料具有一定的气孔率，在接受印刷或直接丝网印刷前，必须加入釉浆保护剂，以形成不透水的表面。此外保护剂还可以防止烧成中坯体内空气膨胀对瓷砖画面的破坏。需要注意的是，选用的釉料保护剂必须能够完全燃烧掉，尽可能将炭化作用降低到最低程度。

## 8.11　有机染料

在陶瓷企业釉料车间内，往往同时贮藏多种不同的釉料，无论是生料釉还是熔块釉，透明釉还是乳浊釉，经研磨后的液浆或干料均可能呈白色外观。为便于识别其种类，常应用有机染料进行标识。有机染料都是溶于水，称碱性的阳离子染料，属于人工合成的着色能力很强的粉末。其化学成分为植物染料或色剂，在釉烧中通常能够挥发殆尽，在釉中不留痕迹。在使用时应该每生产一个配方采用一种染料标识。色釉的标识染料常用红、蓝、黄、绿和紫 5 种染料。所选染料的添加量可控制在 0.001%～0.02%（占干釉质量）范围内。某些染料的有效性取决于釉浆中存在的电解质数量，有时色釉的颜色变化可能随釉浆的 pH 值而改变，亟需注意。

目前在欧洲各国陶瓷行业，已经形成种类繁多的釉料添加剂产品系列，从而奠定了其工艺的先进性。釉料添加剂除了前面介绍的脱模剂、防腐杀菌剂、解凝剂、悬浮稳定剂、黏结剂、润湿剂，还有泡沫控制剂、固定剂、絮凝剂、釉料电解质等类别，在陶瓷的生产过程中起着重要的作用。

总之，陶瓷工业的发展需要高科技的支持，其中也包括成功地应用各种添加剂来控制与增补釉料的各种性能，以保证陶瓷生产工艺流程的顺利进行。目前国际上各种釉料添加剂已经形成独立的陶瓷辅助材料品类，它们宛如"陶瓷味精"，发挥出非常独特的作用。我国陶瓷界在大量引进与采用各种新技术的同时，也应加强釉料添加剂的研究与开发工作，不断提高陶瓷釉料加工与产品质量水平和档次。

# 第二篇
# 新型陶瓷添加剂

传统陶瓷工业的基本泥料（以下简称泥料）包括石英、长石、黏土三大类，黏土原料大多数由两种以上的矿物质组成，都是含水的铝硅酸盐，其主要成分都是 $SiO_2$、$Al_2O_3$ 和 $H_2O$，此外还会含有 $CaO$、$MgO$、$K_2O$、$Na_2O$、$Fe_2O_3$、$TiO_2$ 等成分。高岭土就是其中常见的一种，是指含有大量或几乎完全由高岭石矿物质组成的黏土，分子式可表示为 $Al_2O_3 \cdot 2SiO_2 \cdot 2H_2O$。它的晶体是由 1 个 $[Si—O_4]$ 四面体和 1 个 $[AlO_2(OH)_4]$ 八面体构成的。而新型陶瓷是以人工合成的氧化物、氮化物等无机化合物为原料精密烧结而成的，由于原料不同，因此相应需要特殊的陶瓷添加剂来起到改善性能和完善制备工艺的作用。故随之发展出新型陶瓷添加剂，它们在新型陶瓷的研究和应用中起着重要的作用。本书中主要介绍的新型陶瓷添加剂包括稀土改性添加剂、纳米添加剂、增韧剂、造孔剂和偶联剂。

# 第 9 章　稀土改性添加剂

## 9.1　概述

　　稀土元素是指元素周期表中的镧系元素（镧 La、铈 Ce、镨 Pr、钕 Nd、钷 Pm、钐 Sm、铕 Eu、钆 Gd、铽 Tb、镝 Dy、钬 Ho、铒 Er、铥 Tm、镱 Yb、镥 Lu）以及与其性质相近的钪（Sc）和钇（Y）共 17 种元素的总称。稀土元素具有电价高、半径大、极化力强、化学性质活泼、还原性强、氧化物的热稳定性好等特点，使其表现出良好的光、电、磁、超导等特性，已成为陶瓷材料制备过程中必不可少的添加剂。实践证明，稀土添加剂可作为稳定剂、烧结助剂、改性剂等，改善陶瓷的强度和韧性，降低烧结温度和生产成本，同时赋予陶瓷许多新的性能，拓宽陶瓷的应用领域。近年来，我国陶瓷工业和玻璃工业年消耗稀土量以 18% 的速度增长。

　　稀土元素的核外电子排布可以用 $4f^n5d^16s^2$ 表示，其中 $n$ 从 0 到 14。外层价电子是 $5d^16s^2$，因此，稀土元素均可具有正三价。随着原子序数的增加，4f 电子亚层逐步被填满，相邻的稀土元素仅在 4f 亚层相差 1 个电子，所以它们的物理化学性质十分相近。稀土元素的主要物理性质如表 9-1 所示。

表 9-1　稀土元素的主要物理性质

| 原子序数 | 元素名称 | 元素符号 | 原子量 | 外层电子构型（原子） | 外层电子构型（3 价离子） | 离子价 | 金属原子半径/Å | 三价离子半径/Å | 熔点/℃ | 密度/(g/cm³) |
|---|---|---|---|---|---|---|---|---|---|---|
| 21 | 钪 | Sc | 44.96 | $3d^14s^2$ | $3s^23p^6$ | 3 | 1.641 | 0.68 | 1539 | 2.99 |
| 39 | 钇 | Y | 88.91 | $4d^15s^2$ | $4s^24p^6$ | 3 | 1.801 | 0.88 | 1509 | 4.47 |
| 57 | 镧 | La | 138.91 | $5d^16s^2$ | $5s^25p^6$ | 3 | 1.877 | 1.061 | 920 | 6.19 |
| 58 | 铈 | Ce | 140.12 | $4f^15d^16s^2$ | $4f^15s^25p^6$ | 3,4 | 1.824 | 1.034 | 795 | 6.77 |
| 59 | 镨 | Pr | 140.91 | $4f^36s^2$ | $4f^25s^25p^6$ | 3,4 | 1.828 | 1.013 | 935 | 6.78 |
| 60 | 钕 | Nd | 144.24 | $4f^46s^2$ | $4f^35s^25p^6$ | 3 | 1.821 | 0.995 | 1024 | 7.00 |

| 原子序数 | 元素名称 | 元素符号 | 原子量 | 外层电子构型（原子） | 外层电子构型（3价离子） | 离子价 | 金属原子半径/Å | 三价离子半径/Å | 熔点/℃ | 密度/(g/cm³) |
|---|---|---|---|---|---|---|---|---|---|---|
| 61 | 钷 | Pm | (147) | $4f^5 6s^2$ | $4f^4 5s^2 p^6$ | 3 | (1.810) | (0.98) | — | — |
| 62 | 钐 | Sm | 150.35 | $4f^6 6s^2$ | $4f^5 5s^2 5p^6$ | 2,3 | 1.802 | 0.964 | 1072 | 7.54 |
| 63 | 铕 | Eu | 151.90 | $4f^7 6s^2$ | $4f^6 5s^2 5p^6$ | 2,3 | 2.042 | 0.950 | 826 | 5.26 |
| 64 | 钆 | Gd | 157.25 | $4f^7 5d^1 6s^2$ | $4f^7 5s^2 5p^6$ | 3 | 1.802 | 0.938 | 1312 | 7.88 |
| 65 | 铽 | Tb | 158.92 | $4f^9 6s^2$ | $4f^8 5s^2 5p^6$ | 3,4 | 1.782 | 0.923 | 1312 | 8.27 |
| 66 | 镝 | Dy | 162.5 | $4f^{10} 6s^2$ | $4f^9 5s^2 5p^6$ | 3 | 1.773 | 0.908 | 1407 | 8.54 |
| 67 | 钬 | Ho | 164.93 | $4f^{11} 6s^2$ | $4f^{10} 5s^2 5p^6$ | 3 | 1.766 | 0.894 | 1461 | 8.80 |
| 68 | 铒 | Er | 167.26 | $4f^{12} 6s^2$ | $4f^{11} 5s^2 5p^6$ | 3 | 1.757 | 0.881 | 1497 | 9.05 |
| 69 | 铥 | Tm | 168.93 | $4f^{13} 6s^2$ | $4f^{12} 5s^2 5p^6$ | 3 | 1.746 | 0.869 | 1545 | 9.33 |
| 70 | 镱 | Yb | 173.04 | $4f^{14} 6s^2$ | $4f^{13} 5s^2 5p^6$ | 2,3 | 1.940 | 0.858 | 824 | 6.98 |
| 71 | 镥 | Lu | 174.97 | $4f^{14} 5d^1 6s^2$ | $4f^{14} 5s^2 5p^6$ | 3 | 1.734 | 0.848 | 1652 | 9.84 |

注：1Å=0.1nm。

稀土元素由于化学活性强，在较低的温度下即能和氢、氮、磷、碳以及其他许多元素反应，生成氧化物、卤化物、硫化物等各种化合物。目前最常使用的是稀土氧化物，一般用通式 $Ln_2O_3$ 表示。稀土氧化物可由稀土金属和氧直接燃烧得到或者采用加热稀土元素的氢氧化物、碳酸盐、氮化物、草酸盐等来制得。稀土氧化物的主要性质有：

① 稀土金属与氧的结合力强，因此，稀土氧化物属难熔氧化物，它们的熔点在 1965～2600℃之间；

② 稀土氧化物存在多晶转变现象；

③ 稀土氧化物的颜色丰富多彩，即稀土氧化物具有多色性；

④ 所有稀土氧化物都容易吸水，生成氢氧化物，其中，$La_2O_3$ 表现得特别明显。

# 9.2　稀土改性添加剂在生物陶瓷领域中的应用

## 9.2.1　氧化铈在羟基磷灰石陶瓷中的应用

稀土元素由于具有独特的 4f 电子，其化合物具有特殊的光、电、磁等性质。铈（Ce）和镧（La）的氧化物是应用较多的稀土添加物，其中，$CeO_2$ 是一种价廉而用途广泛的材料，在生产上经常通过添加一些 $CeO_2$ 来调整材料的性能。

氧化铈为淡黄或黄褐色粉末，密度 $7.13g/cm^3$，熔点 2397℃。不溶于水和碱，微溶于酸。氧化铈在 2000℃高温和 15MPa 压力下，可用氢还原得到三氧化二铈。

#### 9.2.1.1 氧化铈对陶瓷收缩率的影响

图 9-1 是含有 $CeO_2$ 改性剂的羟基磷灰石（HA）陶瓷的收缩率随烧结温度的变化曲线。图中显示，随烧结温度由 1150℃ 升高到 1250℃，纯 HA 陶瓷的收缩率有明显增加，1250℃ 以后变化不明显；1400℃ 的线收缩率最大。而掺杂不同比例 $CeO_2$ 的 HA 陶瓷随烧结温度升高变化的梯度不大，烧结温度高于 1250℃ 后曲线更变得越来越平直，$CeO_2$ 掺杂量为 4% 的 HA 陶瓷线收缩率在烧结温度范围内已基本接近直线。

各烧结温度下，掺杂铈后陶瓷的线收缩率均大于纯 HA 陶瓷，在低温时这种现象更明显，1150℃ 的 HA 陶瓷的线收缩率只有 8%，掺杂 $CeO_2$ 后，迅速升高到 12% 以上，说明 $CeO_2$ 稀土改性剂的添加有利于陶瓷的致密化进程，可以显著降低陶瓷的烧结温度。

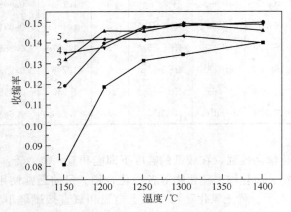

图 9-1　烧结温度对 $CeO_2$-HA 陶瓷收缩率的影响

1—HA；2—1% $CeO_2$-HA；3—2% $CeO_2$-HA；4—3% $CeO_2$-HA；5—4% $CeO_2$-HA

#### 9.2.1.2 氧化铈对陶瓷显微结构的影响

图 9-2 为 1300℃ 烧结的纯 HA 陶瓷的 SEM 照片。（a）图为放大 2000 倍的 HA 表面，图中最明显的是大量气孔的存在，晶粒尺寸分布有区域性，分布极不均匀。（b）图为放大 5000 倍的 SEM 照片，从图片中可以发现，陶瓷表面晶粒的晶界清晰明显。而且更清晰地显示出晶粒的尺寸分布明显不均匀，粒径为 $1\sim8\mu m$ 不等，晶粒基本呈六方。

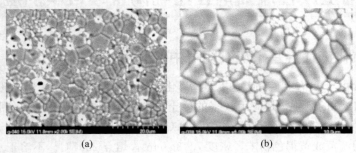

(a)　　　　　　　　　　(b)

图 9-2　纯 HA 陶瓷表面的 SEM 照片（1300℃ 烧结）

图 9-3 为 1300℃ 烧结的 CeO₂-HA 陶瓷表面的 SEM 照片。从照片中可以发现与未掺杂样品 [图 9-3（a）] 比较，掺杂后陶瓷的气孔明显减小，陶瓷晶粒尺寸更加均匀，（b）与（c）照片中显示陶瓷的粒径在 2～8μm 之间。在图中还发现掺杂后的 HA 陶瓷晶界上富集了大量浅色小颗粒析出物。这主要是由于多晶体的晶界结构疏松，化学势低，溶质原子在晶界上聚集的浓度要远高于晶内，容易造成杂质在晶界处偏析和凝聚。

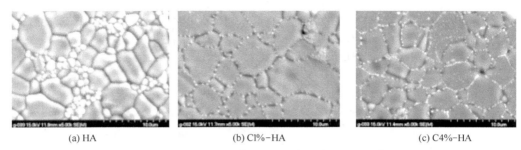

| (a) HA | (b) C1%-HA | (c) C4%-HA |

图 9-3　掺杂铈的 HA 陶瓷的 SEM 照片（1300℃ 烧结）

## 9.2.2　氧化镧在羟基磷灰石陶瓷中的应用

氧化镧是白色无定形粉末，密度 6.51g/cm³，熔点 2217℃，沸点 4200℃；微溶于水，易溶于酸而生成相应的盐类。露置空气中易吸收二氧化碳和水，逐渐变成碳酸镧。氧化镧由磷铈镧矿砂萃取或由灼烧碳酸镧或硝酸镧而得，也可以由镧的草酸盐加热分解制得。

氧化镧是一种非常重要的陶瓷改性剂，可作为制造陶瓷电容器、压电陶瓷的添加剂，用于改进钛酸钡（BaTiO₃）、钛酸锶（SrTiO₃）铁电体的温度相依性和介电性质，以及制造纤维光学器件和光学玻璃；也用作多种反应的催化剂，如掺杂氧化镉时催化一氧化碳的氧化反应，掺杂钯时催化一氧化碳加氢生成甲烷的反应；浸渗入氧化锂或氧化锆（1%）的氧化镧还可用于制造铁氧体磁体。

### 9.2.2.1　氧化镧对陶瓷收缩率的影响

图 9-4 是掺杂氧化镧 HA 陶瓷的收缩率随烧结温度的变化曲线。从图中可以看出，掺杂镧前后的 HA 陶瓷收缩率均随烧结温度升高而增大，可见升高烧结温度是陶瓷致密化的有效手段。但收缩率随烧结温度的变化梯度有所差别，当温度低于 1200℃ 时，各组分陶瓷的收缩率随温度的增加变化梯度较大，而 1200℃ 以后变化缓慢；各温度下，HA 陶瓷的线收缩率均比掺杂后小，含镧 2% 的 HA 陶瓷在 1200℃ 时收缩率已经达到 15% 左右。因此说明镧的添加同样有利于陶瓷的致密化进程，能够降低陶瓷的烧结温度。各烧结温度下，掺杂镧后陶瓷的线收缩率均大于纯 HA 陶瓷，1150℃ 的 HA 陶瓷的线收缩率只有 8%，掺杂后，升高至 9% 到 11.5%，说明氧化镧的添加有利于陶瓷的致密化进程，可以降低陶瓷的烧结温度。

### 9.2.2.2　氧化镧对陶瓷显微结构的影响

图 9-5 为 1300℃ 烧结的掺杂 La 的 HA 陶瓷表面形貌。（a）与（c）是两种掺杂比例的 2000 倍的 SEM 照片，（b）与（d）是两种掺杂比例的 5000 倍的 SEM 照片。从图中

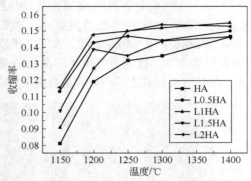

图 9-4　温度对 $La_2O_3$-HA 陶瓷收缩率的影响

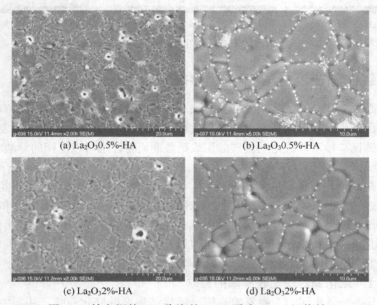

(a) $La_2O_3$0.5%-HA

(b) $La_2O_3$0.5%-HA

(c) $La_2O_3$2%-HA

(d) $La_2O_3$2%-HA

图 9-5　掺杂镧的 HA 陶瓷的 SEM 照片（1300℃烧结）

可以看出粒径在 $3\sim8\mu m$ 之间，与未掺杂样品相比，掺杂后的晶粒更均匀，气孔明显减少，与掺杂铈的 HA 陶瓷样品表面形貌类似。晶界上也出现了较多的小颗粒浅色析出物，析出物的组成有待进一步研究。氧化镧掺杂能够加快 HA 陶瓷的致密化进程，降低烧结温度，提高致密度，减少气孔，改善陶瓷的显微结构。

## 9.3　稀土改性添加剂在电子陶瓷领域中的应用

电子陶瓷多以氧化物为主要成分，包括介电陶瓷、铁电陶瓷、压电陶瓷、超导陶瓷、电光陶瓷、热电陶瓷等，广泛用于制作各种电子功能元件。微量的稀土添加剂可以极大地改变电子陶瓷的烧结性能、微观结构、致密度、相组成等，从而改善其力学性能以及光、电、磁等性能，提高其实际应用价值。

## 9.3.1 超导陶瓷

自 1986 年发现高温超导材料以来，世界各国掀起了高温超导带材的研究热潮，以实现高温超导材料在磁体、马达和强电传输等领域的应用。一些高温超导陶瓷和改性高温超导陶瓷如表 9-2 所示。

**表 9-2 高温超导陶瓷系列**

| 母　相 | 高 $T_c$ 相 | 导电类型 | 最高的 $T_c$ /K |
|---|---|---|---|
| $La_2CuO_4$ | $La_{2-x}A_xCuO_4$（A：Sr，Ba，Ca） | p | 约 36 |
| $R_2CuO_4$（R：Pr，Nd，Sm，Eu 等） | $R_{2-x}M_xCuO_{4-x}$（M：Th，Ce） | n | 约 25 |
| $BaBiO_3$ | $Ba_{1-x}K_xBiO_3$ | p | 约 30 |
| $RBa_2Cu_3O_{<64}$（R：Y，La，Nb，Sn，Eu，Gd，Ho，Er） | $RBa_2Cu_3O_{>65}$ | p | 约 95 |
| | $YBa_2Cu_4O_8$ | p | 约 80 |
| $BiRSrCuO$（R：稀土） | $Bi_2Sr_2(Ca_xR_{1-x})_nCu_{n+1}O_{2n+6}$ | p | 约 112 |
| $TiRBaCuO$（R：稀土） | $Tl_2Ba_2(Ca_xR_{1-x})_nCu_{n+1}O_{2n+6}$ | p | 约 125 |
| | $TlBa_2(Ca_xR_{1-x})_nCu_{n+1}O_{2n+5}$ | p | |
| $Pb_2SrRCu_3O_8$ | $Pb_2Sr_2Ca_{1-x}R_xCu_3O_{8+\delta}$ | p | 约 70 |

第二代高温超导陶瓷——钇钡铜氧陶瓷（YBCO）带材已投入使用，其长度可达数百米，临界超导温度约为 92K，临界电流强度（$I_c$）超过 200A·cm。美国 Super Power 公司已交付使用 10km YBCO 带材的电缆工程，American Superconductor 公司也开展了类似的工程。近年来，用稀土元素（Sc、La、Pr、Sm、Dy、Yb 等）部分取代 YBCO 中的 Ba 和 Y 成为热点，材料的零电阻温度进一步提高。山崎舜平制备了稀土（Yb、Y）改性的 YBCO 超导陶瓷，其临界温度为 101K。制备过程为：将纯度大于 99.95% 的 $Y_2O_3$、$Yb_2O_3$、$BaCO_3$、$CaCO_3$ 和 CuO 按比例混合，充分混料后，压制成圆片。在氧气氛下，500～1000℃ 预烧 8h。接下来，将上述圆片研磨成粉（平均粒径小于 $10\mu m$），于 300～800℃ 和 50kgf/cm² （4.9MPa）压力下压制成片。最后，在氧化气氛下，500～900℃ 烧结 10～50h。

## 9.3.2 热电陶瓷

热电材料是一种能将热能和电能直接相互转换的新型半导体功能材料。利用热电材料制成的发电系统可直接利用垃圾燃烧产生的余热、工厂和汽车产生的废热来发电，同时不产生任何废弃物，而且具有使用寿命长、性能稳定等优点，对开发新型能源和保护环境具有重要意义。

$Ca_3Co_4O_9$ 是目前最有希望实现工业应用的热电陶瓷材料之一，具有耐高温、抗氧化、热稳定性好、无污染、使用寿命长、制备简单、成本低等优点，但距离实用化的性能指标仍有差距。稀土元素部分取代 Ca 位可提高其应用性能。例如，Dy 部分取代 Ca 能降低材料中的载流子浓度，使材料的电阻率和 Seebeck 系数同时增大，同时提高声子的散射能力从而降低热导率。当 Dy 的掺入量为 10％时，$(Ca_{0.9}Dy_{0.1})_3Co_4O_9$ 获得最佳无量纲优值，1000K 时增至 0.27。Matsubara 等采用固相反应法结合放电等离子烧结工艺制备了 $Ca_{2.75}Gd_{0.25}Co_4O_9$ 陶瓷材料。研究发现，在 973K 时，其功率因子增至 $4.8 \times 10^{-4} W/(m \cdot K^2)$，大约是未掺杂试样的 4 倍，$ZT$ 值达到 0.23。Liu 等采用高分子网络凝胶法结合 SPS 烧结工艺制备了 $Ca_{3-x-y}Gd_xY_yCo_4O_{9+\delta}$ 陶瓷，系统研究了 Gd 和 Y 的二元掺杂对材料热电性能的影响。结果显示，二元掺杂能同时提高 $Ca_3Co_4O_9$ 材料的 Seebeck 系数和电阻率，同时热导率因掺杂元素对声子散射的增强而降低，在 973K 时，$Ca_{2.7}Gd_{0.15}Y_{0.15}Co_4O_{9+\delta}$ 的 $ZT$ 值增至 0.26。Nong 等对 $(Ca_{1-x}R_x)_3Co_2O_6$（R＝Gd、Tb、Dy、Ho）体系的研究发现，在高温区，稀土元素的掺入提高了 $Ca_3Co_2O_6$ 的 Seebeck 系数，并且 Seebeck 系数随着稀土元素离子半径的减小而增大，但对电阻率的影响很小；其中 $Ho^{3+}$ 的改性效果最好，在 1200K 时，$(Ca_{0.95}Ho_{0.05})_3Co_2O_6$ 试样的功率因子相对于未掺杂试样大约提高了 45％。

朱红玉等采用高压法制备了 Ce 掺杂 $Ca_3Co_4O_9$ 基热电陶瓷（$Ca_{3-x}Ce_xCo_4O_9$）。将原料 $Co_3O_4$（98％）、$Ca_2CO_3$（99％）、$CeO_2$（99.999％），按 $Ca_{3-x}Ce_xCo_4O_9$（$x＝0$，0.1，0.3，0.5）的化学配比混合，900℃烧结 12h。预烧后的样品研磨，过 200 目筛，干压成型，或六面顶液压机 SPD 中高压成型 5min（压力为 2.0GPa）。将常规固相成型的样品和高压压制样品分别在 900℃烧结 12h。发现高压法制备的样品气孔率小，密度增大（表 9-3），热电性能也优于常规固相法制备的样品（表 9-4）。J. M. Moon 等采用固相法制备了稀土氧化物 $R_2O_3$（R＝Gd、Pr、Sm、Nd、Ho）掺杂改性的 $CaCoO_3$ 热电陶瓷。当温度为 573K 时，$(Ho_{0.9}Ca_{0.1})CoO_3$ 陶瓷的优值 $Z$ 为 $1.9 \times 10^{-5}$。

表 9-3　两种方法制备的 $Ca_{3-x}Ce_xCo_4O_9$ 陶瓷的密度与 Ce 掺杂量的关系

| Ce 掺杂量 | $x$ | | | |
|---|---|---|---|---|
| | 0 | 0.1 | 0.3 | 0.5 |
| 固相方法制备样品密度/(g/cm³) | 3.47 | 3.57 | 3.52 | 3.59 |
| 高压制备样品密度/(g/cm³) | 3.93 | 3.92 | 4.16 | 4.29 |

表 9-4　两种方法制备的 $Ca_{2.9}Ce_{0.1}Co_4O_9$ 陶瓷的功率因子、热导率及品质因子

| 制备方法 | $S_2/p$ | $\kappa/[W/(m \cdot K)]$ | $Z/10^{-5}$ |
|---|---|---|---|
| 常规固相 | 0.69 | 1.61 | 4.29 |
| 高压成型 | 1.12 | 2.32 | 4.83 |

## 9.3.3　压电陶瓷

压电陶瓷是一种能够将机械能和电能直接互相转换（压电效应）的功能材料。压电效应是指某些介质在力作用下，产生形变，引起介质表面带电，为正压电效应；反之，施加激励电场，介质将产生机械变形，为逆压电效应。这种奇妙的效应已应用于许多领域，实现能量转换、传感、驱动、频率控制等。目前应用最广的压电陶瓷有钛酸铅

（PbTiO₃）、锆钛酸铅 Pb(Zr$_x$Ti$_{1-x}$)O₃（PZT）、钛酸钡（BaTiO₃）等。为进一步提高其应用性能，常采用在压电陶瓷中掺杂稀土氧化物，如 $Y_2O_3$、$La_2O_3$、$Sm_2O_3$、$Nd_2O_3$ 等。

PZT 是典型的压电陶瓷，其居里温度高（490℃）、介电常数低，适于高温和高频条件下应用。尚勋忠等采用固相法制备了稀土氧化物（$Nd_2O_3$、$Y_2O_3$）掺杂抗还原型 PZT。原料为纯度＞99％（质量分数）的 $Pb_3O_4$、$ZrO_2$、$TiO_2$、$SrCO_3$、$CuO$、$Nd_2O_3$、$Y_2O_3$、$Sb_2O_3$ 和 $Nb_2O_5$，其中，CuO 为低温烧结助剂，Sr、Nd、Y、Sb 为掺杂元素，按 $Pb_{0.95}Sr_{0.05}$（$Zr_{0.54}Ti_{0.46}$）$O_3$ ＋ 0.03％ CuO（质量分数）＋ 0.05％ $Nd_2O_3$ ＋ 1.00％ $Sb_2O_3$ 配料，混合球磨 2h。790℃预烧 2h。预烧粉料精磨 4h，干燥后压片。将坯片分别置于空气、真空和还原性气氛中烧结。研究表明材料的最佳组成为 $Pb_{0.95}Sr_{0.05}$（$Zr_{0.54}Ti_{0.46}$）$O_3$ ＋ 0.03％CuO ＋ 0.05％$Nd_2O_3$ ＋ 1.00％$Sb_2O_3$（表9-5），稀土添加剂是使陶瓷具有抗还原性能的关键。由表 9-5 可见，烧结温度为 1050℃时，陶瓷压电应变常数 $d_{33}$＝294pC/N，平面机电耦合系数 $k_p$＝43.56％，相对介电常数 $\varepsilon_{33}^T/\varepsilon_0$＝1333，介电损耗 tan$\delta$＝0.0197。该材料可应用于与 Ni、Cu 等贱金属低温共烧的叠层压电器件中，将大大降低器件的成本。

表 9-5　在空气、真空和还原性气氛中烧结的 PZT 陶瓷的压电性能

| 气氛 | 温度/℃ | 烧结时间/h | $d_{33}$/(pC/N) | $k_p$/％ | $\varepsilon_{33}^T/\varepsilon_0$ |
|---|---|---|---|---|---|
| 真空 | 1080 | 6 | 200 | 36.23 | 806 |
| 真空 | 1050 | 6 | 294 | 43.56 | 1333 |
| 真空 | 1020 | 6 | 274 | 43.03 | 1235 |
| N₂-H₂ | 1050 | 4 | 173 | 28.42 | 1022 |
| N₂-H₂ | 1050 | 5 | 202 | 34.32 | 1132 |
| N₂-H₂ | 1050 | 6 | 197 | 33.29 | 841 |
| 空气 | 1170 | 1 | 464 | 61.73 | 1943 |
| 空气 | 1200 | 1 | 472 | 62.59 | 1953 |

在具有高压电系数的 PZT 压电陶瓷中，通过添加 $La_2O_3$、$Sm_2O_3$、$Nd_2O_3$ 等稀土氧化物，可明显改善 PZT 陶瓷的烧结性能并利于获得稳定的电学性能和压电性能，这是因为三价的 La、Sm、Nd 等稀土离子取代了 PZT 中 A 位的 Pb 后，导致 PZT 陶瓷的物理特性发生了一系列变化。此外，少量稀土氧化物 $CeO_2$（0.2％～0.5％）可以改善 PZT 陶瓷的性能，掺加 $CeO_2$ 后 PZT 陶瓷的体积电阻率升高，有利于工艺上实现高温和高电场下极化，其抗时间老化和抗温度老化等性能均得到改善。采用 $Sm_2O_3$ 和变价氧化物（$Cr_2O_3$ 和 $MnO_2$）的复合掺杂改性，可获得一种既具有高压电活性又具有高 $Q_m$ 值的新颖的发射型 PZT 压电陶瓷材料，这类陶瓷的 $d_{33}$＝380×10$^{-12}$ C/N，$\varepsilon_{33}^T/\varepsilon_0$＝1200～1400，$K_{33}$＝0.70～0.71，这一压电陶瓷元件用于制作大功率超声换能器及压电点火装置等。

由于制备 PZT 陶瓷过程中的冷却处理容易产生相变，导致显微裂纹的产生和机械

强度的下降。添加稀土元素将改善这一问题。熊荣等采用水热法合成了稀土（La、Pr、Nd、Sm、Eu）掺杂改性的 PZT 陶瓷微粉，1200℃烧结成瓷。稀土元素的掺杂不同程度地改善了 PZT 的压电性能，如表 9-6 所示。

表 9-6　不同稀土掺杂（摩尔分数为 0.04）的 PZT 的压电性能

| 稀土 | $\varepsilon_{33}^{T}/\varepsilon_0$ | $10^{12}d_{33}/(C/N)$ | $10^3 g_{33}/[V/(m/N)]$ | $k_t$ | $k_p$ | $k_t/k_p$ |
|---|---|---|---|---|---|---|
| La | 186 | 60 | 32 | 0.42 | 0.089 | 4.8 |
| Pr | 175 | 64 | 37 | 0.48 | 0.099 | 4.8 |
| Nd | 171 | 60 | 35 | 0.39 | 0.105 | 3.7 |
| Sm | 167 | 53 | 32 | 0.34 | 0.055 | 6.2 |

### 9.3.4　导电陶瓷

导电陶瓷是既具有金属态导电性，同时又具有陶瓷的结构特性、机械特性和独有的物理化学性质（如抗氧化、抗腐蚀、抗辐射、耐高温和长寿命等）的一类功能陶瓷。目前，已经对铅系、锰系、钴系、镍系等导电陶瓷进行了大量的研究工作。

郝素娥等采用气相稀土（La、Ce、Gd、Sm）扩渗法制备 $PbTiO_3$ 导电陶瓷。研究发现，稀土元素成功渗入到 $PbTiO_3$ 陶瓷体相中（见图 9-6），生成新化合物如 $La_5O_7NO_3$、$La_2C_2O_2$、$Gd_2O_3$、$La_2Ti_6O_{15}$、$SmO$ 和 $CeTi_{21}O_{38}$，从而改善了 $PbTiO_3$ 基陶瓷的导电性，室温电阻率从纯 $PbTiO_3$ 陶瓷的 $2.0×10^{10}\,Ω·m$ 下降为 $0.2\,Ω·m$，表现出导电体特征。

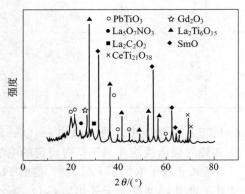

图 9-6　稀土扩渗后 $PbTiO_3$ 陶瓷的 XRD 谱图

$BaPbO_3$ 是钙钛矿结构的导电陶瓷，具有优异的导电性和阻温（PTC）特性：电阻率为 $10^{-4}\,Ω·m$，居里温度高达 750℃。刘心宇等采用化学液相共沉淀法制备了稀土 La 改性的 $BaPbO_3$ 导电瓷。按化学分子式 $Ba_{1-x}La_xPbO_3$ 配比混合，制备掺杂 La 的 $BaPbO_3$ 导电陶瓷粉末，然后在 125MPa 的压力下压片，950℃烧结 2h。结果表明：当稀土 La 为 10%（摩尔分数）时，$BaPbO_3$ 的焙烧温度、组织结构、电阻率等均达到最佳。图 9-7 为样品的室温电阻率与 La 添加量的关系。

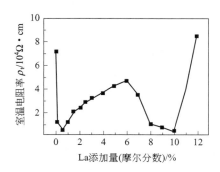

图 9-7　稀土（La）改性 $BaPbO_3$ 陶瓷的室温电阻率与 La 添加量的关系

## 9.3.5　介电陶瓷

介电陶瓷主要用于制作陶瓷电容器和微波介质元件。在 $TiO_2$、$MgTiO_3$、$BaTiO_3$ 等介电陶瓷及其复合介电陶瓷中，添加 La、Nd、Dy 等稀土元素能显著改善其介电性能。

$SrTiO_3$（ST）基高压介电容器，具有储能密度大、输入电压后引起的体积变化小、电容变化率的电压相关性小、抗电强度高等优点。胡其国等采用固相法制备了不同稀土元素掺杂的 Re-ST 陶瓷，$Re_{0.02}Sr_{0.98}Ti_{0.995}O_3$（Re＝La、Sm、Er）。制备方法：原料为分析纯的 $La_2O_3$、$Sm_2O_3$、$Er_2O_3$、$SrCO_3$ 和 $TiO_2$，按化学式 $SrTiO_3$ 和 $Re_{0.02}Sr_{0.98}Ti_{0.995}O_3$ 的化学计量进行配料。将配好的原料球磨 6h，1000℃下预烧 2h。预烧后的粉料再次行星球磨 10h，成型后，650℃排除黏结剂，1350～1440℃烧结 3h，烧成后随炉冷却至室温。研究结果表明：Re-ST 陶瓷的室温相对介电常数（$\varepsilon_r$＝2520～3800，1kHz）比 ST 陶瓷增加了近 10 倍，介电损耗仍保持在 0.05（1kHz）以下；在 －50～180℃，Re-ST 陶瓷的介电常数具有较好的稳定性；Re-ST 陶瓷的介电强度 $E_b$ 均在 13kV/mm 以上；在 0～1.6kV/mm 的偏压测试条件下，Re-ST 陶瓷的相对介电常数变化在±10％。三种不同稀土添加剂对介电常数和介电损耗的影响如图 9-8 所示。

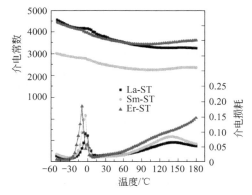

图 9-8　三种 Re-ST 陶瓷在－50～180℃的介电常数和介电损耗

$BaTiO_3$ 基陶瓷具有较高的介电常数，良好的铁电、压电和介电性能，被广泛应用于制造体积小、容量大的微型高介电容器及换能器等器件。杨晓兵等采用溶胶-凝胶法首先合成了 $Ba_{0.62}Ca_{0.08}Sr_{0.3}TiO_3$（BCST）陶瓷粉体，再经二次固相法掺杂稀土 $Pr_6O_{11}$ 和 $Nd_2O_3$ 获得 $0.001Pr_6O_{11} \cdot xNd_2O_3$-BCST 系列陶瓷。不同烧结温度下所得陶瓷的室温介电常数和介电损失与 Nd 掺杂量的关系如图 9-9 所示，其中 Nd 的掺杂量为 0.002 时，室温介电常数最高，介电损耗最小。

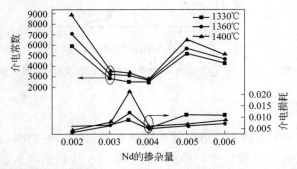

图 9-9　不同烧结温度所得改性 BCST 陶瓷的介电性能与 Nd 掺杂量的关系

# 9.4　稀土改性添加剂在敏感陶瓷领域中的应用

敏感陶瓷是功能陶瓷的重要一类，其特点是对某些外界条件如电压、气体、温度、湿度等敏感响应，故可通过相关电性能参数的改变实现对电路、操作过程和环境等的监控，广泛用于控制电路的传感元件，故又称之为传感器陶瓷。稀土改性是提高敏感陶瓷应用性能行之有效的方法。

## 9.4.1　压敏陶瓷

目前，压敏陶瓷主要有 ZnO、SiC、$TiO_2$、$SrTiO_3$、$SnO_2$ 和 $WO_3$ 等。稀土掺杂改性（Tb、La、Ce 等）和纳米添加改性是常用的两种改善压敏陶瓷致密度和电学性能的方法。

ZnO 压敏陶瓷具有优异的非线性伏安特性和巨大的浪涌吸收能力，被广泛应用于电力系统和电子线路中。李吉乐等采用传统固相法制备了掺杂稀土氧化物 $Nd_2O_3$ 和 $Sm_2O_3$ 的 ZnO 压敏陶瓷，原料配方如表 9-7 所示，性能参数如表 9-8 所示。当掺杂量为 0.25%（摩尔分数）$Nd_2O_3$ 和 0.50%（摩尔分数）$Sm_2O_3$ 时，ZnO 压敏陶瓷的电性能最优，电位梯度为 $959V/mm$，非线性系数为 36.7，漏电流为 $2.25\mu A/cm^2$。

$SrTiO_3$ 基压敏陶瓷具有良好的压敏特性、大电容量和小漏电流，与 ZnO 压敏陶瓷相比，有更好的抑制交流干扰和陡峭脉冲前沿的能力。运用固溶体系内部各固溶组分性能之间的加和补充，通过优选配方可以制备电性能优异的（Sr、Ba、Ca）$TiO_3$ 基压敏陶瓷。徐宇兴等以（$Sr_{0.38}Ba_{0.34}Ca_{0.28}$）$TiO_3$ 为基体材料，采用 $Nb^{5+}$ 取代 $Ti^{4+}$，Mn 作受

表 9-7　$Nd_2O_3$ 和 $Sm_2O_3$ 掺杂 ZnO 压敏陶瓷的原料组成　单位：％（摩尔分数）

| 样品 | ZnO | $Bi_2O_3$ | $Co_2O_3$ | $MnO_2$ | $Sb_2O_3$ | $Cr_2O_3$ | $Nd_2O_3$ | $Sm_2O_3$ |
|---|---|---|---|---|---|---|---|---|
| A0 | 96.30 | 0.7 | 1.0 | 0.5 | 1.0 | 0.5 | 0 | 0 |
| A1 | 96.05 | 0.7 | 1.0 | 0.5 | 1.0 | 0.5 | 0.25 | 0 |
| A2 | 95.95 | 0.7 | 1.0 | 0.5 | 1.0 | 0.5 | 0.25 | 0.10 |
| A3 | 95.80 | 0.7 | 1.0 | 0.5 | 1.0 | 0.5 | 0.25 | 0.25 |
| A4 | 95.65 | 0.7 | 1.0 | 0.5 | 1.0 | 0.5 | 0.25 | 0.40 |
| A5 | 95.55 | 0.7 | 1.0 | 0.5 | 1.0 | 0.5 | 0.25 | 0.50 |

表 9-8　$Nd_2O_3$ 和 $Sm_2O_3$ 掺杂 ZnO 压敏陶瓷的性能参数

| 样品 | 相对密度 $\rho_r/\%$ | 非线性系数 $\alpha$ | 漏电流密度 $J_L/(\mu A/cm)$ | 晶粒尺寸 $D/\mu m$ | 电位梯度 $E_{1mA}/(V/mm)$ | 晶界平均击穿电压 $V_{gb}/V$ | 势垒高度 $\Phi_B/eV$ | 施主浓度 $N_D/(10^{18}/cm^3)$ | 界面态密度 $N_S/(10^{12}/cm^2)$ | 耗尽层 $\omega/nm$ |
|---|---|---|---|---|---|---|---|---|---|---|
| A0 | 96.4 | 10.4 | 23.75 | 3.23 | 595.5 | 1.92 | 1.34 | 8.61 | 10.4 | 12.1 |
| A1 | 96.6 | 27.7 | 0.44 | 5.32 | 389.3 | 2.07 | 1.81 | 0.321 | 2.33 | 72.8 |
| A2 | 96.7 | 20.0 | 2.55 | 3.38 | 425.5 | 1.44 | 1.52 | 2.48 | 5.94 | 20.3 |
| A3 | 96.8 | 19.0 | 8.66 | 3.14 | 627.0 | 1.97 | 1.55 | 5.01 | 8.54 | 17.1 |
| A4 | 97.3 | 24.5 | 4.65 | 2.97 | 808.6 | 2.40 | 2.01 | 2.25 | 6.68 | 29.7 |
| A5 | 97.5 | 36.7 | 2.25 | 2.91 | 959.0 | 2.79 | 2.11 | 4.23 | 8.92 | 21.1 |

主掺杂元素的前提下，研究了稀土离子 $La^{3+}$ 施主掺杂对（Sr、Ba、Ca）$TiO_3$ 基压敏陶瓷结构和性能的影响。结果表明，在 $La^{3+}$ 掺杂范围内所制备压敏陶瓷的压敏电压较低（$V_{10mA}=6.5\sim14.4V$），非线性良好（$\alpha=1.8\sim3.0$），介电性能优良，损耗较低（当 $La_2O_3$ 摩尔分数 $<0.5\%$ 时，$\tan\delta<0.6\%$），压敏电压温度系数可调。其中，当 $La_2O_3$ 摩尔分数 $=0.4\%$ 时，其压敏电压 $V_{10mA}=11.19V$，非线性系数 $\alpha=2.93$，电容 $C=31.16nF$，介电损耗 $\tan\delta=0.43\%$，压敏电压温度系 $KV_{10mA}=0.1\%$，综合电性能良好。

## 9.4.2　气敏陶瓷

从 20 世纪 70 年代开始，人们对于稀土改性气敏陶瓷进行了大量研究。研究发现，将不同稀土氧化物掺杂到 ZnO、$SnO_2$ 及 $Fe_2O_3$ 等气敏陶瓷中，可以制得 $ABO_3$ 型和 $A_2BO_4$ 型稀土复合氧化物陶瓷。例如，在 $SnO_2$ 中掺入 $CeO_2$，可得到对乙醇气体敏感的烧结型 $SnO_2$ 陶瓷。

ZnO 陶瓷薄层是一种 n 型半导电薄膜，具电子导电性。当它遇到还原性气氛时阻值减小，遇到氧化性气氛时阻值增大，显示出气敏特性。李玉宝等采用平面直流磁控溅射法，采用纯氧反应溅射，制备了 ZnO 气敏陶瓷薄膜。然后用真空镀膜机将微量稀土元素（Ce、Pr、Sm）蒸发至 ZnO 陶瓷薄膜的上，加热至 200～400℃时，即生成稀土氧化物。结果表明，稀土（Pr）掺杂改性的 ZnO 陶瓷元件对乙醇气体显示出优异的选择性和灵敏性，如表 9-9。

**表 9-9　Pr 掺杂 ZnO 陶瓷薄膜对乙醇气体的响应**

| 测试条件 | 初期恢复时间 | 响应时间 | 恢复时间 | 灵敏度（$R_{air}/R_{gas}$） |
|---|---|---|---|---|
| 320℃，300$\mu$g/g | <5min | <15s | <20s | 10～15 |

　　庄又青等采用固相法制备稀土（La）掺杂 ZnO 气敏陶瓷。制备方法为：将 ZnO 与 $Cr_2O_3$ 和 $La_2O_3$ 按一定比例混合、研磨、成型，并在空气中烧成，烧成温度为 720℃，组成为 $La_2O_3$ 0.15%、$Cr_2O_3$ 0.05%（均为摩尔分数）时，对还原性气体如 $H_2$ 显示出高选择性和灵敏性，添加剂组成和灵敏性的关系如表 9-10。

**表 9-10　添加剂组成与灵敏度的关系**

| $S^①$　$La_2O_3$ 含量/%　　　　　　　　$Cr_2O_3$ 含量/% | 0 | 0.05 | 0.10 | 0.15 | 0.29 |
|---|---|---|---|---|---|
| 0 | 9.7 | 11.0 | 10.6 | 9.0 | 8.9 |
| 0.02 | 8.4 | 9.2 | 11.7 | 9.2 | 11.5 |
| 0.05 | 9.3 | 10.9 | 16.2 | 25.9 | 8.5 |
| 0.10 | 7.9 | 11.0 | 12.0 | 13.6 | 7.2 |
| 0.15 | 5.6 | 10.3 | 11.4 | 12.2 | 6.5 |

　　① $S=R_a/R_g$，$R_a$ 为空气中电阻，$R_g$ 为 $H_2$ 中电阻；测试温度 375℃，4mL/L $H_2$。

## 9.4.3　热敏陶瓷

　　基于电阻的正温度系数效应（PTC）的钛酸钡 $BaTiO_3$ 是目前研究最多且应用最广的热敏陶瓷。在 $BaTiO_3$ 中加入微量稀土元素（La、Ce、Sm、Dy、Y 等，摩尔分数为 0.2%～0.3%），这些与 $Ba^{2+}$ 半径相近的稀土离子将部分取代 $Ba^{2+}$，产生了多余的正电荷，形成了弱束缚电子，从而使 $BaTiO_3$ 陶瓷的电阻率显著降低。

　　程绪信等采用固相法制备了 $Y_2O_3$ 掺杂的 $BaTiO_3$ 陶瓷。实验使用 $BaCO_3$（≥99.8%）、$TiO_2$（≥99.8%）、$Y_2O_3$（≥99.99%）和少量的 $SiO_2$ 作为原料，按照如下配比配料：$BaTiO_3 + xY_2O_3 + 2\%TiO$（BYT，$x=0.1\%～0.3\%$，均为摩尔分数），将配好的原料球磨 8h，再把干燥、过筛后的粉料在 1190℃ 下烧结 3h，预烧后的粉体再次球磨 8h，再干燥、过筛后的粉体中加入 13%（质量分数）的 PVA 黏合剂，研磨后使之混合均匀，再过 40 目筛。接着在 150MPa 的压力下成型。烧结时，从室温开始以 150℃/h 的速率升温至 600℃ 并保温 1h；接着以 250℃/h 的速率升温至 1175℃；再以 500℃/h 的速率升温至 1350℃ 并保温 2h；然后随炉冷却至室温制得 BYT 陶瓷。研究发现：①BYT 陶瓷的室温电阻率随 $Y_2O_3$ 掺杂量的增加呈现出先减小后增加的变化趋势（图 9-10），其中，当掺杂量为 0.25%（摩尔分数）时，室温电阻率最低同时升阻比最高；②最佳烧结温度和时间分别为 1350℃ 和 1h。

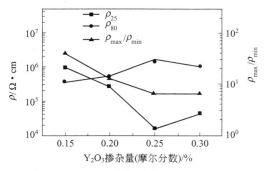

图 9-10　BYT 陶瓷的室温电阻率与升阻比随 $Y_2O_3$ 掺杂量的变化关系

## 9.4.4　湿敏陶瓷

　　$Fe_2O_3$ 材料具有 α 相与 γ 相等多种构型，其中 γ-$Fe_2O_3$ 为尖晶石结构的亚稳相，在适宜的湿度下能转变为刚玉结构的 α-$Fe_2O_3$，表现出湿敏特性。稀土元素（La 及其氧化物）常用来改善湿敏陶瓷的敏感度、提高其在线性和稳定性。刘博华等采用稀土元素（La）和碱金属（K）共掺杂改性 $Fe_2O_3$ 基湿敏陶瓷的敏感特性。制备方法为：将 $Fe_2(SO_4)_3$ 与 $FeSO_4$ 按等摩尔比配成水溶液，加入氨水调整溶液 pH 值约为 8。加热、搅拌、静置，得到水合氮氧化铁黑色沉淀，用水洗去除残余的 $SO_4^{2-}$ 和 $NH_4^+$，滤干后在 300℃ 空气中加热，分解生成 γ-$Fe_2O_3$。添加剂采用分析纯的 $K_2CO_3$ 和 $La_2O_3$。掺杂料在 900℃ 下合成，烧结温度为 1000～1100℃。结果表明，二元掺杂显著改善了的 $Fe_2O_3$ 湿敏陶瓷的感湿特性，其电阻-湿度关系曲线如图 9-11 所示。

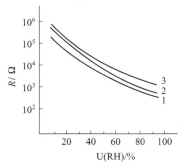

图 9-11　不同 Fe-La-K 系陶瓷的电阻-湿度特性曲线
1—Fe：K：La＝87：6：7（均为摩尔百分数之比）；
2—Fe：K：La＝84：6：10；3—Fe：K：La＝91：6：3

## 9.5　稀土改性添加剂在结构陶瓷领域中的应用

　　氧化铝陶瓷材料具有强度高、硬度高、耐磨性好、耐高温、耐腐蚀和绝缘性高等优异的物理化学性能，并且氧化铝陶瓷原料丰富，价格低廉，在众多领域中有广泛的实际应用。目前，在氧化铝陶瓷生产方面，我国大多数产品属中低档产品，高档产品国外起主导作用。研究耐磨性能优异的中高铝瓷成为国内外研究的重要课题之一。

有研究提出利用复合稀土添加剂可以制备出耐磨氧化铝陶瓷。这种添加剂是指稀土铽的化合物和复合添加剂。稀土铽的化合物为氧化铽、碳酸铽、硝酸铽、草酸铽、磷酸铽和氢氧化铽中的一种。复合添加剂为钙、镁和硅的化合物或矿物：其中，钙的化合物为氧化钙的质量分数大于 $45\%$ 的化合物；如石灰岩、方解石和白奎岩中的一种；硅的化合物为氧化硅的质量分数大于 $35\%$ 的化合物；如高岭土、透辉石、蒙脱石、叶蜡石、滑石和蛇纹石中的一种；镁的化合物为氧化镁的质量百分比大于 $45\%$ 的化合物；如水镁石、菱镁矿和白云石的一种。按原料各组分质量百分含量配料：氧化铝 $69.9\%$～$99.7\%$、稀土铽的化合物 $0.1\%$～$5\%$，复合添加剂 $0.2\%$～$30\%$。

典型配方和陶瓷耐磨性（按标准 JC/T 848.1—1999 对成品进行磨损率测试）如下：

**(1)** 配方 1：氧化铝 $95\%$，氧化铽 $0.8\%$，高岭土 $1.4\%$，方解石 $1.4\%$，白云石 $1.4\%$。

将上述原料按水料比 3∶1 混匀，80MPa 等静压成型，1525℃烧结 100min。所得氧化铝陶瓷磨损率为 $0.000636\%/h$。

**(2)** 配方 2：氧化铝 $98\%$，氧化铽 $0.2\%$，高岭土 $0.6\%$，石灰岩 $0.6\%$，菱镁矿 $0.6\%$。

将上述原料按水料比 1∶3 混匀，80MPa 等静压成型，1525℃烧结 60min。所得氧化铝陶瓷磨损率为 $0.000837\%/h$。

# 9.6 稀土改性添加剂在光学陶瓷领域中的应用

## 9.6.1 透明陶瓷

透明陶瓷是一类由特定纳米晶相和玻璃基体构成的复合材料，1992 年 Coble RL 首次制备了透明 $Al_2O_3$ 陶瓷，透明陶瓷迅速发展。目前，已开发出 $Al_2O_3$、$MgO$、$CaO$、$TiO_2$、$ThO_2$、$ZrO_2$ 等氧化物透明陶瓷以及 $AlN$、$ZnS$、$ZnSe$、$MgF_2$、$CaF_2$ 等非氧化物透明陶瓷。透明陶瓷不但具有优异的透明性，且耐腐蚀性好，能在高温和高压等恶劣条件下工作，还具有其他许多优异的物化性能，如强度高、介电性能优良、电导率低、热导性高等，因而在光通讯、激光、固态三维显示、太阳能电池和特种仪器制造等领域显示出巨大的应用前景。

透明陶瓷的力学性能（强度和硬度）和光学性能（全透光率和直线透光率）是主要应用性能指标。研究表明，稀土掺杂能有效提高透明陶瓷的力学性能，同时改善光学性能。朱渊等采用稀土氧化物（$0.06\%$ $Y_2O_3$ 和 $0.06\%$ $La_2O_3$）添加剂有效提高了 $Al_2O_3$ 透明陶瓷的力学性能和光学性能。研究发现，稀土氧化物 $Y_2O_3$ 和 $La_2O_3$ 降低了多晶 $Al_2O_3$ 陶瓷的气孔率，从而提高其致密度，减小了晶粒粒度，使全透光率提高至 $94\%$。

相对于 $BaF_2$ 单晶，$BaF_2$ 透明陶瓷不仅具有良好的力学和物理性能，同时又具有高掺杂浓度、均匀化掺杂等优点。瞿朋飞等采用沉淀法制备了稀土（Ce）掺杂 $BaF_2$ 纳米粉体和透明陶瓷，如图 9-12 所示。所制备的 0.2% Ce 掺杂 $BaF_2$ 透明陶瓷（1mm 厚）的透过率可达 80% 左右，如图 9-13 所示。

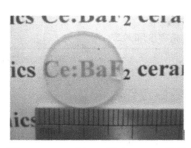

图 9-12　0.2% Ce 掺杂 $BaF_2$ 透明
陶瓷的照片（厚 1mm）

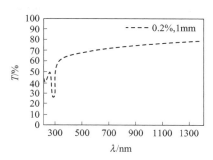

图 9-13　0.2% Ce 掺杂 $BaF_2$ 透明
陶瓷的透过率

## 9.6.2　发光陶瓷

稀土元素具有丰富的能级且 4f 电子容易跃迁，这是稀土发光的根本原因。稀土发光特性包括吸光能力强、转换率高、发光范围宽（从紫外到红外光）、发光强度高、物理化学性质稳定等。稀土元素改性将为陶瓷材料提供独特的光学性能。

长余辉光致发光陶瓷在吸收自然光、灯光等能量后，能部分存储能量，在光源撤除后仍可持续发光一段时间，因而在隐蔽照明和夜瞄光源等领域有重要价值。研究发现，稀土掺杂铝酸盐陶瓷，如 Eu、Dy 掺杂 $SrAl_2O_4$ 发光陶瓷，其发光强度和发光余辉时间比传统 ZnS：Cu 发光粉高 10 倍以上。张希艳等将 1∶1（摩尔比）的 SrO 和 $Al_2O_3$，2∶1（摩尔比）的 $Dy_2O_3$ 和 $Eu_2O_3$，以及适量助熔剂 $H_3BO_3$（3%～5%）混合均匀，在 900℃ 预烧 2h，冷却后粉碎压型。再于 1250～1450℃ 烧结 4h，得到发光陶瓷。其中，1400℃ 烧结的样品发光强度最高，持续发光 10h 后亮度为 2.15mcd/$m^2$，远高于人眼可辨最低亮度 0.32mcd/$m^2$。

# 9.7　稀土改性添加剂在陶瓷涂层/薄膜领域中的应用

## 9.7.1　阴极射线发光陶瓷薄膜

娄志东等采用喷雾热解法制备了稀土（Eu、Tb、Tm）掺杂的 $ZnAl_2O_4$ 陶瓷薄膜。制备所用原料为 0.1mol/L 的 $Zn(NO_3)_2$、0.1mol/L 的 $Al(NO_3)_3$ 和 0.01mol/L 的 $RE(NO_3)_3$（RE＝Eu、Tb、Tm）。将所有原料按一定的化学配比混合配成前驱液。相对于 Zn 的含量，Eu、Tb 和 Tm 的浓度（摩尔分数）分别为 3%、3% 和 1%。所用的基底分别为玻璃和铝矽酸盐陶瓷片，温度为 450℃，沉积速率为 0.4nm/s。退火温度从

500℃变化至800℃，气氛分别为空气、氧气及还原性氮氢混合气体（$N_2$ 和 $H_2$，体积比为 95∶5）。其中，$ZnAl_2O_4$∶$Eu^{3+}$ 陶瓷薄膜的色坐标与标准红光的色坐标最接近。$ZnAl_2O_4$∶$Tm^{3+}$ 陶瓷薄膜的色坐标不如标准的蓝粉 ZnS∶Ag。$ZnAl_2O_4$∶$Tb^{3+}$ 陶瓷薄膜的色坐标与标准的绿粉 ZnS∶Cu，Al 的色坐标接近。不同掺杂样品阴极射线发光亮度和效率见表 9-11。

表 9-11　不同掺杂 $ZnAl_2O_4$ 的发光亮度和效率

| 样品 | 基底 | 退火条件 | 亮度/(cd/m²) | 效率/(lm/W) |
| --- | --- | --- | --- | --- |
| $ZnAl_2O_4$∶$Eu^{3+}$ | 玻璃 | 700℃，空气 | 19 | 0.09 |
| $ZnAl_2O_4$∶$Eu^{3+}$ | 铝矽酸盐陶瓷 | 700℃，空气 | 47 | 0.21 |
| $ZnAl_2O_4$∶$Eu^{3+}$ | 铝矽酸盐陶瓷 | 800℃，空气 | 64 | 0.29 |
| $ZnAl_2O_4$∶$Tb^{3+}$ | 玻璃 | 700℃，空气 | 13 | 0.06 |
| $ZnAl_2O_4$∶$Tb^{3+}$ | 铝矽酸盐陶瓷 | 700℃，空气 | 76 | 0.35 |
| $ZnAl_2O_4$∶$Tb^{3+}$ | 铝矽酸盐陶瓷 | 800℃，还原气氛 | 153 | 0.70 |
| $ZnAl_2O_4$∶$Tm^{3+}$ | 玻璃 | 600℃，空气 | 3 | 0.01 |
| $ZnAl_2O_4$∶$Tm^{3+}$ | 铝矽酸盐陶瓷 | 600℃，空气 | 7 | 0.03 |
| $ZnAl_2O_4$∶$Tm^{3+}$ | 铝矽酸盐陶瓷 | 800℃，氧气 | 35 | 0.16 |

## 9.7.2　高力学性能陶瓷涂层

在金属、塑料等材料表面上涂敷高力学性能陶瓷涂层，使材料兼具基体材料和陶瓷两者的优点，稀土掺杂改性能够进一步提高陶瓷涂层的应用性能，更广泛地应用于航天航空、冶金、切削刀具、模具等领域。$Al_2O_3$/$TiO_2$ 陶瓷涂层具有优异的强韧性能、耐磨抗蚀性能、抗热震性能及良好的可加工性能。王铀等对热喷涂 $Al_2O_3$/$TiO_2$ 陶瓷涂层进行了稀土（$CeO_2$）掺杂改性，其韧性和耐磨性比商用涂层（美科 130）均有显著提高。等离子喷涂参量为：主气体 Ar 的压力为 0.69MPa，次气体 $H_2$ 的压力为 0.38MPa，氩气流速为 120SCFH，粉末载体流速为 40～70SCFH，送粉率大约为 1～1.5kg/h，等离子喷涂电流为 600A，等离子喷涂电压为 65V。表 9-12 给出了陶瓷粉末的成分类型和涂层硬度。

表 9-12　陶瓷粉末的成分类型和涂层硬度

| 粉末 | 粉末成分 | 粉末类型 | 硬度(HV) |
| --- | --- | --- | --- |
| C1 | $Al_2O_3$/13%$TiO_2$ | 微米（美科 130） | 1057 |
| N1 | $Al_2O_3$/13%$TiO_2$ | 纳米结构 | 1034 |
| N2 | $Al_2O_3$/13%$TiO_2$＋$CeO_2$ | 纳米结构 | 995 |
| N3 | $Al_2O_3$/13%$TiO_2$＋$CeO_2$＋$ZrO_2$ | 纳米结构 | 1044 |

## 9.7.3　生物活性陶瓷涂层

羟基磷灰石（HA）具有生物活性以及生物相容性好、无毒、可降解、可与骨等生物组织直接结合等特点，是常用生物活性陶瓷材料。为进一步提高 HA 陶瓷涂层的应用性能，稀土（$Nd_2O_3$、$La_2O_3$ 等）掺杂是行之有效的方法。夏昌其等选用医用钛合金（TC4）为基体材料，采用激光熔覆法制备了稀土氧化物（$La_2O_3$）掺杂的 HA 生物活性陶瓷涂层。熔覆材料为分析纯 $CaHPO_4 \cdot 2H_2O$、$CaCO_3$、$La_2O_3$ 和 $20 \sim 40\mu m$ 钛粉。考虑到高能激光熔覆过程中 Ca、P 存在烧损，用 Ca：P＝1：4 进行实验；$La_2O_3$ 用量为 $0 \sim 0.8\%$（质量分数）。研究发现，$La_2O_3$ 含量为 $0.6\%$（质量分数）时，催化合成活性 HA 相的量最多；同时 HA 陶瓷涂层表面具有一定的粗糙度，提高了该生物涂层与骨组织的生物相容性。

# 第 10 章　纳米添加剂

## 10.1　概述

氧化物陶瓷进入规模生产以来，其研究朝着高纯超细的方向发展，在一定程度上改善了陶瓷性能和微观结构。以氧化铝为例，从普通瓷－高铝瓷－75瓷－95瓷－99瓷，其强度性能有了很大提高。随着科学技术的发展，对高性能陶瓷的要求也不断提高。实验表明，在95瓷里添加少量的纳米 $Al_2O_3$ 可以使陶瓷更加致密，冷热疲劳性能和强度大大提高。这说明随着纳米技术的不断发展，陶瓷添加剂也向着超细化方向发展。近几年来，又采用二相粒子固溶、共溶、注入、弥散等复合技术，可以进一步影响和改善氧化物陶瓷性能。纳米复合陶瓷就是通过一定的分散制备技术，在陶瓷基体中加入弥散分布的纳米级颗粒添加剂得到的复合材料。例如，用纳米颗粒（如 $SiO_2$）代替纳米 $Al_2O_3$ 添加到95瓷里，既可以起到纳米颗粒的作用，同时它又是第二相的颗粒，其效果比添加 $Al_2O_3$ 更理想。特别是纳米 $SiO_2$ 的价格仅是纳米 $Al_2O_3$ 的 $1/2$，有利于降低材料成本。

## 10.2　纳米添加剂的特性

纳米微粒所具有的小尺寸效应、表面效应、量子尺寸效应、宏观量子隧道效应等，使它们在磁、光、电、敏感等众多应用领域独领风骚。因此纳米微粒在磁性材料、电子材料、光学材料、高致密度材料的烧结、催化、传感、陶瓷增韧等方面有着广阔的应用前景。

### 10.2.1　纳米材料特殊的热学特性

（1）纳米微粒的熔点降低　由于纳米粒子的尺寸小、表面能高、比表面原子数多、表面原子近邻配位不全、纳米微粒的活性大以及纳米微粒体积远小于大块材料，因此纳米粒子熔化时所增加的内能小得多，这就使得纳米微粒的熔点急剧下降。例如，2nm的金颗粒的熔点是 600K，块状金熔点为 1337K；纳米银颗粒在低于 373K 就开始熔化，而常规银的熔点为 1233K。

(2) 纳米复合陶瓷的烧结温度降低　纳米微粒尺寸小、表面能高，压成块后的界面具有高能量，在烧结中高的界面能成为原子运动的驱动力，有利于界面中的孔洞收缩，因此，在较低的温度下烧结就能达到致密化的目的，即烧结温度降低。例如常规氧化铝烧结温度在 1700～1800℃，而纳米氧化铝可在 1400℃ 左右烧结，致密度可达到 99％ 以上。常规氮化硅烧结温度高于 1800℃，纳米氮化硅烧结温度可降低 200～300℃。

## 10.2.2　纳米粒子特殊的光学特性

纳米粒子的一个重用标志是尺寸与物理的特征量相差不多，当纳米粒子与玻尔半径、电子德布罗意波长相当时，小颗粒的量子尺寸效应十分显著。也就是说，粒子尺度的下降使纳米体系中包含的原子数大大降低，宏观固体的准连续能带消失，而表现为分立的能级。小尺寸效应和量子尺寸效应对纳米微粒的光学特性有很大影响。

(1) 宽频带强吸收　大块金属具有不同颜色的光泽，这表明它们对可见光范围各种波长的反射和吸收能力不同。当尺寸减小到纳米量级时，各种金属纳米微粒几乎都呈现黑色，说明它们对可见光的反射率极低。例如，铂纳米粒子的反射率仅为 1％，金纳米粒子的反射率小于 10％。

纳米氮化硅、碳化硅、氧化铝粉对红外有一个宽频带强吸收谱，即红外吸收谱频带展宽，吸收谱中的精细结构消失。纳米氧化铝在 1000～400cm$^{-1}$ 中红外范围出现了一个较强的吸收"平台"；纳米三氧化二铁和纳米氧化硅、纳米氧化钛也都在中红外范围有很强的光吸收能力。纳米氮化物也有类似的现象。这是因为纳米粒子的比表面增大，导致了平均配位数下降，不饱和键增多，与常规大块材料不同，没有一个单一择优的键振动模，而存在一个较宽的键振动模的分布，这就导致了纳米粒子红外吸收带的宽化。

(2) 蓝移现象　1993 年，美国贝尔实验室在 CdSe 中发现，随着颗粒尺寸减小到纳米级，发光的颜色变化为红色—绿色—蓝色，这就是说发光带的波长由 690nm 移向了480nm。这种发光带或吸收带由长波长移向短波长的现象称为"蓝移"。与大块材料相比，纳米微粒的吸收带和发光带普遍存在"蓝移"现象，如纳米碳化硅颗粒和大块碳化硅固体的红外吸收的频率峰值分别为 814cm$^{-1}$ 和 794cm$^{-1}$。纳米氮化硅颗粒和大块氮化硅固体的红外吸收的频率峰值分别为 949cm$^{-1}$ 和 935cm$^{-1}$。利用这种蓝移现象可以设计波段可控的新型光吸收材料，在这方面纳米粒子可以大显身手。

(3) 纳米微粒新的发光现象　硅是具有良好半导体特性的材料，是微电子的核心材料之一，可美中不足的是硅材料不是好的发光材料，这对于在微电子学中一直占有"霸主"地位的硅材料来说，确实是极大的缺憾。人们发现，当硅的尺寸达到纳米级（6nm）时，在靠近可见光范围内有较强的光致发光现象，使灰色的硅变得有颜色，这一发现使硅如虎添翼，可能成为有重要应用前景的光电子材料。此外，在纳米氧化铝、氧化钛、氧化硅、氧化锆中也观察到常规材料根本看不到的发光现象。

### 10.2.3 纳米材料优异的力学特性

纳米材料的尺寸被限制在 100nm 以下，这是一个引起各种特性开始有相当大的改变的尺寸范围。对于同样的烧结温度，纳米陶瓷的硬度均高于常规陶瓷，而对应于同样的硬度值，纳米氧化钛的烧结温度可以降低几百摄氏度，这充分显示了纳米陶瓷的优越性。纳米材料的诞生为陶瓷增韧提供了一条有效的途径。英国的一个科学家说，纳米材料的诞生给人们为陶瓷增韧奋斗一个世纪的科研工作带来了希望。

### 10.2.4 纳米微粒奇异的磁学特性

纳米粒子的特殊磁学性质主要表现在它具有超顺磁性或高的矫顽力上。20nm 的纯铁粒子的矫顽力比大块铁大 1000 倍，而当粒子尺寸小到一定的临界值（6nm）时，矫顽力为零，表现为超顺磁状态。超微粒子具有高矫顽力的性质，已作为高储存密度的磁记录粉，用于磁带、磁盘、磁卡等。利用超顺磁，人们研制出应用广泛的磁流体，用于密封。

### 10.2.5 纳米材料特殊的电学性能

对于同一种材料，当颗粒达到纳米级，电阻、电阻温度系数都发生变化。银是优异的良导体，而 $10\sim15nm$ 的银颗粒电阻突然升高，失去金属特性，变成非导体。氮化硅、氧化硅等，当尺寸达到 $10\sim15nm$ 时，电阻大大下降，用扫描隧道显微镜观察时，不需要在其表面镀上导电材料就能观察到其表面的形貌，这是常规的氮化硅和氧化硅等物质根本不会出现的新现象。

## 10.3　常见纳米添加剂

### 10.3.1 纳米稀土氧化物

氮化铝（AN）陶瓷是新型电子陶瓷，为进一步降低其烧结温度和提高应用性能，在制备过程中常采用各类添加剂。黄小丽等采用复合纳米稀土氧化物（质量分数为 3％ 的 $Y_2O_3$ 和 3％ 的 $Dy_2O_3$）热压烧结制备 AN 陶瓷。结果表明，AN 陶瓷的致密度提高，微观结构更完整，陶瓷几乎不含第二相，晶格氧含量极低，热扩散率更高（表 10-1，试样 N 为添加了复合纳米添加剂，M 为添加了复合微米添加剂）。这主要是因为 $Y_2O_3$-$Dy_2O_3$ 复合纳米添加剂比表面积大，表面能高，因而活化了晶格，增加了烧结驱动力；同时，与原料 AN 粉的接触面大，提高了质点快速扩散的面积和烧结活性，因而加速了烧结进程。

熔融石英陶瓷是以石英玻璃为原料，经破碎、成型、烧成等过程制备得到。与普通石英玻璃比，熔融石英陶瓷晶化所致的材料整体开裂大大降低，并能够在 >1200℃ 的高温下应用，因而可用于航空航天、导弹、原子能、冶金及建材等领域。为进一步提高熔

表 10-1　AN 陶瓷的致密度和热扩散率

| 试样 | 致密度/$(kg/m^3)$ | 热扩散率/$(10^{-5} \cdot m^2/s)$ |
|---|---|---|
| M | 3268 | 3.61 |
| N | 3321 | 5.18 |

融石英陶瓷的高温使用安全性和可靠性，卜景龙等在制备熔融石英陶瓷过程中添加了纳米 $La_2O_3$ 和 $CeO_2$（＜100nm）。研究结果表明，两种稀土氧化物纳米添加剂对熔融石英陶瓷的晶化行为均有明显影响。当添加 1%（质量分数）的 $La_2O_3$，熔融石英陶瓷的性能最优，热膨胀率最低，晶化温度提高了 100℃以上，晶化量减小约 82%。

## 10.3.2　纳米金属氧化物

### 10.3.2.1　纳米 $Al_2O_3$ 基复合添加剂

锶铁氧体（$SrFe_2O_{19}$）是常用的永磁材料，具有较高的矫顽力和磁能积、单轴磁晶各向异性、较高的居里温度等优点，同时其耐氧化性优异，原料价格低廉。为进一步提高 $SrFe_2O_{19}$ 陶瓷的磁性能，科研人员采用了各种方法，如优化制备工艺、使用添加剂、掺杂稀土、离子取代等。李志杰等通过在原料中添加纳米 $Al_2O_3$ 和 $SiO_2$，制备出综合性能优异的 $SrFe_2O_{19}$ 陶瓷。研究表明，添加纳米 $Al_2O_3$ 和 $SiO_2$ 不同程度地改善了陶瓷的磁性能。其中，对于 $CaCO_3$（0.5%，质量分数，下同）、$Al_2O_3$（0.5%）、$SiO_2$（0.3%）的复合添加，样品性能较优：剩磁 $B_r=406.7mT$，内禀矫顽力 $H_{cj}=336.7kA/m$，最大磁能积 $(BH)_{max}=35.58kJ/m^3$。

### 10.3.2.2　纳米 $TiO_2$ 基复合添加剂

$Al_2O_3$ 陶瓷具有典型的离子键结构，制备时需要高的烧结温度，成瓷较难。目前，已采用不同方法降低 $Al_2O_3$ 陶瓷的烧结温度并改善瓷体性能，其中常采用纳米添加剂，如高岭土、$SiO_2$、$CaO$、$MgO$、$BaO$ 等，这些添加剂在 $Al_2O_3$ 陶瓷中以第二相（液相）存在，有效降低了烧成温度，促进了 $Al_2O_3$ 陶瓷的烧结，提高了陶瓷的致密性；生成固溶体的添加剂有 $TiO_2$、$MnO_2$、$Fe_2O_3$、$Cr_2O_3$ 等，由于这些添加剂属变价类型，促使 $Al_2O_3$ 陶瓷结构产生缺陷、活化晶格，易于烧结。张伟等采用液相包裹法添加纳米 $MnO_2$、$TiO_2$、$Y_2O_3$ 复合添加剂（平均粒径均为 100nm）制备了 $Al_2O_3$ 陶瓷。研究发现当烧结温度大于 1500℃时，与没有添加纳米复合添加剂的陶瓷比较，晶粒发育更完全，晶粒的边角已经长出，晶界连接更紧密；大晶粒之间的空隙填满了小晶粒，气孔率降低为 1.632%（没有添加剂的对照组为＞13%）；硬度接近 14GPa，提高了 18%。

赵军等采用 $CaO$-$MgO$-$SiO_2$（CMS）和纳米 $TiO_2$ 复合添加剂对 $Al_2O_3$ 陶瓷进行改性处理，发现当 $CMS/TiO_2$ 的质量比为 1/1，添加量为 6%（质量分数），烧结温度为 1450℃时，所制得的 $Al_2O_3$ 陶瓷晶粒细小均匀（平均粒径为 $3\mu m$）且排列紧密，相对密度为 93.7%，抗弯强度可达约 363MPa。

一种能够提高陶瓷内衬复合钢管性能的纳米 $TiO_2$ 添加剂，粒度在 10～100nm，纯度大于 99%。反应物料的成分组成（质量分数）：铝粉 21%～23%，氧化铁 60%～66%，氧化硅 4%～8%，四硼酸钠 4%～8%，纳米 $TiO_2$ 1%～10%。典型配方：铝粉

21%，氧化铁61%，氧化硅6%，四硼酸钠4%，纳米$TiO_2$8%。复合钢管性能：钢管外径65mm，壁厚10mm，管长160mm，孔隙率≤8.0%，压剪强度≥13MPa，压溃强度≥525MPa。

### 10.3.2.3　纳米$ZrO_2$添加剂

$ZrO_2$同样可作为提高陶瓷内衬复合钢管性能的纳米添加剂使用，粒度在10~100nm，纯度大于99%。反应物料的成分组成（质量分数）为：铝粉21%~23%，氧化铁60%~66%，氧化硅4%~6%，四硼酸钠4%~6%，纳米$ZrO_2$1%~8%。典型配方：铝粉22%，氧化铁66%，氧化硅5%，四硼酸钠4%，纳米$ZrO_2$3%。复合钢管性能：钢管外径70mm，壁厚10mm，管长150mm，孔隙率≤7.0%，压剪强度≥15MPa，压溃强度≥470MPa。

刚玉质（$Al_2O_3$）陶瓷蓄热体具有化学稳定性好、耐高温、抗侵蚀、强度高等优点，是一种多孔疏松结构，但其脆性大，抗热震性较差。目前，常采用纳米$ZrO_2$增韧刚玉质陶瓷，同时改善其抗热震性，但纳米$ZrO_2$增韧刚玉质陶瓷蓄热体的研究仍较少。吴锋等采用液相共沉淀法制备的纳米$ZrO_2$为添加剂制备刚玉质陶瓷蓄热体。表10-2为添加的三种不同纳米$ZrO_2$的XRD数据。研究发现，添加了三种不同的纳米$ZrO_2$均有效提高了刚玉质陶瓷蓄热体的强度、韧性和抗热震性，如图10-1所示。

表10-2　三种不同纳米$ZrO_2$的XRD特征峰信息

| 晶型 | $c$-$ZrO_2$ ($d_{111}$=0.2968nm) | $t$-$ZrO_2$ ($d_{011}$=0.295nm) | $m$-$ZrO_2$ ($d_{111}$=0.3165nm) |
|---|---|---|---|
| A | 186 | 392 | 160 |
| B | 222 | 76 | 126 |
| C | 237 | — | — |

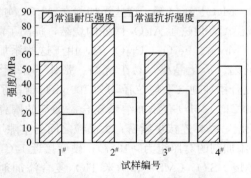

图10-1　纳米$ZrO_2$增韧刚玉质陶瓷的常温耐压强度和抗折强度

1#—加入2%脱硅锆；2#，3#，4#—依次加入A、B、C纳米$ZrO_2$（2%）

### 10.3.2.4　纳米$Cr_2O_3$添加剂

$Al_2O_3$基TiC复合陶瓷是性能优异的陶瓷刀具材料。为获得高性能的$Al_2O_3$-TiC复合陶瓷，常采用添加剂，如MgO、$Y_2O_3$、$TiO_2$和$Cr_2O_3$等金属氧化物。曾照强等研究了纳米$Cr_2O_3$添加剂（粒径小于1μm）对$Al_2O_3$-TiC复合陶瓷材料性能的影响，并获得

了综合性能优异的 $Al_2O_3$-TiC 复合陶瓷。研究表明：①少量的 $Cr_2O_3$ 对 $Al_2O_3$-TiC 复合陶瓷的烧结有促进作用；添加量为 5%（质量分数）时，陶瓷力学性能最优，如图 10-2 所示；②1750℃烧结，$Cr_2O_3$ 可与 $Al_2O_3$ 形成固溶体，活化了 $Al_2O_3$ 的晶格；还可与 TiC 反应生成液相的 $Cr_3C_2$，可促进 $Al_2O_3$-TiC 复合陶瓷材料的烧结；同时，Cr 离子在 TiC 中有较大的溶解度，而降温后则能生成对改善断裂韧性有利的纳米颗粒。

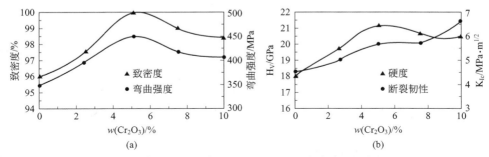

图 10-2　纳米 $Cr_2O_3$ 添加量对 $Al_2O_3$-TiC 复合陶瓷性能的影响

### 10.3.2.5　纳米 $Fe_2O_3$ 添加剂

钛酸铝（$Al_2TiO_5$）陶瓷具有高熔点（1860℃），低热膨胀系数，良好的抗热冲击性能，以及抗渣、耐蚀、耐碱和对多种金属及玻璃的不浸润性等优点，作为热阻材料有很大的应用潜能。由于 $Al_2TiO_5$ 陶瓷在 900～1280℃易分解为金红石型 $TiO_2$ 和刚玉，大大限制其作为结构陶瓷的应用。虽然分解机理尚不明确，但通过加入添加剂来提高 $Al_2TiO_5$ 热稳定性的研究工作已经展开。孙志华等以溶胶-凝胶制备的钛酸铝前驱体和固相合成法制备的纳米 $Fe_2O_3$ 为原料合成 $Al_{2(1-x)}Fe_{2x}TiO_5$ 陶瓷。研究表明：①纳米 $Fe_2O_3$ 容易与 $Al_2TiO_5$ 形成固溶体，从而抑制了钛酸铝陶瓷的热分解，改善其热分解性能；②增加纳米 $Fe_2O_3$ 加入量，$Al_{2(1-x)}Fe_{2x}TiO_5$ 的晶格常数变大，热分解率降低，但当加入量超过 10% 时，$Al_{2(1-x)}Fe_{2x}TiO$ 的晶格常数不变甚至减小，热分解率反而增大；③煅烧温度大于 1350℃时，钛酸铝陶瓷晶格常数保持不变，钛酸铝陶瓷的热分解率变化不大，如图 10-3。

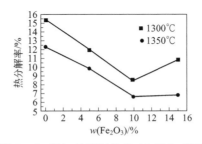

图 10-3　不同 $Fe_2O_3$ 添加量所制备的 $Al_2TiO_5$ 陶瓷的热分解率

## 10.3.3　纳米碳化硅

$Al_2O_3$ 陶瓷是高性能高温结构陶瓷之一，但由于 $Al_2O_3$ 陶瓷室温强度较低及韧性差，使其应用受到一定限制。晏建武等在微米 $Al_2O_3$ 粉中加入纳米碳化硅（SiC），制备出 SiC-$Al_2O_3$ 纳米复合陶瓷，主要制备工艺和性能如表 10-3。

表 10-3　SiC-$Al_2O_3$ 纳米复合陶瓷的制备工艺及性能

| 样品 | 组成（质量分数）/% | | | | 温度/℃ | 压力/MPa | 烧结时间/min | $K_{IC}$/(MPa·m$^{1/2}$) | $\sigma_b$/MPa | 硬度(HV)/(MPa·mm$^{-2}$) | 致密度/% |
| --- | --- | --- | --- | --- | --- | --- | --- | --- | --- | --- | --- |
| | $Al_2O_3$ | SiC | $Y_2O_3$ | $ZrO_2$ | | | | | | | |
| 1 | 97 | 0 | 3 | 0 | 1750 | 18 | 60 | 5.68 | 291 | 1918 | 98.40 |
| 2 | 77 | 15 | 3 | 5 | 1750 | 18 | 60 | 8.13 | 523 | 2785 | 99.08 |

由表 10-3 可见，添加 15％纳米 SiC 制得的复合陶瓷，其强度和韧性都有大幅度的提高，其中，抗弯曲强度提高了 80％，韧性提高了 43％，致密度也得到改善。

目前，防弹陶瓷主要有 $Al_2O_3$、$B_4C$、SiC、$TiB_2$、AlN、$Si_3N_4$、Sialon 等。影响陶瓷材料防弹性能的主要因素包括硬度、断裂韧性及弯曲强度等。高朋召等采用无压烧结制备了纳米 SiC 增韧的 $Al_2O_3$ 陶瓷。研究发现，在氧化性气氛下烧结，添加 4％纳米 SiC 时，$Al_2O_3$ 陶瓷的体积密度为 3.80g/cm$^3$，抗弯强度、断裂韧性和维氏硬度均达到最大值，分别为 480MPa、5.12MPa·m$^{1/2}$ 和 16.2GPa。

随着现代工业的高速发展，管道运输也越来越重要。在磨损、腐蚀、强热等恶劣环境中，常用的金属或非金属管道损耗严重。自蔓延高温合成（SHS）陶瓷内衬复合管作为新型输送管道，具有耐磨损、抗腐蚀、耐高温、耐热冲击等优点，且设备简单、生产效率高、制造成本低，在化工、石油、造纸、冶金、煤炭、电力及军工等行业已得到应用。传统 SHS 法制备的复合管陶瓷内衬的孔隙率高，可达 10％。提高陶瓷内衬的致密性是目前陶瓷内衬复合管的研究重点之一。俞建荣等基于重力分离 SHS 法，采用 Al-$Fe_2O_3$-CuO 与 $SiO_2$ 和纳米 SiC 复合铝热体系，制备了性能优异的陶瓷内衬。结果表明：3％纳米

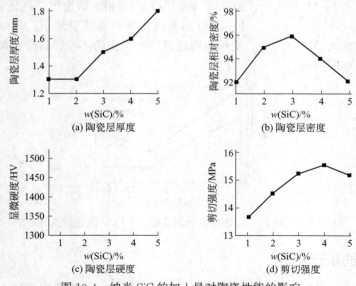

图 10-4　纳米 SiC 的加入量对陶瓷性能的影响

SiC 添加量，陶瓷层的综合性能较优，如图 10-4 所示；同时抗腐蚀性能提高。

## 10.3.4　纳米氮化钛

碳化钛（TiC）和氮化钛（TiN）基金属陶瓷是常用高速精加工刀具材料。纳米 TiN 改性 TiC 金属陶瓷近年来已有研究报道。许育东等系统研究了纳米 TiN 改性 TiC 金属陶瓷的组织与力学性能。研究发现，纳米 TiN 能够明显细化 TiC 基金属陶瓷组织，在 4%～10%（质量分数）添加量范围内，随添加量的增加，组织细化作用越显著。8% 的添加量所制备的 TiC 金属陶瓷的抗弯强度最大，约为 1310MPa。

# 10.4　纳米添加剂在氧化锆陶瓷中的应用

$ZrO_2$ 陶瓷的熔点高、强度大、耐磨损、耐腐蚀，是用途广泛的结构和功能陶瓷材料。表 10-4 给出了常用无机添加剂（金属氧化物为主）对 $ZrO_2$ 陶瓷性能的影响及其作用机理。由表可见，合适的添加剂能有效改善 $ZrO_2$ 陶瓷的结构与性能，同时赋予其新性能。

**表 10-4　无机添加剂对 $ZrO_2$ 陶瓷性能的影响及其作用机理**

| 添加剂 | 作用或机理 | 对性能的影响 | |
| --- | --- | --- | --- |
| | | 有利影响 | 不利影响 |
| MgO | 促进体系表面能和化学势下降，增强体系的烧结驱动力，引起的晶格畸变活化了晶格，提高了离子电导率 | 优异的中常温性能，良好的耐磨性和低温抗老化性能 | 抗高温老化性 |
| $Al_2O_3$ | 高弹性模量增大相变约束力，阻止 $Zr^{4+}$ 扩散和晶界迁移，减少晶粒长大，填补作用提高密度，加大直接通道宽度，清除杂质晶界相 | 解决低温性能老化问题，提高材料的硬度、断裂韧性和横向断裂强度 | 晶界间相互连接，阻碍烧结的进行 |
| $Y_2O_3$ | 与 $ZrO_2$ 的化学相容性好，引入氧空位，引起晶格畸变，抑制晶粒长大，部分稳定化时有相变增韧和微裂增韧 | $ZrO_2$ 稳定化，较高电导率 | 全稳定化时力学性能弱，较脆 |
| $CeO_2$ | 重要的稳定剂，促进高温下的扩散，避免晶界偏析 | 改善中高温力学性能，提高高温下的化学稳定性 | 可能造成材料强度，硬度偏低和晶粒长大 |
| $Yb_2O_3$ | | 高温电导率有所提高 | |
| CaO | 晶粒尺寸变化不大，四方相和立方相稳定，$Ca^{2+}$ 离子半径比 $Y^{3+}$ 大降低晶界效应 | 容易获得孔隙率小、致密度高的烧结体 | |
| $Fe_3Al$ | 高的韧性和强度，相近的热膨胀系数，较高的热导率，较低的弹性模量及在一定温度范围内强度随温度升高 | 增韧，改善 $Fe_3Al$ 的硬度和耐磨性，优势互补，改善了材料的抗热震断裂和抗热震损伤能力 | |
| $Nb_2O_5$ | 提高液相量，液相改性和活化晶格 | 进入液相，提高烧结体密度 | 微裂纹密度增大使得瓷体密度降低 |

| 添加剂 | 作用或机理 | 对性能的影响 | |
|---|---|---|---|
| | | 有利影响 | 不利影响 |
| $TiO_2$ | 水热处理过程中有离析出现,使立方相失稳促进四方相 $ZrO_2$ 形成 | 密度、抗弯和断裂韧度随掺杂量升高而升高,发出长效磷光的特性 | |
| ZnO | 使体系表面能和化学势下降,增强了烧结驱动力,在晶界内形成低熔点非晶玻璃相 | 提高致密度和电导率 | 少量掺杂会使电导率下降 |
| $SiO_2$ | 与 $Al_2O_3$ 共同作用,产生液相活化烧结 | 提高致密度 | 电导率稍有下降 |
| $Cd_2O_3$ | 加入 $Cd^{3+}$ 离子使电导活化能增大,改变晶体中氧离子迁移通道的尺寸和形状 | 稳定晶相,提高电导率 | 掺入量增大,致密度下降,热导性变差 |
| $Sm_2O_3$ | 低价的 $Sm^{3+}$ 引入,导致大量氧空位形成,使晶粒生长活化能降低 | 提高材料的致密度和电导率,稳定晶相 | 掺少量时电导率稍有下降 |

本节主要讨论氧化锆纳米复合陶瓷体系的性能。复合陶瓷的制备方法如下:将自制钇稳定四方氧化锆纳米粉和商用氧化锆微米粉按表 10-5 所示成分比例湿法球磨 24h,80℃烘干,250MPa 冷等静压 2min,脱模后 80℃干燥,1300℃烧结 2h。

表 10-5　复合陶瓷的成分设计

| 代　号 | 微米 $ZrO_2$(质量分数)/% | 纳米 $ZrO_2$(质量分数)/% |
|---|---|---|
| N00 | 100 | 0 |
| N10 | 90 | 10 |
| N20 | 80 | 20 |
| N30 | 70 | 30 |
| N40 | 60 | 40 |

## 10.4.1　纳米添加剂对陶瓷显微结构的影响

图 10-5 是不同含量纳米氧化锆复合陶瓷断口形貌,放大 2000 倍。可以看出 N10 和 N40 试样断口较为平整,显示出脆性断裂特征。而 N20 与 N30 断口则凹凸不平,呈山脉状起伏,这种表面极不平整,其表面积比平的表面积大得多,因此能消耗较多能量,表现出较好的塑性断裂特征。

进一步放大到 30000 倍(如图 10-6),可以发现 N20 断口轮廓模糊,不完整的晶粒较多,主要发生的是穿晶断裂,而 N10 和 N30 的断口则同时有完整晶粒和不完整晶粒存在,说明既存在穿晶断裂,又存在沿晶断裂,N40 的断口晶粒完整,轮廓清晰,材料断裂取道晶界,大部分形成沿晶断裂。此外,该烧结温度下,材料断口处的孔洞较小,直径不超过 $1\mu m$。

(a) N10　　　　　　　　　　(b) N20

(c) N30　　　　　　　　　　(d) N40

图 10-5　试样断口 SEM 照片（1300℃，2000 倍）

(a) N10　　　　　　　　　　(b) N20

(c) N30　　　　　　　　　　(d) N40

图 10-6　试样断口 SEM 照片（1300℃，30000 倍）

## 10.4.2　纳米添加剂对陶瓷致密度的影响

表 10-6 是纳米复合陶瓷致密度随纳米添加剂含量的变化。可以看出，该温度下四种不同纳米粉含量的材料均已成瓷，致密度在 $94\%\sim98\%$ 之间。N10 和 N20 由于纳米添加剂含量少，降低烧结温度的作用不明显，因此致密度偏小；纳米添加剂含量增加后，显著降低了烧结温度，使该温度下 N30 和 N40 的致密度得以提高，尤其是 N40 的

致密度值达到了 98％。通过该温度下陶瓷致密度的比较，再次印证了纳米添加剂对烧结温度的影响：向体系中添加纳米粉体可以降低陶瓷的烧结温度；烧结温度降低的程度取决于纳米粉的添加量；不同纳米添加剂添加量的纳微米复合陶瓷最佳烧结温度不同。

**表 10-6    陶瓷致密度**（1300℃）

| 样　　品 | 密度/(g/cm³) | 致密度/％ |
| --- | --- | --- |
| N10 | 5.844 | 95 |
| N20 | 5.753 | 94 |
| N30 | 5.887 | 96 |
| N40 | 5.989 | 98 |

## 10.4.3　纳米添加剂对陶瓷烧结温度的影响

普通氧化锆陶瓷的烧结温度不低于 1500℃，添加纳米粉后，由于粒径减小，纳米形态表面积巨大，表面能高，化学活性高，烧结过程中内驱动力大，因此可以有效地降低烧结温度。图 10-7 是 1400℃烧结后 N10、N20、N40 三种复合陶瓷的表面形貌。从图中可以看出，在该烧结温度下，陶瓷已经过烧，表面产生玻璃化现象，而且随着纳米粉含量的增加，玻璃化程度加剧，N40 的表面玻璃化最为严重，说明添加纳米粉后的确降低了陶瓷的烧结温度。

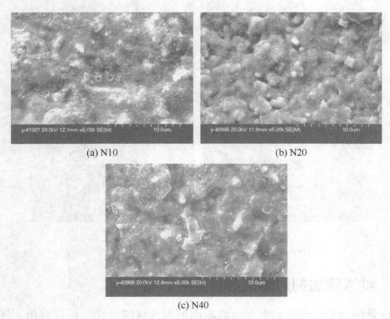

(a) N10　　　　　　　　　　(b) N20

(c) N40

图 10-7　陶瓷表面显微结构（1400℃）

图 10-8 是上述试样的断口 SEM 照片，从照片中可以看出，断口处晶粒完整，这是由于玻璃化导致晶界处强度较晶粒内部降低，因此材料断裂时取道晶界，形成沿晶

(a) N00　　　　　　　　　　　　　　(b) N10

(c) N20　　　　　　　　　　　　　　(d) N40

图 10-8　复合陶瓷断口显微结构（1400℃）

断裂。但晶粒表面由于包裹了玻璃态物质，轮廓并不清晰，说明陶瓷过烧。而且，纳米粉含量的增加加剧了材料过烧，产生了大量气体，使材料内部气孔的数量和尺寸增加，明显可以看出 N40 的气孔最大，长轴方向达到了近 $3\mu m$，说明纳米粉含量越多，烧结温度降低越显著，纳米复合陶瓷的最佳烧结温度与纳米粉含量有关。

## 10.4.4　纳米添加剂对陶瓷力学性能的影响

图 10-9～图 10-12 分别是纳微米复合陶瓷的抗弯强度、弹性模量、断裂韧性和硬度随氧化锆纳米粉含量的变化。总的来说，复合陶瓷的抗弯强度随纳米粉含量的增加呈现逐渐下降的趋势，N20 的值最低，约为 483MPa，最接近牙科陶瓷的要求；复合陶瓷的弹性模量没有大的改变，基本在 200GPa 左右，只有 N20 的最小，为 161GPa。随纳米粉含量的增加，复合陶瓷断裂韧性先增加后减小，纳米粉含量为 20% 时，断裂韧性值最大，等于 $11.26MPa \cdot m^{1/2}$，明显高于其他试样。此外，可以看出硬度随纳米粉含量的增加呈降低趋势，但降低幅度并不大。N20 的硬度值明显低于其他样品，约为 10GPa。

**（1）抗弯强度**　抗弯强度又称为弯曲强度或抗折强度，它是指矩形界面在弯曲应力作用下受拉面断裂时的最大应力。实际陶瓷晶体大多以方向性较强的离子键和共价键为主，晶体结构复杂，平均原子间距大，表面能小，同金属材料相比，室温下位错的滑移、增殖很难发生，因此很容易由表面或内部存在的缺陷以及应力集中而产生脆性破坏。这是陶瓷材料脆性的原因所在，也是其强度值分散性较大的原因。

陶瓷的强度除决定于本身材料种类外，显微组织也有极大的影响，即具有微观组织敏感性，其中气孔率与晶粒尺寸是两个最重要的影响因素。气孔是绝大多数陶瓷的主要组织缺陷之一，气孔明显降低了载荷作用横截面积，同时也是引起应力集中的地方。当

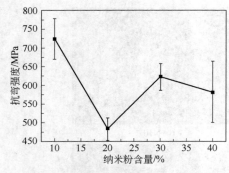

图 10-9　复合陶瓷抗弯强度
随纳米粉含量的变化

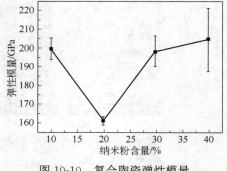

图 10-10　复合陶瓷弹性模量
随纳米粉含量的变化

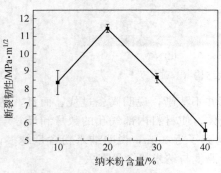

图 10-11　复合陶瓷断裂韧性
随纳米粉含量的变化

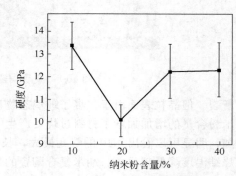

图 10-12　复合陶瓷硬度随纳米
粉含量的变化

材料成分相同时，气孔率的不同将引起强度的显著差异。实验发现，多孔陶瓷的强度随气孔率的增加近似按指数规律下降。有关气孔率与强度的关系式有多种提案，其中最常用的有 Ryskewitsch 提出的经验公式(10-1)，许多实验数据与此式接近。

$$\sigma = \sigma_0 \exp(-\alpha p) \tag{10-1}$$

式中　$\sigma_0$——$p=0$ 时的强度；

　　$\alpha$——常数，其值在 4～7 之间；

　　$p$——气孔率。

除气孔外，晶粒尺寸对强度也有影响。它们之间的关系符合 Hall-pitch 关系式：

$$\sigma_{\mathrm{f}} = \sigma_0 + kd^{-\frac{1}{2}} \tag{10-2}$$

式中　$\sigma_0$——无限大单晶的强度；

　　$k$——系数；

　　$d$——晶粒直径。

可以看出，随 $d$ 的减小，材料强度提高。

在四种纳米粉含量的复合陶瓷中，N20 的气孔率最大，密度最小，导致材料的强度下降。虽然它的粒径最小，有利于陶瓷强度的提高，但粒径对强度的影响不及气孔对强度的影响，因此强度最低。N40 的粒径最大，会降低强度，但其高致密度有利于强度的提高，两种因素共同作用的结果是强度略高于 N20。N10 的粒径不大，致密度适中，所以其强度最高。

纳米化导致材料抗弯强度提高的原因是显微组织的细化以及纳米颗粒未发生团聚。但是如果纳米粉含量的增加造成团聚或纳米粉没有均匀分散在微米基体内，也会导致强度的变化。因此，对于纳米粉含量较高的 N30 和 N40，也不排除由于纳米粉团聚造成的强度下降。

**(2) 弹性模量** 弹性模量是描述材料弹性变形阶段力学行为的重要性能指标。它反映了材料原子间结合力的大小，$E$ 越大，材料的结合强度越高。它的物理含义为材料产生单位应变所需的应力，陶瓷的弹性变形实际上是在外力的作用下原子间距由平衡位置产生微小位移的结果。这个原子间微小的位移所允许的临界值很小，超过此值，就会产生化学键的断裂。

影响弹性模量的主要因素是原子间结合力，即化学键。所以弹性模量对显微组织并不敏感，一旦材料种类确定，通过热处理等工艺改变弹性模量极为有限。虽然向微米氧化锆陶瓷基体中添加了纳米氧化锆颗粒，两种微粒的原始粒径不同，但由于它们的化学组成基本相同，因此，四种纳米粉含量的复合陶瓷的弹性模量没有大的差别，基本在 200GPa 附近，只有 N20 的弹性模量低至 161GPa。这是陶瓷的致密度对弹性模量的影响所致。气孔率为 $p$ 时，它们之间有如下关系：

$$E = E_0(1 - f_1 p - f_2 p) \tag{10-3}$$

式中　$E_0$——气孔率为零时的弹性模量；

　　$f_1$，$f_2$——由气孔形状决定的常数；

　　　　$p$——气孔率。

Frost 指出，弹性模量与气孔率之间符合指数关系：

$$E = E_0 \exp(-Bp) \tag{10-4}$$

式中　$E_0$——气孔率为零时的弹性模量；

　　　$p$——气孔率；

　　　$B$——常数。

总之，陶瓷的弹性模量随气孔率的增加急剧下降。在含 20％纳米粉的氧化锆复合陶瓷中气孔率最大，致密度最小，所以导致其弹性模量较其他陶瓷有所降低。

**(3) 断裂韧性** 断裂韧性是材料固有的性能，是材料结构和显微结构的函数，反映了材料抵抗裂纹扩展的阻力，与裂纹的大小、形状以及外力无关。

一般的多晶材料由于晶界处有较多的气孔和缺陷，导致晶界比晶粒内部弱，所以多晶材料破坏多是沿晶界断裂。细晶材料晶界比例大，沿晶界破坏时，裂纹的扩展要走迂回曲折道路。晶粒越细，此路程越长，材料断裂耗费的能量越多，故有取道晶粒断裂，形成穿晶断裂的趋势。微米复合陶瓷以沿晶断裂为主到纳米复合陶瓷以穿晶断裂为主，断裂方式的改变是改善陶瓷性能的主要原因。本研究中纳米含量适中时（20％），材料粒径最小，晶界得以强化，沿晶断裂所需要的能量最大，因此部分裂纹取道晶粒，形成穿晶断裂为主，这种断裂方式可提高材料的断裂韧性；而当纳米粉含量过少或过多时，穿晶断裂的比例小，增韧效果不显著，尤其是 N40 的晶粒较大，沿晶断裂所需能量最小，因此断裂韧性最低；同时，纳米粉含量过多又加剧颗粒团聚，加之纳米粒子在基体中分布不均匀，形成局部应力集中，反而削弱了基体的抗裂纹能力，不利于断裂韧性的提高。所以，当纳米含量增加到一定程度时（＞20％），材料的断裂韧性反而有所下降，尤其是增加到 40％时，断裂韧性下降更明显。

其次，适量添加纳米粉有利于减小基体的晶粒尺寸，显微组织的细化又可以减少材料的内部缺陷，从而导致材料断裂韧性的提高，N20 的粒度最小，故断裂韧性最大；N40 的粒度最大，所以其断裂韧性最小。该结果同 Hwang 等对 $Si_3N_4/20％SiC$ 纳米复合陶瓷中第二相颗粒尺寸对力学性能的影响研究结果相吻合。

另外，结合致密度数据发现，断裂韧性还与材料致密度有关，但它们之间并非成正比关系。四种样品中 N40 的致密度最大，但断裂韧性却最小，而 N20 的致密度最小，但断裂韧性值却最高。我们认为这是由于 N20 内部的均匀、微小气孔较多，它们可以吸纳部分能量，容纳变形，起到阻止裂纹扩展的作用，导致其断裂韧性增大。

综上所述，氧化锆微米复合陶瓷断裂韧性提高的原因有：第一，纳米颗粒引起材料断裂模式以穿晶断裂为主。第二，减小基体的晶粒尺寸，细化显微组织，减少内部缺陷。第三，纳米粉在基体中不会发生团聚。第四，均匀、微小气孔的存在。

**(4) 硬度** 材料的硬度表示材料抵抗硬的物体压陷表面的能力，主要取决于其晶体结构中质点间化学键的性质和材料自身的内部缺陷，因此对于成分相同的几种复合陶瓷，在烧结基本致密的前提下，纳米粉含量对材料的硬度影响不大。N20 的硬度最小，主要是因为其密度最小；而从统计学角度来看，N10、N30 和 N40 的硬度基本相同。

## 10.5 纳米添加剂的应用现状及研究发展前景

近年来，科学工作者为了扩大纳米粉体在陶瓷改性中的应用，提出了纳米添加使常规陶瓷综合性能得到改善的想法。例如，将纳米氧化铝粉体加入到粗晶粉体中提高氧化铝坩埚的致密度和耐冷热疲劳性能；英国把纳米氧化铝与二氧化锆进行混合在实验室已获得高韧性的陶瓷材料，烧结温度可以降低 100℃；德国 Jiilich 将纳米碳化硅（小于20％）掺入粗晶 α-碳化硅粉体中，用粉体制成的块体的断裂韧性提高了 25％。我国的科技工作者已成功地用多种方法制备了纳米陶瓷材料，其中氧化锆、碳化硅、氧化铝、氧化钛、氧化硅、氮化硅等都已完成了实验室的工作，制备工艺稳定、生产量大，已为规模生产提供了良好的条件。从应用的角度发展高性能纳米陶瓷最重要的是降低纳米粉体的成本，在制备纳米粉体的工艺上除了保证纳米粉体的质量，做到尺寸和分布可控，无团聚，能控制颗粒的形状，还要求生产量大，这将为发展新型的纳米陶瓷奠定良好的基础。

# 第 11 章 增韧剂

## 11.1 概述

陶瓷材料具有高硬度、高耐磨性和耐高温等优点，在高速切削、陶瓷刀具等领域得到广泛应用，但同时具有高脆性的缺点，这导致了陶瓷产品功能的不稳定和不一致。陶瓷材料的脆性主要来自其结构和成键的特点，即缺乏滑移系统的结构、材料内部位错的产生和运动困难、材料的变形受到限制、塑性变形极难产生。因此在较大载荷的加工过程中，材料表面形成的微缺陷会快速扩展形成脆性断裂。另外，普通烧结工艺制备出的陶瓷材料由于含有气孔、粗大粉体原料和呈不规则网状的张裂纹等缺陷也造成了材料的不均匀性、韧性强度不高、可靠性低、易产生裂纹，这都不同程度上影响了陶瓷的性能。因此，限制陶瓷特别是工程陶瓷实际应用的最主要障碍便是陶瓷的脆性本质。

改善陶瓷材料脆性以及增韧补强是陶瓷材料应用的前提，克服陶瓷的脆性，使陶瓷具有金属一样的柔韧性和可加工性一直是材料研究者追求的目标，也是当前研究的主流方向。目前，陶瓷材料增韧补强方法主要有：纤维增韧、颗粒弥散增韧、自增韧、氧化锆增韧和纳米复合增韧等。正确的增韧剂和增韧方法的选择既可以简化工艺、降低成本、提高效率，也保证陶瓷真正得到增韧补强，切实改善高温稳定性、化学稳定性以及抗疲劳性等。

## 11.2 纤维增韧

将纤维加入到陶瓷基体中，高强度纤维一方面可以分担部分外加载荷，另一方面也可以在纤维与陶瓷基体之间形成弱结合界面，这些弱界面的破坏可以吸收一部分外加负荷，增加材料断裂难度，从而加强陶瓷的强韧度。纤维对陶瓷材料的增韧效果主要表现在材料内部纤维拔出、纤维桥接、裂纹偏转和微裂纹的产生。纤维增韧的关键在于在纤维和基体界面之间必须保证一定的结合力，结合力不能太大，这是为了保证足够的纤维拔出长度，以形成弱界面破坏，使材料不至于在外载的作用下发生破坏性变形而导致工件失效。纤维还能在陶瓷材料内部的断裂面之间形成桥接现象，防止裂纹进一步扩展。因为增韧纤维的存在，陶瓷材料内部还会产生裂纹偏转和微裂纹，这都对陶瓷材料具有增韧效果。

## 11.2.1  碳纤维增韧

$Al_2O_3$ 陶瓷属于刚玉型，具有离子键的特性，因此，滑移系远没有金属多，这导致其缺乏一定的韧性、塑性，影响了陶瓷零部件的工作可靠性和使用安全性。任杰等基于不同粒径的 $Al_2O_3$ 原料制备了碳纤维增韧的 $Al_2O_3$ 陶瓷。原料采用 $3\mu m$ 的 $Al_2O_3$ 粉作为基体材料，其中 $\alpha$-$Al_2O_3$ 质量分数在 97%以上。助熔剂为 CaO、MgO 和 $SiO_2$ 粉末，先驱纤维均为长度 $3\sim5mm$ 的预氧化聚丙烯腈（PAN）纤维。原料配比为体积分数15%的纤维与 3%的助熔剂和 82%的 $Al_2O_3$ 粉。陶瓷的制备过程：先将原料球磨混合，然后装入模具、热压烧结，烧结工艺如图 11-1 所示，加热完毕后，卸压并且关闭加热，试样随炉冷却。试验结果表明：$Al_2O_3$ 陶瓷的烧结温度降低，致密度、硬度、断裂韧性和滑动磨损性能均有所提高；例如，烧结温度为 1550℃时，$Al_2O_3$ 陶瓷的断裂韧性 $K_{IC}$ 为 $10.68MPa\cdot m^{1/2}$，体积磨损率为 $1.18\times10^{-5}cm^3/min$，磨痕宽度为 1.7mm。

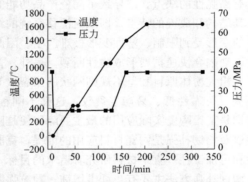

图 11-1  碳纤维增韧的 $Al_2O_3$ 陶瓷烧结工艺

## 11.2.2  碳纳米管增韧

氮化硅（$Si_3N_4$）具有较高的抗弯强度，而且其强度的可靠性高，有明显的 R 阻力曲线。此外，$Si_3N_4$ 的硬度很高，HV 为 $18\sim21GPa$，摩擦系数小，为 $0.02\sim0.07$。$Si_3N_4$ 还有极高的耐热性和化学稳定性。徐明等以 $Si_3N_4$-$Al_2O_3$-$Y_2O_3$-MgO 为原料，碳纳米管为增韧剂，采用热压真空烧结工艺制备了增韧 $Si_3N_4$ 陶瓷。实验过程为：$Si_3N_4$ 粉为基体，$Al_2O_3$、$Y_2O_3$、MgO 为烧结助剂，按一定的质量比混合后球磨 47h，然后将碳纳米管放入球磨罐中继续球磨 1h，经干燥过筛得到原料粉末。将原料粉置于石墨模具中，250MPa 冷压成型，时间为 20min。然后放入炉中热压烧结。烧结工艺为：以10℃/min 的升温速率升温至 800℃，保温 30min；然后以 20℃/min 的升温速率升至1700℃，保温保压 1h，在 1200℃开始加压，压力为 30MPa，在保温保压结束后随温度的降低将压力逐渐降为零，其中，加压过程为平均每次加压5MPa。研究表明，当碳纳米管的含量为1%（质量分数）时，$Si_3N_4$的力学性能最优，如图11-2所示，即硬度为14GPa，抗弯强度为850MPa，断裂韧性为8.5MPa·$m^{1/2}$。

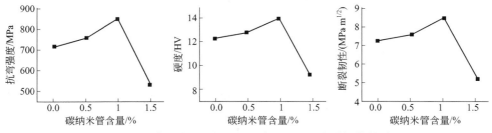

图11-2　碳纳米管含量与$Si_3N_4$陶瓷的主要力学性能的关系

## 11.2.3　SiC 晶须增韧

碳化硼（$B_4C$）是一种重要的工程材料，其硬度仅次于金刚石和立方氮化硼（CBN），高温硬度（>30GPa）更优于金刚石和立方氮化硼。同时，$B_4C$具有高硬度、高模量、耐磨性好、密度小（$\rho=2.52g/cm^3$）、抗氧化性、耐酸碱性强以及良好的中子吸收性能等特点。碳化硼的共价键占90%以上，塑性差，晶界移动阻力很大，固态时表面张力很小，常压下于2300℃烧结通常只能获得低于80%的相对密度，陶瓷力学性能低，如断裂韧性$K_{IC}<2.2MPa·m^{1/2}$，不能满足工程应用要求。晶须补强陶瓷是改善其脆性的有效途径之一。由于碳化硅（SiC）晶须弹性模量（450～700GPa）大于$B_4C$基体的弹性模量（410GPa），同时热膨胀系数（$4.7×10^{-6}K^{-1}$）则稍大于$B_4C$基体的热膨胀系数[$(4.2～4.5)×10^{-6}K^{-1}$]，满足物理性质相匹配的要求，因而可以通过SiC晶须来增韧$B_4C$基体。

张卫珂等通过SiC晶须增韧$B_4C$-Si复合陶瓷，改善其韧性。具体实施方案如下。

① 原料预处理　原料为$B_4C$粉（平均粒径为3.5$\mu m$）、硅粉（平均粒径为3.0$\mu m$）、SiC晶须（$\beta$-$SiC_w$）。晶须表面处理：用浓盐酸煮沸30min，后浸泡24h，再用去离子水反复洗涤，直到洗涤液达到中性。$B_4C$原料细化提纯，先将粉末球磨72h，球磨后将粉末先用盐酸溶液浸泡24h，用去离子水洗涤3次；再在80℃下用浓氢氧化钠溶液煮3h，后继续浸泡24h，再用去离子水洗涤多次，直到溶液的pH值达到中性，细化后$B_4C$颗粒平均粒径为1.52$\mu m$。

② 热压烧结　复合陶瓷配方（质量分数）为：10% Si-$B_4C$分别掺入1%、3%、5%、7%的SiC晶须，最高烧结温度为1860℃，热压压力49MPa，保温20min。研究表明，SiC晶须加入量5%为佳，陶瓷的弯曲强度和断裂韧性分别达到467.99MPa和5.77MPa·$m^{1/2}$，断裂韧性提高了近35%。

## 11.3　颗粒弥散增韧

颗粒弥散增韧是指在陶瓷基体中加入硬度较高的颗粒，弥散在基体内的颗粒能够阻碍材料被拉伸时在与拉伸方向垂直截面上的收缩，材料进一步变形时需要增大拉应力，增加了材料的断裂难度，因此具有增韧效果。此外，弥散颗粒还能够对裂纹产生钉扎作用和偏转效应。颗粒弥散增韧陶瓷工艺简单、易控制和较大的增韧有效性温度区间，是一种有效的高温增韧方法。目前，研究较多的颗粒弥散增韧陶瓷体系包括：$SiC_p/Al_2O_3$、$ZrO_{2p}/Al_2O_3$、（$ZrO_{2p}+SiC_p$）/$Al_2O_3$、$ZrO_{2p}/Si_3N_4$、$TiC_p/Al_2O_3$ 等。

SiC 陶瓷是一种高性能的结构陶瓷，但其断裂韧性较低（3~4MPa·$m^{1/2}$），在 SiC 基体中加入第二相或第三相粒子可以提高 SiC 陶瓷的抗断裂能力，从而提高其韧性。$TiB_2$ 常被用以增韧 SiC。选用原位合成 $TiB_2$ 增韧 SiC 是当前改善 SiC 性能的有效方法之一。基于原位合成 $TiB_2$ 增韧 SiC 的无压烧结法是一种很有前景的制备具有较高断裂韧性的 $TiB_2$/SiC 复合陶瓷的方法。

王伟等采用无压烧结制备出原位合成 $TiB_2$ 增韧 SiC 复合陶瓷。原料为：$\alpha$-SiC 粉（粒度为 0.4μm），$TiO_2$ 粉（粒度为 74μm），纳米 $TiO_2$ 粉（粒度为 20nm），$B_4C$ 粉（粒度为 3.5μm，质量分数大于 98%），30%（质量分数）酚醛树脂（C）。实验工艺主要包括混料、干燥、造粒、模压成型和无压烧结。其中制备 $TiB_2$（体积分数为 15%）-SiC 的工艺为：根据制取 $TiB_2$ 的化学反应方程式 $2TiO_2+B_4C+3C \xrightarrow{\quad} 2TiB_2+4CO\uparrow$ 进行配料；称取 80.0g SiC 粉，23.0g $TiO_2$ 粉，9.0g $B_4C$，29.2g 酚醛树脂，湿法球磨 12h，取出将料晾干，过 60 目（筛孔 0.25mm）筛子，然后造粒，将所得粉末放在密封容器中困料 2h，然后压制成型、100℃烘干 8h。将装有试样的石墨坩埚放入真空炉中，密封，抽真空至压力小于 100Pa，通入氩气保护，先进行预烧，然后在 2000℃烧结 15h。研究发现：当 $TiB_2$ 的用量为 5%~20%（质量分数）时，原位生成的 $TiB_2$ 相在 SiC 基体中的分布均匀，能起到明显细化 SiC 晶粒的作用。随着 $TiB_2$ 的增多，SiC 陶瓷的相对密度、维氏硬度和断裂韧性均增大；当 $TiB_2$ 为 20%（质量分数）时，陶瓷的相对密度、维氏硬度和断裂韧性分别为 94.8%，29.1GPa 和 5.9MPa·$m^{1/2}$。不同 $TiB_2$ 添加量所制备的 $TiB_2$/SiC 复合陶瓷的力学性能如表 11-1 所示。

表 11-1　不同 $TiB_2$ 添加量所制备的 $TiB_2$/SiC 复合陶瓷的力学性能

| 参数 | $\varphi(TiB_2)$/% | | | |
| --- | --- | --- | --- | --- |
| | 5 | 10 | 15 | 20 |
| $E_u$/GPa | 419.8 | 425.5 | 431.3 | 437 |
| $p$/% | 9.9 | 8.2 | 5.5 | 5.1 |
| $E$/GPa | 345 | 362 | 387 | 395 |
| HV/GPa | 18.6 | 22.0 | 26.4 | 29.1 |
| $2a$/μm | 62.5 | 57.5 | 52.5 | 50 |
| $2c$/μm | 155 | 135 | 130 | 126.5 |
| $K_{IC}$/(MPa·$m^{1/2}$) | 4.9 | 5.7 | 5.8 | 5.9 |

# 11.4　自增韧

改变陶瓷材料的烧结工艺或者引入纳米添加物，可使基体晶粒异相生长成棒状晶粒，这些棒状晶粒能够产生类似纤维的增韧效果。$\beta$-sialon 分子式为 $Si_{6-z}Al_zO_zN_{8-z}$，是由 $\beta$-$Si_3N_4$ 中 $z$ 个 Si—N 键被 $z$ 个 Al—O 键取代后得到；$\alpha$-sialon 分子式为 $Me_xSi_{12-(m+n)}$·$Al_{m+n}O_nN_{16-n}$，是 $\alpha$-$Si_3N_4$ 中 $n$ 个 Si—N 键被 $n$ 个 Al—O 键，$m$ 个 Si—N 键被 $m$ 个 Al—N 键同时取代后得到的。$\alpha/\beta$-sialon 的相组成和显微结构可以人为调控，从而产生不同性能的复合材料，满足不同条件下的应用。$\alpha/\beta$-sialon 一般通过按不同比例混合的 $Si_3N_4$、AlN、$Al_2O_3$ 和 $Y_2O_3$ 粉热处理来制备。张宝林等以 YAG（$3Y_2O_3$·$5Al_2O_3$）替代 $Y_2O_3$、$Al_2O_3$ 作为 $\alpha/\beta$-sialon 的增韧添加剂，通过改变其中间过程来改进 $\alpha/\beta$-sialon 的显微结构及力学性能。陶瓷组成如表 11-2 所示，分别记为 $U_{YAG}$ 和 $U_0$；其中 $Si_3N_4$ 原料为 UBE SN-E10，YAG 为自制（平均粒度 $d_{50}=2.5\mu m$），AlN 自制（平均粒度 $d_{50}=0.93\mu m$），$Y_2O_3$ 和 $Al_2O_3$ 系购买商品（纯度＞99.9％，$d_{50}=3.2\mu m$）；埋粉为 60％ $Si_3N_4$＋10％BN＋30％AlN。

**表 11-2　样品 $U_{YAG}$ 和 $U_0$ 的原料组成**

| 样品 | 原料组成（质量分数）/％ | | | | |
| --- | --- | --- | --- | --- | --- |
| | $Si_3N_4$ | AlN | $Y_2O_3$ | $Al_2O_3$ | YAG |
| $U_{YAG}$ | 81 | 8 | | | 11 |
| $U_0$ | 81 | 8 | 6.27 | 4.73 | |

将上述原料按比例混合后球磨 24h，干燥后在压力 250MPa 下冷等静压成型。最后，$U_{YAG}$ 与 $U_0$ 样品在氮气压力为 0.1～0.2MPa 的石墨加炉内，于温度 1400～1900℃，以 100℃ 间隔各烧结 1h。致密化气压烧结是在石墨炉中于温度 1900～1950℃，1.2MPa 氮气压力下进行，升温速率为 10℃/min，从 1950℃ 到 1300℃ 的冷却速率为 18℃/min。研究表明采用 YAG 作为 $\alpha/\beta$-sialon 烧结助剂可以延缓 $\alpha$-sialon 的形成，使得 $\beta$ 相晶粒长成长柱状，利于提高材料韧性和力学性能。当采用自制的 $Si_3N_4$ 原料（含 10％$\beta$ 相）代替 UBE SN-E10，相同烧结工艺制备陶瓷，分别记为 $D_{YAG}$ 和 $D_0$，其断裂韧性和抗弯强度分别提高了 8％和 14％（表 11-3）。

**表 11-3　两种样品的力学性能**

| 样品 | 抗弯强度/MPa | 硬度/GPa | 断裂韧性/（MPa·$m^{1/2}$） |
| --- | --- | --- | --- |
| $D_{YAG}$ | 598 | 15.68 | 6.02±0.15 |
| $D_0$ | 525 | 15.71 | 5.56±0.05 |

## 11.5　纳米复合增韧

纳米陶瓷是指将所制备的纳米尺度原材料通过特殊的工艺合成的具有纳米相的陶瓷。研究表明，纳米陶瓷在改善陶瓷硬度和强度方面具有巨大的优越性。基于对纳米陶瓷材料的认识，通过借鉴多元复相陶瓷的增韧机理，纳米复合陶瓷的研究引起广泛关注并取得了许多进展，通过纳米改性，陶瓷的硬度、强度和断裂韧性都有很大改善。纳米复合陶瓷增韧机理主要有以下三个方面：

**(1)** 纳米弥散相能够抑制基体晶粒生长，减轻晶粒异常长大，这有利于均匀细晶粒结构的形成和大晶粒缺陷数量的减少，从而提高材料的力学性能。

**(2)** 根据纳米增强相在陶瓷基体中的位置，Niihara 等将纳米复合陶瓷的微观结构分为 4 种类型：晶内型、晶间型、晶内/晶间混合型和纳米/纳米型。陶瓷材料内部晶内/晶间混合型结构造成基体晶粒内形成残余应力，该应力一方面可以强化晶界，另一方面也弱化晶粒，从而导致材料断裂模式从沿晶断裂到穿晶断裂的转变，而穿晶断裂所形成的非平面裂纹能够吸收更多的能量。

**(3)** 纳米粉颗粒的表面效应使其具有较高的表面活性，使纳米粉与基体粉之间很容易结合，从而提高了复合粉体的烧结活性，降低烧结温度，并提高材料力学性能。

有关纳米复合增韧的内容可以参考第 10 章纳米添加剂中部分内容，此处不再赘述。

# 11.6 氧化锆增韧剂的应用

四方氧化锆是一种优异的陶瓷增韧剂，其在不同温度区间具有三种晶型：单斜相（M）、立方相（C）和四方相（T）。纯 $ZrO_2$ 在从室温到 1170℃以单斜相存在；在 1170℃以上，发生相变成为四方相；到 2370℃时又转变为立方相。在冷却的过程中，在 1170℃以及以下约 100℃的温度区间内会发生 T－M 相变，同时伴随着约有 3%～4%的体积膨胀以及 16%的剪切应变。体积膨胀生成的应力使纯 $ZrO_2$ 内产生裂纹，当在 1500～1700℃的温度区间内烧结后，再冷却到室温时，就会碎裂。稳定 $ZrO_2$ 结构常用的添加剂有 CaO、MgO、$Y_2O_3$、$CeO_2$ 和其他稀土氧化物，这些氧化物的阳离子半径与 $Zr^{4+}$ 相近，在 $ZrO_2$ 中溶解度很大，通过控制稳定剂的加入量，可以得到全稳定或部分稳定的 $ZrO_2$。

## 11.6.1 氧化锆增韧剂的增韧原理

氧化锆（$ZrO_2$）是新型的结构陶瓷材料，因其具有高强度和高韧性而成为陶瓷增韧剂的首选。目前，针对氧化锆的增韧作用提出了三种机理。

### 11.6.1.1 微裂纹增韧机理

将氧化锆粒子引入另一种陶瓷基体如氧化铝。当温度低于转变点时，就发生四方－单斜的晶形转变，并伴随 3%～5%的体积膨胀。由于只是小晶粒的体积膨胀，不会使整个材料开裂，只会在晶粒四周引发一些微裂纹。由于这些微裂纹的存在，改变了晶粒周围的应力场。当外部裂缝扩展经过这一晶粒时，就会发生裂缝偏移作用（陶瓷增韧部分），提高了断裂韧性。氧化锆的粒度不能太小，太小则不能发生相转变；但也不能太大，太大则会引发可增长的大裂缝。为获得最大程度的增韧，氧化锆的加入量也必须在一个最佳水平。如果加入量过多，所引发的微裂纹就会叠加为较大的裂缝。

### 11.6.1.2　应力引发相转变机理

氧化锆陶瓷在烧结过程中冷却通过相转变区时，应该发生四方—单斜的相转变。但如果氧化锆晶粒很细，且被周围的基体紧密压迫，相转变就无法发生。如果此时有一个裂缝在材料中扩展，裂缝经过之处，尤其是裂缝尖端，会有很大的应力产生。在应力作用下，基体对氧化锆晶粒的压迫不再起作用，氧化锆晶粒就会发生相转变。相转变所产生的体积膨胀反过来会压迫四周的基体，使晶粒本身和基体都处于一种压缩应力的作用之下。此时，裂缝扩展的应力必须先要抵消掉压缩应力，才能继续扩展，这样就对材料起到了增韧作用。

### 11.6.1.3　表面层压缩机理

这一机理同上一个类似，也是四方—单斜相转变的体积膨胀造成了压缩应力，但区别在于着眼点是在材料的表面层。表面层中基体对氧化锆晶粒的压迫不如体相中那样强，于是表面附近的氧化锆容易发生相转变。表面打磨更容易引发表面附近氧化锆的相转变，表面层的相转变使 $10\sim100\mu m$ 深度的表面层受到压缩应力，压缩应力的深度取决于打磨的强度。如果压缩应力深度大于可增长临界裂缝的深度，相比于制品厚度又很小，材料的增韧就达到最佳状态。我们知道，陶瓷历来对裂缝敏感，尤其对表面划痕敏感。有了氧化锆的增韧，人们就不再惧怕陶瓷材料表面的缺陷。

上述三种机理虽然各不相同，但可以看出，三者之间并无冲突，很可能三种增韧机理同时存在。人们利用氧化锆这种特殊的性质，已经开发出多种基于氧化锆的韧性陶瓷。

## 11.6.2　氧化锆增韧 $Al_2O_3$ 复合陶瓷（ZTA）

$ZrO_2$ 具有很高的强度和韧性，与其他陶瓷材料进行复合，可得到满足强度与韧性需要的陶瓷材料。氧化锆增韧的陶瓷，基体多为氧化铝、铝红柱石（$3Al_2O_3 \cdot 2SiO_2$）、尖晶石（$MgAl_2O_4$）等。图 11-3 是氧化锆对几种不同体系陶瓷的增韧效果。

### 11.6.2.1　$ZrO_2$ 增韧 $Al_2O_3$ 复合陶瓷的制备

$ZrO_2$ 增韧陶瓷最普通的制备方法是将氧化锆粉末与一种基体陶瓷粉末（如氧化铝）混合，然后常压烧结或热压烧结。可以用纯氧化锆粉末也可以用部分稳定氧化锆（PSZ）粉末，有时也加入少量 $Y_2O_3$ 强化的四方晶体相（TZP）。氧化锆颗粒的临界尺寸因基体而异，为获得最佳的强度与韧性，纯氧化锆的粒度一般为 $1\sim2\mu m$，部分稳定氧化锆的粒度一般为 $2\sim5\mu m$。

陶瓷基体与氧化锆的混合不一定要通过粉末机械混合，也可以采用溶胶-凝胶法等化学方法。但一定要保证材料的致密性，以保证基体对氧化锆粒子的压迫。同时氧化锆必须保证一定的粒度，既要能保证必要时发生相转变，又不能使粒度过大，发生破坏性的体积膨胀。为保证氧化锆在基体中的粒度，可以采用化学反应法，通过锆石与氧化铝的反应将氧化锆引入铝红柱石中：

$$2ZrSiO_4 + 3Al_2O_3 \longrightarrow 2ZrO_2 + 3Al_2O_3 \cdot 2SiO_2$$

热压制备的铝红柱石的强度为 269MPa，而上述 $ZrO_2$ 增韧 $Al_2O_3$ 复合陶瓷（ZTA）热压制品的强度可达到 400MPa。它是由四方相 $ZrO_2$ 在氧化铝基体中均匀分散而形成

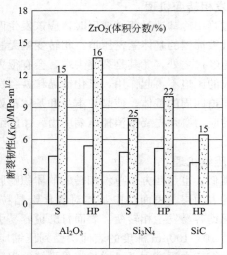

图 11-3　氧化锆对几种陶瓷的增韧效果

的，氧化锆在氧化铝中的体积分数应为 15％左右。由于 $ZrO_2$ 在四方—单斜的晶型转变中体积膨胀在脆性的氧化铝基体中产生应力，在相变的微粒周围产生网状的微裂纹，在相变和微裂纹的增加过程中都消耗了断裂能，同时也增加了韧性。如：$Y_2O_3$ 稳定的 $ZrO_2$ 微粉中加入 20％的 $Al_2O_3$ 制成的陶瓷材料的超塑性达 200％～500％。

为进一步发挥氧化锆的增韧作用，还专门设计了一种双重增韧的结构。这种方法是以氧化铝为基体，同时加入四方结构的多晶氧化锆和单斜相氧化锆。其中，单斜氧化锆造成微裂纹化增韧，而亚稳的四方晶体在裂缝扩展过程中又会发生转变，从而形成双重增韧。由于氧化锆的弹性模量小于氧化铝基体，裂缝倾向于氧化锆基体中通过，故增韧效果十分明显。这种陶瓷的断裂韧性可以达到 17MPa·$m^{1/2}$，抗弯强度达到 1700MPa以上。

### 11.6.2.2　$ZrO_2$ 增韧效果的影响因素

在对 ZTA 的研究中人们发现，$ZrO_2$ 增韧 $Al_2O_3$ 陶瓷的性能主要取决于 $ZrO_2$ 含量、颗粒尺寸和发生相变的 t-$ZrO_2$ 的相对含量。$ZrO_2$ 增韧效果首先取决于复合材料中四方相 t-$ZrO_2$ 的百分比。为了提高增韧效果，必须最大限度地提高 t-$ZrO_2$ 的比例。

$ZrO_2$ 相变增韧效果还取决于在原材料中的 t-TZP 是否能在应力诱导下全部转变为 m-TZP。为了解除相邻晶体的抑制作用，首先要将 Y-TZP 陶瓷充分地破碎和研磨，破碎和研磨前后的 m-TZP 含量之差可视为应力诱导下 t-$ZrO_2$ 相变的体积分数 $\Delta v_t$，$\Delta v_t$ 越高（即 $X_i$ 越高），材料的断裂韧性（$K_{IC}$）也越高。但是，从实际增韧效果来看，原料中的 t-$ZrO_2$ 晶粒在应力诱导下并不能全部转变为 m-$ZrO_2$，而只有一部分在应力诱导下产生相变，也就是说只有一部分对增韧有贡献，将这一部分称为有贡献的 t-$ZrO_2$。有贡献的 t-$ZrO_2$ 含量越高，材料的断裂韧性值就越高，材料的强度也越高。通过从工艺上控制 Y-TZP 原料粉末粒径和晶粒尺寸可以增加有贡献的 t-$ZrO_2$ 的含量。

另外，t-$ZrO_2$ 晶粒是否发生相变与它在基体 $Al_2O_3$ 中所处的位置有关，如果

t-ZrO$_2$ 被包裹在 Al$_2$O$_3$ 晶粒内部，则难于发生相变；处于 Al$_2$O$_3$ 晶粒间或晶界交会处，则易于发生相变；与其他 t-ZrO$_2$ 晶粒相邻时，更易于发生相变；而多颗 ZrO$_2$ 相聚在一起时，最容易发生相变。这可能是由于在后一种情况下，t-ZrO$_2$ 晶粒受约束的程度最弱的缘故。

A. H. De Aza 通过研究氧化锆、氧化铝和氧化锆增韧氧化铝陶瓷的抗裂纹生长能力、工艺对显微结构的影响和显微结构对力学性能的影响，得到了三种陶瓷的断裂韧性和硬度。由于氧化锆的相变增韧机制，复合材料的断裂韧性明显高于单相氧化铝和氧化锆，而由于氧化铝的硬度比氧化锆高，复合陶瓷的硬度高于单相氧化锆，从而显示出更好的耐磨性。武汉工业大学同华中科技大学同济医学院合作研制出 ZrO$_2$-Al$_2$O$_3$ 系增韧陶瓷人工关节，所得陶瓷的抗弯强度达 405.47MPa，断裂韧性为 11.06MPa·m$^{1/2}$，硬度 1363kg/mm$^3$。该材料与 Al$_2$O$_3$ 的对比动物实验已由同济医科大学完成，并在临床得到应用。添加适量的 Al$_2$O$_3$ 于 ZrO$_2$ 中，可抑制 ZrO$_2$ 晶粒长大，增强对 t-ZrO$_2$ 的束缚作用，从而提高 TZP 材料的强度和韧性。

此外，用氧化锆/氧化铝陶瓷制造的磨轮比纯氧化铝的寿命长 8 倍。由于氧化锆陶瓷的韧性与耐高温性，可用于制造汽油发动机中的关键部件，既提高了燃烧效率，又延长了发动机寿命。氧化锆还具有良好的生物相容性，可以用来制造生物惰性陶瓷材料。

## 11.6.3 氧化锆增韧磷酸钙复合生物陶瓷

目前研究和使用的硬组织替换生物材料中，磷酸钙生物陶瓷占有很大的比重。磷酸三钙基生物陶瓷通常是指磷酸三钙（α-TCP 及 β-TCP）、羟基磷灰石（HA）、磷酸四钙和它们的混合物，其成分与骨矿物组成类似，是构成人体硬组织的主要无机质。磷酸盐基生物陶瓷具有优良的生物相容性，主要用于牙齿、骨骼系统的修复和替换，被认为是最有前途的陶瓷人工牙和人工骨置换材料。

纯致密磷酸钙基生物陶瓷的力学性能比较差，抗弯强度为 38~250MPa，弹性模量在 35~120GPa，断裂韧性更是没有超过 1.0MPa·m$^{1/2}$，维氏硬度在 3.0~7.0GPa。材料的脆性使其在异型牙齿、骨骼加工中易于破碎，可靠性差，应用范围有限。造成这种结果的原因是由于在磷酸钙陶瓷烧成过程中存在热分解和相转变，无法保证材料的最终相组成，使磷酸钙陶瓷显微结构和力学性能难以预测。不同化学组成的磷酸钙在烧结过程中的热稳定性不同，Ca/P 摩尔比为 1.67 时，热稳定性最高，偏离该比例热稳定性急剧下降。这是由于 Ca/P 大于 1.67 时，在烧结过程中容易产生 CaO，CaO 吸水形成 Ca(OH)$_2$，最终形成 CaCO$_3$，导致材料强度降低。

通过与第二相材料复合的方法制备强韧化羟基磷灰石生物复合材料可以解决此问题。氧化锆（ZrO$_2$）以其良好的力学性能和生物相容性被认为是羟基磷灰石陶瓷强韧化的首选材料。氧化锆特别是含钇的四方氧化锆（Y-TZP）是一种具备优良室温力学性能的结构陶瓷，与 HA 相比，Y-TZP 具有较高的弹性模量，当复合材料受到外加应力而产生裂纹时，氧化锆能够更多地承担负荷，有效地吸收能量，防止微裂纹的进一步扩展，从而使 HA 的强度得以提高，改善材料的力学性能；同时，Y-TZP 与 HA 具有良好的物理相容性。这表明含 Y-TZP 的 HA 陶瓷有望成为良好生物相容性的复合陶瓷。

清华大学将羟基磷灰石与二氧化锆的复合工艺，制得二元体系复合生物陶瓷材料，由于$ZrO_2$的弥散韧化、相变增韧等作用，使单组分羟基磷灰石陶瓷性能（$K_{IC}$仅为$0.89MPa \cdot m^{1/2}$）有较大的提高。材料最大抗折强度为$120MPa$，断裂韧性值为$1.74MPa \cdot m^{1/2}$。

### 11.6.3.1　复合生物材料的制备

将氧化锆粉体和磷酸钙进行复合，氧化锆作为陶瓷增韧剂，利用其良好的力学性能，增加磷酸钙陶瓷的强度和韧性，同时又可保证材料的生物相容性，通过软硬相相结合制备出氧化锆增韧的磷酸钙生物复合陶瓷。

将钇稳定四方氧化锆粉末及磷酸钙按表11-4所示成分比例湿法球磨24h，80℃烘干，250MPa冷等静压，脱模后80℃干燥，不同温度下烧结。陶瓷组成如表11-4所示。

表 11-4　复合陶瓷的成分设计

| 氧化锆（质量分数）/% | 磷酸钙（质量分数）/% | 代　　号 |
| --- | --- | --- |
| 90 | 10 | 10Ca |
| 85 | 15 | 15Ca |
| 80 | 20 | 20Ca |
| 75 | 25 | 20Ca |

### 11.6.3.2　氧化锆对复合陶瓷断裂方式的影响

图11-4是不同烧结温度下所得氧化锆增韧磷酸钙复合陶瓷的致密度。从图中可以看出，各种温度下，随着增韧剂氧化锆含量的增加，陶瓷的致密度增加。1400℃烧结后10Ca和15Ca（氧化锆含量分别为90%和85%），相对密度均达到95%以上，但20Ca（氧化锆含量为80%）的致密度只有86%。

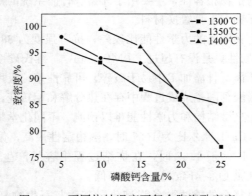

图 11-4　不同烧结温度下复合陶瓷致密度

图11-5是复合陶瓷1400℃烧结后的断口形貌。从照片中可以看到两种形态的颗粒：一种是颜色较浅，呈球形小颗粒的氧化锆增韧剂，粒径约为$200\sim400nm$；另一种是颜色较深，体积较大，呈多边形的磷酸钙。四种复合陶瓷中磷酸钙的体积基本没有大的变化，平面长度约为$2\mu m$，氧化锆的粒径随磷酸钙含量增多有增大的趋势，从$200nm$增大到$400nm$左右。

(a) 10Ca                          (b) 15Ca

(c) 20Ca                          (d) 25Ca

图 11-5　复合陶瓷断口形貌（1400℃）

从各复合陶瓷的断口照片中还可以观察到，氧化锆含量的不同导致材料断裂方式发生变化。10Ca 的断口模糊不清，完整的晶粒很少，说明该陶瓷发生的是穿晶断裂；15Ca 的断口中轮廓明晰的氧化锆颗粒明显增多，但仍有部分晶粒不完整，说明材料同时发生沿晶断裂和穿晶断裂两种方式；20Ca 的断面基本由大量轮廓清晰、结构完整的晶粒和凹坑组成，只有个别不完整的晶粒，说明陶瓷断裂时氧化锆以沿晶断裂为主，而非穿晶断裂；而 25Ca 的断口上基本找不到代表穿晶断裂的不完整晶粒，只是在某些氧化锆晶粒上有裂纹出现，说明此时陶瓷发生的基本是沿晶断裂。另外，四种复合陶瓷断口中磷酸钙晶粒的形貌都很完整，但在 20Ca 的断口上发现磷酸钙晶粒上有裂纹产生，说明陶瓷断裂时磷酸钙主要发生的是沿晶断裂，同时裂纹也可能穿过磷酸钙形成穿晶断裂。

导致四种复合陶瓷不同断裂方式的原因是磷酸钙和氧化锆之间形成了弱结合面。氧化锆晶粒间界面强度很高，裂纹通过晶界扩展所需能量大，所以材料断裂时取道晶粒，形成穿晶断裂。磷酸钙与氧化锆复合后，由于磷酸钙和氧化锆之间不同相的热膨胀系数不同，各方向的膨胀或收缩不同而在晶界或相界出现应力集中，降低晶界原子间的结合力，形成弱晶界，从而大大降低了裂纹沿晶界扩展的阻力，而氧化锆晶粒本身的强度并没有明显的下降，故导致裂纹生成，形成沿晶断裂。当氧化锆含量较高时，晶界能降低不明显，晶界结合强度高于氧化锆晶粒结合强度，所以 10Ca 仍然主要发生穿晶断裂。随着氧化锆含量的减少，晶界能量进一步降低，因此逐渐由穿晶断裂过渡到沿晶断裂。由于磷酸钙的强度比氧化锆要小，因此对于磷酸钙来说，裂纹除了沿晶界扩展外，还取道磷酸钙晶粒，形成穿晶断裂。

### 11.6.3.3 氧化锆对复合陶瓷物相组成的影响

图 11-6 和图 11-7 分别是 1350℃和 1400℃烧结后复合陶瓷的 X 射线衍射图。从图中可以看出，氧化锆增韧剂含量不同，谱图中衍射峰强度、位置和数量明显不同，说明两种烧结温度下，氧化锆含量均对复合陶瓷物相组成产生明显影响。高氧化锆含量（10Ca、15Ca）的复合体系中衍射峰数量较少，体系衍射图谱基本相同，此时主要由四方相氧化锆组成，同时含有少量单斜和立方氧化锆。但随氧化锆含量减少（20Ca、25Ca），XRD 图谱中的衍射峰数量增多，而且相对强度发生变化，四方相氧化锆衍射峰强度逐渐减少，单斜和立方相衍射峰强度增大，同时，出现个别磷酸三钙的衍射峰，说明磷酸钙的添加导致四方氧化锆含量降低。同一组分陶瓷在不同烧结温度下的 XRD 图差别不大，图中衍射峰位置和数量基本没有变化，但衍射峰相对强度不同，说明烧结温度对复合陶瓷物相组成影响较小，但会导致体系中单斜相氧化锆含量的变化。

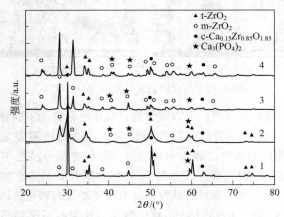

图 11-6　复合陶瓷 XRD 图（1350℃）

1—10Ca；2—15Ca；3—20Ca；4—25Ca

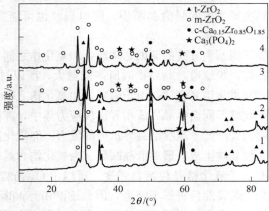

图 11-7　复合陶瓷 XRD 图（1400℃）

1—10Ca；2—15Ca；3—20Ca；4—25Ca

为定量比较烧结温度和氧化锆含量对复合陶瓷物相组成的影响，计算出两种烧结温度下各成分陶瓷的单斜相氧化锆体积分数，结果如图 11-8 所示。从图中可以看出，复合陶瓷中单斜相氧化锆的含量随氧化锆含量的减少而增加；氧化锆含量由 85％减少到 80％，复合陶瓷中单斜相氧化锆增幅最大，两种烧结温度下分别增加了 46％和 48％。

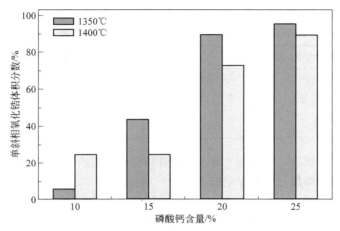

图 11-8　复合陶瓷中单斜相氧化锆相对含量

　　烧结温度对复合陶瓷中单斜相氧化锆含量的影响不尽相同。10Ca 在 1400℃时的单斜相含量比 1350℃时有所增加，而其他三种组分陶瓷中单斜相氧化锆含量却随烧结温度的升高而不同程度减少，分别为 19％、16％、6％。

#### 11.6.3.4　氧化锆对复合陶瓷断裂韧性的影响

　　**(1) 复合陶瓷的断裂韧性表征**　陶瓷材料在室温下很难产生塑性变形，因此其断裂方式为脆性断裂，所以陶瓷材料对裂纹敏感性很强。基于陶瓷的这种特性可知，韧性是评价陶瓷材料力学性能的重要指数，最常用来评价陶瓷韧性的力学参数就是断裂韧性 $K_{\mathrm{IC}}$。

　　图 11-9 是不同烧结温度下所得复合陶瓷断裂韧性的变化情况。从图中可以看出，随着氧化锆含量的增加，陶瓷的断裂韧性明显上升。1400℃时氧化锆含量从 80％增加

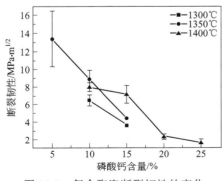

图 11-9　复合陶瓷断裂韧性的变化

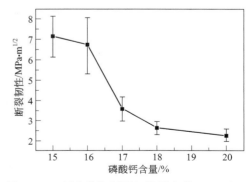

图 11-10　复合陶瓷断裂韧性的变化（1400℃）

到85%，断裂韧性急剧增大。我们在氧化锆含量为80%～85%之间细化陶瓷组分，进一步测试断裂韧性，结果如图11-10。

从图中可以看出，当复合陶瓷中氧化锆含量由83%增加到84%时，复合陶瓷的断裂韧性由3.58MPa·m$^{1/2}$增加到6.71MPa·m$^{1/2}$，增加了46.6%，变化幅度远远大于其他复合陶瓷含量变化区间，如表11-5。

表11-5　不同磷酸钙含量变化区间复合陶瓷的断裂韧性改变量（1400℃）

| 氧化锆含量变化区间/% | 断裂韧性变化百分比/% |
| --- | --- |
| 85～84 | 6.15 |
| 84～83 | 46.6 |
| 83～82 | 26.5 |

**（2）氧化锆增韧的机理分析**　通过对复合陶瓷断裂前后的物相分析，可以得出氧化锆含量对复合陶瓷断裂韧性的作用机理。

图11-11是1400℃烧结的氧化锆增韧复合陶瓷断口的XRD图谱。由于断口不平整，衍射图中的背底较高。从图中可以看出，复合陶瓷断裂后的单斜相氧化锆含量同样随氧化锆含量的增多而减少。10Ca、15Ca和16Ca的断口组成较接近，主要由四方相氧化锆组成。XRD衍射峰没有大的差别。17Ca和20Ca断口处单斜相氧化锆明显增多。20Ca已经是以单斜相为主，另外，陶瓷断裂后断口处同样含有磷酸三钙和立方氧化锆。

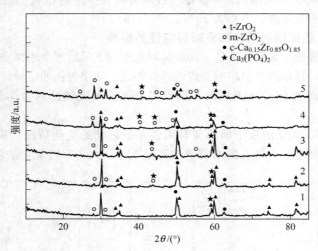

图11-11　复合陶瓷断口成分分析（1400℃）
1—10Ca；2—15Ca；3—16Ca；4—17Ca；5—20Ca

影响氧化锆增韧磷酸钙复合陶瓷断裂韧性的主要因素主要有以下两点。

第一，从材料组成来看，复合组分中磷酸钙的韧性较差，是复合陶瓷断裂韧性降低的最主要影响因素。但是，氧化锆含量的增加，导致体系中大量四方相氧化锆的生成，四方相含量的增加，因此导致陶瓷断裂韧性的升高。

第二，从复合陶瓷的断口显微结构照片中（图 11-5）可以看出，材料的断裂方式随着氧化锆含量的增加，逐渐由沿晶断裂过渡到穿晶断裂。断裂方式的改变也是影响材料断裂韧性的重要因素。

除氧化锆外，最近有人发现顽辉石（$MgSiO_3$）和硅酸二钙（$CaSiO_4$），也可作增韧剂，并具有更大的相转移能力，且低廉易得。其他还有氧化镁、氧化钇和氮化硼纤维也可作为陶瓷的增韧剂，制造优质陶瓷复合材料。

# 第 12 章　造孔剂

## 12.1　概述

多孔陶瓷是陶瓷一个新类别，是以气孔为主要构成部分的一种重要特殊功能材料。它不仅具有普通陶瓷化学稳定性好、刚度高、耐热性好等优良特性，因其孔洞结构还具有一些其他陶瓷不具备的特殊性能，如密度小、质量轻、比表面积大、热导率小等等。由于其具有独特的化学、力学、热学、光学、电学等方面的性能，多孔陶瓷已经成为一类具有巨大应用潜力的材料。目前的应用领域已经涉及环保、能源、航空航天、冶金、石油化工、建筑、生物医学、原子能、电化学等领域，用于分离过滤、吸声隔声、载体、隔热、换热、传感器、曝气、电极、生物植入、蓄热等许多场合，在所应用的领域产生着巨大的经济效益和社会效益。多孔陶瓷的应用领域如表 12-1 所示。

目前多孔陶瓷的基材已经由从前的精细陶瓷发展到堇青石、氧化铝、碳化硅等，气孔率亦可由 20% 提高到 70% 以上，气孔孔径变大；使用温度也由常温发展到 1600℃ 的高温。

陶瓷的坯体都是由粒状粉料结合而成的，粉料的堆积不可避免地存在一定的空隙。在烧结的时候，陶瓷中的大颗粒黏结、堆积就可以形成多孔结构，颗粒靠黏结剂或自身黏合成型。虽然在普通的陶瓷工艺中，通过调整烧结温度和时间，可以控制烧结制品的气孔率和强度，但是这种多孔材料的气孔率一般较低，只有 20%～30% 左右。但对于多孔陶瓷来说，提高烧结温度虽然能够提高陶瓷体的强度，但却会使部分气孔封闭或消失；而降低烧结温度，虽然有利于气孔的形成，然而粉料之间又不能很好地黏结在一起，使得制品的强度降低。

为了避免这些缺点，提高气孔率，可以采用一些特殊的工艺来制备多孔陶瓷。目前制备多孔陶瓷常用的有添加造孔剂方法、有机泡沫浸渍法、发泡反应法等多种方法，如表 12-2 所示。其中添加造孔剂法，是指为了在制品中形成气孔，或者为了提高以颗粒堆积制成的产品的气孔率，在陶瓷坯料中引入各种可以形成气孔的有机或无机的化学

表 12-1　先进多孔陶瓷已经获得应用和潜在的应用领域

| 应用示例 | 基本作用 | 技术性能要求 | 目前状况 | 潜在应用前景 | 竞争对手 |
|---|---|---|---|---|---|
| 电池/燃料电池隔离器 | 电绝缘、化学稳定性、渗透性 | 化学稳定性、电绝缘性能 | 正在发展之中 | 中等 | 塑料复合材料 |
| 生物介质 | 促进细胞生长 | 生物相容性、限制营养杂质波动影响 | 市场化受到限制 | 非常 | 天然材料、塑料碳材料 |
| 燃烧器 | 减少 $NO_x$ 逸出物,加热均匀性 | 透过性、抗热冲击、使用耐久性 | 已获得一些应用 | 中等—非常 | 金属筛网、隔热板 |
| 催化剂载体 | 化学、物理相容性 | 高比表面积、渗透性、机械完整性、选择性 | 已获得广泛应用 | 包含已经存在的新应用领域(薄膜反应器) | 金属材料、新技术 |
| 过滤器 | 从流体中去除颗粒、细菌以及其他杂质 | 结构均匀性、渗透性及稳定性 | 已作为颗粒(从果汁、熔融金属特别是铝)和细菌(如啤酒)过滤器 | 非常 | 聚合物、金属材料、烧结球状颗粒 |
| 气体传感器 | 可以测量气氛的变化 | 时间效应性、使用耐久性 | 正在研究和发展之中 | 在电子电路中作为部件等 | 其他材料、设计等技术问题 |
| 声呐转换器 | 在静水压力下具有较高的敏感性 | 降低静水压力的影响、机械可靠性 | 研究进展缓慢 | 水诊器、潜艇上的应用 | 新型聚合物、设计技术 |

表 12-2　多孔陶瓷的传统制备方法

| 工艺名称 | 制备方法 | 孔径尺寸 | 孔隙率 | 优点 | 缺点 |
|---|---|---|---|---|---|
| 添加造孔剂法 | 加入造孔剂,高温下燃尽或挥发后留下孔隙 | $10\mu m\sim 1mm$ | ≤50% | 可以制得形状复杂的制品且孔隙率和强度可控 | 气孔率一般低 50%,且气孔分布均匀性差 |
| 挤压成型法 | 泥条通过蜂窝网格结构的模具挤出成型 | >1mm | ≤70% | 孔形状和孔大小可以精确设计 | 不能获得复杂孔道结构和较小孔径 |
| 颗粒堆积法 | 颗粒堆积形成空隙,黏合剂高温下产生液相使颗粒黏结 | $0.1\sim 600\mu m$ | 20%~30% | 工艺简单,制品的强度高 | 气孔率低 |
| 有机泡沫浸渍法 | 用有机泡沫浸渍陶瓷浆料,干燥后烧掉有机泡沫 | $100\mu m\sim 5mm$ | 70%~90% | 开口气孔率较高且气孔相互贯通,强度高 | 不能获得小孔径闭气孔,形状受限且密度难控制 |
| 溶胶凝胶法 | 利用凝胶化过程中胶体粒子的堆积,形成可控多孔结构 | $2nm\sim 10nm$ | ≤95% | 能制取微孔制品,孔径易于控制且孔分布均匀 | 生产效率低,制品形状受限制 |
| 发泡反应法 | 加入发泡剂,通过化学反应产生气体挥发 | $10\mu m\sim 2mm$ | 40%~90% | 气孔率高、强度好,易于获得闭气孔 | 对原料和工艺条件要求苛刻 |

物质，这种添加剂叫作造孔剂，也称成孔剂（porus former）。这些造孔剂在坯体中占有一定的体积，经过烧成或加工后造孔剂能够离开基体被除去，这样，造孔剂占据的这一部分体积就成为气孔，在陶瓷内部留下孔洞，经干燥和烧成后就可制得多孔陶瓷材料。由于可以任意改变造孔剂的种类、加入量以及造孔剂的颗粒直径，因而能够制成各种不同孔径和气孔分布及理化性能的多孔陶瓷，来满足不同的使用要求。同时，与其他几种方法相比，添加造孔剂法的成本也较低，低廉的成本决定了其在今后工业化生产领域必将占据一席之地。

## 12.2 多孔陶瓷性能的表征

### 12.2.1 气孔率

气孔率是指孔道体积占材料总体积的百分率，分为显气孔率、闭气孔率和总气孔率。显气孔率是指试样中与大气环境相连通的孔隙体积与试样总体积之比，可以用煮沸法或真空排气法测定。通常多孔陶瓷的显气孔率为30%~50%，个别也能达到60%~80%。闭气孔率是指试样中与环境不连通的孔隙体积与试样总体积之比。一般情况下，闭气孔率不是直接测定的，而是通过总气孔率减去显气孔率计算得到的。总气孔率则是试样中全部孔隙体积与试样总体积之比。总气孔率也不是直接测定的，而是在测定试样的真密度和体积密度的基础上算出来的。材料成型时的振动、加压、添加剂的用量等因素都会最终对气孔率产生极大影响。

### 12.2.2 平均孔径、最大孔径和孔道长度

多孔陶瓷的平均孔径可以用水银压入法、气泡法等进行测试，基本原理是假定材料孔道均为理想毛细管，流体在外力作用下通过毛细管时，将遵循以下规律：

$$D = (4\sigma\cos\theta)/P$$

式中　$D$——毛细管直径；

　　　$\sigma$——流体的表面张力；

　　　$P$——使流体通过毛细管所需的压力；

　　　$\theta$——流体与材料间的浸润角。

一般认为，在用于液体过滤时，被滤阻的粒子尺寸为最大孔径的1/10；气体过滤时，被滤阻的粒子尺寸为最大孔径的1/20。

多孔陶瓷的孔道形状复杂而不规则，故毛细管的实际长度大于材料的厚度，两者之比称为扭曲度（tortuosity），以球体堆积为例，二维的扭曲度 $\alpha$ 为 $(\pi/2)^2$。实际上，$\alpha$ 多为1~3，可以通过测量电阻推算出来。

### 12.2.3 渗透能力

在多孔陶瓷材料两侧存在一定压力差的条件下，材料透过流体的能力称为渗透能

力，一般用透气度或渗透率来表征。多孔陶瓷材料是毛细管的集合体，流体流经毛细管的规律可用 Poisewille 法则描述

$$V=(\Delta P\pi d^4)/(128\alpha\eta L)$$

式中　$V$——流经毛细管的流体流量；

　　　$d$——毛细管直径；

　　　$\Delta P$——材料两侧的压力差；

　　　$\alpha$——孔道扭曲度；

　　　$\eta$——流体黏度；

　　　$L$——材料厚度。

由上式可见，毛细管直径 $d$ 对流量的影响最大。

综合考虑多孔陶瓷材料使用时的具体要求以确定上述几项指标，是研制多孔材料的关键。

# 12.3 造孔剂的分类

通过在原料中添加造孔剂而成孔，是一种常用的制备多孔陶瓷的方法。加入的造孔剂愈多，产品的气孔率愈高。可用作造孔剂的物质有很多种，其造孔原理亦有所不同。

## 12.3.1 按物质种类分类

造孔剂可分为无机造孔剂和有机造孔剂两类。

**(1) 无机造孔剂** 主要有碳酸铵、碳酸氢铵、氯化铵、碳酸铅等高温可分解的盐类、可分解化合物，如 $Si_3N_4$ 以及无机炭煤粉、炭粉等。这些物质本身不能燃烧，但是在高温下会吸收热量，发生分解反应，释放出气体，达到质量降低、体积减小的效果，最终可以实现在试件内部造孔的目的。这种类型造孔剂高温下吸热分解，试件的烧成收缩尺寸控制效果最好，制品的强度较低，气孔率高，体积密度值最低。在烧结时，它们都分解并放出 $CO_2$ 或 $NH_3$ 等气体，这些气体逸出时就起了造孔作用。作为这种造孔剂的还可以是碱土金属的碳酸盐、硫酸盐，如碳酸钙、硫酸钙、碳酸镁、硫酸镁、碳酸钡、硫酸钡等；也可以用天然矿物，如石灰石、白云石、石膏等。

**(2) 有机造孔剂** 主要指天然纤维、高分子聚合物和有机酸，如锯末、茶、淀粉、聚乙烯醇、尿素、聚氯乙烯、聚苯乙烯、聚乙烯醇（PVA）、聚甲基丙烯酸甲酯（PM-MA）、聚乙烯醇缩丁醛（PVB）、聚苯乙烯颗粒等各种合成纤维、天然纤维和改性纤维等。

## 12.3.2 按造孔机理分类

**(1) 可燃型造孔剂** 陶瓷烧成时可以烧去的造孔剂就是可燃型造孔剂。作为可燃尽物质，以往是木屑、稻壳、煤粒、煤粉、塑料粉等。木屑、稻壳、软木粒子等有吸湿膨胀的缺点，现在已多不使用，目前常用的仍然是煤粉、塑料粉等。煤粉往往含有大量灰

分，因此常常代之以普通石油焦炭或低灰分石油焦炭。由于塑料、焦炭等常温下没有黏结能力，因而坯料成型性能不好，这些粒子又没有良好的形状，烧成后产品气孔结构不好，使强度降低很多。

（2）高温分解型造孔剂　碳酸铵、碳酸氢铵、氯化铵、碳酸铅等高温可分解盐类，在烧结时，由于不同物质在高温下会发生各种不同类型的反应，分解并放出 $CO_2$ 或 $NH_3$ 等气体，而在体积或者质量上产生变化，进而在已有的位置处又形成数量不一、大小不同的孔隙。利用这些物质在高温下的质量、体积变化的特点，可以达到提高试件孔隙率的作用。

（3）溶液溶出型造孔剂　气孔的大小和形状由造孔剂颗粒的大小和形状所决定，上面这些造孔剂均在低于基体陶瓷烧结温度下分解或挥发，因此在较低温度形成的微孔会在高温烧结时封闭，造成产品渗透性能降低。另一类型的透孔剂可以克服这些缺点，这类造孔剂包括熔点较高而又可溶于水、酸或碱溶液的各种无机盐或其他化合物，如 $Na_2SO_4$、$CaSO_4$、$NaCl$、$CaCl_2$ 等，在烧结温度下不熔化、不分解、不烧结、不与基体反应。该类造孔剂的特点是在基体陶瓷烧结温度下不排除，待基体烧结后，用水、酸或碱溶液浸出造孔剂而成为多孔陶瓷。这样一来，烧结制品既具有高的气孔率，又具有很好的强度。通过这样的工艺制得的多孔陶瓷，气孔率可达 75% 左右，孔径在微米到纳米之间。这类造孔剂特别适用于玻璃质较多的多孔陶瓷或多孔玻璃的制备。例如，美国专利 US 4588540 报道了用 $Na_2SO_4$、$CaSO_4$、$NaCl$、$CaCl_2$ 等作造孔剂，制造多孔玻璃。而日本专利用 60% 的经过 $Y_2O_3$ 稳定后的 $ZrO_2$ 与 40% 的 $Y_2O_3$ 混合，在 1150℃ 烧结后，浸在 30%（质量分数）的热盐酸中 5h，也制成了多孔的 $ZrO_2$ 陶瓷。

对于需要形成大量贯通开口气孔的多孔陶瓷材料，在生产中最为实用的方法，是在坯料中加入可燃尽物质，以及加入高温分解产生气体的物质这两种方法。

## 12.3.3　按来源分类

（1）生物质造孔剂　此类原材料来自各种农作物的副产品或者废弃物，如淀粉、核桃皮和各种天然纤维、改性纤维等。在高温下，生物质材料中的纤维、挥发分和其他有机物燃烧，产生一定的能量，并形成气孔。生物质造孔剂在烧成过程中可以为试件提供能量，但由于形成的缺陷尺寸大，掺量体积比为 10% 的试件的强度损失率最大，达到 69.5%。

（2）矿物内燃类造孔剂　高温下自身可以燃烧，释放能量，并促进试件的烧成反应，可燃部分燃尽后形成气孔，达到造孔的效果。矿物内燃造孔剂可以在高温下释放能量，促进试件的烧成，试件的烧成收缩率高，抗压强度损失率低（44.7%），试件的气孔率低，体积密度高。

因此国外采用纤维素聚合体作成孔剂。美国生产的一种纤维素结晶聚合体，作为可燃尽物质，可以得到气孔率很高的具有连续气孔的过滤材料。日本以普通淀粉加入酵素，制成干燥颗粒加入坯料之中，在成型干燥过程中由于淀粉吸水受热而发酵，变成麦芽糖，逸出气体。一方面改进成型性能，另一方面可避免烧成时可燃尽物质一下子就选出大量气体而使制品破坏，可用于制造薄壁多孔制品。目前也有报道用具有一定形状的造孔剂（模板）制备泡沫陶瓷。由于造孔剂在排除的过程中会因为体积效应破坏陶瓷体，所以模板的选择显得尤其重要。目前聚甲基丙烯酸甲酯（PMMA）是一种很好的候选材料。

# 12.4　造孔剂造孔效果的影响因素

与其他的多孔陶瓷制备工艺相比，添加造孔剂法制备多孔陶瓷可以通过调节造孔剂的多少及颗粒的大小、形状和分布来控制孔的大小、形状及分布，因而简单易行。这种方法的工艺流程与普通的陶瓷工艺流程相似，关键在于造孔剂种类和用量的选择，以及造孔剂的形状和大小，还有温度、窑内气氛、烧成时间。可通过优化造孔剂形状、粒径和制备工艺来精确设计制品的孔结构，此外，通过粉体粒度配比和成孔剂的种类还可以控制孔径大小及其他性能。

## 12.4.1　多孔陶瓷的配方设计

根据各物质在多孔陶瓷制备工艺中所起的不同作用，多孔陶瓷的原料主要包括以下几种。

**（1）骨料**　骨料是多孔陶瓷的主要原料，在整个配方中占 $70\%\sim80\%$（质量分数），在坯体中起到骨架的作用，一般选择强度高、弹性模量大的材料，如 $Al_2O_3$ 和 $ZrO_2$。

**（2）黏结剂**　一般选用高岭土、瓷釉、水玻璃、磷酸铝、石蜡、PVA、CMC 等，其主要作用是使骨料黏结在一起，以便于成型。

**（3）造孔剂**　加入的可燃尽的物质，如木屑、稻壳、煤粒、塑料粉等物质，在烧成过程中它们能够发生化学反应或者燃烧挥发而除去，从而在坯体中留下气孔。

其中，造孔剂加入的目的在于促使气孔率增加，因此用作造孔剂的物质必须满足下列三个要求：在加热过程中易于排除；排除后在基体中无有害残留物；不与基体发生有害的反应。

## 12.4.2　造孔剂的用量

有人系统研究了造孔剂添加量对制备多孔 $Al_2O_3$ 陶瓷的影响，发现造孔剂添加量不同，不仅直接影响最终多孔陶瓷的气孔率，而且随造孔剂添加量的增加，多孔 $Al_2O_3$ 的平均孔径和最大孔径都将增大，同时孔径分布变宽，因此也提高了其透气系数，但对其烧结活化能并无影响；并且认为多孔 $Al_2O_3$ 陶瓷的大部分力学性能更多地依赖于烧结温度，而对气孔率的依赖性随烧结温度的提高而减小。

## 12.4.3　造孔剂的形状和大小

造孔剂颗粒的大小和形状决定了多孔陶瓷气孔的大小和形状，因此对作为气孔添加剂的颗粒形状大小和级配、纤维的长度和直径及长径比具有一定的要求。龚森蔚采用聚甲基丙烯酸甲酯作为造孔剂，制备了孔径可控的羟基磷灰石复相陶瓷。研究发现，造孔剂的粒径对于多孔陶瓷的气孔率和孔径大小及分布略有影响，加入粒径较小的造孔剂，其气孔率略大于加入粒径较大的造孔剂的气孔率，且孔径分布变窄。这是因为相同质量的造孔剂，粒径越小，比表面积越大，粒子数越多，在与粉粒混合时，相对混合均匀程度和相对表观体积大。

## 12.4.4 造孔剂与原料的混合方式

为使多孔陶瓷制品的气孔分布均匀，造孔剂与骨料混合的均匀性非常重要，否则制品易出现大孔和空洞甚至塌陷的现象。通常，造孔剂的密度小于陶瓷原料的密度，另外它们的粒度大小往往也不尽相同，因此，难以使它们非常均匀地混合在一起。研究人员在这方面作了许多努力。

Sonuparlak 等采用两种不同的混料方法解决了上述问题，如果陶瓷原料粉末很细，而造孔剂颗粒较粗或造孔剂溶于黏结剂中，可以先将陶瓷粉末与黏结剂混合造粒后，再与造孔剂混合，如图 12-1 所示。另一种方法是首先将造孔剂和陶瓷粉末分别制成悬浊液，再将两种料浆按一定比例喷雾干燥混合，随后成型烧结。而日本专利有报道，采用将造孔剂微粒与 $ZrCl_4$ 和稳定剂 $YCl_3$ 水溶液充分混合，加氨水共沉淀，得到一种胶状物质，从而使造孔剂分布均匀的方法。

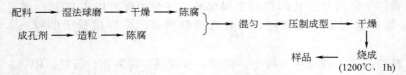

图 12-1　造孔剂与原料的混合方法

## 12.4.5 烧结制度

多孔陶瓷的烧结制度主要取决于原料、造孔剂以及制品所需的性能。烧成工艺的关键是造孔剂的排除阶段。在此阶段应采用慢速升温和合理的保温措施，这样一方面使造孔剂充分地燃烧，另一方面将燃烧产生的气体缓慢地排除掉。如果升温速率过快或保温时间不足，则会造成制品开裂、变形以及有造孔剂残留等现象。

# 12.5　典型造孔剂应用

造孔剂成孔法应用相当广泛，以下制备实例说明了可采用不同的造孔剂、不同的原料、不同的成型方法，来制备适用于不同应用场合的多孔陶瓷。

## 12.5.1 碳类造孔剂

### 12.5.1.1 炭粉

王连星等人以刚玉为骨料，20%炭粉为造孔剂，注浆成型，1120～1170℃烧结，制备了孔隙率 50％～56％的多孔陶瓷，系列孔径 20～450$\mu m$，抗弯强度大于 20MPa。结果表明，增大骨料粒径，分散骨料粒径分布，提高烧结温度，会减小孔隙率。延长保温时间对于孔隙率影响不明显，却可以提高强度。低熔点黏结剂的加入可以提高强度，却降低气孔率和化学稳定性。

大阪工业技术研究所研制的特种多孔玻璃，其制造方法是：将玻璃粉与一定大小的炭粒均匀混合成型后，控制在玻璃不变形的温度下于还原性气氛中烧成（碳被还原成 $CH_4$ 等气体分子）。制得的孔径基本等于炭粒的大小，从而可通过炭粒尺寸的控制，获得范围在几微米至几毫米的孔径。

微米级多孔陶瓷是微孔陶瓷膜的支持体，孔径合适的多孔陶瓷还可直接用于高温气体分离和流体过滤。煤矸石（主要含 $SiO_2$ 和 $Al_2O_3$，另外还有少量 $Fe_2O_3$、$CaO$、$MgO$、$K_2O$ 和 $Na_2O$）中的炭能够在烧结过程中形成微孔，故选择煤矸石作原料可制出不同孔径和力学强度的多孔陶瓷。有研究介绍了由煤矸石经粉碎、预烧、骨料分级后，以 5％的聚乙烯醇溶液为黏结剂，高温烧成了孔率为 5.5％～51.0％、平均孔径为 2.0～41.5$\mu m$、抗弯强度为 3.0～23.2MPa 的多孔陶瓷材料，可用于上述用途。

#### 12.5.1.2 碳纤维

通过可燃性良好、高长径比的碳纤维作为造孔剂，采用低成本的挤压成型及常压烧结工艺可以制备出一维定向高温烟气除尘用多孔氮化硅陶瓷过滤材料，主要步骤如下。

选择碳纤维为造孔剂（长度 0.5～10mm，直径 1～40$\mu m$）。首先按照 55％～80％的固相含量将氮化硅、$Y_2O_3$、碳纤维（基于氮化硅和烧结助剂的质量）、占固相含量 5％～20％的羟丙基甲基纤维素（HPMC）黏结剂、占固相含量 0～5％的聚乙二醇（PEG-1000）塑化剂、占固相含量 0～2％的丙三醇保湿剂、占固相含量 0～5％的蓖麻油润滑剂及去离子水混合。将上述原料混合均匀后，挤压成型，在氮气压力在 0.225MPa 条件下，1750℃烧结 2h，即获得定向多孔氮化硅陶瓷。代表性原料配比及性能如表 12-3 和表 12-4 所示。

**表 12-3 定向多孔氮化硅陶瓷配方**

| 配方 | 固相含量（质量分数）/％ | 固相成分（质量分数）/％ | 碳纤维长度 | 有机添加剂（质量分数）/％ |
|---|---|---|---|---|
| 1 | 75 | 92％$Si_3N_4$＋8％$Y_2O_3$＋5％碳纤维 | 直径 5$\mu m$，长度 0.5mm | 20％HMPC＋5％PEG＋2％蓖麻油＋1％丙三醇 |
| 2 | 70 | 93％$Si_3N_4$＋7％$Y_2O_3$＋10％碳纤维 | 直径 8$\mu m$，长度 1mm | 15％HMPC＋4％PEG＋4％蓖麻油＋1.5％丙三醇 |
| 3 | 65 | 95％$Si_3N_4$＋5％$Y_2O_3$＋15％碳纤维 | 直径 10$\mu m$，长度 2mm | 12％HMPC＋3％PEG＋5％蓖麻油＋2％丙三醇 |
| 4 | 75 | 95％$Si_3N_4$＋5％$Y_2O_3$＋15％碳纤维 | 直径 16$\mu m$，长度 0.5mm | 20％HMPC＋5％PEG＋2％蓖麻油＋2％丙三醇 |
| 5 | 70 | 92％$Si_3N_4$＋8％$Y_2O_3$＋20％碳纤维 | 直径 16$\mu m$，长度 0.5mm | 20％HMPC＋5％PEG＋2％蓖麻油＋2％丙三醇 |

| 配方 | 固相含量<br>(质量分数)<br>/% | 固相成分(质量分数)/% | 碳纤维长度 | 有机添加剂(质量分数)/% |
|---|---|---|---|---|
| 6 | 65 | 92%Si₃N₄+8%Y₂O₃+25%<br>碳纤维 | 直径20μm,<br>长度1mm | 20%HMPC+5%PEG+<br>2%蓖麻油+2%丙三醇 |
| 7 | 75 | 93%Si₃N₄+7%Y₂O₃+30%<br>碳纤维 | 直径5μm,<br>长度0.5mm | 20%HMPC+5%PEG+<br>2%蓖麻油+1%丙三醇 |
| 8 | 70 | 94%Si₃N₄+6%Y₂O₃+35%<br>碳纤维 | 直径18μm,<br>长度2mm | 10%HMPC+5%PEG+<br>5%蓖麻油+1%丙三醇 |
| 9 | 65 | 95%Si₃N₄+5%Y₂O₃+40%<br>碳纤维 | 直径20μm,<br>长度2mm | 5%HMPC+5%PEG+<br>5%蓖麻油+1%丙三醇 |

表 12-4　定向多孔氮化硅陶瓷性能

| 配方 | 气孔率/% | 密度/(g/cm³) | 弯曲强度/MPa | 硬度 HV(载荷9.8N) |
|---|---|---|---|---|
| 1 | 9.74 | 2.86 | 153.26 | 989.73 |
| 2 | 13.13 | 2.82 | 113.92 | 863.55 |
| 3 | 19.63 | 2.57 | 108.05 | 759.51 |
| 4 | 22.01 | 2.50 | 94.54 | 616.92 |
| 5 | 26.62 | 2.35 | 68.96 | 486.35 |
| 6 | 33.37 | 2.13 | 57.95 | 366.97 |
| 7 | 56.07 | 1.53 | 49.05 | 293.42 |
| 8 | 61.71 | 1.43 | 33.71 | 187.98 |
| 9 | 66.82 | 1.28 | 28.16 | 82.56 |

## 12.5.2　生物造孔剂

### 12.5.2.1　淀粉

具有混合导电性能的 $La_{1-x}Sr_xCo_{1-y}Fe_yO_{3-\delta}$ 多孔陶瓷体系在中温 SOFC 阴极支撑体材料和氧分离膜活性支撑体材料的应用领域中已颇具代表性。由 $La_{0.6}Sr_{0.4}Co_{0.2}Fe_{0.8}O_{3-\delta}$ 体系制备的致密膜对 $O_2$ 有 100% 的选择性,故可用于氧气的分离、纯化以及各种涉及氧的反应。该体系的混合导体透氧膜的氧渗透过程包括表面氧交换和氧离子/电子在膜内的传导两个过程,虽然减小膜厚是增大氧在材料中体扩散速率的一个很有效的途径,但膜厚的减小会导致材料强度的大大降低。而采用结构、膨胀系数相同的同质多孔支撑体,则可弥补上述不足。有研究以 $La_2O_3$、$2CoCO_3 \cdot 3CO(OH)_2 \cdot nH_2O$、$Fe_2O_3$ 和 $SrCO_3$ 为原料,按所需配比称量混匀后,置于球磨机中球磨 24h,于 1000℃ 预烧 10h,再于 1250℃ 烧结 10h,充分研磨得到 $La_{0.6}Sr_{0.4}Co_{0.2}Fe_{0.8}O_{3-\delta}$ 的粉料,然后加入以淀粉为主的有机添加剂作造孔剂,制成坯料后烧成,烧结过程中淀粉形成 $CO_2$ 气体排出而留下孔隙。有机

添加剂量对多孔 $La_{0.6}Sr_{0.4}Co_{0.2}Fe_{0.8}O_{3-\delta}$ 陶瓷制品的孔率、孔径、气体渗透流量及电导率等具有很大的影响。

### 12.5.2.2　酵母

酵母粉价格便宜，作为造孔剂使用易于实现低成本、大规模的生产应用。而且酵母粉完全分解的温度比一般的造孔剂高，有助于减少多孔陶瓷在高温烧结时孔的封闭。

研究表明：按 SiC 粉：$Al_2O_3$：苏州土：膨润土=1：(0.05～0.3)：(0.06～0.2)：(0.03～0.1)（质量比）比例配料；按料粉总质量 25%～55% 加入；乙醇为分散介质，混合 6～24h；随后按料粉质量的 40%～60% 加入酵母粉为造孔剂，把形成的浆料混匀、烘干、干压成型；在常压空气气氛下 1100～1350℃烧结 1～5h，即可制成碳化硅多孔陶瓷，材料的气孔率 45%～65%，体积密度 0.95～1.50g/cm³。该方法工艺简单、生产成本低。但是由于使用干酵母粉作为造孔剂，尺寸较大，导致造孔剂与原料粉体的比重差别较大，且通过机械球磨方法与原料粉体混合，会出现物料混合不均的缺陷。

在此基础上，研究者提出一种以活性酵母菌为造孔剂的莫来石-刚玉多孔陶瓷材料的制备方法，该方法利用酵母菌尺寸均匀（2～5μm）、表面带有负电荷的特性，与带有正电荷的陶瓷粉体通过静电吸引，使陶瓷粉体原料吸附于酵母菌表面，实现酵母菌在陶瓷原料中的均匀分散，从而获得孔径分布均匀、强度高的莫来石-刚玉多孔陶瓷。

利用该方法制备莫来石-刚玉多孔陶瓷的物料配比及方法如下：首先将干酵母粉加入到 30～40℃去离子水中，得到活性酵母菌溶液，其中酵母菌与去离子水的质量比为(0.25～1)：100。将 AlOOH 和硅微粉按 (3.1～7.1)：1 质量比称量，以无水乙醇作为介质湿法球磨，干燥后得到原料细粉；将上述粉体原料按照最终莫来石-刚玉产物：干酵母=10：(2～5) 的质量比添加到酵母菌溶液中，以活性酵母菌为造孔剂，经混合、真空抽滤成型，高温烧结，烧结后的莫来石-刚玉多孔陶瓷的孔隙率为 40%～62%，孔径尺寸在 0.5～3μm。

## 12.5.3　有机物造孔剂

### 12.5.3.1　苯甲酸

目前，制备多孔陶瓷的方法很多，比如发泡法、添加造孔剂法、有机泡沫浸渍法、凝胶注模法等。但是它们大都需要在较高的温度（500℃以上）下实施热处理工艺，以排除造孔剂及其他有机物。这会导致材料（特别是非氧化物材料）的早期氧化，从而影响其性能。如果能在陶瓷粉体内部采用物理或化学的方法，引入某种造孔剂的前驱体溶液，采用相分离技术，通过控制体系温度，控制造孔剂的结晶过程，从而达到控制造孔剂的数量、大小、形状及分布，就有可能实现有效控制多孔陶瓷中气孔结构的目的。

将易挥发的苯甲酸（BA）作为造孔剂溶于无水乙醇中，然后通过热致相分离技术控制造孔剂数量和形貌，采用传统的注浆成型方法制备陶瓷素坯；通过控制相分离温度、降温速度以及溶液黏度来控制分离相造孔剂的数量、尺寸和形状；从而控制多孔陶瓷的气孔率大小和孔形状。这种方法具有对气孔形貌和气孔大小可控且能够低温造孔的优点。

配方实例和工艺如下:

(1) 取 100g 的无水乙醇,向其中添加 140g BA 后,60℃ 水浴,搅拌至 BA 完全溶解;

(2) 将 150g 氮化硅及其烧结助剂的混合物(其中氮化硅为 142.5g,烧结助剂 $Y_2O_3$ 为 7.5g)倒入配置好的苯甲酸乙醇溶液中,向溶液中添加 4.5g 分散剂 PVP,60℃ 搅拌 4h;

(3) 将搅拌均匀的陶瓷浆料置于 30℃ 下,使过饱和溶液发生固-液相分离析出造孔剂 BA;然后将相分离后的陶瓷浆料倒入预热至 30℃ 的干燥石膏模具中成型,待陶瓷浆料中多余的液相被充分吸收后,30℃ 下干燥;干燥后的陶瓷素坯置于烘箱中使造孔剂充分挥发;

(4) 将排除造孔剂后的陶瓷素坯在氮气气压为 0.5MPa,1700℃ 下烧结 3h,即得到多孔氮化硅陶瓷。

此方法制备出的多孔氮化硅陶瓷,气孔率为 69%,孔径为 10～50$\mu$m。

### 12.5.3.2　聚甲基丙烯酸甲酯

1972 年,sialon(Silicon Alu-minuet Oxynitncle,赛隆)首先由英国的 Jack、Wilson 和日本的 Oyama 发现。sialon 陶瓷主要有 β-sialon、α-sialon、O-sialon 三种。其中, O-sialon 具有良好的抗氧化性能与抗熔融有色金属浸蚀的能力。

利用聚甲基丙烯酸甲酯(PMMA)为造孔剂,以无水乙醇作为分散介质,聚乙烯醇缩丁醛(PVB)作为分散剂和黏结剂,PEG-400 和正丁醇作为增塑剂,通过原位烧结可以制备出 O-sialon 多孔陶瓷。制备方法和各物质配比如下:

(1) 按照质量份数比 $Si_3N_4$(56～66 份),$SiO_2$(20～26 份),$Al_2O_3$(5～15 份),烧结助剂(3～7 份)配料,然后加入 60～100 份的无水乙醇;

(2) 向球磨后的料浆中加入 5～20 份的 PMMA 微球,并加入 1～4 份的 PVB,3～7 份的增塑剂;

(3) 将料浆喷雾造粒,压制成型;

(4) 成型后的坯体 500～800℃,保温 1～2h;再于 1360～1450℃ 氮气气氛炉内烧结。

产品密度在 1.35～1.75g/cm³,气孔率 40%～60%,室温抗弯强度在 50～120MPa,导热系数在 0.90～2.25W/(m·K)。

### 12.5.3.3　有机树脂发泡微球

有机树脂发泡微球在发泡前是一种核壳结构的微球,外壳为热塑性的丙烯酸树脂类聚合物,内核为烷烃类气体,直径在 0.1～45$\mu$m。当微球被加热到 50～300℃ 时,烷烃类气体会发生膨胀,推动软化的热塑性外壳,使微球体积迅速发泡膨胀几倍到几十倍。此类新型造孔剂与传统造孔剂相比,在造孔剂体积相同的情况下,新型造孔剂中的可燃物体积只有传统造孔剂的几十分之一,因此产品在烧成过程中,由于造孔剂的燃烧所产生的使产品开裂的内应力就会大大降低,故可以有效提高产品的烧成合格率。

以丙烯酸发泡树脂小球为造孔剂制备董青石多孔陶瓷的配方和材料性能如表 12-5。

表 12-5 董青石多孔陶瓷的配方和材料性能

| 基础配方（质量分数） | | | 造孔剂（质量分数） | | 材料性能 | | |
|---|---|---|---|---|---|---|---|
| 滑石粉/% | 高岭土/% | 氧化铝/% | 30μm 丙烯酸发泡树脂微球/% | MC 黏结剂/% | 平均孔径/μm | 显气孔率/% | 吸水率/% |
| 40 | 40 | 20 | 4 | 0.1 | 18.2 | 58.4 | 31.3 |

## 12.5.4 复合造孔剂

使用烃类燃料（如烃气、汽油或柴油燃料）的内燃机系统排放的废气会造成严重的大气污染，汽车工业一直在试图减少发动机系统产生的污染物的量。自从 20 世纪 70 年代中期有了第一辆装有催化转化器的汽车，人们就力求开发出具有高耐热冲击性、孔隙率、热膨胀系数和断裂模数的材料和陶瓷蜂窝体制品作为汽车催化转化器上用来负载催化活性组分的基材。钛酸铝陶瓷就是一种用于所述高温用途的极佳材料。为了在钛酸铝材料中达到所需的高孔隙率（通常高于 40%），人们将石墨作为造孔剂加入无机批料中。然而，石墨的加入会造成部件裂纹，还需要极长的烧制周期（例如超过 180h）。因此，人们急需获得高孔隙率、烧制周期短或不会产生裂纹的钛酸铝部件的方法。

美国康宁公司开发了一种使用具有不同组成的第一成孔剂和第二成孔剂的方法制备钛酸铝多孔陶瓷。研究认为在形成钛酸铝的批料混合物中使用多种成孔剂的组合，在烧制过程中得到了较低的总体放热反应或独立的放热反应，从而减小了部件在烧制时产生裂纹的倾向。另外，可以使用较低的石墨或碳的含量，减小干燥难度，可以显著缩短烧制时间。

与单组分成孔剂的现有技术相比，复合成孔剂有效地促进了钛酸铝生坯内的成孔剂更迅速地烧尽。已经发现某些种类和优选用量的成孔剂组合不仅可以提供较高的孔隙率（例如大于 40%），而且还可使钛酸铝制品的烧制周期缩短（例如小于 180h，甚至小于 80h）。在优选的实施方式中，与仅含石墨作为成孔剂的部件相比，烧尽石墨所需的时间可减少 25%，甚至 50% 或更多。

研究指出，第一成孔剂由石墨组成，占无机批料的 5%～15%（质量分数，下同），第二成孔剂由淀粉组成，占无机批料的 5%～15%。部分原料组成如表 12-6 所示。适合用来形成以钛酸铝为主晶相的陶瓷的无机粉末混合物列于表 12-7。通过将表 12-7 所列无机组分混合，制备组合物 A～E。向这些混合物中加入一定量的表 12-6 所示的成孔剂组合。然后，加入表 12-7 所列的有机黏合剂体系，该混合物进一步与作为溶剂的去离子水混合，形成陶瓷批料混合物。黏合剂体系组分和成孔剂组合在表 12-6 和表 12-7 中以质量百分数的形式列出，以无机物总量为 100% 计。

表 12-6 还给出了由该方法制得的陶瓷制品的性质，包括断裂模数（MOR）强度、室温至 800℃ 下的热膨胀系数（CTE）、孔隙率、中值孔径（MPS）。

彭长琅等人采用粉石英作骨料，玻璃粉和膨润土为黏结剂，石蜡、碳酸钙和炭黑粉为造孔剂调节孔隙率，干压成型，1200℃ 烧结，制备多孔陶瓷。烧结体气孔率为 35%～45%，孔径为 5～30μm，可以用于液体和气体的过滤。

表 12-6  钛酸铝批料混合物实施方案及性能

| 实施编号 | 批料分组 | 成孔剂 1 | 成孔剂 2 | 孔隙率/% | MPS/μm | 室温至 800℃的CTE/($\times 10^{-7}$/℃) | MOR/psi |
|---|---|---|---|---|---|---|---|
| 1 | A | 10%石墨 | 10%马铃薯淀粉 | 51.8 | 17.3 | 2.7 | 215 |
| 2 | B | 10%石墨 | 10% PE 珠粒 | 50.9 | 15.2 | 2.6 | 184 |
| 3 | C | 10%石墨 | 5%马铃薯淀粉 | 46.2 | 14.7 | 0.9 | 265 |
| 4 | D | 15%石墨 | 10%马铃薯淀粉 | 51.2 | 18.1 | 2.1 | 194 |
| 5 | E | 10%石墨 | 12.5% PE 珠粒 | 54.6 | 16.0 | 5.1 | — |

注：1psi＝6894.76Pa。

表 12-7  钛酸铝为主晶相的陶瓷的无机组分及黏结剂

| 实施批料分组 | | A | B | C | D | E |
|---|---|---|---|---|---|---|
| 氧化物质量分数/%（总量100%） | $Al_2O_3$ | 51.12 | 51.13 | 51.11 | 51.11 | 51.19 |
| | $TiO_2$ | 31.33 | 31.33 | 31.34 | 31.33 | 31.29 |
| | $SiO_2$ | 10.65 | 10.64 | 10.65 | 10.66 | 10.62 |
| | SrO | 5.87 | 5.87 | 5.87 | 5.87 | 5.87 |
| | CaO | 0.83 | 0.83 | 0.83 | 0.83 | 0.83 |
| | $La_2O_3$ | 0.2 | 0.2 | 0.2 | 0.2 | 0.2 |
| 有机黏合剂体系 | 甲基纤维素 | 4.5 | 4.5 | 4.5 | 4.5 | 4.5 |
| | 妥尔油 | 1.0 | 1.0 | 1.0 | 1.0 | 1.0 |
| | 水 | 15 | 17 | 12 | 21 | 15 |

## 12.5.5  短效造孔剂

陶瓷材料的孔隙可通过在批料中加入造孔剂，然后在烧制周期烧除造孔剂，产生空隙或孔隙而形成。但使用淀粉、石墨或两者混合物之类的造孔剂会在干燥和烧制陶瓷生坯体时造成有关裂纹的产生。例如，在干燥生坯期间微波的穿透深度因存在石墨之类的造孔剂可能受到限制，或者在干燥或烧制期间在生坯体中存在明显的温度梯度；此外，为烧除造孔剂，烧制周期可能需要调整和延长，导致成本提高、工艺复杂和生产率降低。

短效造孔剂是一种能够在大气压、低于 200℃的温度下挥发的物质；其特征是能够在任何烧制步骤之前利用简单的干燥过程从生坯体去除。表 12-8 列出可以用作短效造孔剂的代表性化合物。

其中，环十二烷具有相对低的熔点，在约 58～63℃容易形成球形颗粒，是一种典型的短效物质，在干燥或加热生坯期间能蒸发或者发生汽化，从而获得高孔隙率的较粗大的中值孔径。使用环十二烷作为造孔剂提供了在进行烧制之前在干燥步骤期间去除或排出造孔剂的能力，并减少在烧制后陶瓷结构中形成裂纹。排出或者去除的环十二烷还可以从去除过程中回收再使用，因此降低了与使用不可回收的造孔剂相关的成本。

表 12-8　短效造孔剂的代表性化合物

| 化合物 | 室温下蒸气压 | | 熔点/℃ |
| --- | --- | --- | --- |
| | /mmHg | /atm | |
| 苯甲酸 | $7.5 \times 10^{-4}$ | $1.0 \times 10^{-6}$ | 122 |
| 十四烷 | 0.0116 | $1.5 \times 10^{-5}$ | 5.8 |
| 萘 | 0.030 | $3.95 \times 10^{-5}$ | 80 |
| 水杨酸乙酯 | 0.05 | $6.5 \times 10^{-5}$ | 2~3 |
| 三甲基苯酚 | 0.05 | $6.5 \times 10^{-5}$ | 73 |
| 环十二烷 | 0.075 | $9.87 \times 10^{-5}$ | 58~61 |
| 苯酚 | 0.35 | $4.6 \times 10^{-4}$ | 40 |
| 樟脑 | 0.65 | $8.55 \times 10^{-4}$ | 180 |
| 薄荷醇 | 0.8 | $1.05 \times 10^{-3}$ | 36~38 |
| 对二氯苯 | 1.28 | $1.68 \times 10^{-3}$ | 53 |
| 二环戊二烯 | 1.35 | $1.78 \times 10^{-3}$ | 32~34 |
| 莰烯 | 2.47 | $3.25 \times 10^{-3}$ | 45~46 |

注：1mmHg=133.322Pa，1atm=101325Pa。

通过吹入热空气通过蜂窝体结构（优选在挤出的轴向方向），可以除去短效造孔剂。在干燥期间，生坯体保持在足够高的温度，但低于有机黏结剂（例如甲基纤维素）的分解温度，以从坯体中除去大部分或者全部短效造孔剂。如生坯体接触温度为75~100℃的空气，以除去造孔剂。造孔剂去除步骤可以和水去除步骤同时进行（热空气吹入与微波干燥组合）。除去造孔剂后，在生坯体（烧制之前）中会产生孔隙。

采用如下工艺可以实现造孔剂的回收的和重新利用：热空气流从蜂窝体流出并将去除的造孔剂（如环十二烷）输送到冷阱，使造孔剂冷凝。在收集步骤中，设定该冷阱温度为10℃。冷阱被造孔剂饱和后，升高冷阱温度至65℃，以将造孔剂熔融和回收。然后，在足够高的温度下烧制该生坯，形成多孔陶瓷（如堇青石）制品。由于此时已经不存在造孔剂，能显著减少烧制期间的放热现象。在该方法中，可回收的造孔剂没有燃烧（或反应或分解），与常规的造孔剂去除步骤相比，还可以减少温室气体的产生。

# 12.6　其他造孔剂的应用

## 12.6.1　多孔氧化铝陶瓷

（1）配方设计　我国自主研制的氧化铝多孔陶瓷管，作为抽滤一般土壤悬浊液提取水浸液，供化学分析用和作为抽滤碱化土壤悬浊液及提取土壤胶体之用。产品性能在滤清度、过滤速度和化学稳定性几方面达到了进口多孔陶瓷滤管的水平。多孔陶瓷滤管为$\phi$18mm×170mm，头部为半球形的试管状，管口外表面施釉40mm，内表面施釉约 5mm。

其坯、釉配方组成分别如表 12-9 和表 12-10 所示。

表 12-9    氧化铝多孔陶瓷管坯体配方

| 成分 | 氧化铝粉 | 坊子土 | 长石 | 苏州土 | 安徽白土 | 木屑(造孔剂) |
|------|---------|--------|------|--------|----------|--------------|
| 含量/% | 80 | 6 | 6 | 4 | 4 | 外加5% |

表 12-10    氧化铝多孔陶瓷管釉配方

| 成分 | 长石 | 钟乳石 | 石英 | 滑石 | 大同土 |
|------|------|--------|------|------|--------|
| 含量/% | 42 | 13 | 22 | 10 | 13 |

**(2)成型工艺**    由于产品管壁薄、直径细，采用整体石膏模单面吸浆的注浆工艺。料浆制备时，因为木屑较粗，而且不易粉碎，需先加水湿磨，然后再与骨料、熔剂等原料共同混合湿磨。电解质采用 0.3％碳酸钠。出磨后料浆经真空除气后注浆。湿坯干燥修坯后，管口用浸釉法施釉。

**(3)烧成**    制品一端有釉，可采用将制品平装在匣钵板上，施釉一端悬空的装烧方法。木屑炭化及氧化阶段要求缓慢升温，以免产生大量气体使半成品开裂。同时保证氧化气氛，以保证有机质及碳的充分氧化。烧成温度 1150℃，产品矿物组成基本上是 $\alpha$-$Al_2O_3$，在烧成过程中没有新的矿物生成。

## 12.6.2    多孔羟基灰石生物陶瓷

由于多孔生物陶瓷具有优良的生物性能，近年来一直受到人们密切的关注和广泛的研究。关于多孔生物陶瓷的研究，很大部分集中在多孔植入体孔的结构上，为实现对多孔陶瓷结构的研究，人们进行了大量实验，借用了一系列制备其他类型的多孔陶瓷的技术。

研制多孔羟基磷灰石陶瓷最常用的方法是添加造孔剂法，常用的造孔剂为萘、石蜡、聚甲基丙烯酸甲酯等有机物。这些造孔剂在升温热解过程中的热膨胀系数不断增大，当达到热解温度时，其热膨胀系数常达羟基磷灰石的数十倍，热膨胀系数的巨大差异会导致烧结时产生大量的裂纹，从而降低了制品的强度。炭粉的热膨胀系数与羟基磷灰石的相近，故可减少微裂纹的产生，从而提高多孔制品的力学性能。

Engin 等也采用此方法制备出孔隙度 60％～90％、孔径 100～250μm、互通性良好的多孔羟基磷灰石生物陶瓷。具体的工艺步骤如下：

① 羟基磷灰石粉末与造孔剂甲基纤维素粉末以一定的比例混合后，成浆料；

② 经超声振动脱气；

③ 烘箱中 50～90℃烘干，再与去离子水混合；

④ 以 0.5℃/min 的速度升温至 250℃，再以 3℃/min 的速度升温到 1250℃，保温 3h，随炉冷却到室温。

Moliu 制备多孔羟基磷灰石模拟自然骨组织时，也采用了添加造孔剂的方法。成孔剂采用的是 0.093mm、0.188mm、0.42mm 直径的 PVB 颗粒，体积分数 42%～61%，与羟基磷灰石粉末均匀混合后，制成压坯，500℃去除 PVB，1200℃烧结。结果表明，成型压力和烧结时间对孔壁微观组织和孔隙分布影响很大，烧结后的孔隙尺寸比 PVB 颗粒尺寸小 10%。

林开利等通过添加聚乙二醇作为造孔剂，制备出多孔硅酸钙生物陶瓷，气孔率为 53.7%～73.6%，大孔孔径为 200～500μm，孔连通性好。

添加造孔剂法可以制备出多种大孔径的多孔生物陶瓷，但是微孔不易控制，一般可与其他方法一起来达到全面控制生物陶瓷孔隙的目的。

# 12.7 气凝胶新型多孔材料

气凝胶（aerogel）是一种以空气为介质的轻质多孔性凝聚态物质，具有独特的三维网络结构。颗粒相和孔洞尺寸都是纳米级，从而使其纳米级微观结构得到很好的控制。气凝胶具备许多独特的性质与性能，如平均孔径小（2～50nm）、比表面积大（100～1300m²/g）、密度低（30～150kg/m³）、孔隙率高（85%～99%）、热导率低 [0.01～0.02W/(m·K)]、声传播速率低、化学稳定性好、抗腐蚀性强等。

气凝胶由于具有低热导率，从而成为一种高效隔热材料，已经广泛应用于多种航天器、飞行器的热防护中。目前制备气凝胶多孔隔热材料主要存在以下两个困难：①获得结构完整气凝胶的方法只有通过超临界干燥才能达到，非超临界干燥（常压干燥等）技术制备的气凝胶在宏观上为颗粒或者粉末，极难成型；②气凝胶在经过高温热处理后，比表面积降低，耐热性较差，难以应用到高温隔热材料领域。

凝胶注模成型工艺是制备陶瓷相对成熟的技术，近年来在多孔陶瓷的制备方面备受关注。结合凝胶注模成型制备陶瓷的优点，采用凝胶注模成型工艺可以实现氧化锆气凝胶粉体的成型，制备多孔陶瓷。

## 12.7.1 凝胶注模成型工艺过程

采用凝胶注模法结合冷冻干燥技术可以制备氧化锆多孔材料。首先，将丙烯酰胺单体和网络交联剂 $N,N'$-亚甲基双丙烯酰胺混合形成均匀透明溶液，加入分散剂柠檬酸钠和氧化锆气凝胶粉体，形成均匀的浆料后加入引发剂偶氮二异丁腈，注入模具，置于80℃水浴，待浆料凝胶固化，冷冻干燥，再经过热处理即得到氧化锆气凝胶多孔陶瓷。

通常来说，对凝胶注模成型后的坯体要进行排胶和烧结两个过程，排胶过程是指起固定气凝胶颗粒作用的高分子网络受热分解成小分子，以 $CO$、$CO_2$ 的形式排出材料；烧结过程是使材料颗粒骨架强度增强。在热处理之前，高分子网络形成一张胶状的网将氧化锆气凝胶包裹支撑起来，在热处理之后，由于高分子有机物烧除，留下气凝胶颗粒堆积而成的多孔孔壁结构，随着热处理温度的升高，颗粒会聚集长大，并进一步形成一定的晶相。

图 12-2 为氧化锆气凝胶多孔材料不同阶段的宏观照片。如图（a）是高分子聚合物的凝胶块，其中没有加入气凝胶粉体，呈半透明果冻状。图（b）～（d）为气凝胶含量为 20%（质量分数）的凝胶坯体，分别经过凝胶注模，脱模后冷冻干燥得到干凝胶坯体。可以看出凝胶注模得到的凝胶坯体，具有实验设定的形状，且气凝胶粉体均匀分散在凝胶坯体中，呈现为乳白色。图（e）为根据需要经过高温热处理后得到的氧化锆气凝胶多孔材料。

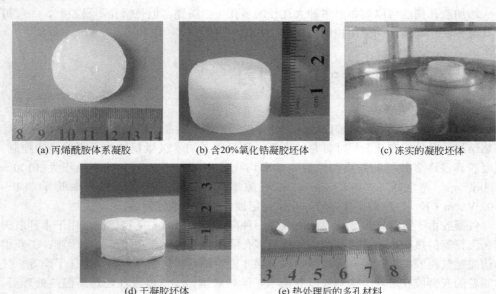

(a) 丙烯酰胺体系凝胶 　　　 (b) 含20%氧化锆凝胶坯体 　　　 (c) 冻实的凝胶坯体

(d) 干凝胶坯体 　　　 (e) 热处理后的多孔材料

图 12-2　成型氧化锆气凝胶材料的宏观照片

## 12.7.2　气凝胶含量对多孔材料微观结构的影响

图 12-3 为不同气凝胶含量下经 1000℃ 热处理后得到的氧化锆多孔材料的微观形貌。气凝胶含量（质量分数）分别为 10%、20%、40%、60%。由图可知，该氧化锆气凝胶复合材料的孔洞主要有两种，一是排胶过程中随冰晶的升华和有机物的消除留下的孔（如低放大倍数下的照片所示），孔径较大在 $100\sim300\mu m$；二是大孔孔壁中氧化锆气凝胶颗粒堆积出的三维网状结构经烧结后，由于颗粒之间互相靠近，发生黏性流动，导致颗粒变大形成纳米级和微米级孔隙（如高放大倍数下的照片所示），仍保存有一定数量的孔洞，但是与氧化锆气凝胶相比，孔隙率减少，孔径在 $10nm\sim10\mu m$ 不等。结合两图可以发现，随着气凝胶含量的增加，气孔率降低，这是由于液态介质含量下降，冷冻后形成较少的冰晶，升华后留下的孔隙也少；在 1000℃ 热处理气凝胶含量为 20% 的氧化锆多孔材料具有较好的形貌，其大孔孔径在 $100\sim300\mu m$，并且孔壁中的颗粒分布也较为均匀，颗粒粒径与颗粒堆积的孔径尺寸在 100nm 左右。当气凝胶固相含量过低时，孔洞支撑力不够，容易塌陷，形成的孔不均匀，也没有一定的形状，固相含量过高时，大孔洞数量减少，颗粒堆积现象过于严重，结构致密。

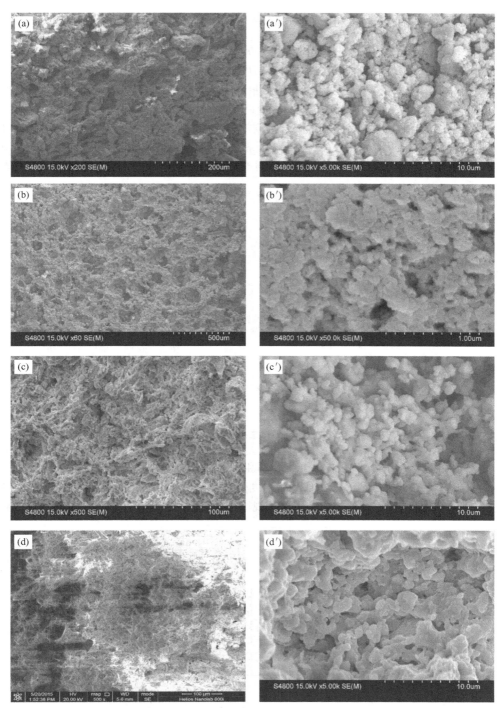

图 12-3　不同气凝胶含量的氧化锆多孔材料的 SEM 照片（经 1000℃热处理后）
(a) 10%；(b) 20%；(c) 40%；(d) 60%；(a′) 10%；(b′) 20%；(c′) 40%；(d′) 60%

### 12.7.3 气凝胶含量对多孔材料开气孔率及表观密度的影响

图 12-4 和图 12-5 为上述多孔材料经 1000℃、1100℃以及 1200℃热处理后开气孔率和表观密度的变化。由图可以看出，表观密度随气凝胶含量的增加而增加，开气孔率总体减少。如在 1000℃热处理后，气凝胶含量从 10％升高到 60％，开气孔率从 73.82％降低到 52.32％；表观密度由 0.6563cm³/g 降低到 0.8625cm³/g。

产生这种变化的原因是当气凝胶含量增加时，形成凝胶中的液态介质含量下降，经过冷冻干燥后，形成冷冻状坯体，其中的冰晶量下降，在冰晶升华后，坯体中瞬间留下空位，构成孔洞，形成形状完好的气凝胶复合材料，其孔体积显然也会降低，最终孔隙率降低，密度增加。

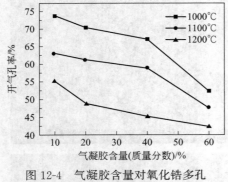

图 12-4　气凝胶含量对氧化锆多孔
材料开气孔率的影响

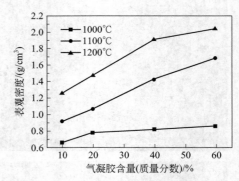

图 12-5　气凝胶含量对氧化锆多孔
材料表观密度的影响

### 12.7.4 热处理温度对多孔材料开气孔率及表观密度的影响

图 12-6 和图 12-7 为多孔材料开气孔率和表观密度随热处理温度的变化。由图 12-6 可以看出，经 1000℃、1100℃、1200℃温度烧结的氧化锆气凝胶多孔材料的开气孔率逐渐减小，表观密度逐渐增加。产生这种规律性变化的原因是当烧结温度提高时，颗粒

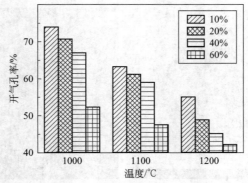

图 12-6　热处理温度对氧化锆多孔材料开气孔率的影响
（气凝胶含量为质量分数）

间逐渐接近，结合紧密，气孔发生收缩。孔径变小，结构在一定程度上会发生塌陷，从而导致开气孔率下降，密度升高，如气凝胶含量为 20%，经 1000～1200℃ 热处理后，开气孔率由 70.43% 降低到 48.78%；表观密度从 0.7824cm³/g 升高到 1.4732cm³/g。

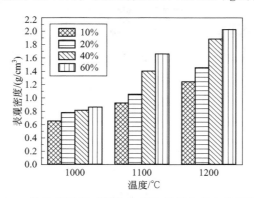

图 12-7　热处理温度对氧化锆多孔材料表观密度的影响
（气凝胶含量为质量分数）

# 第 13 章 偶联剂

## 13.1 概述

  偶联剂是一种新型复合材料用添加剂，在无机材料和有机材料或者不同的有机材料复合系统中，能通过化学作用，把二者结合起来，使二者的亲和性得到改善，从而提高复合材料的功能。偶联剂分子构成中具有两种性能截然不同的化学反应基团，一种基团能与无机材料的表面起作用，包括物理和化学作用，另一种基团能与高分子材料起作用，包括物理和化学作用，因而能在无机材料与高分子材料的界面间形成一种"桥梁"，使无机物、有机物这两种性质悬殊的材料通过"分子桥"紧密地结合，从而大大提高复合材料的性能，如物理性能、电性能、热性能、光性能等。

  偶联剂是提高高分子复合材料性能的关键助剂及降低高分子复合材料成本的理想辅料，广泛适用于塑料、橡胶、玻璃钢、涂料、颜料、造纸、黏合剂、磁性材料、油田化工等行业。对于有机无机复合陶瓷的制备同样也是不可或缺的重要添加剂。通常情况下，只需加入基料量的1%～3%就可使各种复合材料的物理、化学性能得到明显的改进或提高。

  偶联剂最早是由美国联合碳化物公司（UCC）为发展玻璃纤维增强塑料而开发的，早在20世纪40年代，当玻璃纤维首次作为有机树脂的增强材料，制备目前广泛使用的玻璃钢时，发现其强度会因为树脂与玻璃纤维脱黏而下降。由于含有机官能团的有机硅材料是同时与二氧化硅（玻璃纤维的主要成分）和树脂有两亲关系的有机材料及无机材料的"杂交"体，所以可以用它来作为黏合剂-偶联剂，来改善有机树脂和无机玻璃纤维表面的黏结，达到改善聚合物性能的目的，这一设想在实际应用中取得了较好的效果。因此自20世纪40年代初至60年代是偶联剂产生和发展的时期，形成了第一代硅烷偶联剂，自70年代起，引起国内外科学研究者的重视。Du Pont公司发明的以"沃兰"系列产品为代表的铬体系偶联剂，曾大量用于增强不饱和聚酯的玻璃纤维表面处理，但因为铬离子的毒性和污染，未能得到进一步的发展。大约与此同时，美国联合碳化物公司发明了以氨基硅烷为代表的硅体系偶联剂，主要用于以硅酸盐、二氧化硅为填料的塑料和橡胶的加工及其性能改进。70 年代美国石油化学公司研制成功钛体系偶联剂，主要适用于以碳酸盐、硫酸盐和金属氧化物为填料的聚烯烃塑料、涂料和黏结剂等方面，发展相当迅速。1983 年美国 Cavedon 化学公司推出了以七个锆铝酸酯为代表的锆铝体系偶联剂。我国也于 1985 年自行研制开发了铝酸锆偶联剂。

# 13.2　偶联剂的主要类型和化学结构

目前，偶联剂的种类繁多，工业上使用的偶联剂按照化学结构主要可分为：硅烷偶联剂、钛酸酯偶联剂、铝酸酯偶联剂、锆类偶联剂、磷酸酯偶联剂、硼酸酯偶联剂、有机络合物及其他高级脂肪酸、醇、酯的偶联剂等。它们广泛应用在塑料、橡胶等高分子材料领域以及有机无机复合材料中。

## 13.2.1　硅烷偶联剂

硅烷偶联剂是在分子中同时具有两种不同的反应性基团的有机硅化合物，可以形成无机相-硅烷偶联剂-有机相的结合层，从而使聚合物与无机材料界面间获得较好的黏结强度。硅烷偶联剂的通式为 Y-RSiX$_3$，式中，Y 为有机官能团，是可以与有机化合物起反应的基团（包括氨基、巯基、环氧基、卤素等），从而将硅烷和有机化合物连接起来；R 是具有饱和和/或不饱和键的碳链，如乙烯基、甲基丙乙烯酰氧基等基团，这些基团和不同的基体树脂均有较强的反应能力，X 代表能够水解的基团，如卤素、烷氧基、酰氧基等，通过水解反应使 Si—X 转化为 Si—OH 从而易与表面带有羟基的无机物（如玻璃、二氧化硅、金属及其氧化物等）发生键合，生成稳定的 Si—O 键，从而将硅烷与无机物或金属连接起来。因此，硅烷偶联剂既能与无机物的羟基又能与有机聚合物中的长分子链相互作用，使两种不同性质材料偶联起来，从而改善生物材料各种性能。正因为硅烷偶联剂分子中包含的 X 基、R 基两种不同反应基团，把有机材料与无机物进行了化学结合，但又因为 X 基不同，只能影响水解的速度，对复合材料的性能基本上无影响，所以选用有机材料最合适的偶联剂必须考虑 R 基与有机材料的化学性质，这是使复合材料获得最佳性能的重要条件。表 13-1 汇集了常见的硅烷偶联剂的品种、结构式及适用的聚合物体系。

硅烷偶联剂是品种多、产量大、用途广的一类偶联剂，常用的硅烷偶联剂有：

**(1)** γ-氨基丙基三乙氧基硅烷 KH-550　又称 A-1100，外观为无色透明液体，水溶性，是含氨基硅烷偶联剂；相对密度 0.939～0.943，分子量 221，沸点 217℃；适用于酚醛树脂、环氧树脂、三聚氰胺、PVC、PC、PA、PE、PP、PMMA 等树脂与无机物的良好偶联，偶联率高，强度好，处理方法简便。

**(2)** γ-缩水甘油氧丙基三甲氧基硅烷 KH-560　又称 A-187，无色透明液体，水溶性，是含环氧基的硅烷偶联剂；相对密度 1.06，分子量 236，沸点 296，溶于多数溶剂；适用于各种热固性树脂与热塑性树脂增强剂的表面处理。

**(3)** γ-(甲基丙烯酰氧基丙基)三甲氧基硅烷 KH-570　又称 A-174，水溶性，分子

**表 13-1 硅烷偶联剂的品种、结构式及适用的聚合物体系**

| 类型 | 化学名称 | 结构式 | 适用的聚合物体系 |
|---|---|---|---|
| 水解型 | 乙烯基三氯硅烷 | $CH_2\!=\!CHSiCl_3$ | 聚酯,玻璃纤维 |
| | 丙烯基三乙氧基硅烷 | $CH_2\!=\!CH\!-\!CH_2Si(OC_2H_5)_3$ | 乙丙橡胶,顺丁橡胶,聚酯,环氧树脂,聚苯乙烯 |
| | γ-甲基丙烯酸丙酯基三甲氧基硅烷 | $\begin{array}{c}\quad\quad\ O\\ \quad\quad\ \|\|\\ CH_2\!=\!C\!-\!C\!-\!OC_3H_6Si(OCH_3)_3\\ \ \ \ \|\\ \ \ CH_3\end{array}$ | 聚甲基丙烯酸甲酯,聚烯烃 |
| | γ-氨丙基三乙氧基硅烷 | $H_2NC_3H_6Si(OC_2H_5)_3$ | 乙丙橡胶,氯丁橡胶,丁腈橡胶,聚氨酯,环氧树脂 |
| | γ-乙二氨基三乙氧基硅烷 | $H_2NC_2H_4NHSi(OC_2H_5)_3$ | 尼龙,酚醛 |
| | 乙二胺甲基三乙氧基硅烷 | $H_2NC_2H_4NHCH_2Si(OCH_3)_3$ | |
| | 甲基丙烯酰氧甲基三乙氧基硅烷 | $\begin{array}{c}\quad\quad\ O\\ \quad\quad\ \|\|\\ CH_2\!=\!C\!-\!C\!-\!OCH_2Si(OC_2H_5)_3\\ \ \ \ \|\\ \ \ CH_3\end{array}$ | 不饱和聚酯聚丙烯酯 |
| | γ-(乙二氨基)丙基三甲氧基硅烷 | $H_2NC_2H_4NHC_3H_6Si(OCH_3)_3$ | 酚醛,三聚氰胺聚碳酸酯,尼龙 |
| | N-β-氨乙基氨丙基二甲氧基硅烷 | $\begin{array}{c}H_2NC_2H_4NHC_3H_6Si(OCH_3)_2\\ \quad\quad\quad\quad\quad\quad\ \|\\ \quad\quad\quad\quad\quad\ CH_3\end{array}$ | 环氧,酚醛 |
| 过氧化物型 | 乙烯基三叔丁基过氧化硅烷(VTPS) | $CH_2\!=\!CHSi\!\left[O\!-\!OC(CH_3)_3\right]_3$ | 各种聚合物与金属或无机物的偶合粘接 |
| | 乙基三叔丁基过氧化硅烷(MTPS) | $CH_3Si\!\left[O\!-\!OC(CH_3)_3\right]_3$ | 硅氟橡胶,乙丙橡胶与金属或织物的偶合粘接 |
| 多硫化物型 | 双(3-三乙氧基甲硅烷基丙基)四硫化物 | $(H_5C_2O)_3SiC_2H_6\!\left[S\!-\!S\right]_2$ | 多功能硅烷偶联剂 |

量 248,相对密度 1.04;溶于各种有机溶剂,可改善填充剂的润湿性和制品的力学性能和电性能。

**(4)其他硅烷偶联剂** A-150,A-151,A-186,A-188,A-189,A-1120,SH-6050 等。

硅烷偶联剂在两种不同性质材料之间的界面作用机理有多种解释。常用的理论有:化学键理论、表面浸润理论、变形层理论和拘束理论等。但迄今为止,还没一种理论能解释所有的事实,其中化学键合模型被认为是比较成功的一种解释,该理论认为有机硅烷偶联剂通过空气中水分引起水解,然后脱水缩合形成低聚物,这种低聚物再与无机填料表面羟基形成氢键,通过加热干燥发生脱水反应产生部分共价键,从而使无机填料表面被有机硅烷偶联剂所覆盖,进而提高无机填料和有机填料相容性等各项性能。

在研究化学键合理论的基础上,对硅烷偶联剂作用过程提出了四步反应模型。①与硅相连的 3 个 Si—X 基水解成 3 个 Si—OH;②Si—OH 之间脱水缩合成含 Si—OH 的低聚硅氧烷；③低聚物中 Si—OH 与基材表面 OH 形成氢键；④加热固化过程中伴随脱水反应而与基材形成共价键连接。上述四步反应如图 13-1 所示。

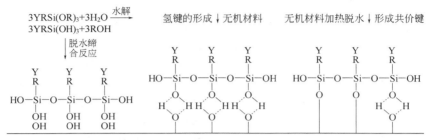

图 13-1　硅烷偶联剂与无机物反应的机理

## 13.2.2　钛酸酯偶联剂

钛酸酯偶联剂虽然开发较硅烷偶联剂晚，但是由于它的一些品种可以在无水状态下进行偶联和适用于极性小的热塑性塑料如 PP 等树脂，且性能比较优良，价格低廉，所以推广很快，目前与硅烷偶联剂同为最常用的偶联剂。钛酸酯偶联剂的分子式为 R—O—Ti$($O—X—R'—Y$)_n$。其中各部分具体的作用分别为：

R 基与无机相表面的羟基反应，形成偶联剂的单分子层，从而起到化学偶联的作用。无机相表面上的水和自由质子 H$^+$ 是与偶联剂起作用的反应点。

—O—基能够发生各种类型的酯基转化反应，由此可使钛酸酯偶联剂与有机相及无机相发生交联，同时还可以与环氧树脂中的羟基发生酯化反应。

X 是与钛氧基连接的酯基发生转化反应，由此可使钛酸酯偶联剂与聚合物及填料产生交联，同时还可与环氧树脂中的羟基发生酯化反应。

R′是钛酸酯偶联剂分子中的长链部分，主要是保证与有机物分子的缠结作用和混溶性，提高材料的冲击强度，降低无机相的表面能，显著降低体系的黏度，并具有良好的润滑性和流变性能。

Y 是钛酸酯偶联剂进行交联的官能团，有不饱和双键基团、氨基、羟基等。

钛酸酯偶联剂按其化学结构可分为四类，即单烷氧基脂肪酸型、磷酸酯型、螯合型和配位体型。常用的陶瓷用钛酸酯偶联剂主要有：

**(1)** 三异硬脂酰基钛酸酯 OL-99（或 TTS）　常用商品名为 TSC，CT-928，NDZ-101、105、130 等，红棕色油状液体，是单烷氧基型钛酸酯偶联剂；相对密度 0.99，分子量 956，沸点 129，用于碳酸钙、水合氧化铝等不含游离水的干燥填充剂特别有效。

**(2)** 三油酰基钛酸异丙酯 OLT-951　又名 NDZ-125，红色液体，分子量 951.3，适用于聚烯烃树脂与填充料的偶联，特别是对碳酸钙效果优异，可提高制品的冲击强度、伸长率和热变形温度；也可用于天然橡胶和合成橡胶与填充剂的偶联处理。

**(3)** 二异硬脂酰基钛酸乙二酯 KR-210　属于螯合黄钛酸酯偶联剂；适合用于湿含量高的填料，如陶土、滑石粉、湿法二氧化硅、硅酸铝、炭黑等，与 PVC、EVA 及环氧、醇酸树脂等均具有良好的偶联效果。

**(4) 其他**　钛酸酯偶联剂还有 FSD-03、FSD-21、NDZ-401 等。

### 13.2.3　其他类型偶联剂

**(1) 锆类偶联剂**　锆类偶联剂是一种表面改性剂，是含有铝酸锆的低分子量无机聚合物，相对密度 0.923，沸点 70℃。其分子主链上络合着两种有机配位基，一种配位基可赋予偶联剂良好的羟基稳定性和水解稳定性，能降低填充物黏度，提高黏结强度、冲击强度和改善填料的分散性，且价格比较便宜，广泛应用于环氧树脂、丙烯酸类树脂、聚烯烃、聚酯、聚氨酯、聚酰胺、合成橡胶等聚合物，与水合氧化铝、碳酸钙、磷酸钙、二氧化硅、二氧化钛、陶土等填充剂均有表面改性效果。

**(2) 铝酸酯偶联剂**　铝酸酯偶联剂的作用机理与钛酸酯偶联剂机理基本相同。以铝代替钛，价格低廉，亦具有较好的表面处理效果，如经处理后的轻质碳酸钙，吸油量及吸水量降低，填料粒子的分散性好，可以在 PVC、PC、PS 等的注塑、挤出、吹塑及发泡等制品中使用；铝酸酯还可以与钛酸酯复合并用，可改善加工性能，增加填充量，降低能耗，一般用量 0.5%~1.5%。

**(3) 硼化物**　硼化物偶联剂除了用于塑料等复合材料的增强外，还可用于推进剂的性能改造中。其研究结果表明，硼化物偶联剂对推进剂的工艺性能没有不良影响，含有它的推进剂药浆，起始黏度低，适用期长，可满足大型发动机装药的要求，因此硼化物作为固体推进剂的偶联剂具有广阔前景。

其他类型的偶联剂，除了铝系形成一定的生产规模外，均还处于研制开发阶段。

## 13.3　偶联剂的使用方法

有机无机复合材料在复合过程中是使有机物与无机物的性能实现优势互补，$ZrO_2$ 是目前高聚物基复合材料中使用最多的无机填料之一。而氧化锆粉末在聚合物基体中的分散性好坏直接决定了有机无机复合材料的性能，这主要是因为氧化锆是亲水的而有机物是疏水的；氧化锆与有机物相容性较差，直接添加，不利于氧化锆在有机基体中的分散，主要的解决途径是对氧化锆进行表面疏水改性，以增强其与高聚物基料的相容性，使填充的高聚物基复合材料的力学性能更佳。例如，用硅烷偶联剂改性后的硅灰石填充到聚碳酸酯后，其弹性模量是未填充时的 3 倍，强度也可以提高 15%。

在表面改性工艺中，偶联剂（改性剂）的使用方法很重要，一定要根据被改性粉体的组成和性能及所用的改性剂的组成和性能来确定，主要目的就是要使改性剂充分均匀地分散到粉体中。为此，对表面改性剂的加入方式和混合工艺要加以优化，以达到改性效果好、改性剂用量少的效果。

无机粉末表面的改性方法，一般有干法和湿法两种：干法是采用将改性剂溶解于少量的溶剂中形成溶液，再将其加入到无机粉末中球磨，或是直接将改性剂加入到无机粉末中球磨；湿法是先将改性剂溶解于溶剂中配制成有机溶液，再将无机粉末加入到溶液中，在一定条件下反应后，干燥、粉碎，获得改性后的粉末。湿法表面化学包覆工艺与干法工艺相比，具有表面改性剂分散好、表面包覆均匀等特点，但需要后续过滤和干燥，适用于各种可水溶和水解的有机表面改性剂以及前段为湿法制粉工艺而后段又需要干燥的场合，可使物料干燥后不形成硬团聚，分散性得到显著改善。对于前段为湿法超细粉碎工艺而后需要进行表面改性的工艺，如果所选用的表面改性剂可水溶或水解，则可以在超细粉碎工艺后设置湿法表面改性工艺。湿法表面沉淀包膜改性的工艺参数较多，除了浆料浓度、反应温度、反应时间、干燥温度和干燥时间等因素外，还有浆液的pH值、晶型转化剂、表面改性剂的水解条件以及焙烧温度、时间和气氛等。由于有机表面改性剂的分解温度一般较低，过高的干燥湿度和过长的干燥时间将导致表面改性剂的破坏或失效，因此，必须根据表面改性剂的物理化学特性，严格控制干燥工艺条件，特别是干燥温度和处理时间。

此外，还有复合改性工艺，主要内容如下。

**(1) 力学与表面化学包覆改性复合工艺**　这是一种在机械粉碎或超细粉碎过程中添加表面改性剂，在粉体粒度减小的同时对粉体颗粒进行表面化学包覆改性的复合工艺。这种工艺可以干法进行，即在干式超细粉碎过程中实施，也可以在湿法时进行，即在湿法超细粉碎过程中实施。

**(2) 干燥与表面化学包覆改性复合工艺**　这是一种在湿粉体干燥过程中添加表面改性剂，在湿粉体脱水的同时对粉体颗粒进行表面化学包覆改性的复合工艺。

**(3) 沉淀反应与表面化学包覆改性复合工艺**　沉淀反应与表面化学处理工艺是在沉淀反应改性之后再进行表面化学包覆处理，目的是得到能满足某些特殊用途要求的复合型粉体原（材）料。例如，微细二氧化硅先在溶液中沉淀包覆一层 $Al_2O_3$，然后用 4VP（四乙烯吡啶）进行包覆，使得到一种表面有机物改性的复合无机物粉体产品。还有研究表明，在用沉淀反应二元包覆 $SiO_2$、$Al_2O_3$ 薄膜的基础上，再用钛酸酯偶联剂、硅烷偶联剂及三乙醇胺、季戊四醇等对亚微米 $TiO_2$ 颗粒进行表面有机包覆改性，不仅可以提高 $TiO_2$ 的耐候性，而且还能够提高其疏水性和在基料中的润湿性和分散性。

## 13.3.1　硅烷偶联剂的使用方法

硅烷类偶联剂一般用量为 $0.1\%\sim2\%$。使用前，通常需要先将硅烷偶联剂配成稀溶液（质量分数为 $0.005\sim0.020$），以利于与被处理表面进行充分接触。所用溶剂多为水、醇或水醇混合物，并以不含氟离子的水及价廉无毒的乙醇异丙醇为宜。除氨烃基硅烷外，由其他硅烷配制的溶液均需加入醋酸作水解催化剂，并将 pH 值调至 $3.5\sim5.5$。长链烷基及苯基硅烷由于稳定性较差，不宜配成水溶液使用。氯硅烷及乙酰氧基硅烷水解过程中将伴随严重的缩合反应，也不适于制成水溶液或水醇溶液使用。对于水溶性较差的硅烷偶联剂，可先加入质量分数 $0.1\%\sim0.2\%$ 的非离子型表面活性剂，而后再加水加工成水乳液使用。为了提高产品的水解稳定性，硅烷偶联剂中还可掺入一定比例的非碳官能硅烷。处理难粘材料时，可使用混合硅烷偶联剂或配合使用碳官能硅氧烷。配好处理液后可以通过浸渍喷雾、高速搅拌、磁力搅拌、振动搅拌等方式引入偶联剂。一般来说，块状材料、粒状物料及玻璃纤维等多用浸渍法处理；颗粒状或粉末状物料多采用喷雾法处理；基体表面需要整体涂层的则采用刷涂法处理。

湿法改性氧化锆粉末的工艺是将一定量的硅烷偶联剂溶解于适量的有机溶剂中，超声后将无机氧化锆粉末加入到溶液中，在80℃下反应一定时间后洗涤、过滤、干燥获得改性氧化锆粉末。具体流程如图13-2所示。

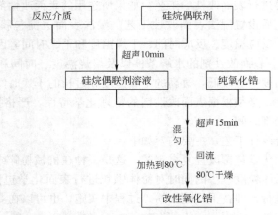

图 13-2　硅烷偶联剂表面改性氧化锆的工艺流程

## 13.3.2　钛酸酯偶联剂的使用方法

钛酸酯偶联剂在使用前需要进行预处理，方法有两种：①溶剂浆液处理法，即将钛酸酯偶联剂溶于大量溶剂中，与无机相接触，然后蒸去溶剂；②水相浆料处理法，即采用均化器或乳化剂将钛酸酯偶联剂强制乳化于水中，或者先将钛酸酯偶联剂与胺反应，使之生成水溶性盐后，再溶解于水中处理填料。钛酸酯偶联剂可以先与无机粉末或有机物混合，也可同时与二者混合，但一般多采用先与无机物混合法。

钛酸酯偶联剂用量的计算公式为：钛酸酯偶联剂用量(g)＝[无机相用量(g)×无机相表面积(m²/g)]/钛酸酯偶联剂的最小包覆面积（m²/g）。其用量通常为无机相用量的0.20%～0.25%，最终由效果来决定其最佳用量。

# 13.4　偶联效果的评价方法和常用的测试手段

## 13.4.1　偶联效果的评价方法

### 13.4.1.1　应用结果评价方法

将改性后的粉体应用到目标产品中，测定其拉伸强度、伸长率、冲击强度、硬度等，观察改性前后产品这些性能的变化，判断偶联剂的使用效果。这种方法简单、可靠，但缺点是需要一段时间的观察后才能得出正确的结论。

### 13.4.1.2　润湿性评价方法

润湿性包括渗透时间、接触角、亲油化度、活化率等指标。润湿性好的粉体流动性好，易于分散，混料容易均匀，不易出现颗粒的团聚。

**(1) 活化率** 活化率也称漂浮率，可用来评估改性氧化锆疏水性能。根据 HG/T 2567—94（《工业活性沉淀碳酸钙》）标准中的规定，称取一定量改性后的无机粉末（质量为 $m_0$），加入到装有 50mL 蒸馏水的分液漏斗中，往返振摇 1min 后，待明显分层后取出下层沉积物干燥称量（质量为 $m_1$），则活化率 $\chi$ 为式（13-1）计算所得：

$$\chi = \left(1 - \frac{m_1}{m_0}\right) \times 100\% \tag{13-1}$$

**(2) 亲油化度** 亲油化度值的大小也可以作为评价纳米粒子有机化改性效果的标准。将经表面处理的纳米氧化锆置于 50mL 水中，加入甲醇。当漂浮于水面上的粉体完全润湿时，记录甲醇加入量 $V$(mL)，则见式（13-2）：

$$亲油化度 = \frac{V}{V+50} \times 100\% \tag{13-2}$$

#### 13.4.1.3 表面自由能评价方法

大多数的粉体表面具有较大的表面自由能，粉体表面经偶联剂改性后，表面能降低，故可以通过测定粉体表面自由能来评价改性效果。

### 13.4.2 分析和测试手段

**(1) 红外光谱分析** 只要在粉体表面存在某种官能团，就会在红外谱图上有相应的特征吸收峰，所以对改性前后粉体样品进行红外光谱分析，根据各官能团在红外谱中吸收峰的变化及振动情况，就可以研究表面改性对粉体表面性能的影响并揭示改性剂的作用。

**(2) X 射线衍射（XRD）** 经过改性剂处理后的粉体，不仅粉体的表面性质会发生变化，其内部结构或晶型也可能发生相应的变化，而 X 射线衍射正是揭示这种变化的最好手段。

另外，透射电子显微镜（TEM）、差热分析（DTA）、差示扫描量热仪（DSC）等手段也可以对无机粉末在有机溶剂中的分散性进行分析，测定偶联剂与无机粉末的结合情况。

# 13.5 偶联剂偶联效果的影响因素

## 13.5.1 偶联剂种类的影响

为了获得最大的偶联效应，每一对聚合物填料组合必须选择相应的偶联剂。现有主要偶联剂的应用情况见表 13-2。偶联剂对无机填料的表面改性效果，不仅取决于偶联剂本身，还与填料、聚合物的化学特性、处理的方法、条件及用量密切相关。

表 13-2　现有的主要偶联剂应用情况

| 偶联剂 | 填　　料 | 树　　脂 | 偶联剂用量（质量分数）/% |
|---|---|---|---|
| 硅烷 | 玻璃纤维，颗粒状含硅填料 | 热固性树脂 | 0.25~0.5 |
| 钛酸酯 | 大多数无机填料 | 聚烯烃等热塑性塑料 | 0.4~1.5 |
| 铝酸酯 | 碳酸钙等 | PP、PE、PVC、PS、PA 等 | 0.5~1.3 |

现以乙烯基三乙氧基硅烷偶联剂对氧化锆粉体的表面改性为例，研究偶联剂表面改性的反应介质、表面改性剂的添加量和反应时间等因素对纳米氧化锆有机化表面改性的影响；采用活化率及亲油化度实验评估硅烷偶联剂对氧化锆表面的改性效果。

## 13.5.2　反应介质的影响

图 13-3 和图 13-4 分别为氧化锆粉体在乙醇、丙酮、水及四氢呋喃这四种介质中，在 80℃下反应之后的活化率和亲油化度。由图 13-3 和图 13-4 可以看出，丙酮作为反应介质时，其改性效果最好，其活化率与亲油化度分别为 33％和 65.64％；以乙醇为反应介质时，活化率与亲油化度分别为 30.67％和 59.84％；以四氢呋喃为介质时，分别为 30.67％和 62.96％；而以水为介质时，其活化率和亲油化度最低，分别为 24.51％和 51.92％；考虑其改性效果，宜采用丙酮作为改性介质来改性氧化锆粉体。

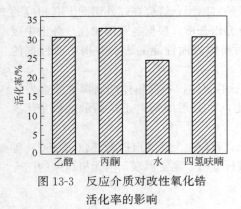

图 13-3　反应介质对改性氧化锆
活化率的影响

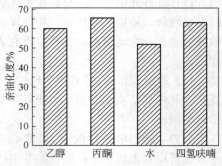

图 13-4　反应介质对改性氧化锆
亲油化度的影响

## 13.5.3　偶联剂添加量的影响

可采用以下公式计算硅烷偶联剂的用量：

$$X = f(A/\omega) \tag{13-3}$$

式中　$X$——硅烷偶联剂在填料表面均匀包覆一层的最小使用量；

　　　$f$——填料的量，g；

　　　$A$——填料比表面积，$m^2/g$；

　　　$\omega$——硅烷偶联剂最小包覆面积，$m^2/g$。

某些常见填料的比表面积 $A$ 值示于表 13-3。

表 13-3　常见填料的比表面积

| 填料 | E-玻璃纤维 | 石英粉 | 高岭土 | 黏土 | 滑石粉 | 硅藻土 | 硅酸钙 | 气相法白炭黑 |
|---|---|---|---|---|---|---|---|---|
| $A/(m^2/g)$ | 0.1～0.2 | 1～2 | 7 | 7 | 7 | 1.0～3.5 | 2.6 | 150～250 |

倘若填料的比表面积不明确，则可先确定硅烷偶联剂溶液的加入量为填料的 1％ 左右，同时改变浓度进行对比，以确定适用的浓度。也有文献指出，偶联剂的用量一般为被处理物质量的 0.5％～3％，其用量与效果并非呈正比关系，用量太多，偶联剂过剩反而使其性能下降。这是因为偶联剂的用量达到一定量后，粉体的表面包覆率不再提高，此时偶联剂的用量过多不仅不经济，还会由于用量过多产生其他副作用。

硅烷偶联剂的用量会对 PMMA/纳米 $ZrO_2$ 复合材料强度产生影响，其机制主要有以下两个方面：当硅烷偶联剂的用量较少时，纳米 $ZrO_2$ 粒子表面没有被完全包覆，未被包覆的纳米 $ZrO_2$ 粒子部分与树脂基质的结合强度差，而且不容易被树脂基质浸润，纳米 $ZrO_2$ 粒子在树脂中分散不良，影响复合材料的强度；硅烷偶联剂的用量过多，沉积在纳米 $ZrO_2$ 粒子表面的偶联剂分子层数增多，除了化学吸附层外，还有大量结构疏松的物理吸附层存在，这种以物理吸附层形式存在的偶联剂膜将会导致树脂与纳米 $ZrO_2$ 粒子间结合强度的下降。在这种情况下，当界面承受应力时，很容易在偶联剂膜内部发生内聚破坏，导致材料的挠曲强度下降。

图 13-5 和图 13-6 分别是在丙酮介质中，不同硅烷偶联剂添加量的条件下表面改性后的氧化锆的活化率及亲油化度。

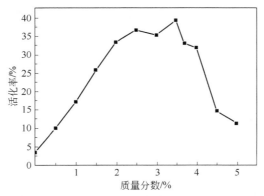

图 13-5　改性剂添加量对氧化锆活化率的影响

由图 13-5 可以看出，硅烷偶联剂的添加量太少时，活化率非常低；随着硅烷偶联剂添加量的增加，活化率逐渐增加，直到当硅烷偶联剂的添加量（质量分数）为 3.5％ 时，活化率达到最大值 39.33％，此后再增加硅烷偶联剂的添加量，活化率有所下降；由图 13-6 也可以看出相似的趋势，随着硅烷偶联剂量的增加，其亲油化度逐渐增加，直到硅烷偶联剂的添加量（质量分数）为 3.5％ 时，亲油化度达到最大值 73.47％，此后随着硅烷偶联剂的增加，其亲油化度逐渐减小。

这是因为当硅烷偶联剂的用量较小时，硅烷偶联剂与氧化锆表面的羟基发生反应，

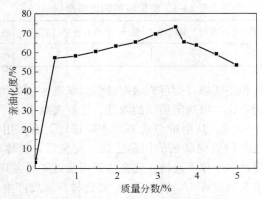

图 13-6　改性剂添加量对氧化锆亲油化度的影响

使得氧化锆表面的羟基减少，这就使其疏水性能提高，故其活化率和亲油化度增大；但用量过大时，硅烷偶联剂水解生成的硅氧烷负离子会进攻与氧化锆键合的硅烷偶联剂分子中的 Si 原子，在颗粒上架桥，从而引起粉体的絮凝，故硅烷偶联剂用量（质量分数）为 3.5％最佳。

两种方法所检测硅烷偶联剂对氧化锆粉体的改性效果，可以得到相同的结论，当硅烷偶联剂的添加量（质量分数）为 3.5％时，对氧化锆颗粒的改性效果最好。

此外使用硅烷偶联剂处理填料时还需测定填料含水量是否能满足硅烷偶联剂水解反应的需要，表 13-4 列出某些硅烷偶联剂水解反应所需的最低水量。

表 13-4　硅烷偶联剂水解反应所需的最低水量

| 硅烷偶联剂 | 水解 1g 硅烷需水量/g | 硅烷偶联剂 | 水解 1g 硅烷需水量/g |
| --- | --- | --- | --- |
| $ClC_3H_6Si(OMe)_3$ | 0.27 | $CH_2=CHOCH_2OC_3H_6Si(OMe)_3$ | 0.23 |
| $ViSi(OEt)_3$ | 0.28 | $HSC_3H_6Si(OMe)_3$ | 0.28 |
| $ViSi(OC_2H_4OMe)_3$ | 0.19 | $H_2NC_3H_6Si(OEt)_3$ | 0.25 |
| $CH_2=CMeCOOC_3H_6Si(OMe)_3$ | 0.22 | | |

## 13.5.4　反应时间的影响

图 13-7 和图 13-8 分别是在丙酮介质中，硅烷偶联剂添加量（质量分数）为 3.5％时，不同反应时间表面改性后的氧化锆的活化率及亲油化度。

由图 13-7 和图 13-8 可知，当反应时间达到 2h 时，其活化率和亲油化度达到最大值，分别为 42％和 78.35％；但是之后随着反应时间的增加，其活化率和亲油化度都有所下降。由图可知：在反应开始时，由于纳米氧化锆的表面物理吸附作用和改性剂与Zr—OH 的化学作用，纳米氧化锆表面的羟基减少，硅烷偶联剂增加，从而使其疏水性能提高，故其活化率和亲油化度增大。反应 2h 后，活化率和亲油化度达到最大值，由于空间位阻效应，表面上的锆羟基不可能完全参与反应。另外，物理吸附过程分为两个阶段：第一个阶段形成单分子层吸附，第二阶段形成表面胶团。随着第一阶段吸附的完

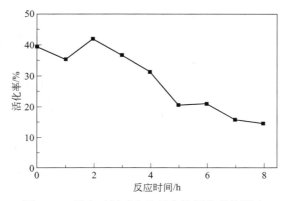

图 13-7　反应时间对改性氧化锆活化率的影响

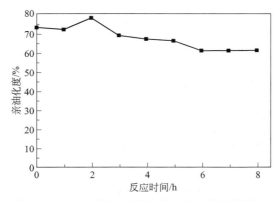

图 13-8　反应时间对改性氧化锆亲油化度的影响

成，偶联剂开始形成表面胶团，所以当反应时间大于 2h 时，其活化率和亲油化度反而会降低。

通过研究反应介质、改性剂的添加量、反应时间等因素对硅烷偶联剂表面改性氧化锆的影响及检测其改性效果，得出优化的硅烷偶联剂表面改性氧化锆的反应条件，如表13-5 所示。

表 13-5　优化的硅烷偶联剂表面改性氧化锆的反应条件

| 反应介质 | 改性剂的添加量(质量分数)/% | 反应时间/h |
| --- | --- | --- |
| 丙酮 | 3.5 | 2 |

## 13.5.5　表面改性氧化锆的表征

表面改性前后的氧化锆表面性能可以利用 FT-IR 技术来研究其表面是否含有有机物，见图 13-9。将表面改性前后的氧化锆粉末分散在丙酮中，所得 TEM 照片见图 13-10和图 13-11。从图中可以看出，未改性的氧化锆的分散性非常差；在经过硅烷偶联剂改

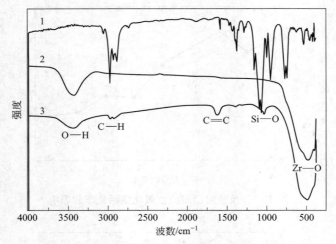

图 13-9　表面改性前后氧化锆的 FT-IR 图谱

1—硅烷偶联剂；2—纯氧化锆；3—改性氧化锆

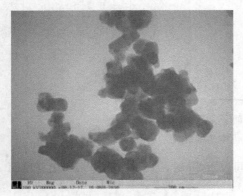

图 13-10　未经硅烷偶联剂改性的
氧化锆的 TEM 照片

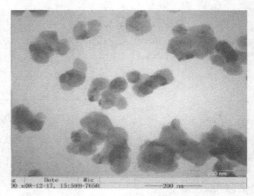

图 13-11　经硅烷偶联剂改性的
氧化锆的 TEM 照片

性后，氧化锆的分散性大为改善，不存在严重的团聚现象。这表明经过硅烷偶联剂改性后的氧化锆与有机溶剂的相容性改善，也就是说氧化锆表面具有一定的疏水性能，与红外测试所得结论一致。

## 13.5.6　选用硅烷偶联剂的一般原则

硅烷偶联剂的水解速度取决于硅官能团 Si—X，而与有机聚合物的反应活性则取于碳官能团 C—Y。因此，对于不同基材或处理对象，选择适用的硅烷偶联剂至关重要。选择的方法主要通过试验预选，并应在既有经验或规律的基础上进行。例如，在一般情况下，不饱和聚酯多选用含 $CH_2$=CMeCOO、Vi 及 $CH_2$—$CHOCH_2O$— 的硅烷偶联剂；环氧树脂多选用含 $CH_2$—$CHCH_2O$ 及 $H_2N$— 的硅烷偶联剂；酚醛树脂多选用含

$H_2N$—及 $H_2NCONH$—的硅烷偶联剂；聚烯烃多选用乙烯基硅烷；使用硫黄硫化的橡胶则多选用烃基硅烷等。由于异种材料间的粘接强度受到一系列因素的影响，诸如润湿、表面能、界面层及极性吸附、酸碱的作用、互穿网络及共价键反应等，因而，光靠试验预选有时还不够精确，还需综合考虑材料的组成及其对硅烷偶联剂反应的敏感度等。为了提高水解稳定性及降低改性成本，硅烷偶联剂中可掺入三烃基硅烷使用；对于难粘材料，还可将硅烷偶联剂与硅烷偶联剂交联的聚合物共用。

硅烷偶联剂用作增黏剂时，主要是通过与聚合物生成化学键、氢键，润湿及表面能效应，改善聚合物结晶、酸碱反应以及互穿聚合物网络的生成等而实现的。增黏主要围绕 3 种体系：①无机材料对有机材料；②无机材料对无机材料；③有机材料对有机材料。对于第一种粘接，通常要求将无机材料粘接到聚合物上，故需优先考虑硅烷偶联剂中 Y 与聚合物所含官能团的反应活性；后两种属于同类型材料间的粘接，故硅烷偶联剂自身的反亲水型聚合物以及无机材料要求增黏时所选用的硅烷偶联剂。

# 13.6 偶联剂的合成

这里主要介绍应用较为广泛的硅烷偶联剂和钛酸酯偶联剂的合成。

## 13.6.1 硅烷偶联剂的合成

通常可以采用市售的简单硅烷化合物来合成硅烷偶联剂。实验室合成方法和工业化生产硅烷偶联剂最重要的方法是硅的氢化物对取代烯烃及乙炔的加成，其主要反应方程式如下：

$$X_3SiH + CH_2\!\!=\!\!CH\!-\!R\!-\!Y \longrightarrow X_3SiCH_2CH_2RY \qquad (13\text{-}4)$$

$$X_3SiH + CH\!\equiv\!CH \longrightarrow X_2SiCH\!\!=\!\!CH_2 \qquad (13\text{-}5)$$

这种方法比较简单，只要把相应的药品放在一起加热，就可以在液相或气相中发生上述的加成反应。如采用过氧化物、叔胺或铂盐作催化剂效果更好。硅烷分子 $X_3SiRY$ 中的两个端基都可能参加化学反应，而且它们既可能单独参加各自的反应，也可能同时反应。通过对反应条件的适当控制，可以在不改变 Y 基团的前提下取代 X 基团，或者在保留 X 基团的情况下，使 Y 基团改性。

### 13.6.1.1 硅原子上可水解基团的引入

（1）烷氧基基团的引入　这类基团是硅烷偶联剂应用最多的一种。烷氧基硅烷通常是通过氯硅烷的烷氧基化反应而制备的。这个反应很容易发生，不需要催化剂，但是要求能有效地去除反应中产生的氯化氢。实验室制备时，可采用诸如叔胺或醇钠之类的试剂作为氯化氢的吸收剂。工业生产中最好采取有效的氯化氢排放和回收的措施。一种简单地实现完全烷氧基化的方法是在乙醇存在的条件下将氯硅烷与适当的原甲酸酯一起共热。反应方程式如下：

$$\equiv\!SiCl + HC(OR)_3 \xrightarrow{\ ROH\ } \equiv\!RiOR + RCl + RCOOH \qquad (13\text{-}6)$$

**(2) 乙酰氧基基团的引入**　在无水溶剂中，氯硅烷与乙酸钠反应，生成乙酰氧基硅烷。

$$RSiCl_3 + 3NaAc \longrightarrow RSi(OAc)_3 + 3NaCl \tag{13-7}$$

氯硅烷与乙酸酐一起共热并除去挥发性的乙酰氯，可避免生成盐的沉淀。

$$RSiCl_3 + 3Ac_2O \longrightarrow RSi(OAc)_3 + 3AcCl \tag{13-8}$$

国内开发的偶联剂品种之中还未见到含乙酰氧基的可水解官能团。

### 13.6.1.2　硅原子上有机官能团的引入

**(1) 卤代烷基**　氯甲基三氯硅烷可采用光照氯化方法通过甲基三氯硅烷制备。

$$CH_2SiCl_3 \xrightarrow[h\nu]{Cl_2} ClCH_2SiCl_3 + HCl \tag{13-9}$$

把三氯硅烷加到烯丙基溴中可以制备 3-溴丙基氯硅烷。

$$HSiCl_2 + CH_2CHCH_2Br \longrightarrow Cl_2SiCH_2CH_2CH_2Br \tag{13-10}$$

以三氯硅烷与乙烯基氯苄的双键加成，可以制得高活性的含氯官能团硅烷。

$$HSiCl_3 + CH_2 = CHC_6H_4CH_2Cl \xrightarrow{Pt} Cl_3SiCH_2CH_2C_6H_4CH_2Cl \tag{13-11}$$

而碘烷基硅烷最好用氯烷基硅烷与 NaI 的互换反应制备。

$$(MeO)_3SiCH_2CH_2CH_2Cl + NaI \xrightarrow{丙酮} (MeO)_3SiCH_2CH_2CH_2I + NaCl \tag{13-12}$$

在复合材料的生产温度下，含卤代烷基的硅烷能够与树脂发生反应，可作为偶联剂使用。例如，氯丙烷基硅烷对于聚苯乙烯（极少量 $FeCl_3$ 存在）或高温固化的环氧树脂都是有效的偶联剂，但由于它易与氨或胺反应，生成氨基官能团硅烷，与硫化氢反应生成含硫基硅烷，或发生取代反应及裂解反应生成异氰酸酯等反应性基团，因此卤代烷基硅烷一般作为合成偶联剂的重要中间体而广泛应用。

**(2) 不饱和烷基**　乙烯基三氯硅烷是通过三氯硅烷对乙炔的单分子加成而制备的。这一反应中要采用过量的乙炔，尽量减少双分子加成反应的发生。高温条件下，三氯硅烷也会与烯丙基氯或乙烯基氯反应，生成不饱和硅烷。

$$HSiCl_3 + HC \equiv CH \longrightarrow Cl_3SiCH = CH_2$$

$$HSiCl_3 + CH_2 = CHCl \longrightarrow Cl_3SiCH = CH_2 + HCl$$

$$HSiCl_3 + CH_2 = CHCH = CH_2 \xrightarrow{Pt} Cl_3SiCH_2CH = CHCH_3$$

硅烷会优先与诸如丙烯酸、甲基丙烯酸、马来酸、富马酸、衣康酸等不饱和酸的烯丙酯中的烯丙基发生加成反应，其中最重要的是由甲基丙烯酸烯丙酯制得的硅烷。这是硅烷偶联剂的重要品种，商品牌号为 A-174。

$$
\begin{array}{c}
\quad\quad\quad\quad\quad CH_3 \\
\quad\quad\quad\quad\quad | \\
HSi(MeO)_3 + CH_2 = C-COOCH_2CH = CH_2 \longrightarrow CH_2 = C-COOCH_2CH_2CH_2Si(OMe)_3 \quad\quad A\text{-}174 \\
\quad\quad\quad\quad\quad\quad\quad\quad\quad\quad\quad\quad\quad\quad\quad | \\
\quad\quad\quad\quad\quad\quad\quad\quad\quad\quad\quad\quad\quad\quad\quad CH_3
\end{array}
$$

$$\tag{13-13}$$

不饱和硅烷主要用作偶联剂，也可用作制造化工产品的中间体。乙烯基官能团硅烷作为工业用不饱和聚酯的偶联剂，通常被甲基丙烯酸酯官能团所取代，但它仍广泛地应用于含填料的聚乙烯中，能改善电缆包覆层的电绝缘性能。由乙烯基制得的阳离子型苯乙烯官能团硅烷，其独特之处在于它对几乎所有的热固性树脂和热塑性树脂都是有效的偶联剂。

**(3) 巯基** 巯基官能团硅烷是乙烯基聚合中方便的链增长调节剂，并能通过链转移反应在每一个聚合物分子中引入三甲氧基硅烷官能团。含巯基官能团的硅烷偶联剂可用作处理颗粒状无机物料的偶联剂，以使这类物料成为硫化胶中的补强填料，亦可实现热塑性塑料对玻璃的黏合。

巯基官能团硅烷可以通过不饱和硅或氯烷基硅烷来制备。

**(4) 氨烷基** 氨丙基三烷氧基硅烷的商品牌号为 A-1100，可由三烷氧基硅烷与烯丙胺的加成反应制备。

**(5) 环氧基** 这类有机基团可通过硅烷与不饱和环氧化物的加成反应或与含有不饱和硅烷的环氧化反应来制备。

## 13.6.2　钛酸酯偶联剂的合成

钛酸酯偶联剂按化学结构分类有单烷氧基型、单烷氧基焦磷酸酯型、螯合型、配位型等四种类型。其合成方法一般分为两步：第一步为四烷基钛酸酯的合成。四烷基钛酸酯有多种合成方法，其中最常用的是直接法，即由四氯化钛和相应的醇直接反应而合成。第二步为成品偶联剂的合成，由四烷基钛酸酯进一步和不同的脂肪酸反应，即可得到不同类型的钛酸酯偶联剂。这类反应容易发生，尤其是与有机酸的反应更容易进行，一般在 80～90℃，无溶剂存在下，反应半小时就可以完成。螯合型钛酸酯偶联剂的合成是通过钛酸异丙酯与羧酸或酸酯的反应而制得的。

美国、英国、前苏联及日本等国在钛酸酯偶联剂的制备方法上大同小异，只是第一步在使用溶剂及通入气体的种类及时间上各有不同，总收率一般在 80％～85％之间。中国生产厂家参照国外工艺，方法大致相同，还提出了钛酸酯偶联剂一步法合成新工艺，改造了传统的两步法，具有工艺简单、产品纯度高、性能好的特点。

# 13.7　偶联剂的应用现状和研究发展趋势

随着复合材料的不断发展，对硅烷偶联剂的性能提出了更高的要求，也促使人们研制出大量功能不同、适合于不同需要的新品种，最近开发的一些硅烷偶联剂在性能上有了相应的改进。一些新开发的硅烷偶联剂间隔基链变长，并且不含醚氧结合健，因此具有优良的耐热性和耐水性。

Hercules 公司生产的 Az-CuP 为叠氮硅烷偶联剂，用于处理云母，在填充 40% 的 PP 体系中，能使材料的拉伸强度和弯曲强度提高 50%；美国 UCC 公司的二元硅烷是硅烷偶联剂中的佼佼者，用来处理的无机填料如二氧化硅、硅酸盐、陶土、氢氧化铝等，广泛应用于塑料行业中；日本开发了一种新型高分子型偶联剂（MMCA），就是在聚硅氧烷的主键上具有硅烷偶联剂基本功能的水解基团和各种有机官能团的高分子化合物。这种 MMCA 除具备有机-无机界面的融合助剂的功能外，还可赋予复合材料耐热性、耐磨性、耐药品性、耐冲击性以及疏水性等。因此 MMCA 可以在使用硅烷偶联剂的所有领域广泛地应用。

异氰酸酯型（—NCO）硅烷偶联剂分子内含有反应性极强的异氰酸根，可以提高树脂的粘接性能（如 KBM900、KBE900、KBM920）。螯合型硅烷偶联剂分子中含有 β-酯结构，具有与金属配位的能力，可用于金属离子定位或定位金属催化剂。而含氟硅烷则能赋予材料表面润滑性、防水性和防污性，对含氟树脂亲和力强，适合于含氟树脂粘接底层的涂料使用。具有不同官能团和不同间隔基链长的乙烯基（C═C）硅烷偶联剂可赋予有机树脂室温固化性、粘接性、耐候性和耐溶剂性。

目前，复合型具有协同作用的偶联剂和高分子接枝共聚物、嵌段共聚物作为偶联剂，成为未来发展的主要趋势。

# 参考文献

[1] 沈一丁，李小瑞编著. 陶瓷添加剂. 北京：化学工业出版社，2004.

[2] 俞康泰编著. 陶瓷添加剂应用技术. 北京：化学工业出版社，2009.

[3] 谭毅，李敬锋主编. 新材料概论. 北京：冶金工业出版社，2004.

[4] 刘维良主编. 先进陶瓷工艺学，武汉：武汉理工大学出版社，2004.

[5] ［美］German R M 著. 粉末注射成形. 曲选辉等译. 长沙：中南工业大学出版社，2001.

[6] 曲远方主编，功能陶瓷及应用. 北京：化学工业出版社，2003.

[7] 周和平，刘耀诚，吴音. 氮化铝陶瓷的研究与应用.硅酸盐学报，1998，26（4）：517-522.

[8] 杜峰涛，赵俊英，畅柱国等. 低烧钛酸钡基介电陶瓷的研究进展. 材料科学与工程学报，2009，27（2）：324-328.

[9] 杨辉，张启龙. 低温共烧微波介质陶瓷及其器件的研究进展. 硅酸盐学报，2008，36（6）：866-876.

[10] 张志军，许富民，谭毅. AlN陶瓷基板材料热导率与烧结助剂的研究进展. 材料导报（综述篇），2009，23（9）：56-62.

[11] 靳玲玲，蒋志君，章健等. 氧化钇透明陶瓷的研究进展. 硅酸盐学报，2010，38（3）：521-526.

[12] 王依琳，吴文俊，毛文东等. 低温快速烧结软磁铁氧体材料. 无机材料学报，2003，18（3）：601-605.

[13] 刘小珍编著. 稀土精细化学品化学. 北京：化学工业出版社，2009.

[14] 朱立刚，肖卓豪，卢安贤. 上转换发光氧氟微晶玻璃的研究进展. 材料导报，2009，23（3）：38-43.

[15] 何科杉，程西云，李志华. 稀土对金属陶瓷涂层微观组织改性作用研究现状和应用进展. 润滑与密封，2009，34（3）：100-105.

[16] 李东光主编.洗涤剂化妆品原料手册.北京：化学工业出版社，2002.

[17] 周细应，李卫红，何亮. 纳米颗粒的分散稳定性及其评估方法. 材料保护，2006，39，（6）：51-54.

[18] 黄冬玲，沈一丁. 新型陶瓷用高分子分散剂的制备及结构与性能研究. 陶瓷学报，2006，27（1）：58-62.

[19] 费贵强，沈一丁，王海花等. 改性甲基丙烯酸共聚物分散剂对陶瓷复合料浆流变性及坯体强度的影响. 复合材料学报，2006，23（5）：96-100.

[20] 尤艳雪，陈均志，刘希夷等. 有机金属偶联型陶瓷分散剂的研究. 化学工程，2008，36（11）：59-62.

[21] 王俊波等. 多孔陶瓷制备技术的研究进展. 绝缘材料，2009，42（2）：29-32.

[22] 杨刚宾，蔡序珩，乔冠军等. 多孔陶瓷制备技术及其进展. 河南科技大学学报（自然科学版），2004，25（2）：99-103.

[23] 刘丽敏等. 助滤剂评定方法研究. 北京化工学院学报，1994，21（1）：90-93.

[24] 杨建红. 陶瓷减水剂、助磨剂、增强剂的发展现状、趋势及展望. 陶瓷，2005，11：23～32.

[25] 范盘华，周孟大. 陶瓷添加剂国内外发展的现状、趋势及展望. 江苏陶瓷，2006，39
 （5）：23-25.

[26] 董秀珍，俞康泰. 陶瓷釉用色料的应用和进展. 中国陶瓷，2007，43（10）：6-11.

[27] 李奠础，马建杰，曹毅轩等. 表面活性剂在陶瓷工业中的应用. 日用化学工业，2005，35
 （5）：309-313.

[28] 李艳莉. 陶瓷行业用添加剂. 佛山陶瓷，2003，74（5）：30-32.

[29] 孙再清，刘属兴编著. 陶瓷色料生产及应用. 北京：化学工业出版社，2007.

[30] 衷平海主编. 表面活性剂原理与应用配方. 南昌：江西科技出版社，2005.

[31] 山崎舜平. 株式会社半导体能源研究所. 超导陶瓷. 申请号 87101149.

[32] 朱红玉，樊浩天，李洪涛等. 高压制备 Ce 掺杂 $Ca_3Co_4O_9$ 陶瓷的热电性能. 河南理工大学
 学报（自然科学版），2012，31（3）：340-343.

[33] 尚勋忠，刘越彦，孙锐等. 抗还原型 PZT 压电陶瓷的制备与性能. 硅酸盐学报，2013，
 41：288-291.

[34] 熊荣，程虎民，马季铭. 稀土改性钛酸铅微粉的水热合成及其性能研究. 高等学校化学学
 报，1997，10：1580-1584.

[35] 郝素娥，韦永德，黄金祥等. 采用气相稀土扩渗法制备 $PbTiO_3$ 基导电陶瓷. 稀有金属材
 料与工程，2005，34（9）：1361-1364.

[36] 刘心宇，曾中明，万仁勇等. 共沉淀法制备 La-$BaPbO_3$ 导电陶瓷的研究. 材料科学与工程
 学报，2003，21（2）：234-237.

[37] 胡其国，沈宗洋，李月明等. $Re_{0.02}Sr_{0.98}Ti_{0.995}O_3$（Re＝La，Sm，Er）陶瓷的结构与介
 电性能，硅酸盐学报，2013，41（7）：877-881.

[38] 杨晓兵，张璐，陈慧英. 双稀土掺杂 BCST 陶瓷的研制及其性能结构的研究. 首都师范大
 学学报（自然科学版），2012，33（1）：29-33.

[39] 李吉乐，陈国华，袁昌来. 掺杂 $Nd_2O_3$ 和 $Sm_2O_3$ 氧化锌压敏陶瓷的显微组织与电性能.
 中南大学学报（自然科学版），2013，44（6）：2252-2258.

[40] 徐宇兴，张中太，唐子龙等. $La^{3+}$ 掺杂对（Sr，Ba，Ca）$TiO_3$ 基压敏陶瓷结构和性能的
 影响. 动能材料，2008，6（39）：909-914.

[41] 李玉宝. 氧化锌薄膜乙醇气敏元件的研制. 电子元件与材料，1988，7（6）：17-20.

[42] 庄又青，徐式曾，胡宗民等. 掺镧 ZnO 多孔陶瓷的气敏特性. 天津大学学报，1986，6：
 39-41.

[43] 程绪信，李晓霞，陈晓明等. 施主掺杂微量的 $Y_2O_3$ 对 $BaTiO_3$ 基样品的电性能及 PTC 效
 应的影响. 广东微量元素科学，2015，22（6）：8-15.

[44] 刘博华，阴卫华，丛秀云等. 铁系陶瓷湿敏材料掺杂改性与稳定性研究. 无机材料学报，
 1993，8（2）：181-187.

[45] 翟朋飞，梅炳初，宋京红等. $Ce^{3+}$：$BaF_2$ 多晶透明陶瓷的热压烧结法制备. 发光学报，
 2012，33（7）：698-706.

[46] 张希艳，卢利平，王晓春等. 固相反应法制备 $SrAl_2O_4$：$Eu^{2+}$，$Dy^{3+}$ 长余辉发光陶瓷及
 性能表征. 兵工学报，2004，25（2）：193-196.

[47] 娄志东，衣兰杰，滕枫等. 稀土离子掺杂的铝酸锌膜的低压阴极射线发光. 液晶与显示，
 2007，22（3）：294-299.

[48] 王铀，田伟，刘刚. 热喷涂纳米结构 $Al_2O_3/TiO_2$ 涂层及其应用. 材料科学与工艺，2006，14（3）：254-257.

[49] 夏昌其. $LaZO_3$ 对激光熔覆生物陶瓷涂层显微组织结构的影响. 广东化工，2014，41（11）：98-100.

[50] 黄小丽，田杨萌，胡晓青. 纳米添加剂在陶瓷烧结中的作用. 北京机械工业学院学报，2007，22（4）：37-39.

[51] 卜景龙，陈越军，王志发. 纳米氧化铈和氧化镧对熔融石英高温晶化特性的影响. 硅酸盐通报，2013，32（12）：2611-2617.

[52] 李志杰，吕犇，于忠淇等. 纳米添加剂对锶铁氧体磁性能的影响. 磁性材料及器件，2013，44（5）：70-79.

[53] 张伟，卢红霞，孙洪巍等. 包裹法引入添加剂对 $Al_2O_3$ 陶瓷烧结性能和微观结构的影响. 材料导报，2007，21：232-235.

[54] 赵军，王志，邢国红. CMS 和纳米 $TiO_2$ 对氧化铝陶瓷烧结的影响. 硅酸盐通报，2008，27（5）：914-917.

[55] 吴锋，霍琳，李志坚等. 纳米氧化锆增韧刚玉质陶瓷蓄热体的性能研究. 耐火材料，2010，44（1）：52-54.

[56] 曾照强，胡晓清，林旭平等. 添加 $Cr_2O_3$ 对 $Al_2O_3$-TiC 陶瓷烧结及纳米结构形成的影响. 硅酸盐学报，1998，26（2）：178-181.

[57] 孙志华，刘开平，汪敏强等. 纳米 $Fe_2O_3$ 对钛酸铝陶瓷热稳定性能的影响，硅酸盐学报，2013，41（4）：437-442.

[58] 晏建武，鲁世强，周继承等. 纳米 SiC 和添加剂 $ZrO_2$ 对 $Al_2O_3$ 基纳米复合陶瓷. 中国有色金属学报，2004，14（6）：1007-1-12.

[59] 高朋召，颜进，林明清. 纳米 SiC 增韧 $Al_2O_3$ 陶瓷复合材料的制备、表征及力学性能研究. 中国陶瓷工业，2014，21（5）：10-15.

[60] 俞建荣，张卫明，吴波等. 纳米 SiC 对重力分离 SHS 陶瓷内衬复合管组织及性能的影响. 材料保护，2009，42（4）：64-66.

[61] 许育东，刘宁，曾庆梅等. 纳米改性金属陶瓷的组织和力学性能. 复合材料学报，2003，20（1）：33-37.

[62] 任杰，陈华辉，杜飞等. 氧化铝粒度对原位转化碳纤维增韧氧化铝陶瓷烧结温度及性能的影响. 先进复合材料，2013，23/24：75-79.

[63] 徐明，方斌，李祥龙. 碳纳米管增韧氮化硅陶瓷复合材料的研究. 齐鲁工业大学学报，2016，30（1）：38-41.

[64] 张卫珂，常杰，张敏等. SiC 晶须增韧 $B_4$C-Si 复合陶瓷材料. 陶瓷学报，2014，35（1）：62-65.

[65] 王伟，连景宝，茹红强. $TiB_2/SiC$ 陶瓷复合材料制备工艺的研究. 材料与冶金学报，2011，10（1）：23-29.

[66] 张宝林，庄汉锐，徐素英等. 添加 YAG 的气压烧结 A/B-sialon 复相材料. 硅酸盐学报，2002，30（3）：283-288.

[67] 高张海，戴永刚，李德英等. 一种降低陶瓷烧成温度的添加剂及方法. CN 201510062655.6.

[68] 郭福琼，吴基球，彭梅兰等. 一种降低烧成温度的陶瓷坯体添加剂及其制法和应用. CN 201010585437.

[69] Y Song, Q Sun, Y Lu, et al. Low-temperature sintering and enhanced thermoelectric properties of LaCoO$_3$ ceramics with B$_2$O$_3$-CuO addition. J Alloys Compd, 2012, 536: 150-154.

[70] Han J, Song Y, Liu X, et al. Sintering behavior and thermoelectric properties of LaCoO$_3$ ceramics with Bi$_2$O$_3$-B$_2$O$_3$-SiO$_2$ as a sintering aid. RSC Advances, 2014 (4): 51995-52000.

[71] 彭铁缆，汤育才，匡建波. 一种四方多晶氧化锆陶瓷材料的液相烧结添加剂及其制备和应用. CN 201010265059.

[72] 纳幕尔杜邦公司. 脱模剂组合物及其使用方法. CN 1795082A.

[73] 刘君，刘家明，王矩宝. 碳化硼陶瓷热压烧结使用的脱模剂及其制备方法. CN 102241518 A.

[74] 周健儿，包启富. 一种陶瓷釉料改性添加剂及其制备方法和用途. CN 102503571A.

[75] 泉州斯达纳米科技发展有限公司. 银系纳米陶瓷釉水抗菌添加剂制备方法和使用方法. CN 101486593A.

[76] 王洪权，严春杰，熊强等. 一种陶瓷生坯抗霉菌添加剂及其制备方法. CN 102815949A.

[77] 倪红军，朱昱，黄锋. 添加纳米添加剂制备陶瓷内衬复合钢管的反应物料. CN 102815950A.

[78] 胡成，吴伯麟. 利用复合稀土添加剂制备耐磨氧化铝陶瓷的方法. CN 103214259A.

[79] 于方丽，陈景华，韩朋德等. 一种基于碳纤维为造孔剂制备定向多孔氮化硅陶瓷的方法. CN 104529523A.

[80] 徐国纲，阮国智，马映华等. 以活性酵母菌为造孔剂制备莫来石-刚玉多孔陶瓷的方法. CN 103073330A.

[81] 王红洁，岳建设，董斌超等. 一种利用热致相分离技术制备多孔陶瓷的方法. CN 201210451675.9.

[82] 迟伟光，江东亮，黄政仁等. 以酵母粉为造孔剂的碳化硅多孔陶瓷的制备方法. CN 1442392A.

[83] 李少荣. 一种以有机树脂发泡微球为造孔剂的多孔陶瓷的制备方法. CN 102850084A.

[84] 李晓雷，韩霄翠，季惠明等. 添加 PMMA 造孔剂制备 O-Sialon 多孔陶瓷的方法. CN 201310664869.

[85] 王红洁，岳建设，董斌超等. 一种利用热致相分离技术制备多孔陶瓷的方法. CN 201210451675.9.

[86] A. 赫尔曼，M. 扬斯. 氧化锆陶瓷的着色. CN 104918900A.

[87] M. 扬斯. 赋予牙科陶瓷荧光的着色溶液. CN 105007883A.

[88] 王鸿娟，严庆云，黄东斌等. 用于牙科氧化锆陶瓷制品的着色溶液及使用方法. CN 103113132A.

[89] 段曦东，黄紫橙，龙鸿羽等. 一种高强抗菌陶瓷用浆料、陶瓷及它们的制备方法. CN 102432339A.

[90] 王斌，谢义鹏，黄月文等. 一种环糊精接枝共聚物型陶瓷减水剂及其制备方法. CN 104211409A.

[91] 庞浩，张磊，廖兵等. 一种聚羧酸系陶瓷减水剂及其制备方法和应用. CN 103881003A.